浙江省普通高校“十三五”新形态教材

浙江省高等学校省级精品在线开放课程配套教材

高等职业教育系列教材

机械零部件设计

第2版

主　编　张金美

参　编　李　廷　李莉平

主　审　谭建荣

机 械 工 业 出 版 社

本书是在浙江省高校“十一五”重点教材《机械零部件设计》的基础上，根据教育部发布的《高等职业学校专业教学标准》中对该课程的要求，参照相关国家标准和职业技能等级证书标准编写而成的。

本书突出高等职业教育的特点，以学习情境为载体，按照工作过程重组和序化了工程力学、工程材料、机械原理、机械设计等学科体系内容，将基本理论、基本方法与典型零部件载体的设计任务相结合，将陈述性知识穿插于过程性知识中，加强对学生综合职业能力的培养，以适应当前教学改革的需要。

全书共设置5个学习情境，即认识典型机械零部件、设计内燃机中的常用机构、设计螺旋千斤顶、设计齿轮泵和设计带式输送机的传动装置。每个学习情境均设有技能目标、知识目标、教学方法提示、任务描述、相关知识和任务实施等环节，并配有适量的思考训练题，便于教师教学和学生练习，书后还附有必要的数据和资料可供查阅。

本次修订将传统的纸质教材升级为新形态立体化教材，配套了丰富的助学助教数字化资源，并将典型案例有机融入教学全过程，培养学生的职业素养，提升学生的民族自豪感。

本书可作为高等职业院校装备制造大类专业的教材，也可作为同类专业的培训教材以及相关工程技术人员的参考用书。

本书配有电子课件、教案、题库、答案等资源，需要配套资源的教师可登录机械工业出版社教育服务网（www. cmpedu. com）免费注册后下载，或联系编辑索取（微信：13261377872，电话：010－88379739）。

图书在版编目（CIP）数据

机械零部件设计/张金美主编. —2版. —北京：机械工业出版社，2022. 10

高等职业教育系列教材

ISBN 978-7-111-71451-4

Ⅰ. ①机…　Ⅱ. ①张…　Ⅲ. ①机械元件－设计－高等职业教育－教材　Ⅳ. ①TH13

中国版本图书馆CIP数据核字（2022）第153185号

机械工业出版社（北京市百万庄大街22号　邮政编码100037）

策划编辑：曹帅鹏　　责任编辑：曹帅鹏　和庆娣

责任校对：张　征　王明欣　责任印制：张　博

北京雁林吉兆印刷有限公司印刷

2022年10月第2版第1次印刷

184mm×260mm · 19印张 · 471千字

标准书号：ISBN 978-7-111-71451-4

定价：69.00元

电话服务	网络服务
客服电话：010-88361066	机　工　官　网：www. cmpbook. com
010-88379833	机　工　官　博：weibo. com/cmp1952
010-68326294	金　　书　　网：www. golden-book. com
封底无防伪标均为盗版	机工教育服务网：www. cmpedu. com

前　言

本书是在浙江省高校“十一五”重点教材《机械零部件设计》的基础上，根据教育部发布的《高等职业学校专业教学标准》中对该课程的要求，参照相关国家标准和职业技能等级证书标准编写而成的。

本书编者结合多年教学和生产实践的经验，以培养学生的综合职业能力为目标，对机械零部件设计课程进行了有利于工学结合的教学模式上的改进。本书以学习情境为载体，将原课程体系中相对独立的工程力学、工程材料、机械原理和机械设计等内容通过真实的工作任务（即典型机械零部件的设计）有机地联系起来，使学生在“学习情境”的一体化学习活动中，掌握各部分的知识、技能及其相互间的联系；序化教学内容，以工作任务为导向组织教学，注重对学生工作成果所反映能力的全面评价，激发学生自主学习的兴趣，提升学生的综合素质，为后续课程学习和适应工作岗位奠定基础。

本次修订将传统单一的纸质教材升级为新形态一体化教材，配套了丰富的助学助教数字化资源，以最大限度地为教师教和学生学提供方便。本书主要特色如下：

（1）全书共设置了5个学习情境。每个学习情境中以知识点为纽带，将课程思政典型案例有机融入教学全过程，让学生在学习过程中了解中国机械发展变革、机械发展成就，培养学生的职业素养，提升学生的民族自豪感。

（2）编者对所有的设计任务都给出了较详细的分析和解答，使读者明白在进行相关机械设计时，应考虑和注意的问题，从而快速掌握各种机械零部件的设计方法。

（3）教材呈现的状态由静到动，呈现的形式由单一到多样，呈现的效果由阅读到视、听、说、触多感官融合。对机械零部件复杂、抽象、多维的结构进行直观立体呈现，动画演绎原理、拆装步骤解析等，强化学生对知识点的理解，大大提升学生理解深度与技能学习效率。

（4）本书与浙江省高等学校省级精品在线课程“机械零部件设计”相配套（网站地址：https：//www. zjooc. cn），网站内有微课、动画、教案、题库等教学资源，可为高校学生以及从事机械设计相关工作的技术人员提供学习交流的平台。欢迎高校相关课程教师将网站作为教学平台，如有需要可通过邮箱（jzyzjm@ sina. com）与课程负责人取得联系，实现线上线下混合式教学，助力提高教学质量和教学效率。

在教学时，各专业可根据教学需求对本书相关内容进行取舍，也可适当调整顺序。各学习情境的参考学时参见下面的建议学时分配表。

建议学时分配表

教学内容	学做一体学时
学习情境1：认识典型机械零部件	6~8学时
学习情境2：设计内燃机中的常用机构	12~16学时
学习情境3：设计螺旋千斤顶	20~26学时
学习情境4：设计齿轮泵	26~30学时
学习情境5：设计带式输送机的传动装置	64~80学时

本书由张金美任主编并统稿。编写分工如下：嘉兴职业技术学院张金美（学习情境1、学习情境5和附录），嘉兴职业技术学院李廷（学习情境2和学习情境4），嘉兴职业技术学院李莉平（学习情境3）。本书在编写过程中参考了大量文献和资料，嘉兴职业技术学院王海峰、周志宏、白洪金以及民丰特种纸股份有限公司高级工程师陈骏良、加西贝拉压缩机有限公司高级工程师张昌群等企业专家给予了大力支持和帮助，浙江大学谭建荣教授于百忙之中对全书进行了审阅，并提出了许多宝贵的意见和建议，在此一并表示衷心的感谢！

由于编者水平有限，书中难免存在疏漏和不足之处，恳请使用本书的广大师生、读者给予批评指正。

编　者

二维码资源清单

目　录 Contents

学习情境 1

认识典型机械零部件

技能目标：本学习情境是学生对机械的初步认识环节，着重培养学生的观察能力、动手能力以及初步认知机械的能力。

知识目标：

1）了解机械工程概况，初步建立对机器及其基本组成的感性认识。

2）认识具有代表性的机器和机构的功用及其组成。

3）了解典型零部件的结构和功用。

4）通过拆装实验，了解常用齿轮减速器的工作原理、基本组成，进一步熟悉常用零件的结构与作用（如齿轮、轴、轴承、螺纹联接件等）。

5）熟悉常用标准件的名称及标记，能根据标准件的标记查阅《机械设计手册》，绘制标准件图样。

教学方法提示：可通过参观机械零部件陈列室、减速器拆装实验以及动画、视频等多媒体课件进行教学设计。

任务 1.1 认 识 机 器

任务描述

具有一定用途、功能的机械设备和机电一体化设备通常称为机器。机器是人类生产和生活中的重要工具，使用机器生产的水平已成为衡量一个国家技术水平和现代化程度的重要标志之一。本任务要求结合实际，正确认识机器，区分实际生产和生活中哪些是机器，哪些不是机器，同时区分机器和机构，认识构件和零件。

相关知识

1.1.1 机器的用途、功能及性能

人们的日常生活和生产实践涉及很多机器，如洗衣机、缝纫机、起重机、内燃机、汽车、飞机、机床、机器人等，如图 1-1 所示。机器的种类很多，门类复杂，为了在后面的学习中顺利地掌握机械设备设计、制造的相关知识和技能，首先要求学生从总体上剖析和认识各种机器设备的组成。

填海造陆的“天鲲号”

a)

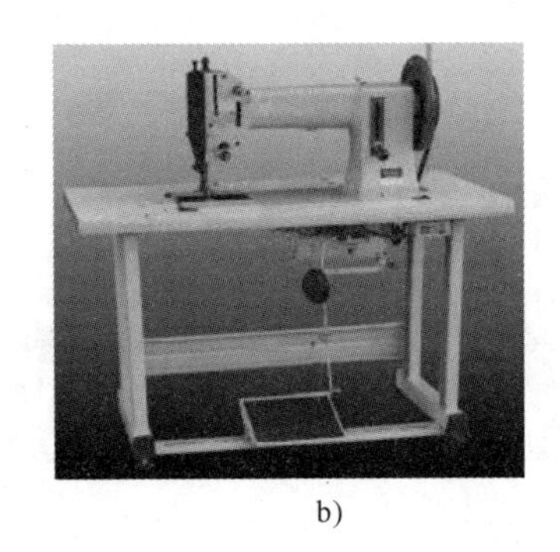
b)

图 1-1　常用机器
a）洗衣机　b）缝纫机

1. 机器的用途

认识机器首先应当从了解机器的用途入手。任何一种产品，包括机械产品，都是为了满足人们的某种使用目的而设计制造的。因此，当我们想了解某种机器设备时，首先要了解这种设备有哪些用途，如车床的用途是切削加工回转型机械零件，载货卡车的用途是将货物运输到预定的地方，复印机的用途是复印文件资料等。

了解机器的用途是认识机器的第一步，机器的功能、性能和结构都是为用途服务的。但我们都有这样的经验，同样用途的机器设备使用起来有的好用有的不好用，有的价格贵有的价格便宜，因此，当需要进一步认识某种机器设备时，就要了解这种设备有哪些功能和性能。

2. 机器的功能

某种产品使用中所表现出来的具体功用，称为该产品的功能。下面举例来说明。洗衣机是清洗衣物的机器，图 1-2 所示是一种全自动洗衣机的基本结构图，该设备起动之后就能自动完成从洗涤到甩干的全部工作。因此，其功能大概可以归纳为以下几条：洗涤功能、漂洗功能、脱水功能以及自动程序控制功能。很显然，只要以上任何一条功能不存在，就不能称为全自动洗衣机了，因此这些功能属于基本功能。另外还有所谓的附加功能，例如，增加对洗涤用水加热的功能，以提高洗涤效果，这样的功能称为附加功能。附加功能通常不会影响机器的正常使用，但可以改善该机器的性能。

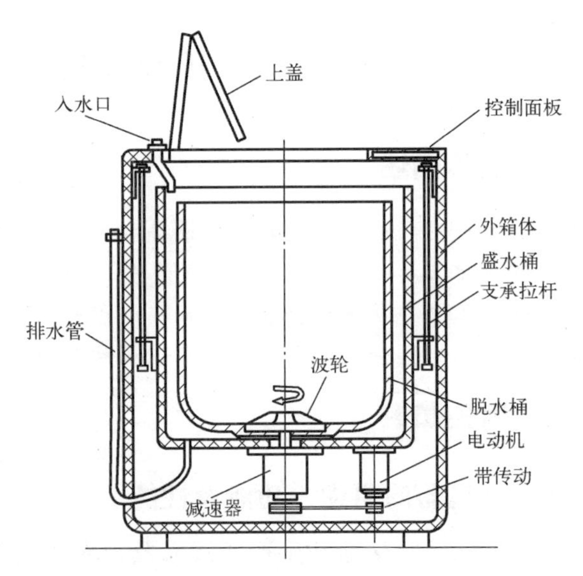

图 1-2　全自动洗衣机的基本结构图

有人认为，一台机器设备的功能越多，其给人们的使用带来的好处也越多。但机器设备功能增多的同时，必然会使机器结构变得复杂，并增加制造成本。因此，既要学会分析功能的作用（分清哪些属于基本功能，哪些属于附加功能），又要学会估量不同的功能可能会给人们带来多少效益与问题。机器设备的各种功能给人们带来的效益主要有：减轻人们的体力劳动，提高劳动的舒适性；提高工作能力与生产率；提高工作质量；增加新的用途等。

3. 机器的规格与性能

同样用途、同样基本功能的机器也存在很多差别，归纳起来主要表现在规格与性能的差异上。

（1）产品规格　规格是指产品的体积、大小等，其反映产品适合的工作能力与工作范围，用型号来识别。不同规格的产品，其体积、质量、结构和价格都不相同。所以用户购买机器设备时，必须首先明确设备的工作能力范围以确定该设备的规格。如果选择的规格超出了使用需要，出现“大马拉小车”的现象，就必然会增加购置成本和使用成本；反之，如果选择的规格小于使用需要，则有些工作将无法在这台设备上进行，从而给用户造成损失。因此，了解机器时，不要忽视它们在规格上的差异。

（2）产品性能　产品性能是指产品具有适合用户要求的物理、化学或技术性能，如强度、化学成分、密度、功率、转速等。而通常所说的产品性能，实际上是指产品的“工作能力”与“工作质量”两个方面，常用一系列技术指标将其表现出来。

机器工作时可以提供的功率、力、速度、尺寸范围等反映了机器设备的工作能力。力、速度越大，一般机器设备的工作效率也越高。工作质量的内容应视不同机器设备的要求而有所不同，如机床，反映其工作质量的重要指标是加工零件的尺寸精度及表面粗糙度；而对于汽车，反映其工作质量的重要指标有平顺性、操纵稳定性、制动性、经济性等。任何产品的生产按规定都有一定的质量标准（国际标准、国家标准、行业标准和企业标准），并有配套的统一检验方法。产品出厂时，必须符合该产品的质量标准。

1.1.2　机器的组成

1. 机器的结构组成

图1-3所示为单缸内燃机，它由机架（气缸体）1、曲轴2、连杆3、活塞4、进气阀5、排气阀6、推杆7、凸轮8、齿轮9和10等组成。气体燃烧后的热能推动活塞4移动，经过连杆3将运动传至曲轴2，使曲轴2做连续转动。内燃机的基本功能就是使燃气在缸内经过进气—压缩—燃烧—排气的循环过程，从而将燃气的热能转变成使曲轴转动的机械能。

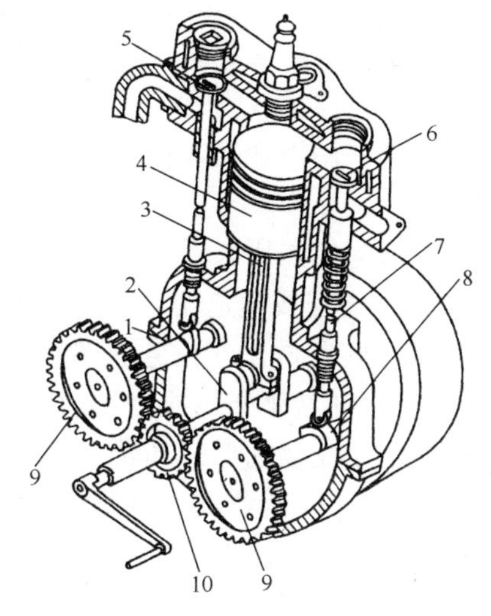

图1-3　单缸内燃机

1—机架（气缸体）　2—曲轴　3—连杆　4—活塞　5—进气阀
6—排气阀　7—推杆　8—凸轮　9、10—齿轮

图1-4所示为颚式破碎机，由机架1、偏心轴2、动颚板3、肘板4和带轮5等组成。偏心轴2与带轮5固定连接，电动机的转动通过带传动驱动偏心轴转动，然后使动颚板做平面运动，轧碎动颚板与定颚板之间的矿石。颚式破碎机就是通过动颚板的平面运动实现轧碎矿石来做有用的机械功。

图 1-5 所示为数控铣削加工机床，通过将零件的加工程序输入机床的数控装置中，数控装置控制伺服系统和其他驱动系统，再驱动机床的工作台、主轴等装置，从而完成零件的加工。

由以上三个实例可以看出，尽管机器的种类繁多，其结构、功能和用途也各异，但从组成和作用上来分析，机器有以下共同特征：

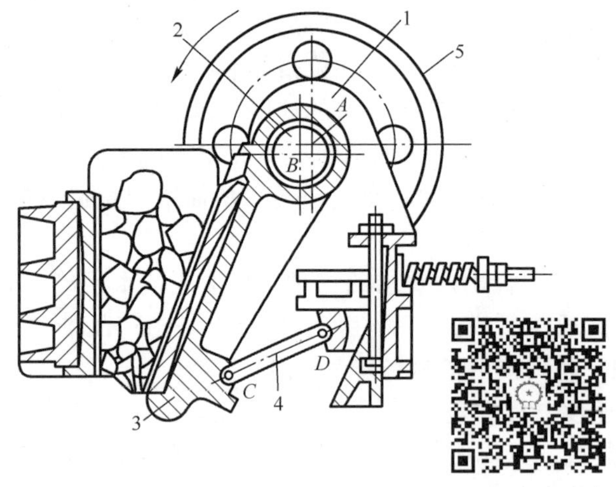

图 1-4　颚式破碎机

1—机架　2—偏心轴　3—动颚板　4—肘板　5—带轮

图 1-5　数控铣削加工机床

1）它们都是由若干实物人为组合而成的，如图 1-3 所示的单缸内燃机是由机架、活塞、连杆、曲轴等实物组合而成的。

2）各实物之间具有确定的相对运动。

3）能代替或减轻人类的劳动，完成有用的机械功或转换机械能。

将同时具有以上三个特征的实物组合称为机器。随着科学技术的发展，人们不断地创造出了各种新型机器，因此机器更广泛意义上的定义是：机器是由若干实物人为组合而成的、具有确定机械运动的装置，用以变换或传递能量、物料和信息。

2. 机器的功能组成

从各实物在机器中所起的作用来看，一台完整的机器基本由以下四个部分组成：

（1）原动部分　是机器完成预定功能的动力来源，常用的原动机有电动机、内燃机等。

（2）执行部分　是直接完成工作任务的部分，其运动形式根据机器的用途、需要而定。

（3）传动部分　介于动力部分与执行部分之间，用以完成运动和动力的传递与转换。利用它可以减速、增速，改变运动形式和转矩等，从而满足执行部分的各种要求。

（4）控制部分　是控制机器各部分工作的装置，控制装置可采用机械、电子等控制方式。

1.1.3　机器的类型

机器按照功能不同可分为以下三类，如图 1-6 所示。

（1）动力机器　用以实现机械能与其他形式能量之间的转换，如发电机、电动机和内燃机等。

中国大飞机 C919

a)

b)

c)

图1-6　机器的类型

a）电动机（动力机器）　b）起重机（工作机器）　c）照相机（信息机器）

（2）工作机器　用以完成有用的机械功或搬运物料，如起重机、机床、输送机等。

（3）信息机器　用以实现信息的变换、处理和传递，如照相机、复印机、传真机等。

1.1.4　机器的相关概念

1. 机器、机构和机械

机构是具有确定相对运动的各实物的组合体。机构和机器的根本区别在于：机构的功能只是用于传递运动和力，而机器的功能除传递运动和力外，还能实现能量、物料和信息的转换与传递，如机床、内燃机等都是机器，而仪表、机床中的分度装置或变速装置等都是机构。

机构是组成机器的主要要素，通常机器可包含一个或多个机构。如图1-3所示的内燃机是由活塞连杆机构、凸轮机构和齿轮机构等组成的，图1-4所示的颚式破碎机由曲柄摇杆机构等组成。常用机构有平面连杆机构、凸轮机构、间歇运动机构和齿轮机构等。

如果不考虑做功或实现能量转换，只从结构和运动的观点来看，机器和机构并无区别。因此，工程上习惯将机器与机构统称为机械。

2. 构件、零件和部件

（1）构件　组成机构的、相互间进行确定相对运动的各个实物称为构件。机构由构件组成，一个机构中可包含若干个构件。

从运动的角度来分析，可以把机器看成是由若干个构件组成的，构件是机器的运动单元，每个构件都具有独立的运动特性，如图1-3所示单缸内燃机中的齿轮9和齿轮10。

构件可以是不能拆开的单一整体，如图1-3所示的整体式曲轴2；也可以是几个相互之间没有相对运动的物体组合而成的刚性体，如图1-7所示的内燃机连杆，它是由连杆盖、连杆体以及连接连杆体和连杆盖的螺钉组成的构件。内燃机工作时，连杆作为一个整体参加运动，所以是一个构件。

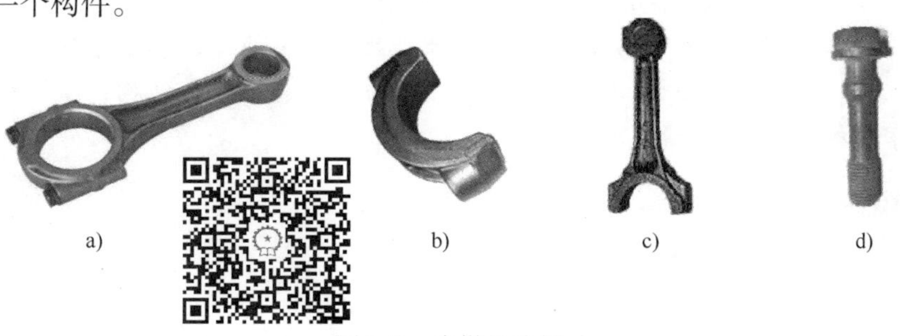
a)　b)　c)　d)

图1-7　内燃机连杆

a）连杆　b）连杆盖　c）连杆体　d）螺钉

（2）零件 组成机器的不可拆的基本单元称为机械零件（简称零件）。

从制造的角度来分析，可以把机器看成是由若干个零件组成的，零件是机器的制造单元。如图1-7中的连杆盖、连杆体和螺钉都是零件，零件是不可拆的制造单元体。

机械中的零件按功能和结构特点又可分为通用零件和专用零件两大类。通用零件是指各种机器上经常用到的零件，如螺栓、螺母、轴和齿轮等；专用零件是指只在某种机器上使用的零件，如内燃机曲轴、起重机吊钩、汽轮机叶片等。

（3）部件 为协同完成某一功能而装配在一起的若干个零件的装配体称为部件。

从装配的角度来分析，可以认为比较复杂的机器都是由若干部件组成的。部件是机器的装配单元。部件有大有小，大的如汽车的变速箱、底盘，小的如滚动轴承、离合器、自行车前轮等。把机器划分为若干部件，对设计、制造、运输、安装及维修都会带来许多方便。

内燃机中的曲轴，从制造的角度分析，称其为零件；从运动的角度分析，称其为构件。自行车的前轮，从运动的角度分析，称其为构件；从装配的角度分析，称其为部件。所以，零件与构件、构件与部件，对其的称谓不在于物体本身的大小及其中包含零件的多少，而在于考虑问题的出发点。

任务实施

任务实施过程见表1-1。

表1-1 认识机器任务实施过程

步 骤	内 容	教师活动	学生活动	成 果
1	参观机械零件陈列室	布置任务、指导学生活动	逐个展柜认真观看，课堂讨论	1. 小组讨论记录 2. 课堂汇报 3. 工作记录单
2	学会判别机器与机构	布置任务、举例引导、讲解相关知识、指导学生活动	课外调研，课堂学习讨论，完成工作记录单的填写	
3	学会分析构件、零件和部件三者之间的区别和联系			

任务1.2 认识典型部件

任务描述

经过任务1.1的学习，已经了解机器是由部件和零件组成的，部件是机器的装配单元，它由若干零件按一定的方式装配组合而成，并完成一定的功用；零件则是机器的制造单元，是组成机器的最基本实体。本任务通过由浅入深地剖析几个部件，要求学会从装配和制造的角度来分析机器的组成，初步认识一些典型零部件的功能、原理和结构，了解一些常见机械结构，从而掌握机械构造的一些基本常识。

相关知识

1.2.1 齿轮泵

齿轮泵是机器中将机械能转换成液压能的装置，常用来输送各种液压油。其基本结构如

图1-8所示，它是由15种零件组成的简单装配体，主要零件有泵体、泵盖、齿轮轴、从动轴、从动齿轮、填料、压盖、钢球、弹簧、调节螺钉等。

1. 齿轮泵的功能分析

1）给机器提供液压油。

2）当油路堵塞、油压升高时，能安全卸压。

2. 齿轮泵的结构分析及工作原理

由图1-8可知，泵体是齿轮泵中的主要零件之一，主要用来容纳一对啮合的齿轮，支承齿轮轴、从动轴；泵体前后的螺纹孔用于联接泵体的进出油管；泵体底板上的两通孔用于泵体的安装；泵盖的作用是支承齿轮轴，并容纳钢球、弹簧、调节螺钉；泵体与泵盖由6个螺栓联接；齿轮轴的右端由平键通过联轴器与原动机（如电动机）相联，运动和能量从此处输入。

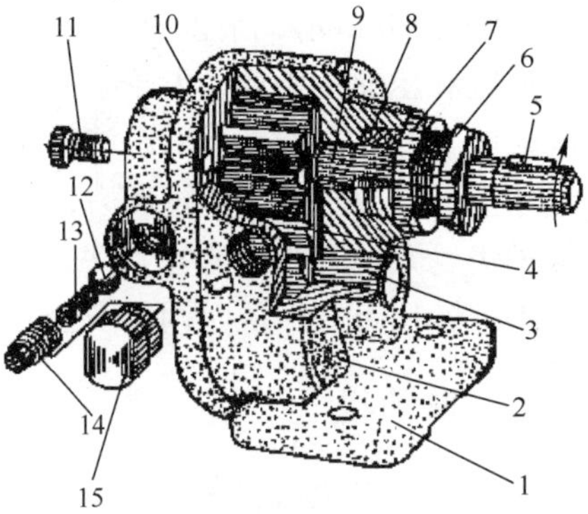

图1-8　齿轮泵的结构

1—泵体　2—圆柱销　3—从动轴　4—从动齿轮　5—平键　6—压盖　7—螺母　8—填料　9—齿轮轴　10—泵盖　11—螺栓　12—钢球　13—弹簧　14—调节螺钉　15—防护螺母

如图1-9a所示，运动从齿轮轴1右端输入，带动齿轮轴上的齿轮顺时针转动，从而带动从动齿轮2逆时针转动。齿顶与泵体内腔壁的间隙很小，油液不会从该间隙处泄漏。随着运转的进行，吸油区的气体不断地被齿轮的齿槽带到压油区，从而在吸油区形成局部真空，使油池4内的油液在大气压力的作用下进入吸油区，并充满齿槽。随着运转的继续进行，齿槽内的油液被带到齿轮啮合区右侧的压油区，两个齿轮的轮齿进入啮合，便将齿槽中的油液挤出，油液不断地进入压油区，油压逐渐升高，随着运转的不断进行，泵内的压油便沿着输油管道被送至机器中需要液压油的各部位。

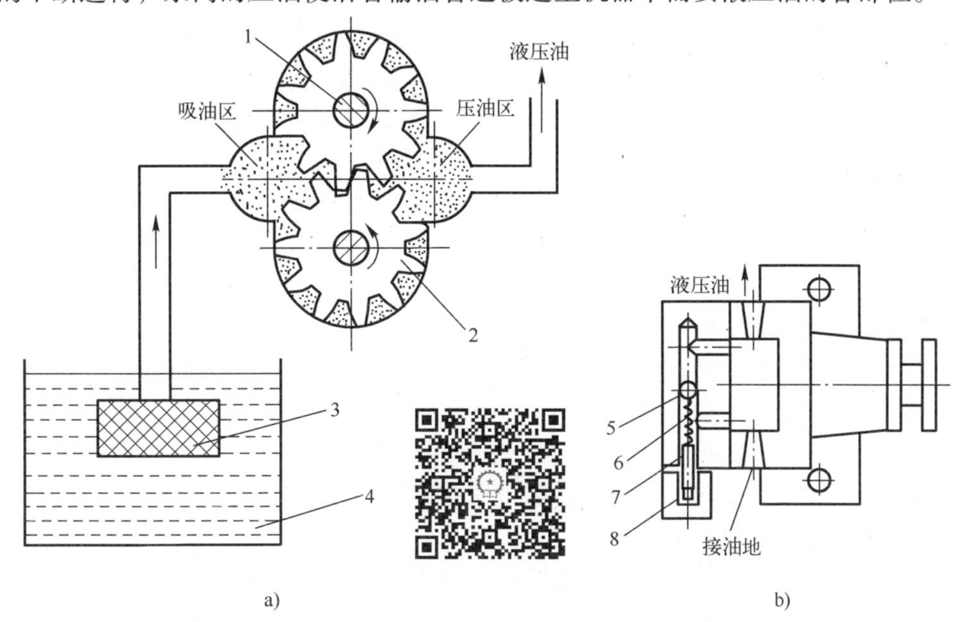

图1-9　齿轮泵的工作原理示意图

1—齿轮轴　2—从动齿轮　3—过滤器　4—油池　5—钢球　6—弹簧　7—调节螺钉　8—防护螺母

如图 1-9b 所示，泵盖内设有一个安装弹簧和钢球的孔，该孔通过两个小孔分别与泵体内吸油区和压油区相连，齿轮泵正常工作时，该孔被弹簧 6 紧压的钢球 5 堵塞，吸油区与压油区彼此隔开。当液压泵的出油管路因故障发生堵塞时，造成压油区的油压不断升高，作用于钢球上的压力超过了弹簧压力，液压油顶开钢球，两个小孔连通，使齿轮泵安全卸压，从而保护齿轮泵及管路中的各元件。泵盖孔的前端部装有调节螺钉 7，该调节螺钉调节弹簧施加给钢球的压力值，从而调节安全卸压的油压值。

1.2.2 发动机

1. 发动机的功能分析

发动机是汽车、轮船、飞机、摩托车、农业机械等的动力装置，它能将汽油、柴油、煤气、天然气等燃料的热能转化为机械能，以驱动机械运转。发动机绝大多数采用的都是往复活塞式内燃机，根据其所用的燃料，可分为汽油发动机（简称汽油机）、柴油发动机（简称柴油机）、天然气发动机等若干种。常见的汽油机是利用化油器使汽油与空气混合后吸入发动机气缸内，然后用电火花强制点燃混合气，使其燃烧产生热能做功。柴油机则是利用喷油泵使柴油产生高压，再由喷油器直接喷入发动机气缸内，并与气缸内的压缩空气混合形成混合气，由柴油自燃后产生热能做功。

长期以来，汽油机和柴油机因具有热效率高、结构紧凑和维修方便等优点，故在汽车领域中占有统治地位。近年来，为解决汽车尾气排放污染环境的问题，出现了安装天然气发动机的绿色汽车。

2. 发动机的组成

下面以单缸四冲程汽油机为例来介绍汽油发动机的构造。

汽油机的一般构造如图 1-10 所示，它由气缸、活塞、连杆、飞轮、曲轴、曲轴箱、进气门、排气门等组成。活塞 3 装在气缸 2 内，可以沿气缸中心线进行往复直线运动，活塞通过活塞销 12 与连杆 4 的小头端相连，连杆的大头端套装在曲轴 6 的连杆轴颈上，曲轴的两端支承在曲轴箱 7 的轴承上，这样活塞进行往复运动时，就可通过连杆带动曲轴做旋转运动。曲轴的尾端装有飞轮 5，气缸上部装有气缸盖 1，它使活塞顶部与气缸盖之间形成密闭的燃烧室。气缸体上面设有进气门 13 和排气门 14，它们可根据发动机工作需要进行开启和关闭动作。

3. 发动机的工作原理

图 1-11 所示为汽油机的工作原理示意图。图中上止点是指活塞离曲轴中心最远处，即活塞的最高位置；下止点是指活塞离曲轴中心最近处，即活塞的最低位置；上、下止点间的距离 S 称为活塞行程。曲轴与连杆下端的连接中心至曲轴中心的距离 R 称为曲柄半径。对于气缸中心线通过曲轴中心的发动机，活塞行程等于曲柄半径的 2 倍，当活塞上下移动各一个单行程时，曲轴旋转一圈。

发动机工作时，首先由外力带动曲轴旋转，曲轴再带动活塞由上止点向下止点移动，此时气缸在活塞上方的空间逐渐增大，而其压力逐渐降低。当压力小于大气压时，气缸内就会产生一定的真空度，在此期间气缸的排气门是关闭的，而进气门是开启的，因此，通过化油器的空气与汽油混合而成的可燃混合气，经过进气管的进气门就被吸进了气缸，这一过程通常称为发动机的“进气冲程”。当活塞由下止点向上止点移动时，进、排气门全部关闭，气缸内的可燃混合气受到压缩，密度加大，温度升高，这一过程称为发动机的“压缩冲程”。当活塞到达上止点时，装在气缸盖上的火花塞产生电火花，点燃被压缩的混合气，可燃混合气燃烧，产生很大的压力，又推动活塞由上止点向下止点运动，再通过连杆使曲轴旋转，并输出机械能，这一过程称为发动机的“做功冲程”。当活塞达到下止点时，做功冲程结束。在此期间，发动机的进、排气门仍旧是关闭的，可燃混合气燃烧后产生了废气，为了进行下一个进气冲程，必须将废气从气缸中排出。故做功冲程终了时，活塞将由下止点向上止点移动，这时进气门关闭，排气门打开，废气经排气门强制排到大气中去，这一过程称为发动机的“排气冲程”。

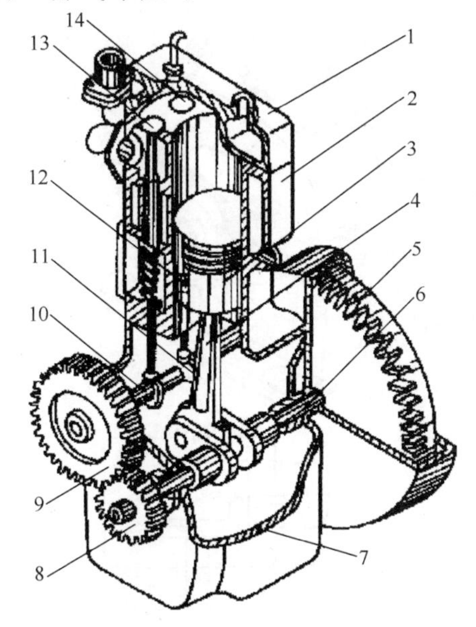

图1-10 单缸四冲程汽油机构造示意图
1—气缸盖 2—气缸 3—活塞 4—连杆 5—飞轮
6—曲轴 7—曲轴箱 8、9—齿轮 10、11—凸轮
12—活塞销 13—进气门 14—排气门

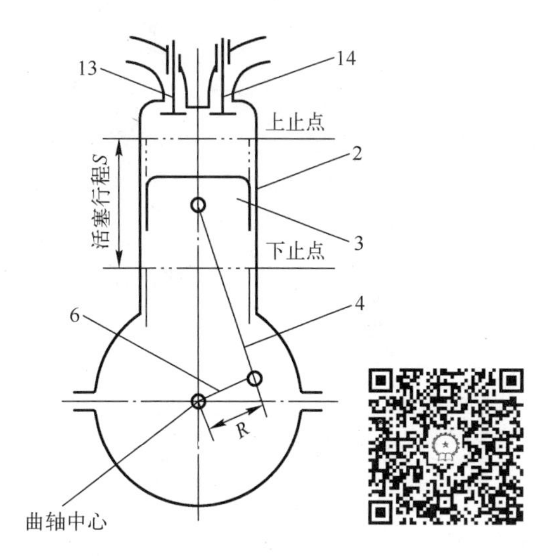

图1-11 汽油机的工作原理示意图
2—气缸 3—活塞 4—连杆 6—曲轴
13—进气门 14—排气门

综上所述，四冲程汽油发动机经过进气、压缩、做功、排气四个冲程，完成一个工作循环。在此期间，活塞在上、下止点间往复运动了四个冲程，曲轴相应地旋转了两圈。发动机就是这样一个循环接一个循环地重复运行，连续不断地运转起来。

1.2.3 减速器

1. 减速器的功能分析

减速器是将高速运动（通常为旋转运动）转换为低速运动的一种传动装置。由于人们常用的动力源（如电动机等）的转速通常较高，如果直接将其与工作机相连，会使工作机的转速也较高，而不能满足实际使用要求，因此在动力源与工作机之间要使用减速器。减速器一般由封闭在刚性箱体内的齿轮传动、蜗杆传动或齿轮-蜗杆传动等机构组成，它是独立部件，有标准系列，可专业化或批量生产，制造质量高、成本低，应用广泛。在少数场合，也有用作起增速作用的传动装置，称为增速器。

减速器通常具有固定不变的传动比，在动力源输出功率和功率损失不变的情况下，减速器一方面可降低转速，另一方面也增大了转矩。通常对减速器有如下要求：

1）结构紧凑、工作可靠、维护方便、使用寿命长。

2）润滑良好，传动效率高，传递的功率及速度范围广，传递功率可从几百瓦到几万千瓦；

3）机体结实，容易保证制造精度，传动质量可靠，传动比稳定。

2. 减速器的主要类型

减速器的类型很多，主要可按以下两种方式进行分类。

（1）按传动和结构特点分类

1）齿轮减速器。主要有圆柱齿轮减速器（图 1-12）、锥齿轮减速器（图 1-13）和圆柱－锥齿轮减速器（图 1-14）三种。

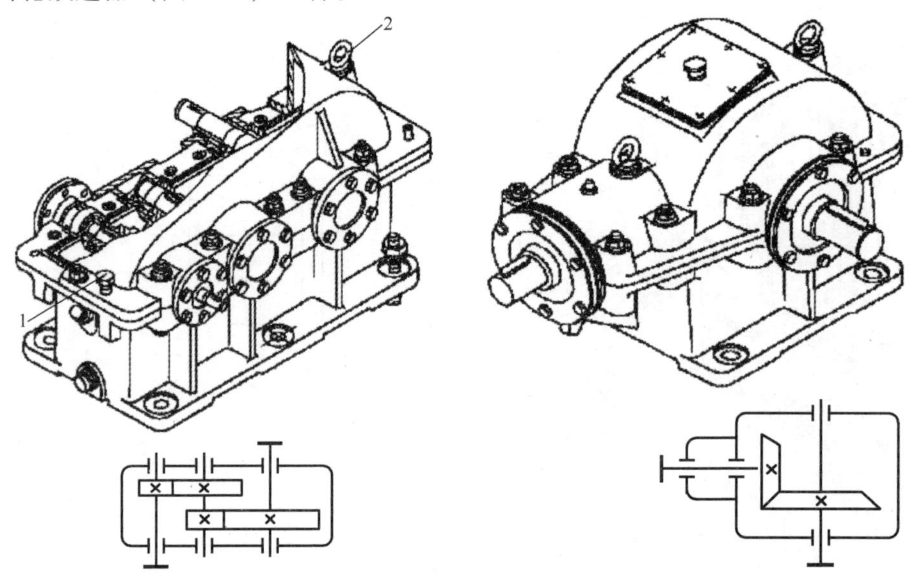

图 1-12　圆柱齿轮减速器

1—起盖螺钉　2—吊环螺钉

图 1-13　锥齿轮减速器

2）蜗杆减速器（图 1-15）。主要有圆柱蜗杆减速器、环面蜗杆减速器、锥蜗杆减速器以及蜗杆－齿轮减速器等。

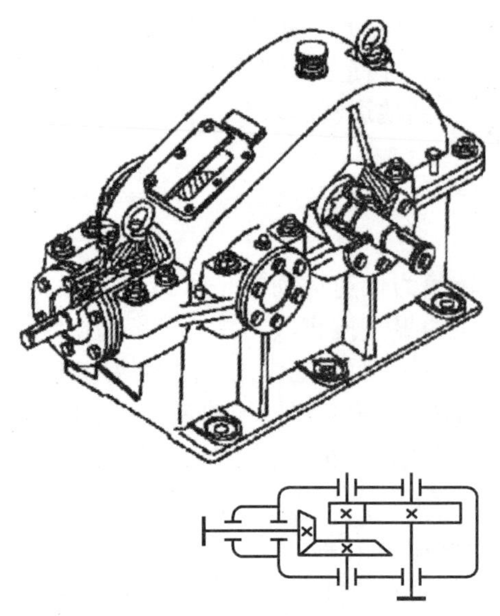

图 1-14　圆柱－锥齿轮减速器

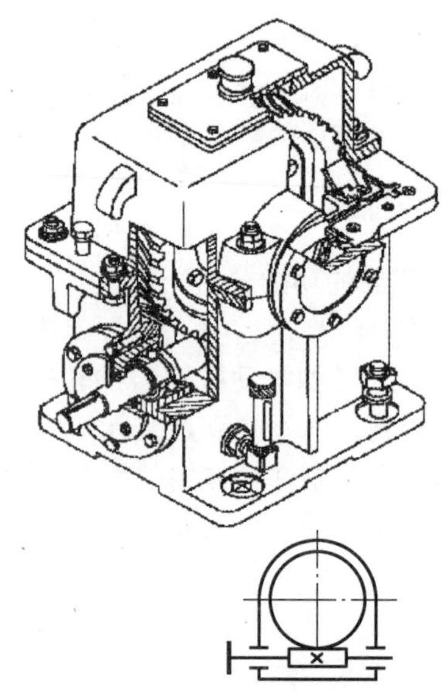

图 1-15　蜗杆减速器

3）行星减速器。主要有渐开线行星齿轮减速器、摆线针轮减速器以及谐波齿轮减速器等。

（2）按啮合齿轮对数分类　按减速器内啮合齿轮的对数来划分，可分为一级、二级、三级和多级减速器，一级、二级、三级减速器的示意图如图1-16所示。

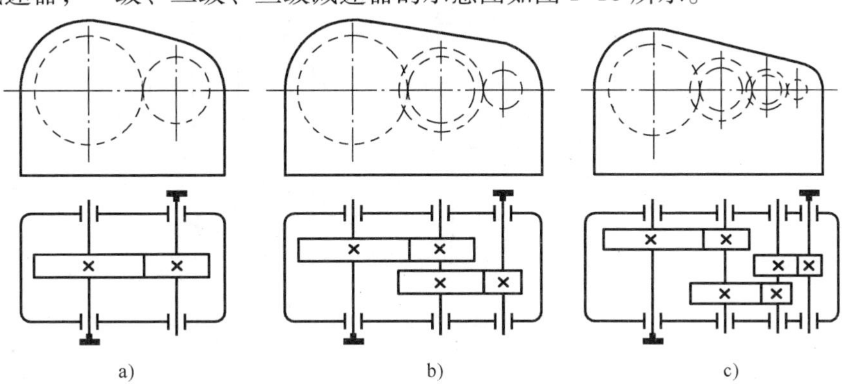

图1-16　减速器示意图

a）一级减速器　b）二级减速器　c）三级减速器

3. 减速器的结构分析

虽然减速器的外形各式各样，但其基本构造均是由轴系部件、箱体及附件等组成。下面以图1-17所示的一级圆柱齿轮减速器为例说明减速器的基本构造。

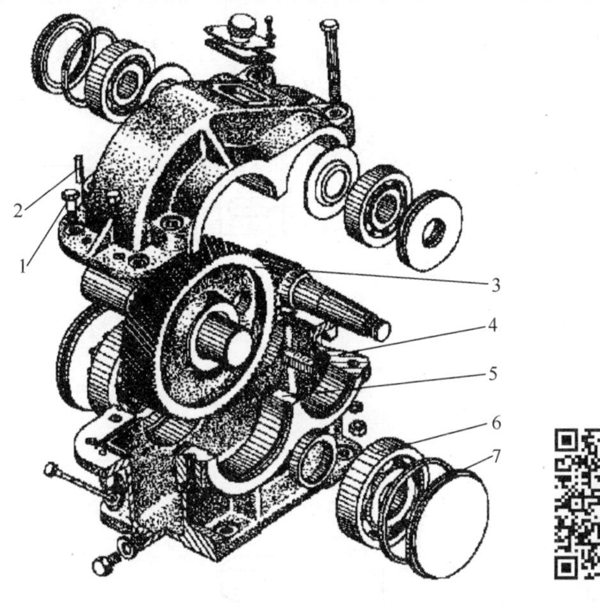

图1-17　一级圆柱齿轮减速器

1—螺栓　2—定位销　3—齿轮　4—键　5—箱座　6—滚动轴承　7—轴承端盖

（1）轴系部件　轴系部件是轴及轴上所安装零件（如齿轮、套筒、轴承、轴承端盖等）的总称，它是减速器的核心部分。图1-17所示的减速器有两个轴系部件，即高速轴系部件和低速轴系部件，图1-18所示为其低速轴系部件的剖视图。

1）轴。轴是组成机器的主要零件之一，是机械产品中运动部件设计的核心。轴的作用

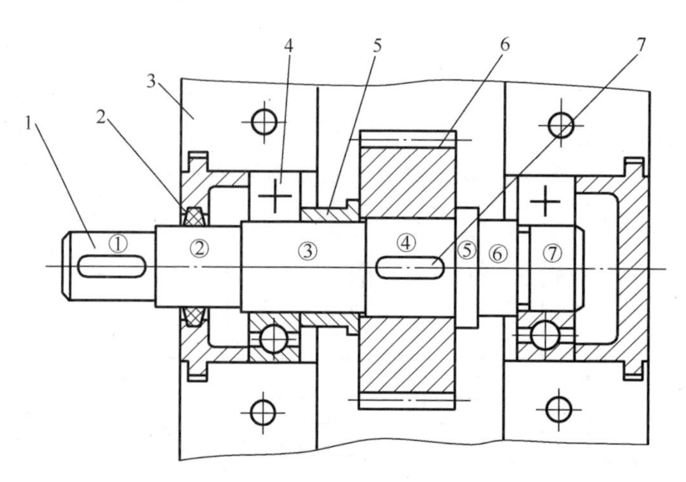

图 1-18　低速轴系部件的剖视图

1—轴　2—密封圈　3—轴承座　4—滚动轴承　5—套筒　6—齿轮　7—键

是支承轴上旋转的零部件（如齿轮、滚动轴承等），并传递转矩。

图 1-18 中从左端起，轴段①用于安装外连零部件，如带轮、链轮或联轴器；轴段②上装有毛毡密封圈（防止箱内润滑油外泄）和轴承端盖；轴段③上装有滚动轴承和套筒；轴段④上装有齿轮；轴段⑦上装有滚动轴承，其中轴段①和②、④和⑤、⑥和⑦之间的台阶分别用于确定外连零部件、齿轮及滚动轴承的轴向位置。

轴按轴线形状的不同，可分为直轴（图 1-19）、曲轴（图 1-20）和挠性轴（图 1-21）。直轴根据外形的不同，又可分为光轴和阶梯轴两种。光轴的优点是形状简单，制造方便，应力集中源少，其主要缺点是轴上的零件不易装配及定位；阶梯轴便于轴上零件的装拆与定位，加工也容易，因而使用广泛。减速器中的轴一般都采用阶梯轴。

a)　　　　b)

图 1-19　直轴

a）光轴　b）阶梯轴

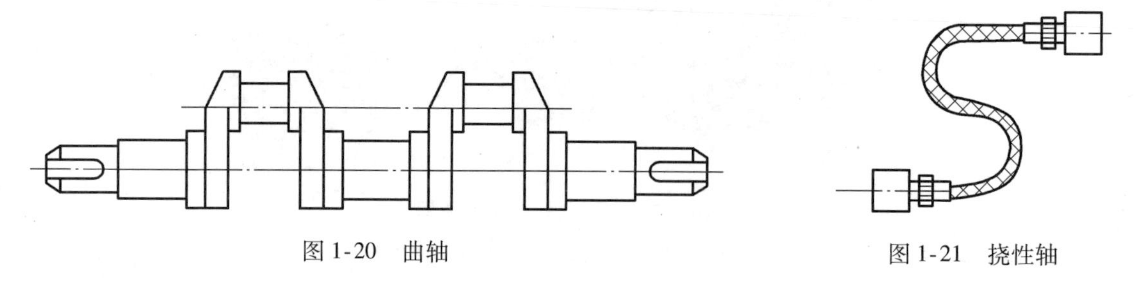

图 1-20　曲轴　　　　图 1-21　挠性轴

轴没有标准的结构形式，其结构随着具体应用及要求不同而异，详见学习情境 4 和学习情境 5。

2）齿轮。齿轮的作用是传递运动和动力，改变角速度的大小，它依靠两齿轮的轮齿相互啮合，由主动轮的轮齿依次推动从动轮的轮齿进行工作。其啮合原理及类型详见学习情境

4，此处不再赘述。

3）滚动轴承。轴承的功用是支承轴及轴上的零件，使轴与轴上零件做回转运动，并保持轴的旋转精度，减少转动时轴与支承之间的摩擦和磨损。根据工作时的摩擦性质不同，轴承可分为滑动轴承和滚动轴承两大类。此处仅就滚动轴承作简单介绍。

滚动轴承主要由内圈1、外圈2、滚动体3和保持架4组成，如图1-22所示。内圈装在轴颈上，外圈装在轴承座孔内。通常内圈随轴回转，外圈固定，也有外圈回转而内圈不动或内、外圈同时回转的场合。内、外圈上一般都开有凹槽，称为滚道。当内、外圈相对转动时，滚动体沿着滚道滚动，使相对运动表面之间为滚动摩擦。保持架将滚动体隔开并均匀分布在滚道上，以减少滚动体之间的摩擦和磨损。

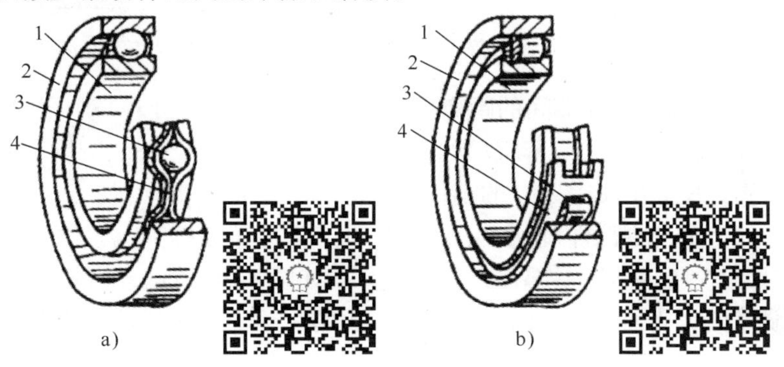

图1-22　滚动轴承的基本结构

1—内圈　2—外圈　3—滚动体　4—保持架

滚动体是形成滚动摩擦所不可缺少的零件，滚动体有多种形式，以适应不同类型滚动轴承的结构要求。常见的滚动体形状有球、短圆柱滚子、长圆柱滚子、螺旋滚子、圆锥滚子、鼓形滚子和滚针等7种，分别如图1-23a～g所示。

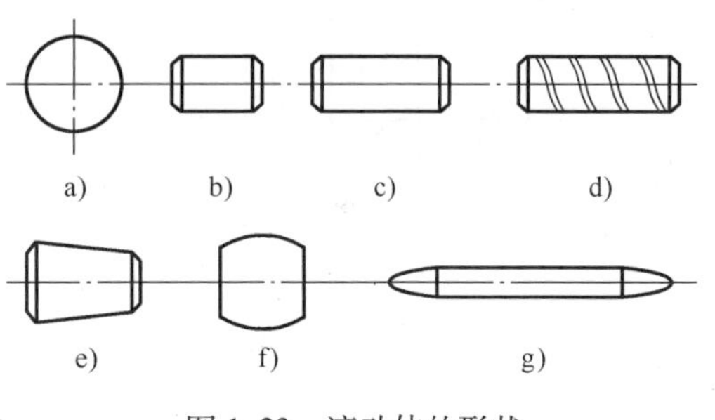

图1-23　滚动体的形状

我国对滚动轴承的技术规格、结构形状、尺寸、材料和热处理等制定了标准，滚动轴承一般由专门的厂家集中生产，在进行机械设计时只需根据相应需要选择适当的轴承型号，到市场上购买即可。像这种经过优化、选择、简化、统一后，给予标准代号的零件和部件称为标准件，如螺钉、螺母、键、联轴器等，标准件通常由专业厂家成批生产。统一制定标准、由专门厂家成批生产的部件称为标准部件，如减速器、电动机等均属于标准部件。

4）轴承端盖。轴承端盖的作用是固定轴承及调整轴承间隙，并承受轴向力，同时防止箱内润滑油向外渗漏，它通过螺栓或直接与箱体相连来定位，并使整个轴系部件沿轴向具有确定位置，保证两齿轮沿齿宽方向完全接触。

轴承端盖有嵌入式（图1-24）和凸缘式（图1-25）两种。嵌入式轴承端盖结构简单，质量小，但密封性能差，调整轴承间隙比较麻烦，需要打开箱盖，放置调整垫片，不宜用于要求准确调整轴承间隙的场合，只宜用于深沟球轴承；凸缘式轴承端盖调整轴承间隙比较方便，密封性能也好，因而应用广泛。

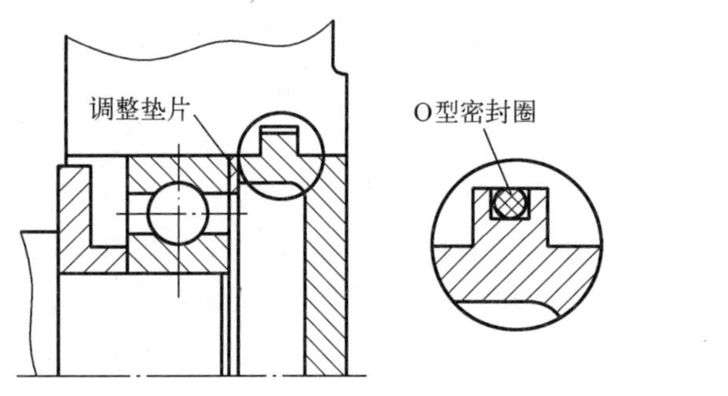

图 1-24 嵌入式端盖

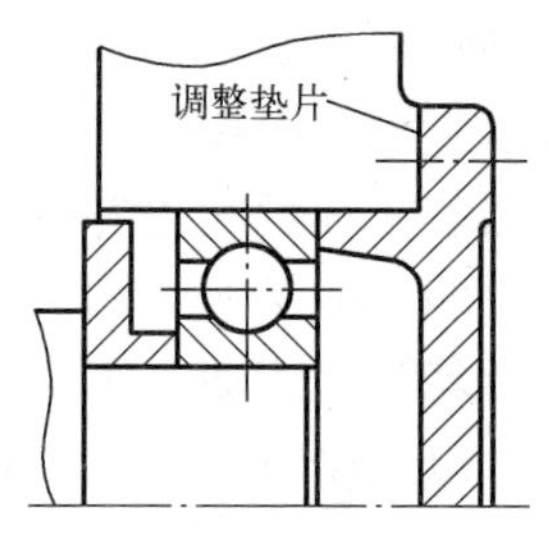

图 1-25 凸缘式端盖

5）套筒。当轴上两相邻零件间的距离较小时，常用套筒（图 1-18）作轴向定位，避免因使用台阶而使轴径增大。图 1-18 所示的套筒，一端用于固定齿轮，另一端用于固定滚动轴承。套筒的结构、尺寸由所需定位的零件决定。

由于轴系部件是多个零部件装配在一起构成的，为便于装拆其上零件，须拟出零件的装配顺序。对于图 1-18 所示的轴系部件，其装配方案如图 1-26 所示，齿轮、套筒、左边的滚动轴承、轴承端盖依次从轴的左端向右安装，右边的滚动轴承及其轴承端盖从轴的右端向左安装。

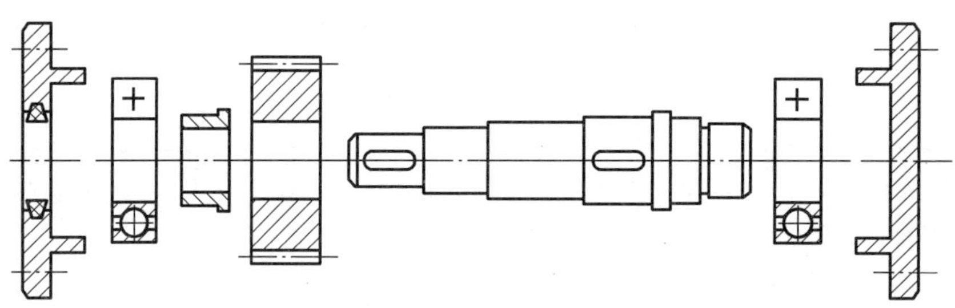

图 1-26 轴系部件装配方案

（2）箱体 箱体是用来安装减速器上其他零部件，保证传动件准确运转、良好润滑和密封的重要零件。为便于安装轴系部件，箱体多采用剖分式结构，即由箱盖（图 1-27）和箱座（图 1-28）两部分组成。通常在剖分面上涂一层薄薄的水玻璃或密封油，以保证箱体的密封性。成批生产时，箱体通常用灰铸铁制成，单件或小批量生产时常用钢板焊接而成。

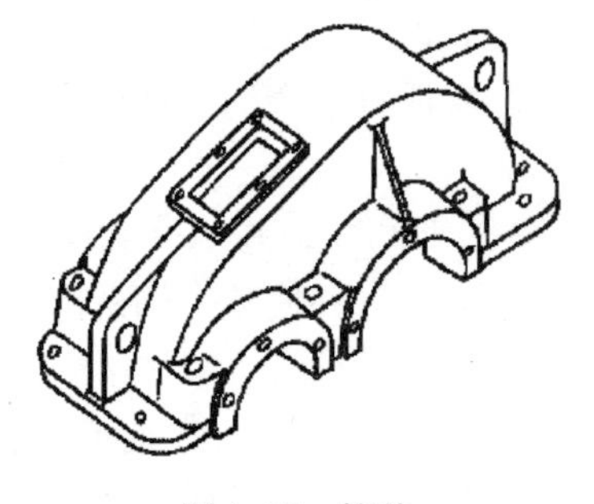

图 1-27 箱盖

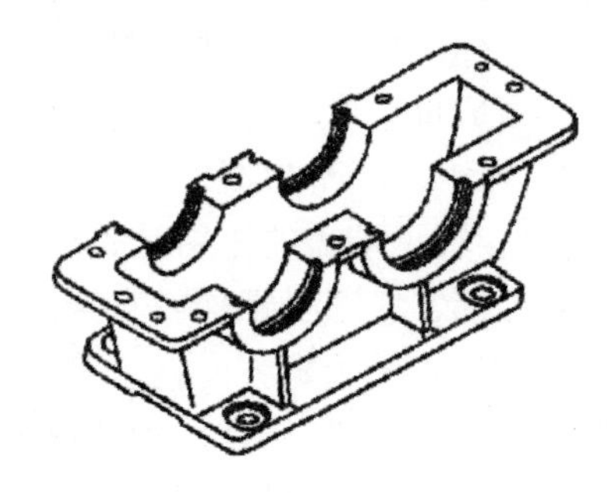

图 1-28 箱座

箱盖与箱座常由一定数量的螺栓联接成一体，并用两个圆锥销保证其精确定位，螺栓的位置应尽量靠近轴承。为保证螺栓和螺母联接时，能与箱体的支承面很好地接触，一般支承面应加工平整；安装螺栓处应留足够的扳手活动空间。箱体在设计制造时应满足以下要求：有足够的刚度，以避免在载荷作用下产生过大的变形；剖分面有合适的宽度，并且加工精度高，以保证密封可靠；箱座的高度有一定的要求，以便容纳足够的润滑油润滑零件，并起散热作用。

(3) 附件　为检查减速器内传动件的啮合情况、注油及排油情况、油面高度、通气、装拆、吊运等，通常还需在减速器箱体上设置一些装置或附加结构，统称附件。这些附件包括放油螺塞、油标尺、定位销、视孔盖、通气器、吊环和吊钩等，如图1-29所示。

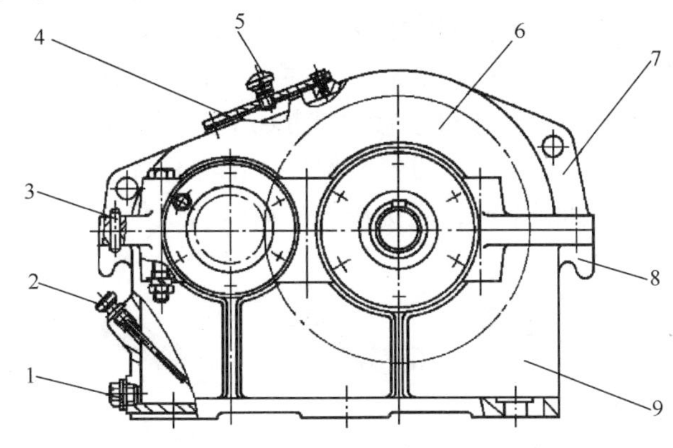

图1-29　减速器附件

1—放油螺塞　2—油标尺　3—定位销　4—视孔盖　5—通气器　6—箱盖　7—吊环　8—吊钩　9—箱座

任务实施

任务实施过程见表1-2。

表1-2　认识典型部件任务实施过程

步　骤	内　　容	教师活动	学生活动	成　　果
1	认识一些典型部件的功能、原理和结构	布置任务、举例引导，讲解相关知识	课外调研，课堂学习讨论	1. 课堂汇报 2. 工作记录单或实验报告
2	减速器拆装实验	布置任务、指导学生活动	学生对减速器进行拆装，观察减速器中各基础零部件在实际机器中的作用	

任务1.3　认识常用零件

任务描述

从制造的角度分析机器，任何机器都是由若干零件按一定装配关系和技术要求组成的。一般来说，组成机器的零件主要分为三大类：标准件、常用件和一般零件。由齿轮泵结构图

（图 1-8）可以看出，齿轮泵就是由这三类零件组成的。本任务要求结合实际看到的零件，学会正确认识零件，掌握零件的分类、常用标准件的名称及标记，并能根据标准件的标记查阅《机械设计手册》，绘制标准件图样，从而建立标准件的概念和感性机械常识，为后面的学习奠定基础。

相关知识

1.3.1 标准件

在通用零部件中，结构形状、尺寸规格完全符合国家标准或行业标准的零部件，称为标准件。对机械制造行业来说，产品零件中的标准件属于外购件，由专门的厂家集中生产制造，这样可以通过组织大批量生产而降低成本，并为产品的设计带来方便。一般企业设计产品时，只需确定好标准件类型、规格和标记，到市场上购买即可。

标准件的使用相当广泛，几乎所有机器或部件上都有标准件存在，如减速器中支承旋转轴的滚动轴承，联接齿轮与轴的平键，联接箱盖与箱体的螺柱、销等都是标准件。常用标准件如图 1-30 所示。

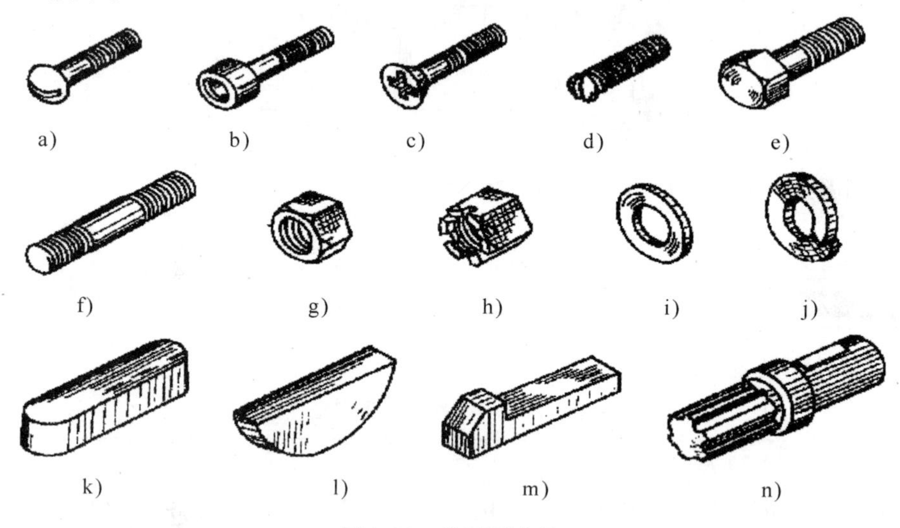

图 1-30 常用标准件

a）半圆头螺钉 b）内六角圆柱头螺钉 c）十字槽沉头螺钉 d）锥端紧定螺钉 e）六角头螺栓 f）双头螺柱 g）六角螺母 h）六角槽形螺母 i）垫圈 j）弹簧垫圈 k）平键 l）半圆键 m）钩头楔键 n）花键

由于标准件是外购件，一般企业不进行设计、生产，购买的依据是标准件的标记。因此，掌握标准件标记的含义，学会根据标准件标记查阅《机械设计手册》，并根据需要确定标准件标记，是工程技术人员必备的基本技能之一。

1. 标准件的标记

大多数标准件标记的组成如下（滚动轴承标记除外）

名称 国家标准代号 类型规格

例如：螺栓 GB/T 5782—2016M16 × 70，表示螺纹公称直径为 16mm，公称长度为 70mm的六角头螺栓。

2. 标记的含义

（1）名称　确定该标准件的大致功用。

（2）国家标准代号　确定标准件的结构形状，一般国家标准代号一定，该标准件的结构形状也确定。国家标准代号（简称国标代号）的含义如下：GB代表国家标准；“T”表示推荐标准，无“T”时为强制标准；数字代表该标准的编号和颁布年限。

（3）类型规格　确定标准件大小。

因此，标准件的标记一定，该标准件的结构、形状及所有尺寸都唯一确定，即可外购。

3. 标准件的图样表达

标准件的图样表达是由国家标准统一规定，采用规定画法。单个标准件的规定画法可根据其标记中的名称及国标代号查阅《机械设计手册》；装配图中标准件的规定画法在《机械制图》课程中学习，这里不再赘述。

1.3.2　常用件

结构形状固定、部分尺寸参数符合国家标准的零件称为常用件。常用的常用件有齿轮、弹簧等。常用件使用较为广泛，一般机械装置中均有常用件存在，设计常用件时应注意常用件的部分尺寸应符合国家标准的规定。常用件的图样表达与标准件的图样表达方法相同，须按照国家标准的统一规定进行绘制，标准直齿圆柱齿轮及其啮合的规定画法如图1-31所示。

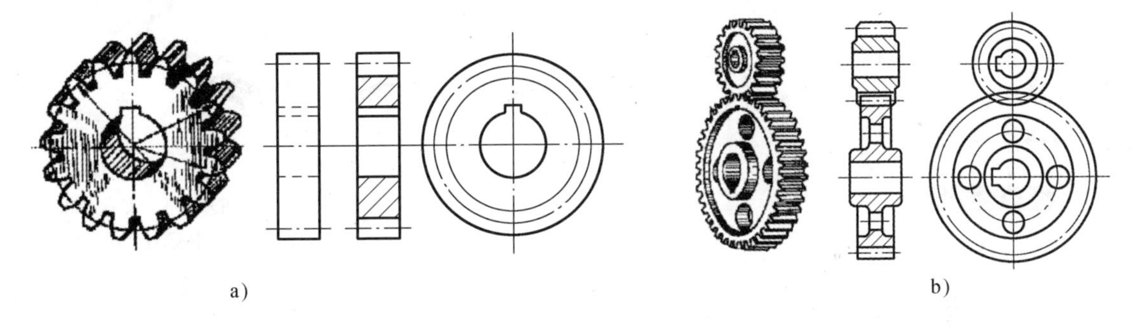

a）　　b）

图1-31　齿轮的规定画法

a）标准直齿圆柱齿轮的规定画法　b）两个标准直齿圆柱齿轮啮合的规定画法

1.3.3　一般零件

一般零件简称零件，零件的主要结构形状、尺寸大小由该零件在机器或部件上的功用确定，同时零件的结构形状还应满足加工、测量、装配等制造过程所提出的一系列工艺要求。零件上因满足这些要求而具有的结构形状称为零件的工艺结构。

如前述齿轮泵图中的泵体，它的功用主要是支承和容纳一对啮合的齿轮及完成齿轮泵的安装，因此它呈长圆形状且内部空心；泵体下部的凸缘又称底板，用于完成齿轮泵的安装；泵体前后的螺纹孔用于联接泵体的进、出油管；泵体右部的凸缘用于齿轮轴和从动轴的支承及泵体的密封；泵体左部通过螺栓、圆柱销与泵盖相联；泵体下部的凸缘上的凹槽属于它的工艺结构。

再如前述减速器图中的箱体，它的功用是容纳齿轮、润滑冷却液，支承旋转轴，与箱盖结合密封传动系统，完成减速器安装等，因此它的结构也是呈内空状箱体。减速器的箱体上下均有凸缘，上凸缘用于与箱盖结合，下凸缘（又称底板）用于安装；前、后壁凸台用于支承旋转轴。其中，上凸缘下方凸台、吊耳、下凸缘、底板上的凹槽均属工艺结构。

虽然零件的结构形状千差万别，但按其结构特点、制造方法不同大致可以分为五类。

1. 轴套类

轴套类零件大多数是同轴回转体，轴上常有轴肩、键槽、螺纹、退刀槽、越程槽、倒圆、倒角、中心孔等结构，如前述减速器中的主、从动轴，齿轮泵中的齿轮轴、从动轴等。

2. 盘盖类

盘盖类零件大多数为扁平状结构，这类零件上常有凸台、凹坑、均布孔、轮辐、键槽等结构，如前述齿轮泵中的泵盖，减速器中的轴承端盖等。

3. 叉架类

叉架类零件的结构形状多样，差别较大，也较复杂，一般由套筒、底板及支承肋板等组成，如图1-32所示。

4. 箱体类

箱体类零件的结构形状比较复杂，常有内腔、轴承孔、凸台或凹坑、肋板、螺孔与螺栓通孔等结构。其毛坯多为铸件，部分结构经机械加工形成，如前述减速器中的箱盖、箱体，齿轮泵的泵体等。

5. 薄片类

薄片类零件的结构特点为：零件某一方向的尺寸很小，呈片状结构，如电动机转子冲片、前述减速器中的轴承定位调节垫片等。

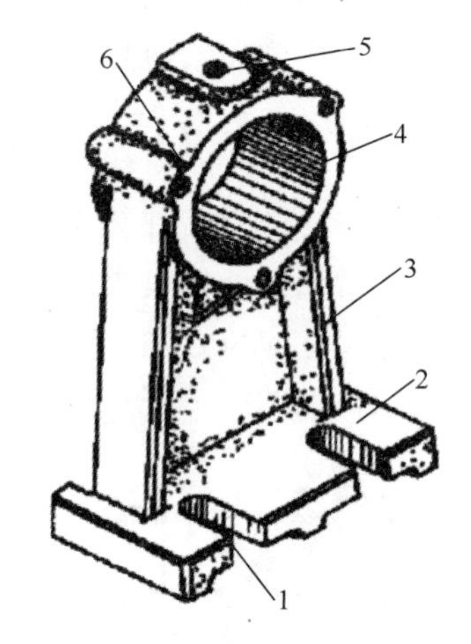

图1-32　叉架类零件

1—开口槽　2—底板　3—支承肋板
4—支承套筒　5—装油杯螺孔　6—螺栓孔

任务实施

任务实施过程见表1-3。

表1-3　认识常用零件任务实施过程

步　骤	内　　容	教师活动	学生活动	成　　果
1	参观机械零件陈列室	布置任务，指导学生活动	逐个展柜认真观看，课堂讨论	1. 小组讨论记录 2. 课堂汇报 3. 完成工作记录单
2	减速器拆装实验	布置任务，指导学生活动	对减速器进行拆装，认识减速器中的各类零件及其作用	
3	理解标准件、常用件和一般零件三者间的区别	布置任务，举例引导，讲解相关知识	课外调研，课堂讨论，根据标准件的标记查阅《机械设计手册》	

思考训练题

1-1　从机器功能的角度看，机器由哪几部分组成，各部分分别起什么作用？

1-2　留心观察身边的设备，试举出几种常用的机器，并说出它们的用途和基本功能。

1-3　说明题 1-2 中所述机器的主要规格与性能，查阅相关资料，将结果列成表格。

1-4　机器有哪些特征？机器与机构的区别是什么？

1-5　什么是构件？什么是零件？缝纫机踏板属于哪类零件？

1-6　根据图 1-8 对照齿轮泵实物，认识齿轮泵的主要零件，并写出齿轮泵的拆卸过程。

1-7　了解发动机的主要零件（缸体、活塞、凸轮、连杆、曲轴）的作用及构造。

1-8　发动机由哪些常见机构组成？

1-9　对照减速器实物，说出其中每一个零件的名称。

1-10　指出所拆减速器是几级减速器，其齿轮属于何种类型？

1-11　用滚动轴承来支承轴的好处是什么？

1-12　是否可把滚动轴承内的保持架去掉？为什么？

1-13　何谓标准件和常用件？

1-14　为什么说标准件的标记一定，标准件的结构、形状及所有尺寸都唯一确定？

1-15　标准件的图样表达采用规定画法，请查阅《机械设计手册》画出下列标准件的图样，并注上尺寸：六角头螺栓、双头螺柱、六角螺母、普通型平键。

学习情境2

设计内燃机中的常用机构

技能目标：以内燃机中的常用机构为载体，学会绘制平面机构的运动简图，判断机构运动的确定性；学会设计简单的平面四杆机构；会用反转法设计盘形凸轮轮廓曲线。

知识目标：

1）掌握内燃机的工作原理、组成和基本构造。

2）掌握平面机构运动副、自由度的概念，学会机构运动简图的绘制方法，掌握平面机构自由度的计算及机构运动确定性的判定方法。

3）掌握铰链四杆机构的基本组成、类型、判别方法及应用范围，掌握平面四杆机构的基本特性和简单平面四杆机构的设计方法。

4）熟悉凸轮机构的类型、特点及应用，了解从动件常用的运动规律及选择原则，掌握盘形凸轮机构设计的方法与步骤。

教学方法提示：可通过参观机械零部件陈列室、内燃机拆装和动画、视频等多媒体课件，以及平面连杆机构、凸轮机构设计任务进行教学设计。

任务2.1　分析内燃机的结构

任务描述

本任务是在已掌握知识的基础上，学习一种典型的机器——内燃机。通过拆装内燃机，掌握内燃机的工作原理，了解内燃机的基本构造，对内燃机中的常用机构，如活塞连杆机构、配气机构等有初步的认识。

相关知识

2.1.1　内燃机的基本知识

内燃机是一种动力机械，它是通过使燃料在机器内部燃烧，并将其释放出的热能直接转换为动力的热力发动机。

中国先进航空发动机

广义上的内燃机不仅包括往复活塞式内燃机、旋转活塞式发动机，也包括旋转叶轮式燃气轮机、喷气式发动机等，但通常所说的内燃机是指活塞式内燃机。

活塞式内燃机中以往复活塞式内燃机应用最为普遍。活塞式内燃机将燃料和空气混合，在其气缸内燃烧，释放出的热能使气缸内产生高温高压的燃气，燃气膨胀推动活塞做功，再通过活塞连杆机构或其他机构将机械功输出，驱动从动机械工作。

常见的活塞式内燃机有柴油机和汽油机两种。柴油机的功率较大，常用于载重汽车、火车、轮船；汽油机比较轻巧，常用于汽车、飞机及小型农业机械。

2.1.2 内燃机的基本构造

内燃机是一种由许多机构和系统组成的复杂机器。无论是汽油机，还是柴油机；无论是二冲程发动机，还是四冲程发动机；无论是单缸发动机，还是多缸发动机，要完成能量转换，实现工作循环，保证长时间连续正常工作，都必须具备以下机构和系统。

1. 活塞连杆机构

活塞连杆机构是发动机实现工作循环、完成能量转换的主要运动机构。它由机体、活塞、连杆、曲轴和飞轮等组成，如图2-1所示。在做功行程中，活塞承受燃气压力在气缸内做往复直线运动，通过连杆转换成曲轴的旋转运动，并由曲轴对外输出动力。而在进气、压缩和排气行程中，飞轮释放能量又把曲轴的旋转运动转化成活塞的直线运动。内燃机的活塞连杆机构是平面连杆机构中曲柄滑块机构的实际应用。

2. 配气机构

配气机构的功用是根据内燃机的工作顺序和工作过程，定时开启和关闭进气门和排气门，使可燃混合气或空气进入气缸，并使废气从气缸内排出，实现换气过程。配气机构大多采用顶置气门式配气机构，一般由气门、凸轮、阀杆等组成（图2-2），内燃机的配气机构是凸轮机构的实际应用。

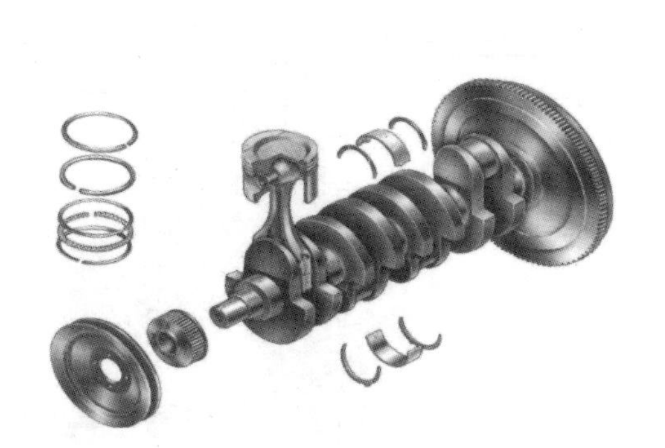

图2-1　活塞连杆机构

图2-2　配气机构

3. 燃料供给系统

汽油机燃料供给系统（图2-3）的功用是根据发动机的要求，配制出一定数量和浓度的混合气供入气缸，并将燃烧后的废气从气缸内排放到大气中；柴油机燃料供给系统的功用是把柴油和空气分别供入气缸，在燃烧室内形成混合气并燃烧，最后将燃烧后的废气排出。

4. 润滑系统

润滑系统的功用是向做相对运动的零件表面输送定量的清洁润滑油，以实现液体摩擦，减小摩擦阻力，减轻机件的磨损，并对零件表面进行清洗和冷却。润滑系统通常由润滑油道、机油泵、机油过滤器和阀门等组成。

5. 冷却系统

冷却系统的功用是将受热零件吸收的部分热量及时散发出去，保证发动机在最适宜的温度状态下工作。水冷发动机的冷却系统通常由冷却水套、水泵、风扇、水箱、节温器等组成，如图 2-4 所示。

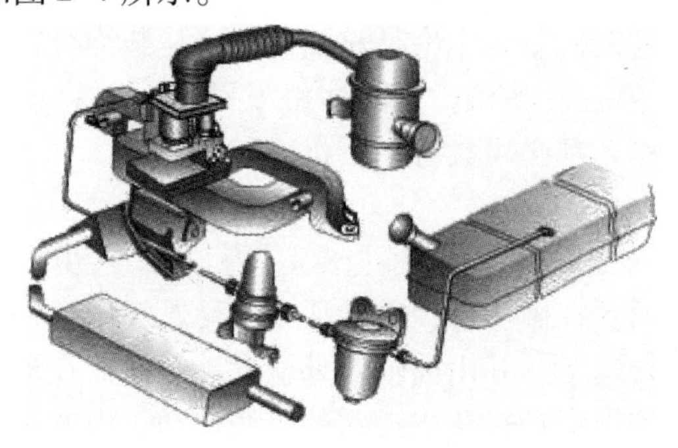

图 2-3 燃料供给系统

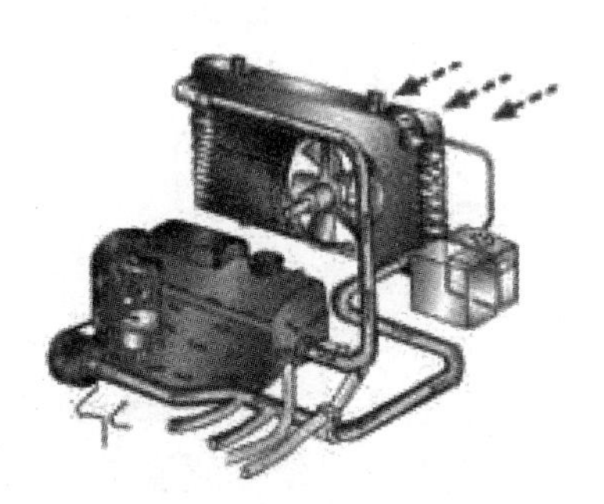

图 2-4 冷却系统

6. 点火系统

在汽油机中，气缸内的可燃混合气是靠电火花点燃的，为此，在汽油机的气缸盖上装有火花塞，火花塞头部伸入燃烧室内。能够按时在火花塞电极间产生电火花的全部设备称为点火系统，点火系统通常由蓄电池、发电机、分电器、点火线圈和火花塞等组成，如图 2-5 所示。

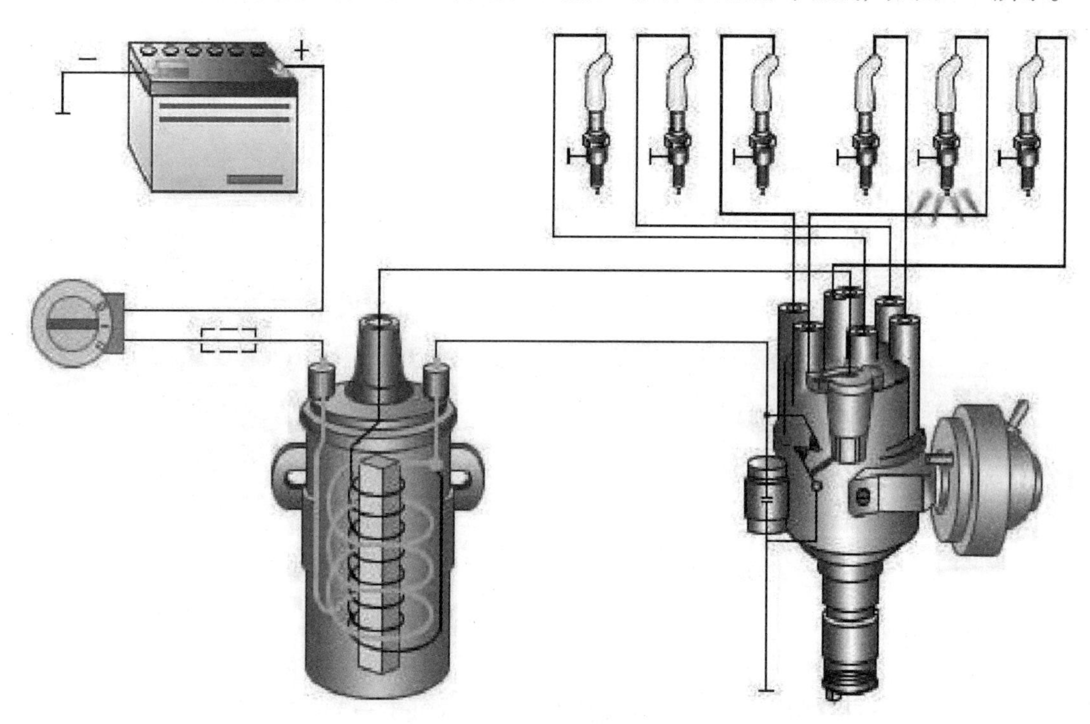

图 2-5 点火系统

7. 起动系统

要使发动机由静止状态过渡到工作状态，必须先用外力转动发动机的曲轴，使活塞做往复运动，气缸内的可燃混合气燃烧膨胀做功，推动活塞向下运动使曲轴旋转，发动机才能自行运转，工作循环才能自动进行。因此，曲轴在外力作用下开始转动到发动机开始自动怠速运转的全过程，称为发动机的起动。完成起动过程所需的装置称为发动机的起动系统，如图2-6所示。

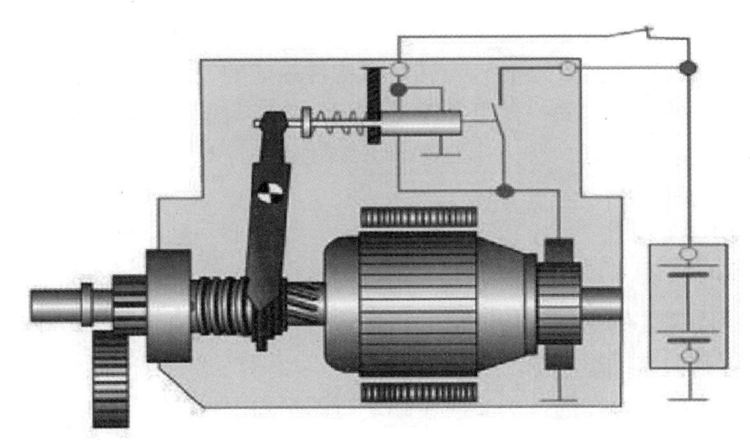

图2-6 起动系统

汽油机由以上两大机构和五大系统组成，即由活塞连杆机构、配气机构、燃料供给系统、润滑系统、冷却系统、点火系统和起动系统组成；柴油机由以上两大机构和四大系统组成，即由活塞连杆机构、配气机构、燃料供给系统、润滑系统、冷却系统和起动系统组成，柴油机是压燃的，不需要点火系统。

任务实施

任务实施过程见表2-1。

表2-1 分析内燃机的结构任务实施过程

步骤	内容	教师活动	学生活动	成果
1	内燃机的基本知识	布置任务，举例引导，讲解相关知识	学生对内燃机模型或实物进行观察、组内讨论	1. 小组讨论记录 2. 课堂汇报 3. 完成工作任务单
2	内燃机的基本构造、工作原理	布置任务，指导学生活动	学生对内燃机进行拆装，观察内燃机中的各种常用机构	

任务2.2 绘制平面机构运动简图与计算自由度

任务描述

经过任务2.1的学习，已经知道内燃机由活塞连杆机构、配气机构（凸轮机构）、燃料供给系统、润滑系统、冷却系统、点火系统和起动系统等组成。其中，活塞连杆机构、配气机构形成运动的状态是机器运转的关键。本任务通过对平面机构进行结构分析，要求掌握平面机构运动副的概念，学会平面机构运动简图的绘制方法；掌握平面机构自由度的概念，学会平面机构自由度的计算方法和机构运动确定性的判定方法。

相关知识

2.2.1　运动副及其分类

机构是组成机器的主要要素，而机构又是由构件组成的，并且要求各构件之间具有确定的相对运动。显然，任意拼凑的构件组合不一定能产生相对运动，即使能产生运动，也不一定具有确定的相对运动。所以，讨论构件按什么形式组合才具有确定的相对运动，对于分析现有机构和设计新的机构都十分重要。

1. 运动副的概念

构件组成机构时，两个构件或两个以上构件直接接触，并且构件之间能产生一定相对运动的连接，称为运动副。例如，轴与轴承的连接、活塞与气缸的连接、齿轮传动中两个轮齿啮合形成的连接等都构成了运动副。

若运动副只允许两构件在同一平面或相互平行的平面上做相对运动，则称该运动副为平面运动副。

2. 运动副的分类

两构件组成的运动副是通过点、线、面来实现的。根据运动副中两构件接触方式的不同，平面运动副可分为低副和高副两类。

（1）低副　两构件通过面接触所构成的运动副称为低副。平面低副按其相对运动形式的不同又分为转动副和移动副两种。

1）转动副。两构件间只能产生相对转动的运动副称为转动副或铰链，如图 2-7a 所示。

2）移动副。两构件间只能产生相对移动的运动副称为移动副，如图 2-7b 所示。

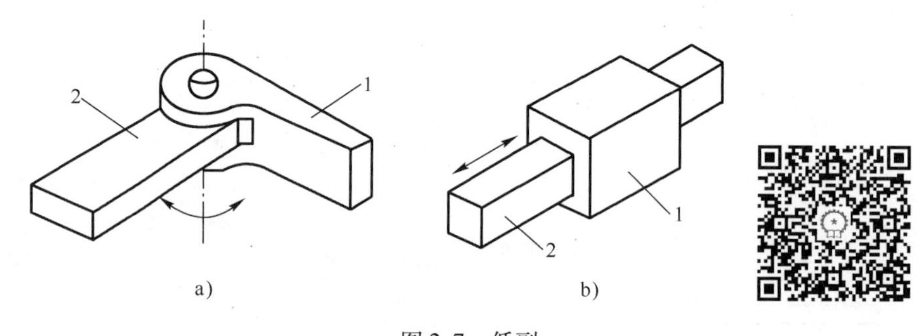

图 2-7　低副

a）转动副　b）移动副

（2）高副　两构件通过点或线接触所构成的运动副称为高副。高副比低副易磨损。

如图 2-8a 所示的车轮与钢轨、图 2-8b 所示的凸轮 1 与从动件 2、图 2-8c 所示的齿轮 1 与齿轮 2 分别在接触处构成高副。

2.2.2　平面机构运动简图的绘制

1. 平面机构运动简图的概念

实际构件的外形和结构往往很复杂，在分析现有机构或设计新的机构时，为了使问题简化，可不考虑构件和运动副的实际结构，仅用简单线条和规定符号表示构件和运动副，并按

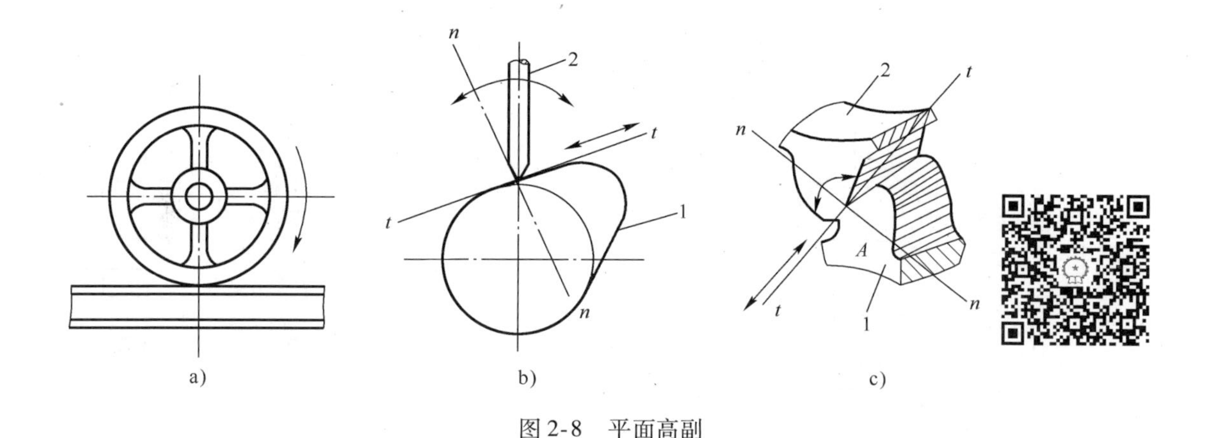

图2-8 平面高副

一定的比例确定各运动副的相对位置及与运动有关的尺寸，这种表示机构各构件间相对运动关系的简单图形称为机构运动简图。

机构运动简图与它所表示的实际机构应具有完全相同的运动特性。从机构简图中可以了解机构中构件的类型和数目、运动副的类型和数目及运动副的相对位置。利用机构运动简图可以表达复杂机器的传动原理，可以进行机构的运动和动力分析。

2. 构件的分类

一般来说，机构中的构件可分为如下三类：

（1）机架 机构中相对固定的构件称为机架，它的作用是支承运动构件。

（2）原动件 给定运动规律的构件称为原动件，通常原动件与机架相连。

（3）从动件 机构中除原动件以外的全部活动构件都称为从动件。

3. 机构运动简图的符号

由机构运动简图的概念可知，机构中各构件及运动副可用简单的线条和规定的符号来表示。

（1）构件的表示方法 构件均用一直线段或小方块来表示，画有斜线的表示机架。

（2）运动副的表示方法 两构件组成的移动副和转动副的表示方法如图2-9所示。如果两构件之一为机架，则在其上画上斜线。机构运动简图中常用的符号见表2-2。

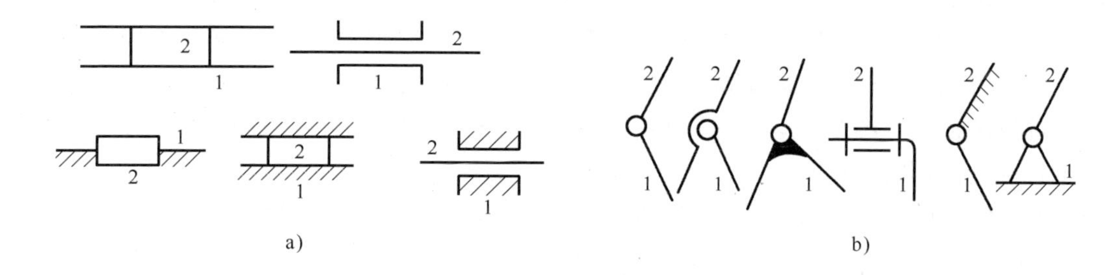

图2-9 移动副和转动副的表示方法

a）移动副表示符号 b）转动副表示符号

表 2-2　机构运动简图常用符号

名称		简图符号	名称		简图符号
构件	轴，杆		机架	基本符号	
	三副元素构件	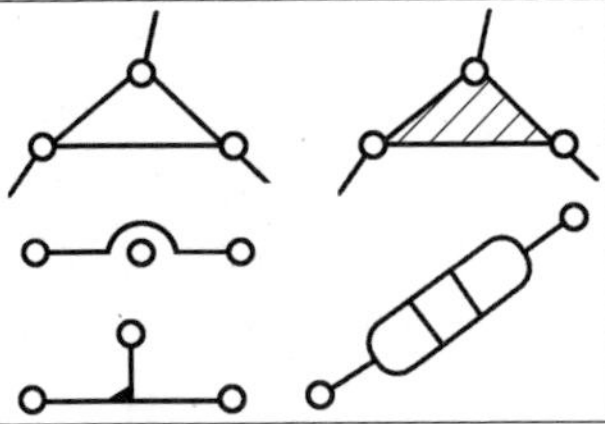		机架是转动副的一部分	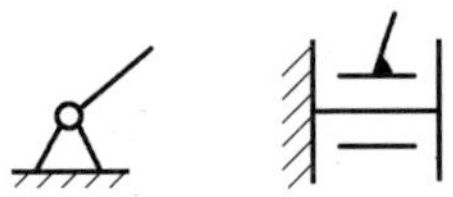
	构件组成部分的永久连接	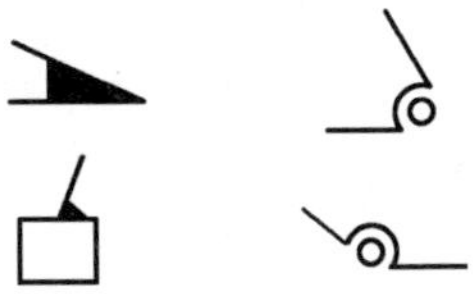		机架是移动副的一部分	
平面低副	转动副		平面高副	齿轮副外啮合	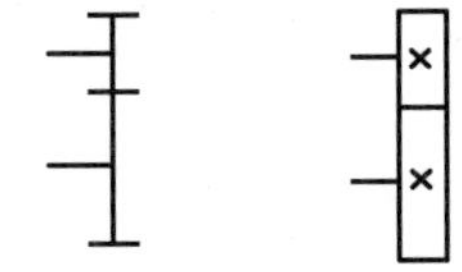
	移动副	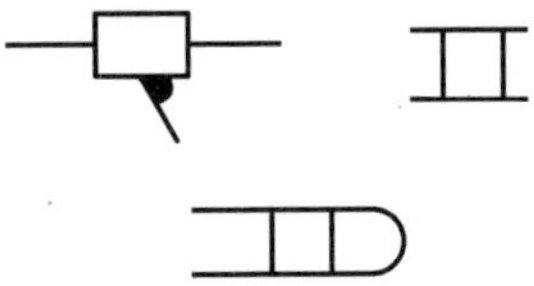		齿轮副内啮合	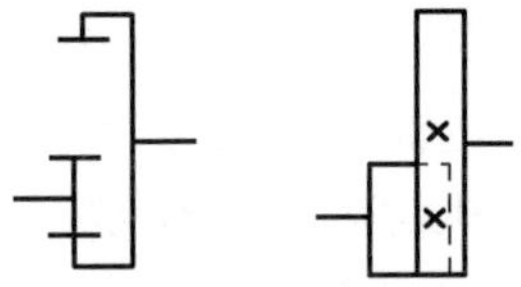
				凸轮副	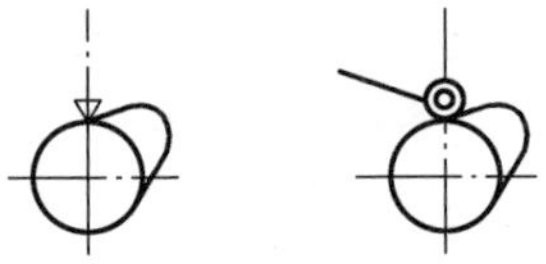

注：其他运动简图符号可查阅 GB/T 4460—2013。

4. 平面机构运动简图的绘制方法

绘制机构运动简图的方法和步骤如下：

1）分析机构的组成和运动情况，找出机构中的原动件、从动件和机架，确定该机构构件的数目。

2）确定运动副的类型和数目。从原动件开始，沿着传动路线分析机构的构造和运动情况，确定各构件之间用何种运动副连接。

3）选择合适的视图平面。通常选择与构件运动平行的平面作为投影面，以便清楚地表达各构件间的运动关系。

4）选取适当的比例尺 μ_l（μ_l = 实际尺寸/图示尺寸），绘制机构运动简图。用简单线条和规定符号分别表示构件和运动副，按比例确定各运动副之间的位置，用简单图形把机构的运动情况反映出来。图中各运动副顺次标以大写英文字母，各构件标以阿拉伯数字，并将原动件的运动方向用箭头标明。

【例 2-1】 试绘制如图 2-10a 所示的颚式破碎机主体机构的运动简图。

【解】 绘制颚式破碎机主体机构运动简图的步骤如下：

1）分析机构的组成和运动情况，找出机构中的原动件、从动件和机架。由图 2-10a 可知，颚式破碎机的主体机构是由机架 1、偏心轴 2、动颚板 3 和肘板 4 四个构件组成。机构运动由带轮 5 输入，而带轮与偏心轴 2 固连在一起（属同一构件）绕 A 转动，所以偏心轴 2 为原动件，构件 1 是机架，动颚板 3 和肘板 4 都是从动件。

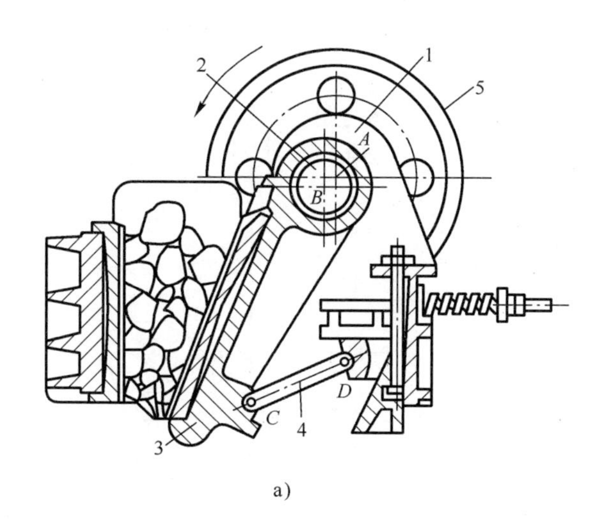

a)

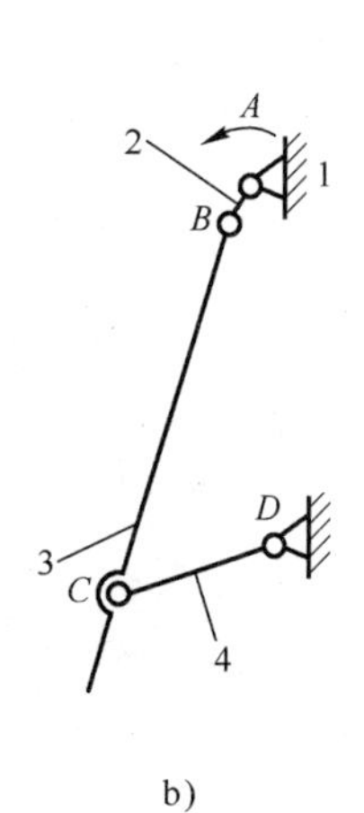

b)

图 2-10 颚式破碎机主体机构及其运动简图

1—机架 2—偏心轴 3—动颚板 4—肘板 5—带轮

2）从原动件开始，沿着传动路线确定运动副的类型和数目。偏心轴 2 与机架 1、偏心轴 2 与动颚板 3、动颚板 3 与肘板 4、肘板 4 与机架 1 之间均为相对转动，构成转动副，其转动中心分别为 A、B、C、D。

3）选择视图平面。一般应选择多数构件所在平面或其平行平面作为视图平面，以便清楚地表达各构件间的运动关系。图 2-10a 清楚地表达了各构件间的运动关系，所以选择此平面作为视图平面。

4）选定适当的比例尺 μ_l 绘制机构运动简图，如图 2-10b 所示。

【例 2-2】 绘制如图 2-11a 所示单缸内燃机的机构运动简图。

【解】 绘制内燃机运动简图的步骤如下：

1）分析机构的结构，分清固定件、原动件和从动件。内燃机是由活塞连杆机构、齿轮机构和凸轮机构组成。气缸体作为机架是固定件，活塞是原动件，其余构件都是从动件。

2）分析机构的运动和运动副。由原动件开始，按照运动传递顺序，分析各构件间的相对运动性质，确定各运动副的类型。活塞 4 与连杆 3、连杆 3 与曲轴 2、曲轴 2 与机架 1、齿轮 7 与机架 1、齿轮 8 与机架 1、齿轮 9 与机架 1 之间均为相对转动，构成转动副；活塞 4 与机架 1、进气门推杆 5 与机架 1、排气门推杆 6 与机架 1 之间为相对移动，构成移动副。齿轮 7 与齿轮 8、齿轮 8 与齿轮 9、凸轮 10 与进排气门推杆顶端为点线接触，构成高副。

3）选择视图平面。图 2-11a 已清楚表达各构件间的运动关系，所以选择此平面作为视图平面。

4）选定长度比例尺 μ_l 绘制机构运动简图。三个机构都选择相同的比例尺，定出各运动副的相对位置，用构件和运动副的规定符号绘制内燃机机构运动简图，如图 2-11b 所示。

在机构运动简图绘制完成后，还应注意对较复杂的机构进行机构自由度计算，以判断它是否具有确定的相对运动和所绘制的运动简图是否正确。

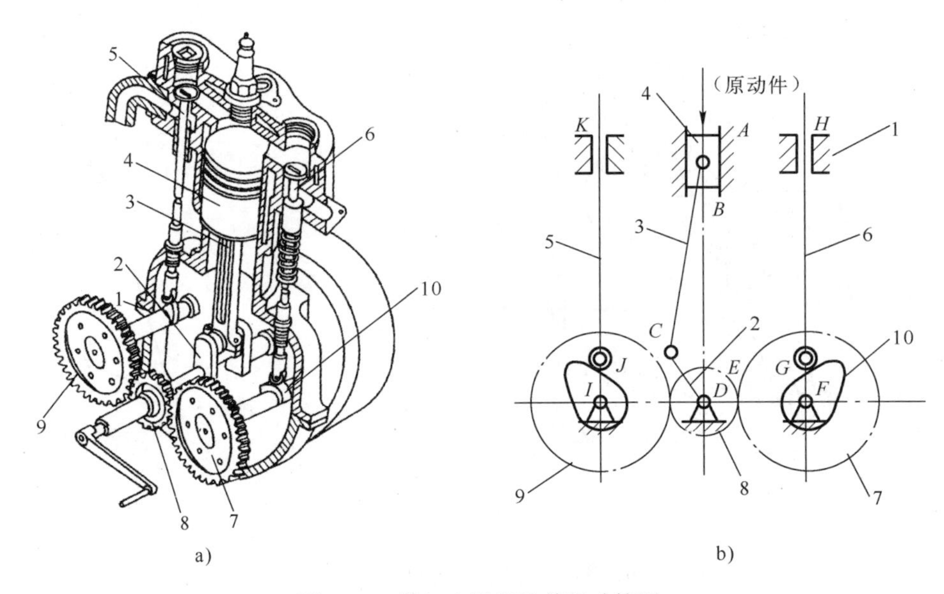

图 2-11　单缸内燃机及其运动简图

1—机架　2—曲轴　3—连杆　4—活塞　5—进气门推杆　6—排气门推杆　7～9—齿轮　10—凸轮

2.2.3　平面机构自由度的计算

1. 构件的自由度及其约束

构件的独立运动个数称为构件的自由度。由理论力学可知，一个构件在作平面运动时具有三个独立的运动：沿 x 轴和 y 轴的移动及绕垂直于 xOy 平面的 A 轴的转动，如图 2-12 所示。所以，一个做平面运动的自由构件具有三个自由度。

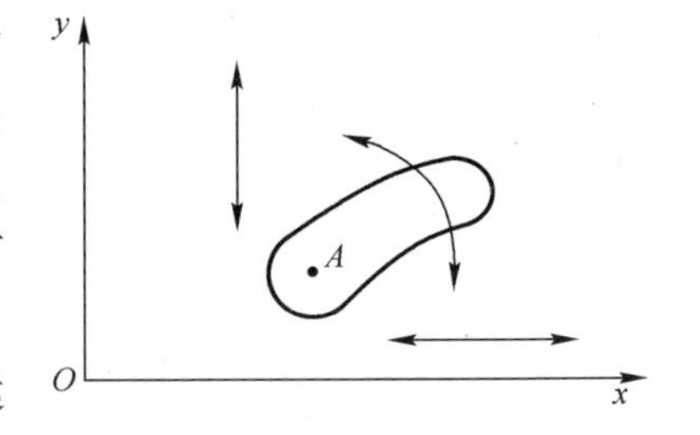

图 2-12　平面运动构件的自由度

当构件之间用运动副连接后，它们之间的某些相对运动将受到限制。运动副对构件间的相对运动所加的限制称为约束，自由度随着约束的引入而减少。每加上一个约束，构件便失去一个自由度。两构件之间约束的多少及特点完全取决于运动副的类型，运动副引入的约束主要有以下三种。

（1）转动副约束　如图 2-7a 所示，两个构件组成转动副后，只保留了一个相对转动的自由度，而限制了沿 x 轴和 y 轴两个方向的相对移动，所以转动副的约束为 2 个。

（2）移动副约束　如图 2-7b 所示，两个构件组成移动副后，只保留了一个相对移动的自由度，而限制了沿接触面法线方向的相对移动以及运动平面内的相对转动，所以移动副的约束也为 2 个。

（3）平面高副的约束　如图 2-8 所示，形成高副的两个构件在接触点（或线）的法线方向上的相对运动受到了限制，而其切线方向的运动及其在运动平面内的转动未受限制，所以平面高副的约束为 1 个。

综上所述，平面低副的约束为 2 个，平面高副的约束为 1 个。

2. 平面机构自由度的计算

平面机构可能做的独立运动个数称为平面机构的自由度，用 F 表示。

设某一平面机构由 N 个构件组成，其中必有一个构件为机架，则活动构件个数为 $n=N-1$，在未用运动副连接前，共有 $3n$ 个自由度。当组成机构后，则各活动构件具有的自由度将受到约束。

若机构中有 P_L 个低副和 P_H 个高副，则机构受到的约束，即减少的自由度总数应为 $2P_L+P_H$。因此，整个机构的自由度为

$$F=3n-2P_L-P_H \tag{2-1}$$

由式（2-1）可知，机构的自由度完全取决于活动构件的个数及运动副的性质。

【例2-3】 试计算如图2-10b所示的颚式破碎机主体机构的自由度。

【解】 由机构运动简图可以看出，该机构共有3个运动构件（即偏心轴2、动颚板3和肘板4），4个低副（即转动副 A、B、C、D），没有高副，所以 $n=3$，$P_L=4$，$P_H=0$。根据机构自由度计算公式可以求得机构的自由度为

$$F=3n-2P_L-P_H=3\times3-2\times4-0=1$$

3. 平面机构具有确定运动的条件

机构自由度是指机构可能实现的独立运动个数。显然，要使机构能够运动，其自由度必须大于零。由于每个原动件通常只有一个自由度，因此，只有当机构的自由度 F 等于该机构中原动件的数量时，机构才不会随意乱动。也就是说，机构具有确定运动的条件是：

1）$F>0$。

2）F 等于机构原动件的个数。

由于机构原动件的独立运动是由外界给定的，所以只需求出该机构的自由度，就可判断机构的运动是否确定。

4. 计算平面机构自由度时应注意的问题

在用式（2-1）计算平面机构的自由度时，需要注意和正确处理以下几个问题，否则可能出现计算结果与实际情况不符的情况。

（1）复合铰链　两个以上的构件在同一轴线处用转动副连接，就形成了复合铰链。图2-13a所示为三个构件在同一轴线 A 处形成复合铰链，从其左视图（图2-13b）中可看出，这三个构件实际上组成了轴线重合的两个转动副，而不是一个转动副。依此类推，由 m 个构件组成的复合铰链，其转动副的个数应为（$m-1$）个。计算机构自由度时应注意找出复合铰链，以免把转动副的个数算错。

【例2-4】 试计算如图2-14所示机构的自由度。

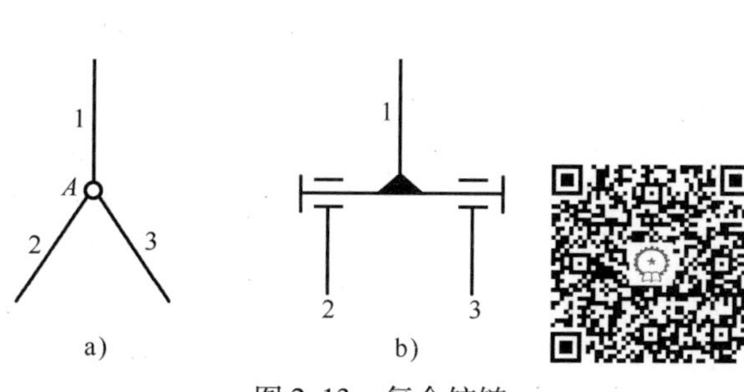

图2-13　复合铰链

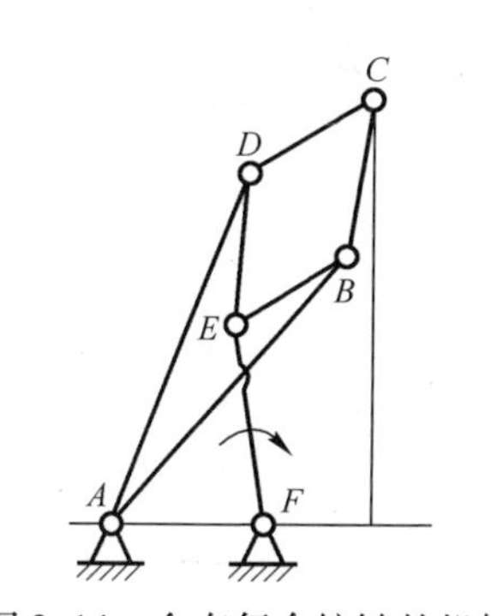

图2-14　含有复合铰链的机构

【解】 此机构在 A、B、D、E 四处，都是由三个构件组成的复合铰链，各含有两个转动副，因此，$n=7$，$P_L=10$，$P_H=0$。故机构的自由度为

$$F=3n-2P_L-P_H=3\times7-2\times10-0=1$$

（2）局部自由度　机构中某些不影响整个机构运动的自由度，称为局部自由度。在计算机构自由度时，应将局部自由度除去不算。在如图2-15a所示的凸轮机构中，为了减少点接触产生的磨损，在从动件3的末端装上了滚子2，由常识可知，滚子转动的自由度对从动件3的运动没有影响。所以，计算机构自由度时应将局部自由度除去不计，视滚子2与安装滚子的构件3为同一构件，如图2-15b所示。

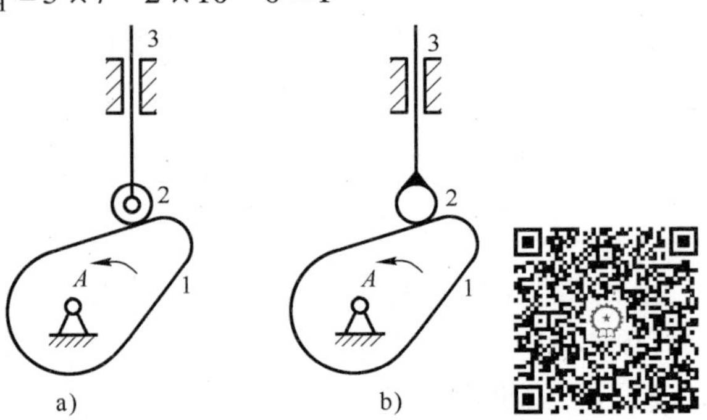

图2-15　局部自由度

1—凸轮　2—滚子　3—从动件

（3）虚约束　在运动副引入的约束中，有些约束所起的限制作用是重复的，这种重复的、不起独立限制作用的约束称为虚约束。在计算机构自由度时，应将虚约束除去不计。平面机构中的虚约束经常出现在下列场合：

1）重复移动副。两个构件之间组成几个导路互相平行或重合的移动副，只有一个移动副起约束作用，其他都是虚约束，如图2-16a所示。

2）重复转动副。两构件之间组成几个轴线互相平行或重合的转动副，只有一个转动副起约束作用，其他都是虚约束，如图2-16b所示。

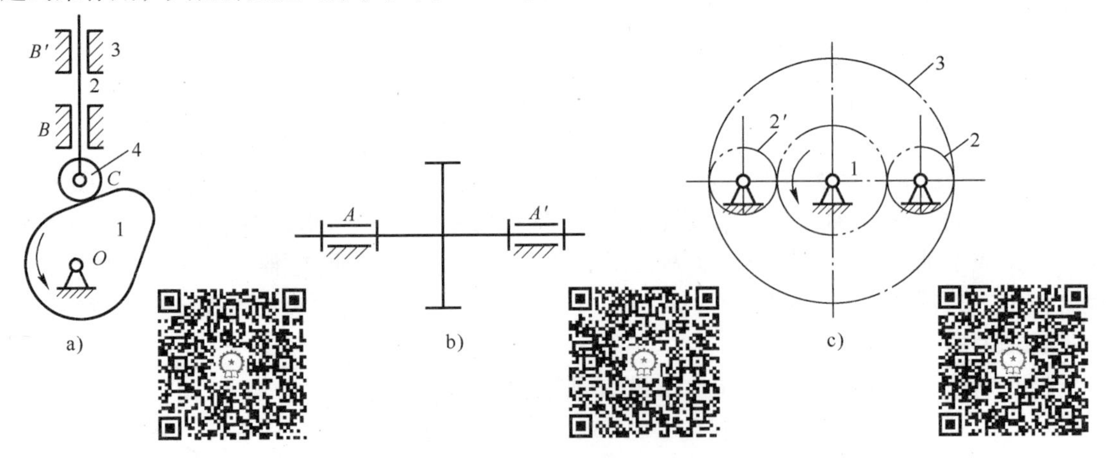

图2-16　重复运动副引入的虚约束

a）重复移动副　b）重复转动副　c）重复高副

3）重复高副。机构中对传递运动不起独立作用的对称部分（高副）为虚约束，如图2-16c所示。

4）重复轨迹。在机构的运动过程中，如果两构件上两点之间的距离始终不变，则用一个构件和两个转动副将这两点连接起来，就会引入虚约束。在如图2-17所示的四杆机构中，为增加机构的刚度，改善受力情况而引入了 EF 杆，但 EF、CD、AB 杆相互平行且长度相

等，引入 EF 前后 E 点的运动轨迹不改变，对杆 3 并未起实际的约束作用，所以为虚约束。

需要注意的是：如果加工误差过大，虚约束就可能成为实际约束，而对机构产生不良影响。因此，对于存在虚约束的机构，在制造时对尺寸的精度要求更高些，以防止其成为实际约束而对机构产生不良影响。

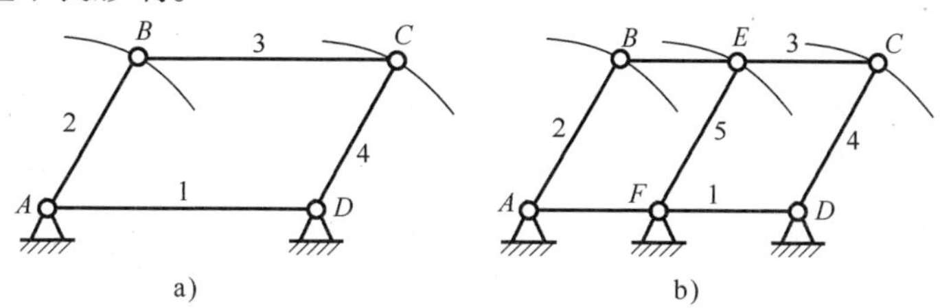

图 2-17　重复轨迹引入的虚约束

【例 2-5】 计算如图 2-18 所示惯性筛机构的自由度，并判断该机构是否具有确定的相对运动。

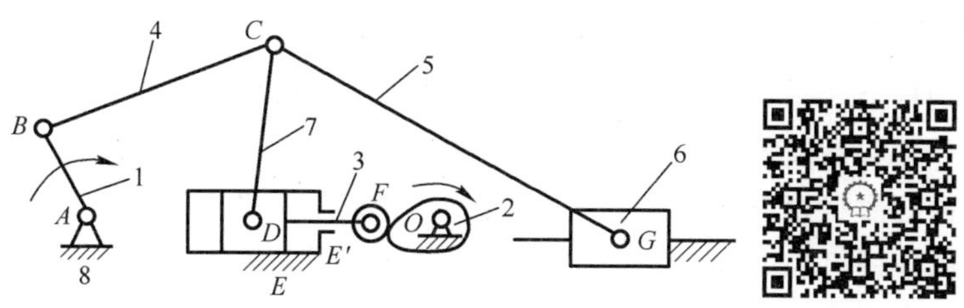

图 2-18　惯性筛机构

1—曲柄　2—凸轮　3—活塞杆　4、5—连杆　6—滑块　7—摆杆

【解】 1）分析该机构。C 处由 4、5、7 三个构件构成复合铰链；滚子 F 为局部自由度；移动副 E、E'之一为重复移动副虚约束。

2）计算自由度。$n=7$，低副数 $P_L=9$，高副数 $P_H=1$，则机构自由度为

$$F=3n-2P_L-P_H=3\times7-2\times9-1=2$$

3）由图 2-18 可知，构件 1 和 2 为原动件，即原动件数与自由度相等，所以该机构运动确定。

任务实施

任务实施过程见表 2-3。

表 2-3　绘制平面机构运动简图与计算自由度任务实施过程

步　骤	内　　容	教 师 活 动	学 生 活 动	成　　果
1	了解高副、低副的概念；学习机构运动简图的绘制方法；学习平面机构自由度的计算方法和机构运动确定性的判定方法	布置任务，举例引导，讲解相关知识	课外调研，课堂学习讨论	1. 小组讨论记录 2. 课堂汇报 3. 分组完成内燃机平面机构运动简图的绘制和自由度的计算
2	绘制内燃机的平面机构运动简图，并计算自由度	布置任务，指导学生活动	学生在课堂绘制平面机构的运动简图，并计算其自由度	

任务2.3 设计平面连杆机构

任务描述

通过任务2.2的实施，学习了分析平面机构结构的方法，掌握了平面机构自由度的计算方法。本任务通过对知识的展开，要求掌握铰链四杆机构的基本形式及应用；了解含有一个移动副的平面四杆机构；掌握铰链四杆机构有曲柄存在的条件，能够分析平面四杆机构的工作特性；学会按给定的连杆位置设计四杆机构、按给定的行程速比系数 K 设计四杆机构的方法。

相关知识

2.3.1 平面连杆机构的基本形式及演化

平面连杆机构是由若干构件通过低副连接组成的平面机构，又称平面低副机构。由于组成低副的两个构件之间是面接触，因此与高副相比，在承受相同载荷时，其承载能力较大，耐磨损；加上构件的形状简单、加工方便等优点，平面连杆机构获得了广泛的应用。

最简单的平面连杆机构由四个构件组成，简称平面四杆机构，它是平面连杆机构中最简单的形式，不仅应用广泛，而且是组成多杆机构的基础。

1. 铰链四杆机构的组成

当平面四杆机构中的运动副全部是转动副时，称为铰链四杆机构，它是平面四杆机构最基本的形式。四杆机构的其他形式都是在它的基础上演化得到的。

在图2-19所示的铰链四杆机构中，固定不动的构件2称为机架，与机架相连接的构件1和构件4称为连架杆，连接两个连架杆的构件3称为连杆。凡能做整周回转的连架杆称为曲柄，只能在小于360°的范围内做往复摆动的连架杆称为摇杆。

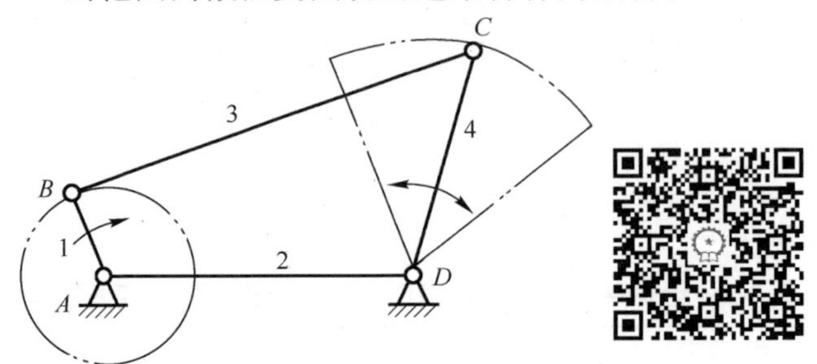

图2-19 铰链四杆机构

1—连架杆（曲柄） 2—机架 3—连杆 4—连架杆（摇杆）

2. 铰链四杆机构的基本类型及应用

在铰链四杆机构中，根据两个连架杆运动形式的不同，可将铰链四杆机构分为以下三种基本形式。

（1）曲柄摇杆机构 铰链四杆机构的两连架杆中一个为曲柄，另一个为摇杆时，称为曲柄摇杆机构。当曲柄为原动件时，可将曲柄的连续转动转变为摇杆的往复摆动，如图 2-20 所示的雷达天线调整机构；反之，当摇杆为原动件时，可将摇杆的往复摆动转变为曲柄的整周连续转动，如图 2-21 所示的缝纫机踏板机构。

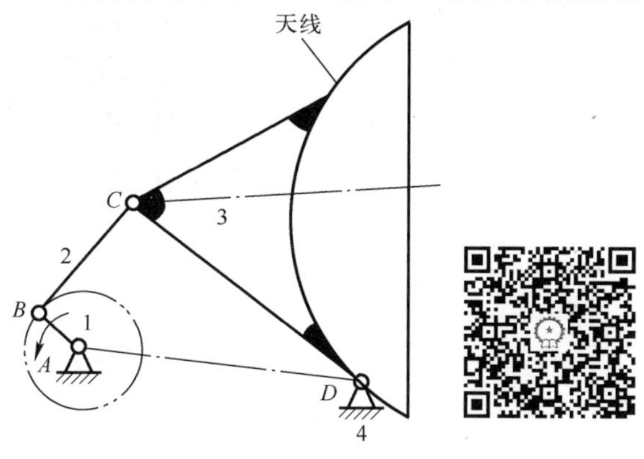

图 2-20　雷达天线调整机构

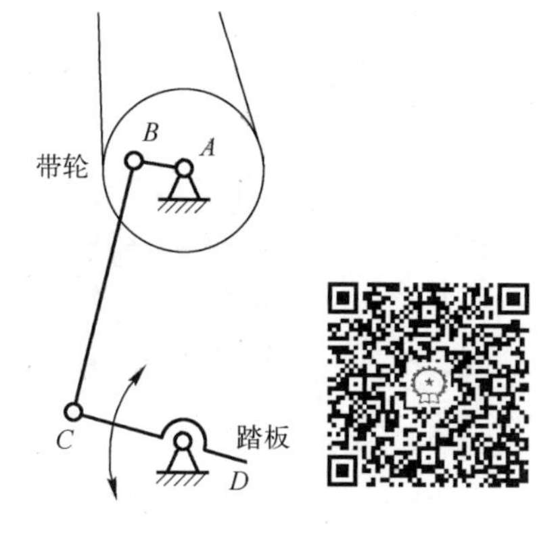

图 2-21　缝纫机踏板机构

（2）双曲柄机构　当铰链四杆机构的两连架杆均为曲柄时，称为双曲柄机构。如图 2-22 所示惯性筛中的四杆机构 *ABCD* 即为双曲柄机构。当主动曲柄 *AB* 做等速回转时，从动曲柄 *CD* 做变速回转，使筛子获得加速度，从而达到筛分材料的目的。如图 2-23 所示的机车连动机构也是双曲柄机构应用的实例。

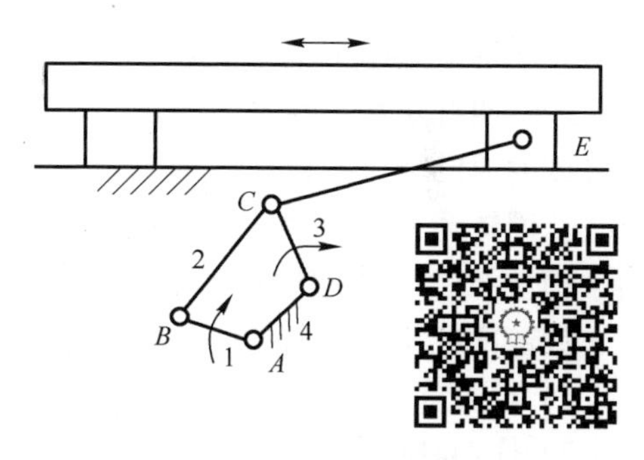

图 2-22　惯性筛

1—曲柄　2—连杆　3—曲柄　4—机架

（3）双摇杆机构。当铰链四杆机构的两连架杆均为摇杆时，称为双摇杆机构。如图 2-24 所示的飞机起落架收放机构即为双摇杆机构。飞机起飞后，须将着陆轮 5 收起；飞机着陆前，要把着陆轮 5 放下。这些动作是由主动摇杆 1 通过连杆 2、从动摇杆 3 带动着陆轮 5 予以实现的。在双摇杆机构中，若两摇杆长度相等，则称为等腰梯形机构，图 2-25 所示的汽车前轮转向机构就是这种双摇杆机构的应用实例。

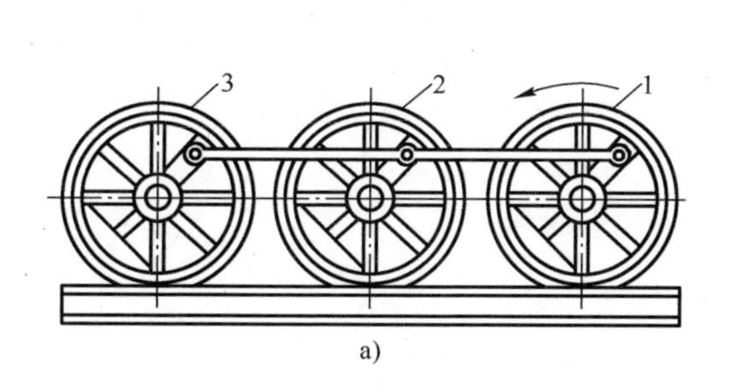

a)

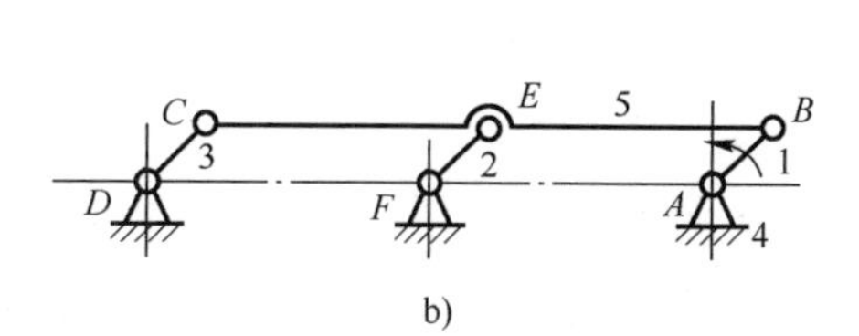

b)

图 2-23　机车车轮连动机构

1 ~ 3—曲柄　4—机架　5—连杆

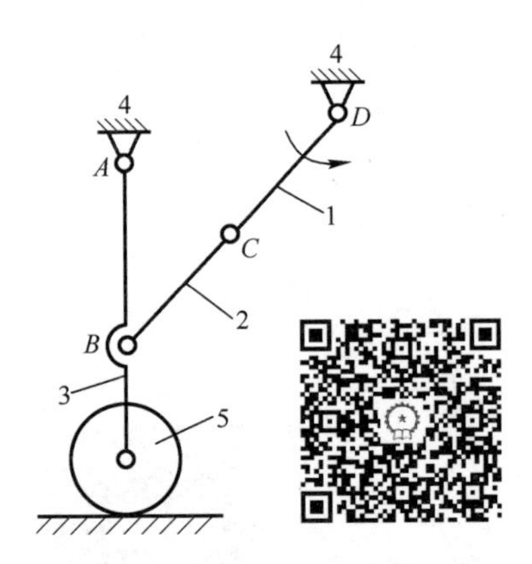

图2-24　飞机起落架收放机构
1—主动摇杆　2—连杆　3—从动摇杆
4—机架　5—着陆轮

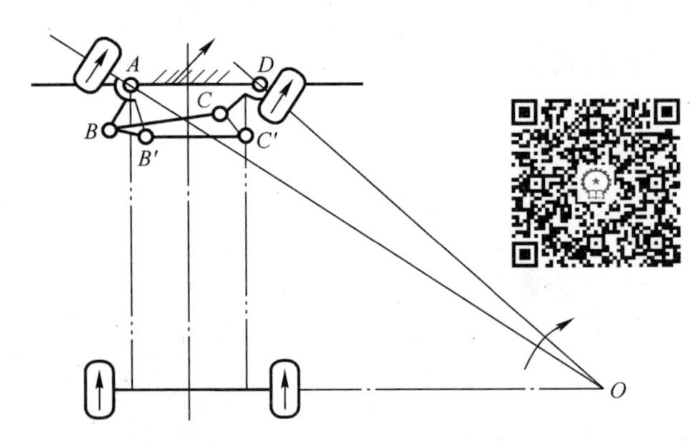

图2-25　汽车前轮转向机构

3. 铰链四杆机构存在曲柄的条件

铰链四杆机构三种基本形式的区别在于机构中是否有曲柄存在。由于在生产实际中，驱动机械的原动机（电动机、内燃机等）一般都是做整周转动的，因此要求机构的主动件也能做整周转动，即原动件为曲柄。通过理论可证明，机构在何种条件下存在曲柄，与其机构的各构件相对尺寸的大小以及选择何构件为机架有关。

铰链四杆机构有曲柄的条件为：

1）最短杆与最长杆的长度之和小于或等于其他两杆的长度之和。

2）连架杆或机架中必有一杆是最短杆。

上述两个条件必须同时满足，否则机构不存在曲柄。

对铰链四杆机构三种基本形式的具体判别，除了满足铰链四杆机构有曲柄的条件外，还与固定不同杆作机架有关，可根据以上内容综合归纳为：

1）当最短杆与最长杆的长度之和大于其他两杆的长度之和时，只能是双摇杆机构。

2）当最短杆与最长杆的长度之和小于或等于其他两杆的长度之和时：

① 最短杆为机架时，是双曲柄机构。

② 最短杆相邻杆为机架时，是曲柄摇杆机构。

③ 最短杆的对面杆为机架时，是双摇杆机构。

【例2-6】　如图2-26所示，已知铰链四杆机构 $ABCD$ 各杆的长度为：$l_{AB}=80\text{mm}$，$l_{BC}=130\text{mm}$，$l_{CD}=100\text{mm}$，$l_{AD}=120\text{mm}$。若机构分别以 AB、BC、CD、AD 各杆为机架，将相应得到何种机构？

【解】　分析题目给出的铰链四杆机构可知，AB 为最短杆，BC 为最长杆。因为

$$l_{AB}+l_{BC}=80+130=210\text{mm}$$

$$l_{CD}+l_{AD}=100+120=220\text{mm}$$

即 $$l_{AB}+l_{BC}<l_{CD}+l_{AD}$$

所以结果如下：

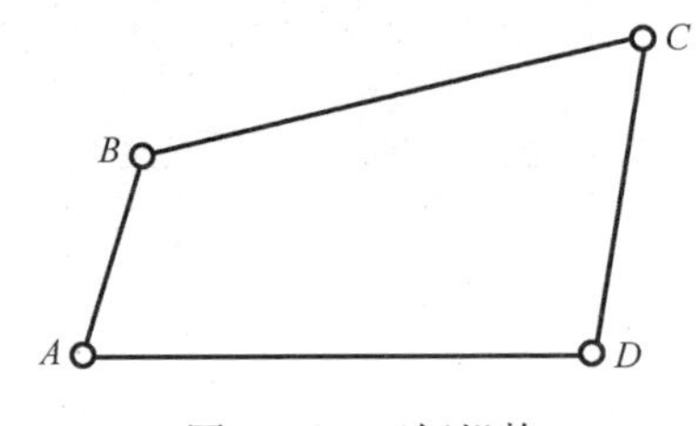

图2-26　四杆机构

1）若以 AB 为机架，因最短杆为机架，两连架杆均为曲柄，所以机构为双曲柄机构。

2）若以 BC 或 AD 为机架，因最短杆为连架杆，机构中存在一个曲柄，所以得到曲柄摇杆机构。

3）若以 CD 为机架，因最短杆为连杆，机构中没有曲柄，可得到双摇杆机构。

4. 铰链四杆机构的演化

在实际生产和生活中广泛应用的各种形式的四杆机构，都可以看成是从铰链四杆机构演化而来的。下面通过实例介绍四杆机构的演化方法和几种演化后含有一个移动副的平面四杆机构的形式。

（1）曲柄滑块机构　在如图2-27a所示的曲柄摇杆机构中，当曲柄1转动时，摇杆3上 C 点的运动轨迹是绕 D 点转动的一段圆弧 $\widehat{mm}$。将曲柄摇杆机构 CD 杆上 C 点的运动轨迹演变成轨道（图2-27b），将摇杆 CD 的长度改为无穷大（图2-27c），则 C 点的运动轨迹将成为直线。再将摇杆形状改为滑块，与机架组成移动副，就演化成为对心曲柄滑块机构（图2-27d）。如 C 点的移动路线不通过曲柄转动中心 A，则为偏心曲柄滑块机构，如图2-27e所示。

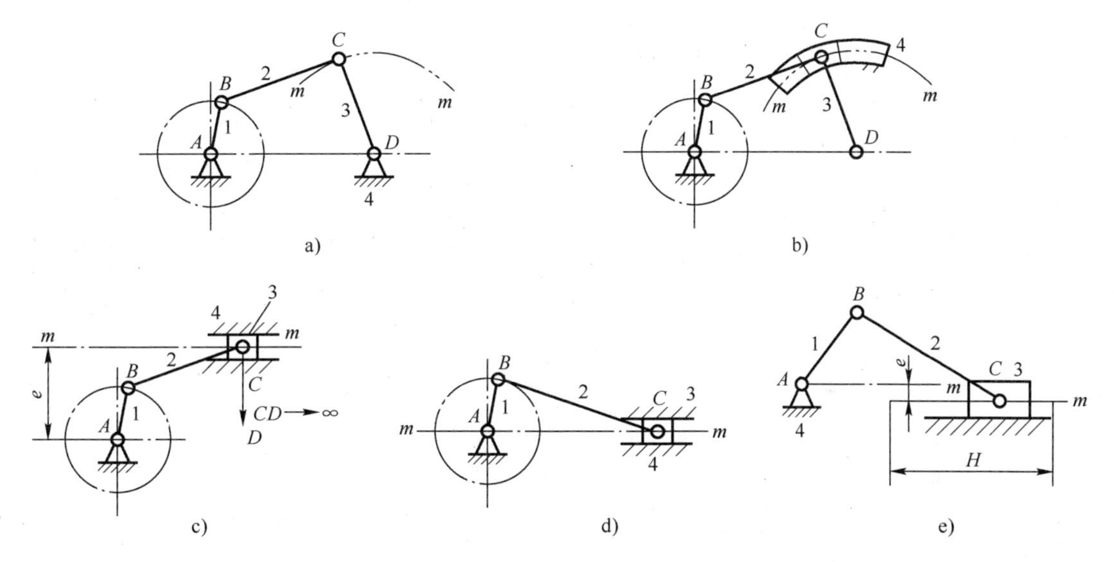

图2-27　曲柄摇杆机构演化为曲柄滑块机构

1—曲柄　2—连杆　3—滑块（摇杆）　4—机架

曲柄滑块机构广泛应用在各种机械中，如内燃机、空气压缩机、压力机等。

（2）偏心轮机构　在曲柄滑块机构（图2-28a）中，若要求滑块的行程比较小，则必须减小曲柄的长度。因结构上的困难，很难在较短的曲柄上做出两个转动副，对此，通常采用转动副中心与几何中心不重合的偏心轮来代替曲柄，即得到如图2-28b所示的偏心轮机构。圆盘的几何中心 B 与转动中心 A 之间的距离 e 称为偏心距。很显然，偏心轮也可以认为是通过扩大转动副 B 而形成的。偏心轮机构广泛应用于传力较大的剪床、压力机、颚式破碎机等机械中。

（3）导杆机构　当改变曲柄滑块机构中的固定构件时，可得到各种形式的导杆机构。导杆是能在滑块中进行相对移动的构件。

图 2-28 曲柄滑块机构演化为偏心轮机构

如图 2-29a 所示的曲柄滑块机构，若取杆 1 为机架，滑块 3 在杆 4 上往复运动，杆 4 为导杆，这种机构称为导杆机构。当杆 1 的长度小于或等于杆 2 的长度时，杆 2 和导杆 4 均可做整周回转，故称为转动导杆机构，如图 2-29b 所示；当杆 1 的长度大于杆 2 的长度时，杆 2 可做整周回转，导杆 4 只能做往复摆动，故称为摆动导杆机构，如图 2-29c 所示。

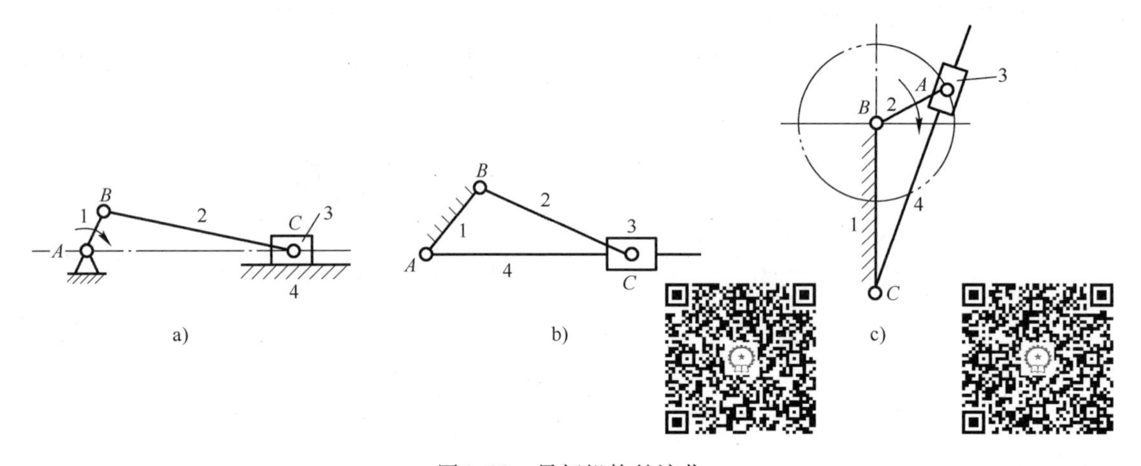

图 2-29 导杆机构的演化

a）曲柄滑块机构 b）转动导杆机构 c）摆动导杆机构

（4）摇块机构和定块机构 在如图 2-29a 所示的对心曲柄滑块机构中，若取构件 BC 为机架，则构件 AB 便成为绕固定轴 B 转动的曲柄，而滑块只能绕 C 点摆动，该机构称为曲柄摇块机构，如图 2-30a 所示。如图 2-30b 所示的汽车自动卸货机构就是曲柄摇块机构的应用实例。

图 2-30 摇块机构

在如图 2-29a 所示的对心曲柄滑块机构中，若将滑块作为机架，则可得到如图 2-31a 所示的定块机构。图 2-31b 所示的抽水唧筒中采用的就是这种机构。

综上所述，四杆机构的各种类型之间具有一定的内在联系。它们之间可以通过以下三种方式进行演化：

1）改变构件的相对长度或形状。如改变铰链四杆机构中构件的相对长度与形状，可将其演化成含有移动副的四杆机构；改变导杆机构中构件的相对长度，可形成摆动导杆机构和转动导杆机构。

2）扩大转动副的尺寸，可形成偏心轮机构。

3）选取不同的构件作为机架，可得到具有不同运动特性的四杆机构。如导杆机构、摇块机构和定块机构都是通过对曲柄滑块机构更换机架演化而来的。

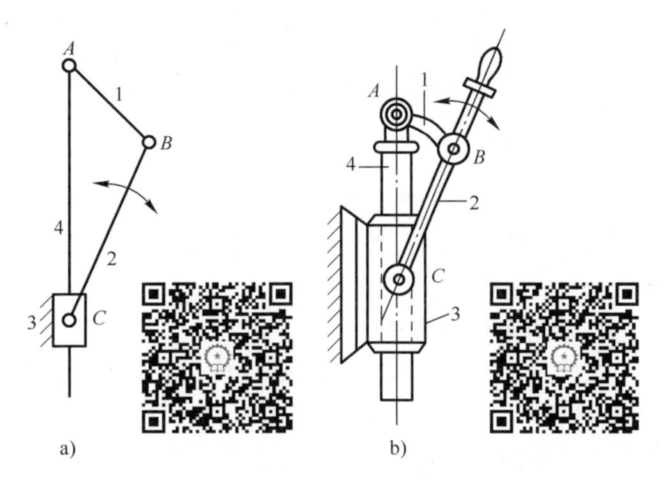

图 2-31　定块机构

2.3.2　平面四杆机构的工作特性

1. 急回特性

在如图 2-32 所示的曲柄摇杆机构中，设曲柄 AB 为主动件，以等角速度 ω 做顺时针转动；摇杆 CD 为从动件，做往复摆动，设向右摆动为工作行程，向左摆动为返回行程。曲柄 AB 回转一周，摇杆 CD 往复摆动一次。曲柄 AB 在回转过程中，有两次与连杆 BC 共线，可得曲柄 AB 与连杆 BC 重叠和延伸的两个位置 B_1AC_1、AB_2C_2，这时，从动摇杆 CD 分别处于 C_1D 和 C_2D 两个位置，称为极限位置，其夹角 ψ 称为最大摆角。主动曲柄 AB 对应的两个位置 AB_1 和 AB_2 之间所夹的锐角 θ 称为极位夹角。

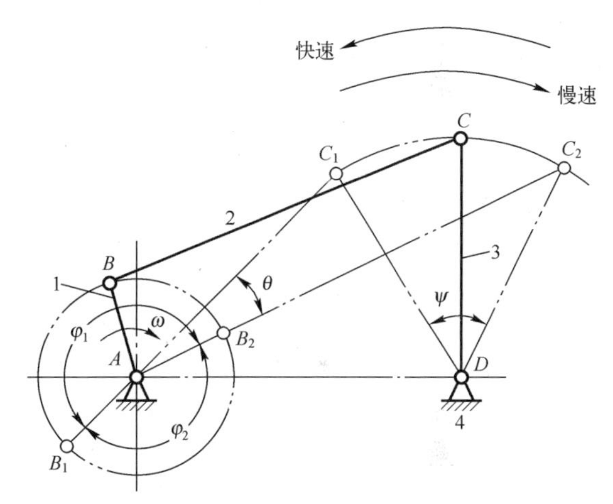

图 2-32　曲柄摇杆机构的急回特性

当曲柄由 AB_1 转到 AB_2 时，其转角 $\varphi_1=180°+\theta$，摇杆随着向右摆过 ψ 角，此为工作行程，用时 t_1，点 C 的平均速度 $v_1=C_1C_2/t_1$；当曲柄继续转动，由 AB_2 再转到 AB_1 时，其转角 $\varphi_2=180°-\theta$，摇杆向左摆过 ψ 角，此为返回行程，用时 t_2，C 点的平均速度 $v_2=C_1C_2/t_2$。由于（$180°+\theta$）>（$180°-\theta$），可知 $t_1>t_2$，则 $v_1<v_2$。可见，当曲柄等速回转时，摇杆来回摆动的平均速度是不同的。这种当主动件等速回转时，从动件返回行程的平均速度大于其工作行程的平均速度的特性称为急回特性。

常用 v_2 与 v_1 的比值 K 来表示从动件做往复运动时的急回程度，K 称为行程速比系数，即

$$K=\frac{\text{摇杆空回行程的平均角速度 } v_2}{\text{摇杆工作行程的平均角速度 } v_1}=\frac{C_1C_2/t_2}{C_1C_2/t_1}=\frac{t_1}{t_2}=\frac{(180°+\theta)/\omega}{(180°-\theta)/\omega}=\frac{180°+\theta}{180°-\theta} \tag{2-2}$$

由上式可见，平面四杆机构有无急回特性取决于极位夹角 θ。极位夹角 θ 越大；K 就越

大，表示急回程度越大；若 $\theta=0$，则 $K=1$，表明机构没有急回特性。

在设计具有急回特性的机构时，通常先给定 K 值，然后按下式求出极位夹角

$$\theta=180°\frac{K-1}{K+1} \tag{2-3}$$

在实际工程中，为了提高生产率，应将机构的工作行程安排在摇杆平均速度较低的行程，而将机构的返回行程安排在摇杆平均速度较高的行程。如牛头刨床、往复式运输机等机械就是利用了机构的急回特性。

2. 压力角和传动角

在如图 2-33 所示的曲柄摇杆机构中，若忽略各杆的质量、惯性力和运动副中的摩擦，则主动曲柄 1 通过连杆 2 作用在从动摇杆 3 上的力 F 是沿杆 BC 方向的，从动摇杆 3 所受的力 F 与力作用点 C 的速度 v_C 间所夹的锐角 α 称为压力角，它的余角 γ 称为传动角。

力 F 可分解成两个分力 F_t 和 F_r，其中 F_r 只能使铰链 C、D 中产生径向压力，进而产生摩擦力，称为有害分力；而 F_t 才是推动从动杆 CD 转动的有效分力。

由图可知

$$\left.\begin{aligned}F_t&=F\cos\alpha=F\sin\gamma\\F_r&=F\sin\alpha=F\cos\gamma\end{aligned}\right\} \tag{2-4}$$

显然，α 角越小，或者 γ 角越大，使从动杆运动的有效分力就越大，对机构传动越有利。压力角和传动角是反映机构传动性能的重要指标。

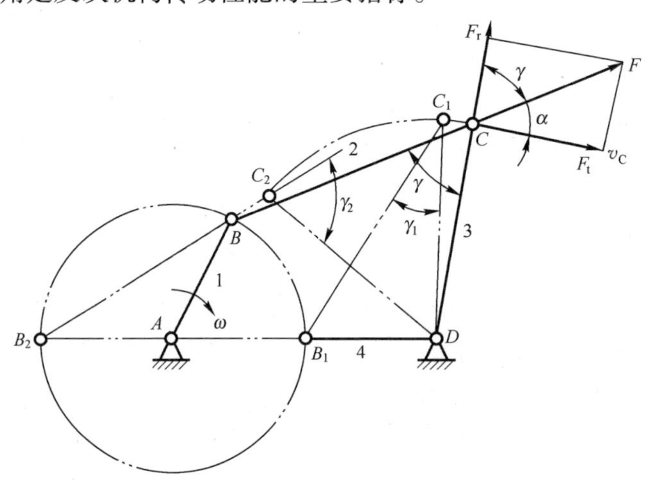

图 2-33　压力角和传动角

为了保证机构的传动性能良好，设计时对一般机械通常取 $\gamma\geqslant40°$，对于大功率机械取 $\gamma\geqslant50°$。由于机构运动时，其传动角是变化的，因此，必须确定 γ 为最小值时机构的位置并检验其值是否满足要求。四杆机构最小传动角 γ_{min} 的位置可按下述方法确定：曲柄摇杆机构中最小传动角的位置可能为曲柄与机架共线的两个位置，一般可通过计算或作图量取这两个位置的传动角，其中较小值即为 γ_{min}。

3. 死点位置

传动角 $\gamma=0°$ 或压力角 $\alpha=90°$ 时机构所处的位置称为死点位置。

如图 2-34 所示的曲柄摇杆机构以摇杆为主动件、曲柄为从动件，在摇杆摆到两个极限

位置 C_1D 和 C_2D 时，连杆 BC 与曲柄 AB 两次共线。在这两个位置上，摇杆通过连杆传递到曲柄上的作用力，刚好通过曲柄回转中心，$\gamma=0°$或 180°，有效分力等于零。此时，无论连杆 BC 对曲柄 AB 的作用力有多大，都不能使曲柄 AB 转动，机构处于静止的状态。机构的这种位置称为机构的死点，如图 2-34 所示。

四杆机构有无死点位置，取决于从动件是否与连杆共线。对于曲柄摇杆机构来说，如以摇杆为主动件，则从动曲柄与连杆有两个共线位置，因而机构存在死点位置；反之，当曲柄为主动件时，就不存在死点位置。

机构处于死点位置时，除从动件会被卡死外，还会发生转向不确定的现象，对传动机构是不利的。为了使机构能够顺利通过死点，工程上通常采用以下两种办法：

1）在曲柄轴上安装飞轮，利用飞轮转动的惯性，使机构冲过死点位置。如图 2-35 所示的缝纫机踏板机构就是借助于安装在曲柄上的飞轮的惯性，使机构顺利通过死点位置。

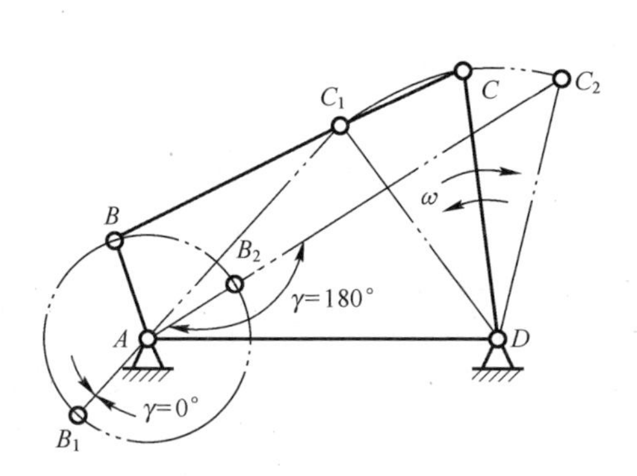

图 2-34　死点位置

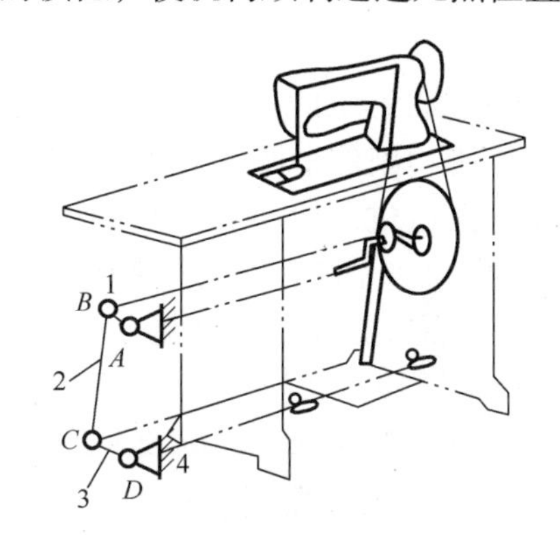

图 2-35　缝纫机踏板机构

2）利用多套机构错位的方法，使机构顺利通过死点。例如：多缸内燃机的各套活塞连杆机构由于点火时间不同，其死点位置相互错开；两条腿交替地骑自行车，也是用错位法的例子。

工程上也有利用死点位置满足特殊要求的装置。如图 2-36 所示的夹具机构、图 2-37 所示的飞机起落架以及折叠式家具（如折叠椅等），都是利用死点位置获得可靠的工作状态。

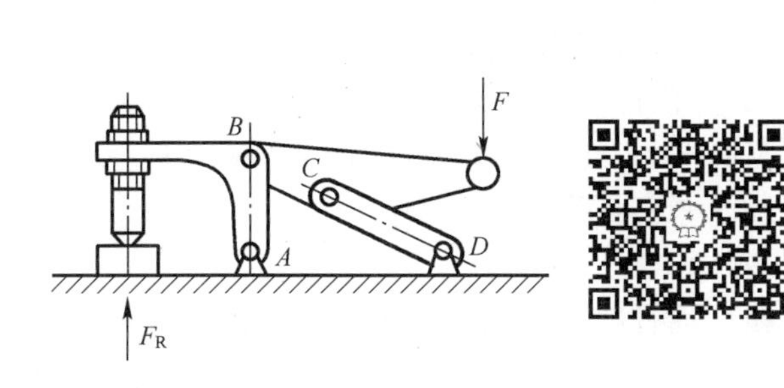

图 2-36　夹具机构

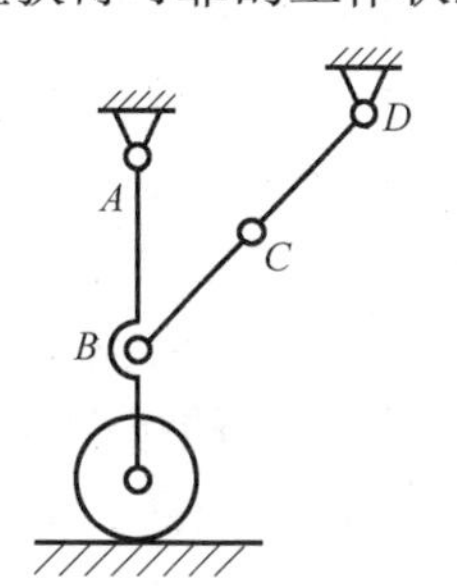

图 2-37　飞机起落架

2.3.3　平面四杆机构的设计

平面四杆机构的设计实际上是运动设计，即根据从动件要求的运动规律来设计机构的主要尺寸。设计方法有图解法、解析法和实验法等。

图解法是利用已有机构本身具备的几何关系进行设计，其直观、简明，但作图有误差；实验法主要是利用连杆曲线图谱，实现机构中某些点的轨迹要求，其优点是实用，但也有误差；用解析法设计四杆机构时，首先要建立方程式，然后根据已知参数对方程求解，其优点是结果准确，但计算过程复杂，计算任务繁重。

本任务仅介绍如何用图解法设计四杆机构。

1. 按给定连杆位置设计四杆机构

这类设计问题按给定条件分为以下两种情况。

（1）按给定连杆的三个位置设计平面四杆机构　如图2-38所示，已知铰链四杆机构中连杆的长度 l_{BC} 以及它所处的三个位置：B_1C_1、B_2C_2、B_3C_3，要求确定此四杆机构的其余构件尺寸。

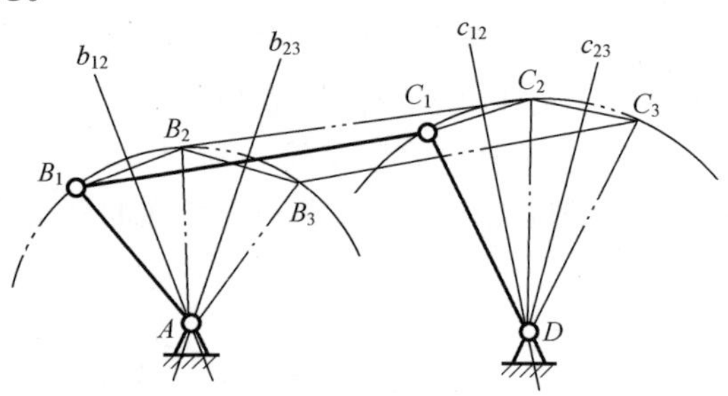

图2-38　四杆机构

【分析】　此问题的关键是确定两连架杆与机架组成转动副的中心 A 和 D 的位置。由于连杆在依次通过预定位置的过程中，连杆上 B、C 点的轨迹是圆弧，此圆弧的圆心即为连架杆与机架组成转动副的中心 A 和 D。由此可见，本设计的实质是已知圆弧上三点求圆心。设计步骤如下：

1）选择适当的比例尺 μ_1，按已知条件画出连杆 BC 的三个位置 B_1C_1、B_2C_2、B_3C_3。

2）连接 B_1 和 B_2、B_2 和 B_3 及 C_1 和 C_2、C_2 和 C_3，并分别作它们的中垂线 b_{12}、b_{23} 及 c_{12}、c_{23}，则 b_{12} 与 b_{23} 的交点即为转动副中心 A 的位置，c_{12} 与 c_{23} 的交点即为转动副中心 D 的位置。

3）连接 AB_1、C_1D，则 AB_1C_1D 即为所求的铰链四杆机构。

4）确定各未知构件的实际长度

$$l_{AB}=\mu_1 AB_1$$
$$l_{CD}=\mu_1 C_1D$$
$$l_{AD}=\mu_1 AD$$

由上述作图过程可知，给定连杆 BC 的三个位置时，只有唯一解。

（2）按给定连杆的两个位置设计四杆机构　已知铰链四杆机构中连杆的长度 l_{BC} 和两个预定位置 B_1C_1、B_2C_2，要求确定四杆机构的其余构件尺寸。这时，两连架杆与机架组成转动副的中心 A 和 D 可分别在 B_1B_2 和 C_1C_2 的中垂线上任意选取，故可有无穷多个解。在实际设计时，可以结合其他附加限定条件，从无穷解中选取满足要求的解。

2. 按给定的行程速比系数 *K* 设计四杆机构

（1）曲柄摇杆机构的设计　已知条件：曲柄摇杆机构的行程速比系数 K，摇杆长度 l_{CD} 及其摆角 ψ，试设计此四杆机构。

【分析】　为了求出其他各杆的尺寸 l_{AB}、l_{CD} 和 l_{AD}，此问题的关键是要定出曲柄的回转中心 A。

假设该机构已经设计出来，如图2-39所示。在曲柄摇杆机构中，当摇杆处于两个极限位置时，曲柄与连杆两次共线，所以 $\angle C_1AC_2$ 即为其极位夹角 θ。现在可利用“同弧上圆周角等于圆心角一半”的几何定理作一个辅助圆，使该圆上 C_1C_2 弧所对应的圆心角为 2θ，则 A 点必在该圆上。求出 A 点后，可根据摇杆处于极限位置时的尺寸关系求解其余构件的尺寸。

其设计步骤如下：

1）计算极位夹角 θ

$$\theta = 180^\circ \frac{K-1}{K+1}$$

2）绘出摇杆的两个极限位置。选择适当的比例尺 u_1，任选转动副中心 D 的位置，由摇杆长度 l_{CD} 及摆角 ψ 作出摇杆的两个极限位置 C_1D 和 C_2D，如图 2-39 所示。

3）作辅助圆。连接 C_1 和 C_2，并过 C_1 点作直线 C_1M 垂直于 C_1C_2；然后作 $\angle C_1C_2N = 90^\circ - \theta$，$C_1M$ 与 C_2N 相交于 P 点，则 $\angle C_1PC_2 = \theta$。作 $\triangle PC_1C_2$ 的外接圆即为辅助圆 m。

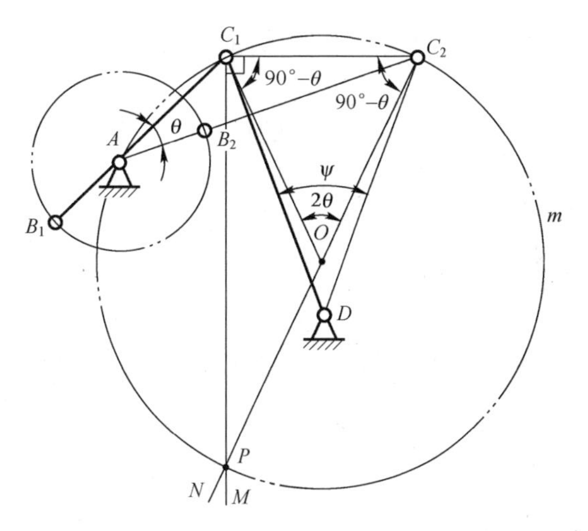

图 2-39　按行程速比系数 K 设计曲柄摇杆机构

辅助圆还可以这样作：连接 C_1 和 C_2，作 $\angle C_1C_2O = \angle C_2C_1O = 90^\circ - \theta$，得交点 O；以 O 为圆心，OC_1 或 OC_2 为半径作辅助圆 m。

4）确定 A 点。在该圆上允许范围内任取一点 A，连接 AC_1、AC_2，则 $\angle C_1AC_2 = \theta$，A 点即为曲柄与机架组成转动副的中心位置。

5）确定各杆长度。因 AC_1、AC_2 分别为曲柄与连杆重叠、拉直共线的位置，故有

$$l_{AB} + l_{BC} = \mu_1 AC_2, l_{BC} - l_{AB} = \mu_1 AC_1$$

由此求得曲柄和连杆的长度分别为

$$l_{AB} = \mu_1(AC_2 - AC_1)/2$$
$$l_{BC} = \mu_1(AC_2 + AC_1)/2$$
$$l_{AD} = \mu_1 AD$$

由上述作图过程可知，A 点是任选的，所以可得无穷多个解。当附加某些辅助条件时，如给定机架长度或最小传动角 γ_{min} 等，即可确定 A 点位置，使其具有确定解。

（2）曲柄滑块机构设计　内燃机的主体机构就是曲柄滑块机构的应用。已知偏置曲柄滑块机构的行程速比系数 K、滑块的行程 H 和偏距 e，试设计此机构。

【分析】　偏置曲柄滑块机构的设计方法与上述曲柄摇杆机构类似，其设计步骤如下：

1）计算极位夹角 θ。

$$\theta = 180^\circ \frac{K-1}{K+1}$$

2）绘出滑块的极限位置。选择适当的比例尺 u_1，按滑块的行程 H 绘出线段 C_1C_2，得到滑块的两个极限位置 C_1 和 C_2，如图 2-40 所示。

3）作辅助圆。作辅助圆 m，方法可参照上述曲柄摇杆机构设计步骤 3）。

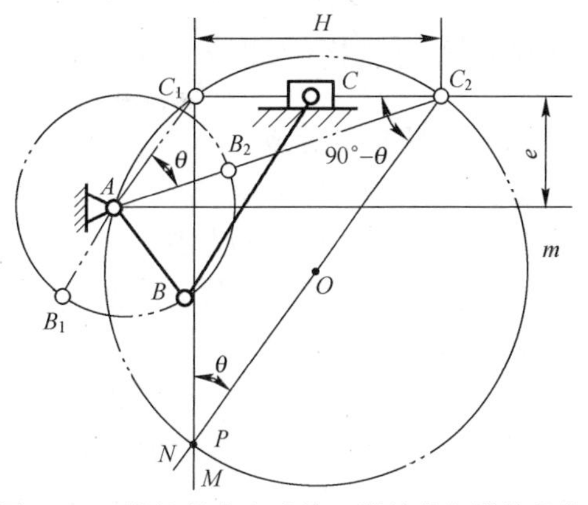

图 2-40　按行程速比系数 K 设计曲柄滑块机构

4）确定 A 点。作 C_1C_2 的平行线，与 C_1C_2 的距离为偏距 e，该直线与辅助圆 m 的交点即为曲柄的转动中心点 A。

5）确定曲柄和连杆的尺寸。方法可参照曲柄摇杆机构设计步骤5）。

6）在曲柄的运动轨迹上任取一点 B，按各构件的尺寸画出机构 ABC，即为该机构在某个位置时的运动简图。

任务实施

任务实施过程见表2-4。

表2-4 设计平面连杆机构任务实施过程

步 骤	内 容	教 师 活 动	学 生 活 动	成 果
1	掌握铰链四杆机构的基本形式及应用、铰链四杆机构有无曲柄存在的判别方法	布置任务，举例引导，讲解相关知识	课外调研，课堂学习讨论	1. 小组讨论记录 2. 课堂汇报 3. 分组完成四杆机构的设计
2	掌握急回特性和行程速比系数的概念、压力角和传动角的概念			
3	按给定的连杆位置设计四杆机构，按给定的行程速比系数 K 设计四杆机构	布置任务，指导学生活动	学生根据老师布置的任务分组讨论、设计	

任务2.4 设计凸轮机构

任务描述

内燃机中还包含一种机构——配气机构，配气机构是凸轮机构的一个应用实例。本任务通过对凸轮相关知识的学习，要求掌握凸轮机构的组成，了解凸轮机构的分类，掌握从动件的常用运动规律，学会用反转法原理设计盘形凸轮机构。

相关知识

2.4.1 凸轮机构的组成、应用及特点

1. 凸轮机构的组成

如图2-41所示，凸轮机构一般由凸轮、从动件及机架组成。凸轮是一个具有曲线轮廓或凹槽的构件，通常凸轮为主动件，做连续等角速转动，从动件则在凸轮轮廓的控制下按预定的运动规律做往复直线移动或摆动。

2. 凸轮机构的应用

任务2.3中提到的平面连杆机构应用虽然广泛，但它只能近似地实现给定的运动规律，而且设计比较复杂。当从动件需精确地按预定运动规律尤其是复杂运动规律工作时，常采用凸轮机构。凸轮机构广泛应用于各种机械、仪表和自动控制装置中。

图 2-42 所示为内燃机中的配气机构。凸轮 1 等速回转，驱动从动阀杆 2 做上下往复移动，从而控制气阀有规律地开启和关闭（借助弹簧的作用关闭），使可燃物质在适当的时间进入气缸或者排出废气。因内燃机曲轴转速很高，故要求启闭动作在极短的时间内完成，并具有良好的动力学性能。而凸轮机构只要凸轮轮廓设计得当，就完全能满足这一要求。

图 2-43 所示为靠模车削机构，凸轮 1 作为靠模被固定在床身上，滚轮 2 在弹簧的作用下与凸轮轮廓紧密接触，当拖板 3 做横向移动时，和从动件相连的刀头便切削出与靠模曲线一致的工件。

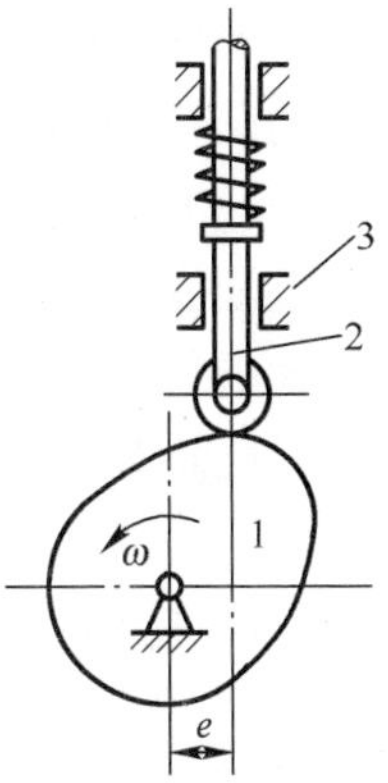

图 2-41　凸轮机构

1—凸轮　2—从动件　3—机架

3. 凸轮机构的特点

凸轮机构结构简单、紧凑、运动可靠。只要正确地设计和制造出凸轮的轮廓曲线，就能把凸轮的回转运动准确可靠地转变为从动件所预期的复杂运动规律的运动，而且设计简单。其缺点是凸轮轮廓与从动件之间是点或线接触，故不便润滑，易于磨损，所以通常用于传力不大的控制机械。

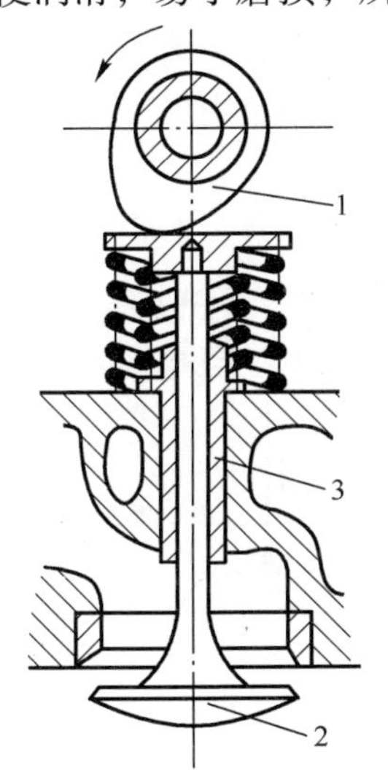

图 2-42　内燃机配气机构

1—凸轮　2—从动阀杆　3—机架

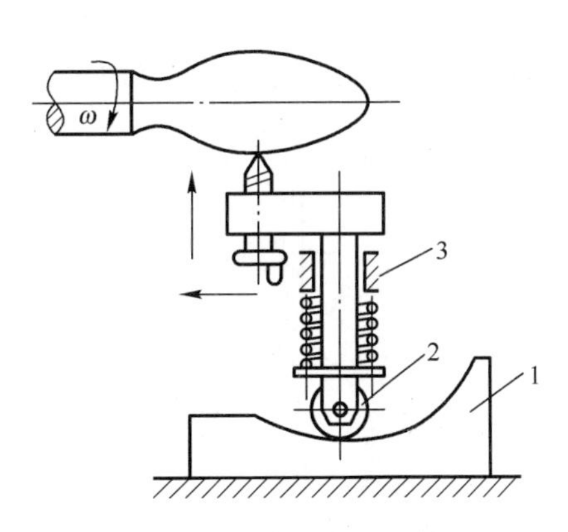

图 2-43　靠模车削机构

1—移动凸轮（靠模）　2—滚轮　3—拖板

2.4.2　凸轮机构的分类

凸轮机构的分类方法有多种，常见的有以下几种，下面将详细介绍。

1. 按凸轮的形状分类

（1）盘形凸轮机构　如图 2-41 和图 2-42 所示，盘形凸轮机构中的凸轮都是绕固定轴线转动并具有径向尺寸变化的盘形构件，这是凸轮的基本形式。盘形凸轮机构结构简单、应用广泛，但限于凸轮径向尺寸不能变化太大，故从动件的运动行程较短。

（2）移动凸轮机构　如图 2-43 所示，移动凸轮机构的凸轮是具有曲线轮廓、相对机架做往复直线移动的构件。它是由盘形凸轮演变而来的，可看作回转中心在无穷远处的盘形凸轮的一个特例。

（3）圆柱凸轮机构　如图2-44所示，圆柱凸轮机构的凸轮是圆柱面上开有凹槽的圆柱体。它由移动凸轮演变而来，可看作是将移动凸轮绕在圆柱体上演变而来的。圆柱凸轮机构可使从动件得到较大的行程。

盘形凸轮和移动凸轮与从动件之间的相对运动是平面运动，所以它们形成的机构属于平面凸轮机构；圆柱凸轮与从动件之间的相对运动是空间运动，所以圆柱凸轮机构属于空间机构。

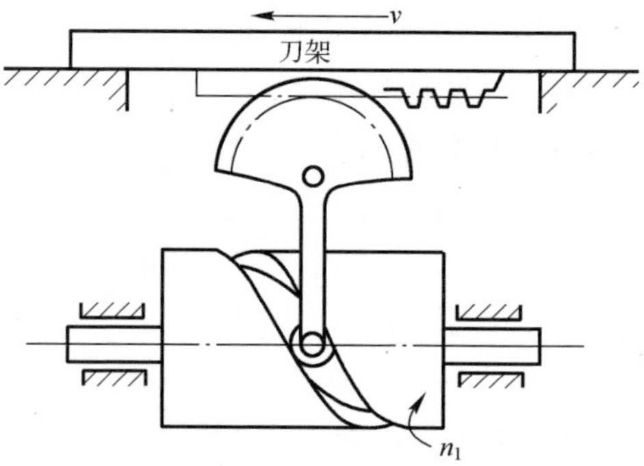

图2-44　圆柱凸轮机构

2. 按从动件末端的形状分类

（1）尖顶从动件凸轮机构　如图2-45a所示，从动件的端部呈尖点，其特点是能与任何形状的凸轮轮廓相接触，因而理论上可实现任意预期的运动规律。但由于尖顶易磨损，故只能用于轻载、低速的场合。尖顶从动件凸轮机构是研究其他类型从动件凸轮机构的基础。

（2）滚子从动件凸轮机构　如图2-45b所示，从动件的端部装有滚子，由于从动件与凸轮之间形成滚动摩擦，所以磨损显著减小，能承受较大的载荷，应用最广泛。但端部质量较大，又不易润滑，故仍不宜用于高速，常用于中速、中载的场合。

（3）平底从动件凸轮机构　如图2-45c所示，从动件的端部为一平底，凸轮对从动件的作用力始终垂直于平底，故受力较平稳；且凸轮与平底接触间易形成润滑油膜，摩擦磨损小、效率高，常用于高速传动中。平底从动件的缺点是不能用于凸轮轮廓有内凹的情况。

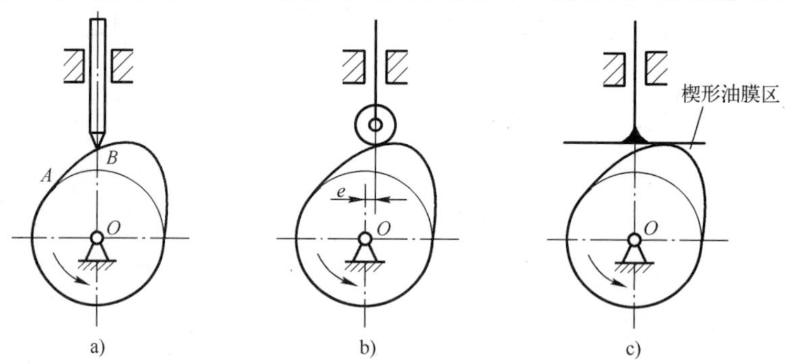

图2-45　从动件的端部结构形式

3. 按锁合方式分类

所谓锁合，是指使从动件与凸轮轮廓始终保持接触的接触方式，主要分为以下两种。

（1）力锁合凸轮机构　依靠重力、弹簧力或其他外力来保证锁合。如图2-42所示的内燃机配气凸轮机构就是利用弹簧力进行锁合的。

（2）形锁合凸轮机构　又称几何锁合，是指依靠凸轮和从动件几何形状来保证锁合。如图2-44所示的圆柱凸轮机构即为形锁合凸轮机构。

4. 按从动件相对机架的运动方式分类

（1）移动从动件的凸轮机构　从动件做往复直线运动，如图2-42所示。移动从动件的凸轮机构按其从动件导路是否通过凸轮回转中心，又分为对心移动从动件凸轮机构（如

图2-45a所示）和偏置移动从动件的凸轮机构（如图2-45b所示）。

（2）摆动从动件的凸轮机构

从动件做往复摆动，如图2-44所示。

2.4.3 从动件的常用运动规律

从动件的运动规律是指在凸轮的作用下，从动件所产生的位移 s、速度 v 和加速度 a 等随凸轮转角 θ 或时间 t 而变化的规律。这种规律可以用位移、速度和加速度方程表示，也可用位移、速度和加速度线图表示。当用线图表示时，横坐标为 θ 或 t，纵坐标分别为 s、v 或 a，这些线图统称为运动线图。

在凸轮机构中，凸轮轮廓曲线的形状决定了从动件的运动规律；反之，从动件的不同运动规律要求凸轮具有不同形状的轮廓曲线。因此，设计凸轮机构时，首先应根据工作要求确定从动件的运动规律，再按此运动规律来设计凸轮的轮廓曲线。

在介绍从动件几种常用运动规律之前，先来了解一下凸轮机构的工作过程。

1. 凸轮机构的工作过程分析

图2-46a所示为一对心尖顶移动从动件盘形凸轮机构，该凸轮的轮廓是根据图2-46b中从动件的位移线图绘制的。在图2-46a中，以凸轮的回转轴心 O 为圆心，以凸轮轮廓上的最小向径 r_b 为半径所作的圆称为凸轮的基圆，r_b 称为基圆半径。设点 A 为凸轮轮廓曲线的起始点，在图示位置时，从动件的尖顶与 A 点接触，该点距离凸轮的转动中心 O 最近，因此从动件处于上升的起始位置（也即最低位置）。

当凸轮以等角速度 ω_1 顺时针转过角 θ_0 时，从动件尖顶与凸轮轮廓 AB 接触，并按图2-46b对应的运动规律从最低位置点 A 上升至最高位置点 B'。这个过程称为推程，从动件移动的最大位移 h 称为行程，对应的凸轮转角 θ_0 称为推程运动角，简称推程角。

当凸轮继续转过角 θ_s 时，从动件尖顶与凸轮轮廓 BC 段接触，由于 BC 是一段圆弧，向径没有变化，因此从动件处于最高位置点静止不动。这一过程称为远休止过程，对应的凸轮转角 θ_s 称为远休止角，在图2-46b中表现为一水平线段。

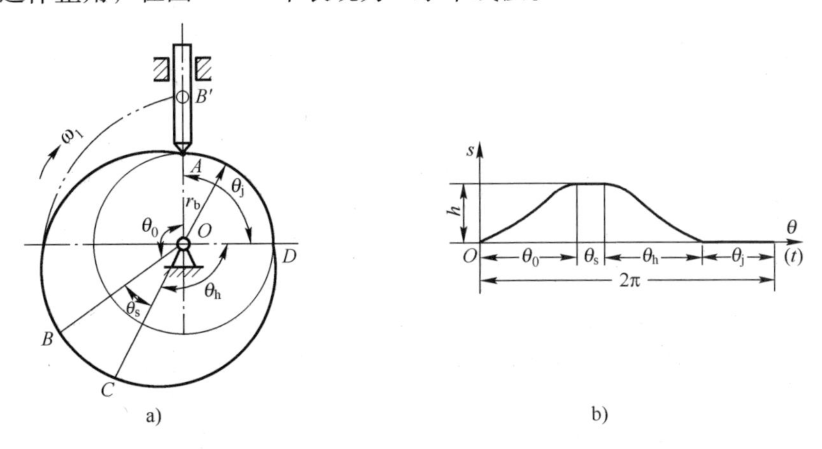

图2-46　凸轮机构的工作过程

当凸轮继续转过角 θ_h 时，从动件尖顶与凸轮轮廓 CD 段接触，由于 CD 段的向径逐渐减小，从动件按一定规律由最高位置点 B' 下降至最低位置点 A。这个过程称为回程，对应的转

角 θ_h 称为回程运动角，简称回程角。

当凸轮继续转过角 θ_j 时，从动件尖顶与凸轮轮廓圆弧段 DA 接触，从动件处于最低位置静止不动。这一过程称为近休止过程，对应的转角 θ_j 称为近休止角。

至此，凸轮机构完成了一个运动循环。当凸轮连续转动时，从动件将重复上述升→停→降→停的运动过程（某些环节如远休止、近休止可根据需要省略）。一般推程是凸轮的工作行程。

下面就上述凸轮机构的工作过程介绍两种常用的从动件运动规律。为便于研究，仅对推程段作仔细分析，回程段的分析方法与推程段相同。

2. 等速运动规律

从动件在推程或回程的运动速度为常数的运动规律，称为等速运动规律。

设凸轮以等角速度 ω_1 转动，当凸轮转过推程角 θ_0 时，从动件的行程为 h。则从动件推程的运动方程为

$$\left.\begin{aligned} s &= \frac{h}{\theta_0}\theta \\ v &= \frac{h}{\theta_0}\omega_1 \\ a &= 0 \end{aligned}\right\} \tag{2-5}$$

根据上述运动方程式，以凸轮转角 θ 为横坐标，从动件位移 s、速度 v 、加速度 a 为纵坐标，作出如图 2-47 所示的从动件运动线图。由式（2-5）可知，等速运动规律推程部分的位移曲线为斜直线，速度曲线为平直线，加速度曲线为零线。由图 2-47 可知，从动件在推程起点和终点的瞬间，速度有突变，其加速度在理论上分别达到正的无穷大和负的无穷大。因此，在这两个位置上，从动件的惯性力理论上也为无穷大。虽然由于构件材料的弹性变形等原因，加速度和惯性力不至于达到无穷大，但其量值仍然很大，仍会对机构造成强烈的冲击，这种冲击称为刚性冲击。所以，等速运动规律只适用于低速轻载的场合。为了避免刚性冲击，实际中通常对位移曲线加以修正。

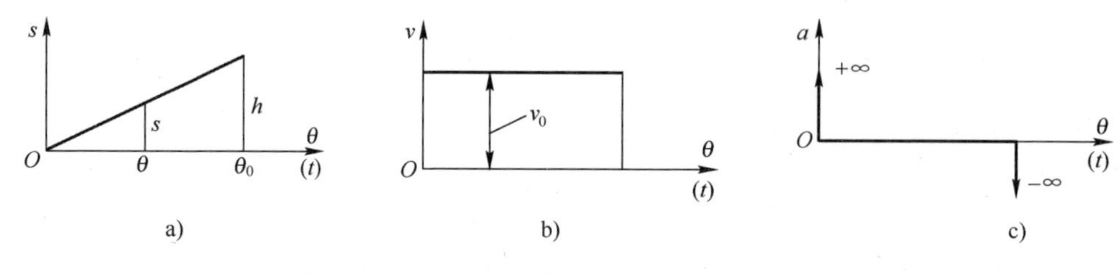

图 2-47　等速运动规律

3. 等加速等减速运动规律

为使从动件在起点和终点的瞬时速度不发生突变，通常令推程或回程的前半程做等加速运动，后半程做等减速运动，且加速时加速度与减速时加速度的绝对值相等，这种运动规律称为等加速等减速运动规律。

设凸轮以等角速度 ω_1 转动，当凸轮转过推程角 θ_0 时，从动件的行程为 h，推程的前半程做等加速运动，后半程做等减速运动。则从动件推程等加速段的运动方程为

$$\left.\begin{aligned} s&=\frac{2h}{\theta_0^2}\theta^2\\ v&=\frac{4h\omega_1}{\theta_0^2}\theta\\ a&=\frac{4h\omega_1^2}{\theta_0^2}\end{aligned}\right\}\quad\left(0\leqslant\theta\leqslant\frac{\theta_0}{2}\right)\tag{2-6}$$

推程等减速段的运动方程为

$$\left.\begin{aligned} s&=h-\frac{2h}{\theta_0^2}(\theta_0-\theta)^2\\ v&=\frac{4h\omega_1}{\theta_0^2}(\theta_0-\theta)\\ a&=-\frac{4h\omega_1^2}{\theta_0^2}\end{aligned}\right\}\quad\left(\frac{\theta_0}{2}\leqslant\theta\leqslant\theta_0\right)\tag{2-7}$$

根据上述运动方程式，便可画出从动件等加速等减速运动规律的位移、速度、加速度运动线图，如图2-48a～c所示。

由图2-48可以看出，从动件采用等加速等减速运动规律时，在推程的始末点和前、后半程的交接处，加速度有突变，但其突变量为有限值，由此产生的惯性力突变量也为有限值。这种由加速度和惯性力的有限突变对凸轮机构所造成的冲击、振动和噪声要比刚性冲击小，称为柔性冲击。但在高速情况下，柔性冲击仍将引起相当严重的振动、噪声和磨损。因此，这种运动规律只适用于中速场合。

用图解法设计凸轮轮廓曲线时，通常需要绘制从动件的位移曲线。由等加速等减速运动规律的位移方程可知，其位移曲线为一抛物线，因此可按抛物线的画法进行绘制。当已知从动件的推程角 θ_0 和行程 h 时，其绘图方法如图2-48d所示，详细步骤如下：

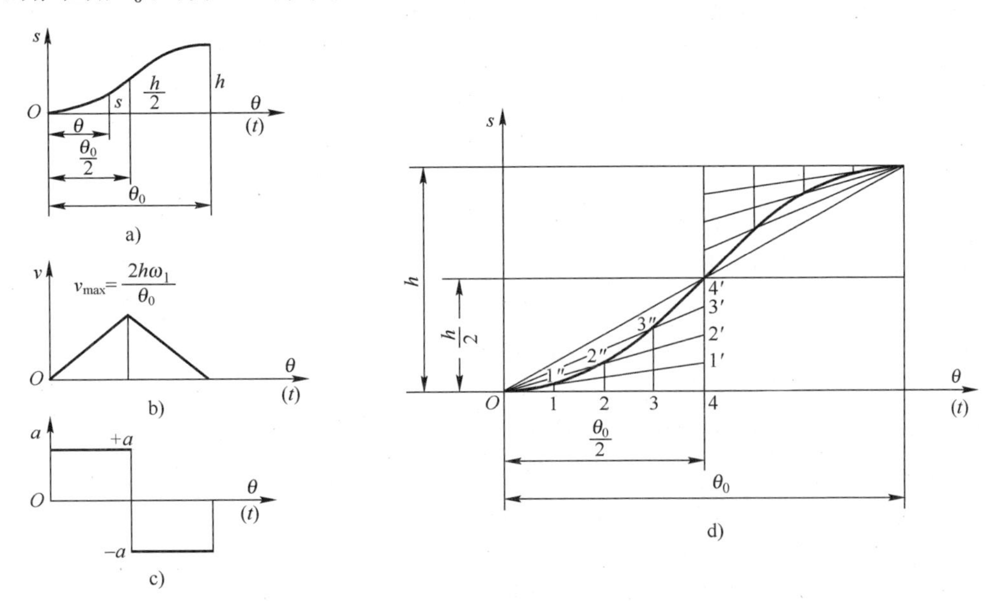

图2-48　等加速等减速运动规律

1）选取横坐标轴代表凸轮转角 θ，纵坐标轴代表从动件位移 s。选取适当的角度比例尺 μ_θ 和位移比例尺 μ_s，在 θ 轴上量取线段 $O4$ 代表 $\theta_0/2$，过 4 点作 s 轴的平行线，在上面量取 $44'$ 代表 $h/2$，先作前半行程的位移曲线。

2）将左下方矩形的 $\theta_0/2$ 和 $h/2$ 分成相同的份数（图中分为四等份），得等分点 1、2、3、4 和 $1'$、$2'$、$3'$、$4'$ 各点。

3）将 $1'$、$2'$、$3'$、$4'$ 各点依次与原点 O 相连，再过 1、2、3、4 各点作垂直于 θ 轴的直线。这两组直线依次相交于 $1''$、$2''$、$3''$、$4''$ 各点，然后将 O、$1''$、$2''$、$3''$、$4''$ 各点连接成光滑的曲线，即得前半部分（等加速上升）的位移曲线。

后半部分（等减速上升）位移曲线的画法与上述方法相似，只是抛物线的开口方向相反。

在工程上，除上述两种运动规律外，从动件常用的运动规律还有余弦加速度运动规律和正弦加速度运动规律。其中，余弦加速度运动规律仍然存在柔性冲击，常用于中、低速中载场合；而正弦加速度运动规律速度曲线和加速度曲线全程连续变化，从动件在运动时既没有刚性冲击，也没有柔性冲击，故机构传动平稳，振动、噪声和磨损都小，可用于高速场合。在选择从动件的运动规律时，不仅要考虑刚性冲击和柔性冲击，而且要注意各种运动规律的最大速度和最大加速度的影响。设计时，还可将不同的运动规律加以组合或改进，以满足工程实际中的各种需要。

2.4.4 凸轮轮廓曲线的设计

凸轮轮廓曲线的设计是凸轮机构设计的主要内容。如已根据机器的工作要求确定凸轮的类型、从动件的运动规律和凸轮的基圆半径，即可进行凸轮轮廓曲线的设计。

凸轮轮廓曲线的设计方法有图解法和解析法两种。图解法简单、直观、方便，虽然精确度较低，但由于能满足一般机械的要求，故应用仍很广泛；解析法精确度高，但计算较复杂，多用于设计精度要求较高的凸轮机构。本任务主要介绍图解法。

1. 设计凸轮轮廓曲线的基本原理

设计凸轮轮廓曲线的基本原理是相对运动原理。图 2-49 所示为一尖顶对心移动从动件盘形凸轮机构。当凸轮以等角速度 ω_1 绕轴心 O 逆时针转动时，从动件的尖顶沿凸轮轮廓曲线相对其导路按预定的运动规律做往复移动。此时凸轮是运动的，为了能够在图纸上绘制出凸轮的轮廓曲线，应设法使凸轮与图纸相对静止。对此，可采用反转法来设计凸轮的轮廓曲线。

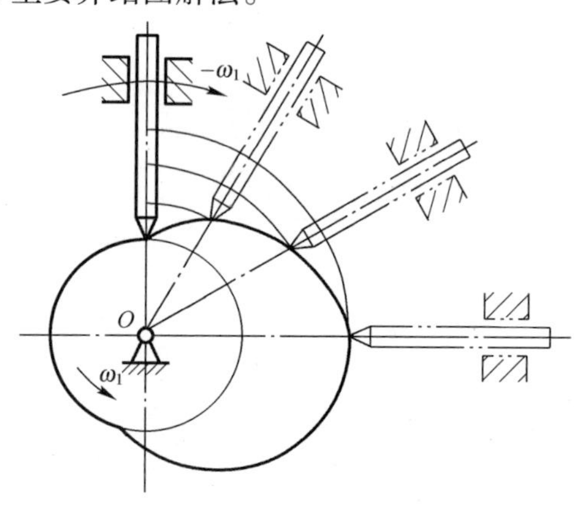

图 2-49 反转法原理

所谓反转法，就是根据相对运动的原理，设想给整个凸轮机构加上一个绕轴心 O 并与凸轮角速度 ω_1 等值反向的公共角速度“$-\omega_1$”。此时，机构中各构件之间的相对运动关系和相对位置并没有改变，但凸轮已处于相对静止状态，而从动件则一方面随导路以角速度“$-\omega_1$”绕轴心 O 转动，另一方面又沿导路做预期的往复移动。由于从动件的尖顶始终与凸轮轮廓保持接触，所以在从动件反转过程中，其尖顶的运动轨迹即为所求凸轮的轮廓曲线，如图 2-49 所示。

2. 尖顶对心移动从动件盘形凸轮轮廓的设计

在尖顶对心移动从动件盘形凸轮机构中，若从动件导路中线通过凸轮回转中心，则称其为对心移动从动件盘形凸轮机构；否则称为偏心移动从动件盘形凸轮机构。

设已知从动件的位移曲线（图 2-50a）和凸轮的基圆半径 r_b，且凸轮以等角速度 ω 逆时针转动，则按反转法绘制该凸轮轮廓曲线的步骤如下：

1）选择适当的长度比例尺 μ_l（μ_l 和绘制该机构从动件位移曲线时选取的位移比例尺 μ_s 相同），以 r_b/μ_l 为半径绘制基圆。该基圆与从动件导路中心线的交点 A_0 即为从动件尖顶的起始位置。

2）自 OA_0 起，沿 ω 的相反方向（顺时针方向）依次量取推程角 $\theta_0=120°$、远休止角 $\theta_s=30°$、回程角 $\theta_h=60°$，并将推程角和回程角分成与位移曲线图同样的份数，各等分线与基圆相交于 A_1、A_2、A_3、…、A_7，连接 OA_1、OA_2、OA_3、…、OA_7，并将其延长，则它们就是反转后从动件导路中心线的各个位置。

3）在 OA_1、OA_2、OA_3、…、OA_7 上，分别自基圆向外量取线段 A_1A_1'、A_2A_2'、A_3A_3'、…、A_6A_6'，使其等于从动件位移线图中相应的位移量 11′、22′、33′、…、66′，则 A_1'、A_2'、A_3'、…、A_7 就是反转后从动件尖顶的一系列位置点。

4）将 A_0、A_1'、A_2'、A_3'、…、A_7、A_0 各点用光滑曲线连接起来，即为所求的凸轮轮廓曲线，如图 2-50b 所示。

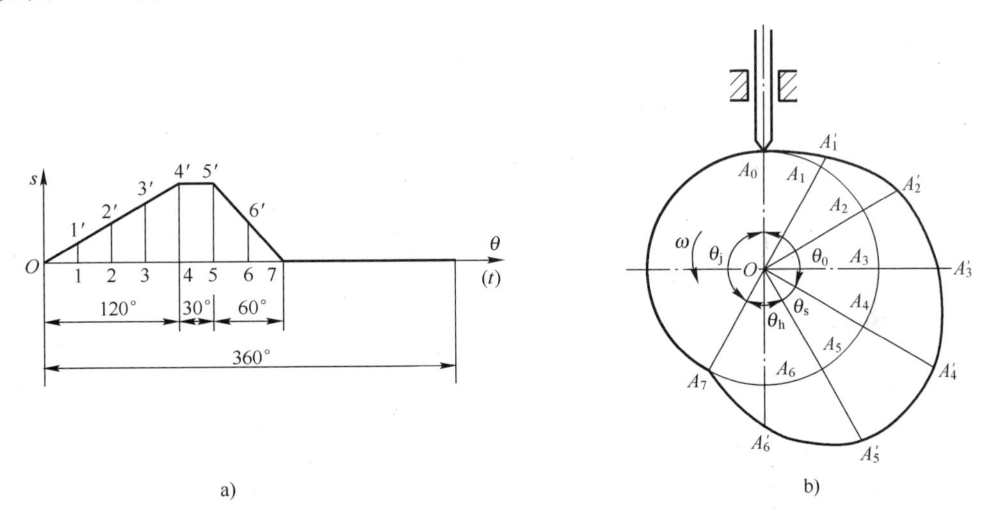

图 2-50　尖顶对心移动从动件盘形凸轮轮廓曲线的绘制

3. 对心滚子移动从动件盘形凸轮轮廓的设计

滚子从动件与尖顶从动件的区别在于从动件端部不是尖顶，而是装了半径为 r_T 的小滚子，如图 2-51 所示。由于滚子的回转中心是从动件上的一个定点，此点的运动就是从动件的运动，因此在应用反转法绘制凸轮轮廓曲线时，滚子中心的轨迹与尖顶从动件尖顶的轨迹完全相同，可参照前述方法绘制凸轮轮廓。

如将图 2-50 中从动件的尖顶改为滚子，设滚子半径为 r_T，其余条件不变，则这种滚子从动件盘形凸轮轮廓曲线的绘制步骤为：

1）将滚子的回转中心视为尖顶从动件的尖顶，按照前述方法画出尖顶从动件的凸轮轮廓，该曲线称为凸轮的理论轮廓曲线。

2）由于回转过程中滚子始终与凸轮轮廓相切，因此，可以理论轮廓曲线上的各点为圆心，滚子半径 r_T 为半径，作一系列滚子圆，再作这些圆的内包络线，该包络线即为所求的滚子从动件凸轮轮廓曲线，称为凸轮的实际轮廓曲线，如图 2-51 所示。

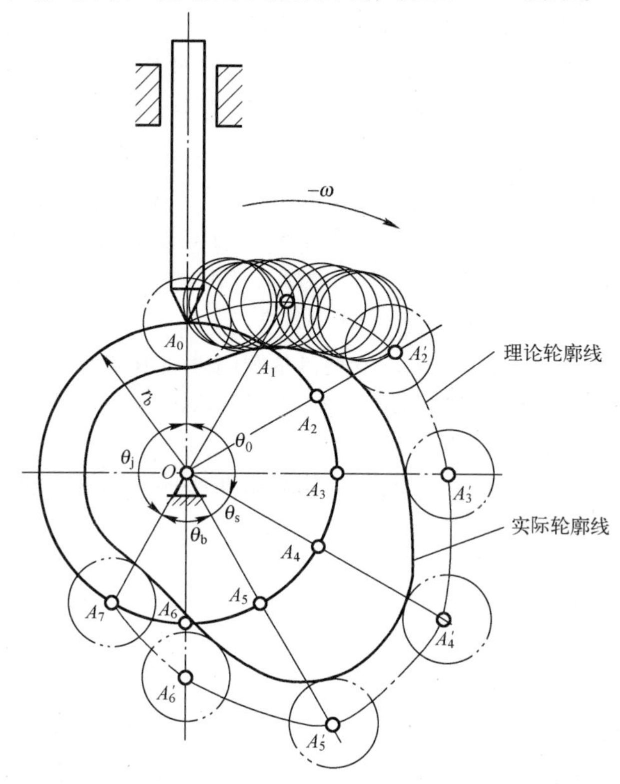

图 2-51　对心滚子移动从动件盘形凸轮轮廓曲线的绘制

应当注意：滚子从动件凸轮的基圆是指理论轮廓曲线上的基圆；凸轮的实际轮廓曲线与理论轮廓曲线互为等距曲线，它们在各对应点的曲率半径相差一个滚子半径 r_T。

4. 平底从动件盘形凸轮轮廓的设计

平底从动件凸轮轮廓曲线的绘制方法与滚子移动从动件盘形凸轮轮廓相似。设已知从动件的位移曲线（图 2-52a）和凸轮的基圆半径 r_b，且凸轮以等角速度 ω 顺时针转动。则此平底从动件盘形凸轮轮廓曲线的绘制步骤为：

1）将平底与导路中心线的交点 A_0 视为尖顶从动件的尖顶，按照尖顶从动件盘形凸轮轮廓曲线的绘制方法，求出理论轮廓曲线上一系列点 A_1、A_2、A_3、…、A_{13}。

2）因平底与导路垂直，所以可过点 A_1、A_2、A_3、…、A_{13} 各点作一系列表示平底位置的直线，然后作这些平底直线的包络线，便得到凸轮的实际轮廓曲线，如图 2-52b 所示。

应当注意：对于平底移动从动件盘形凸轮机构，在用图解法作出凸轮的实际轮廓曲线后，由于从动件的平底与凸轮的实际轮廓的切点是随着机构的位置而变化的，为了保证平底在所有位置上都能与凸轮轮廓接触，平底必须具有足够的长度。

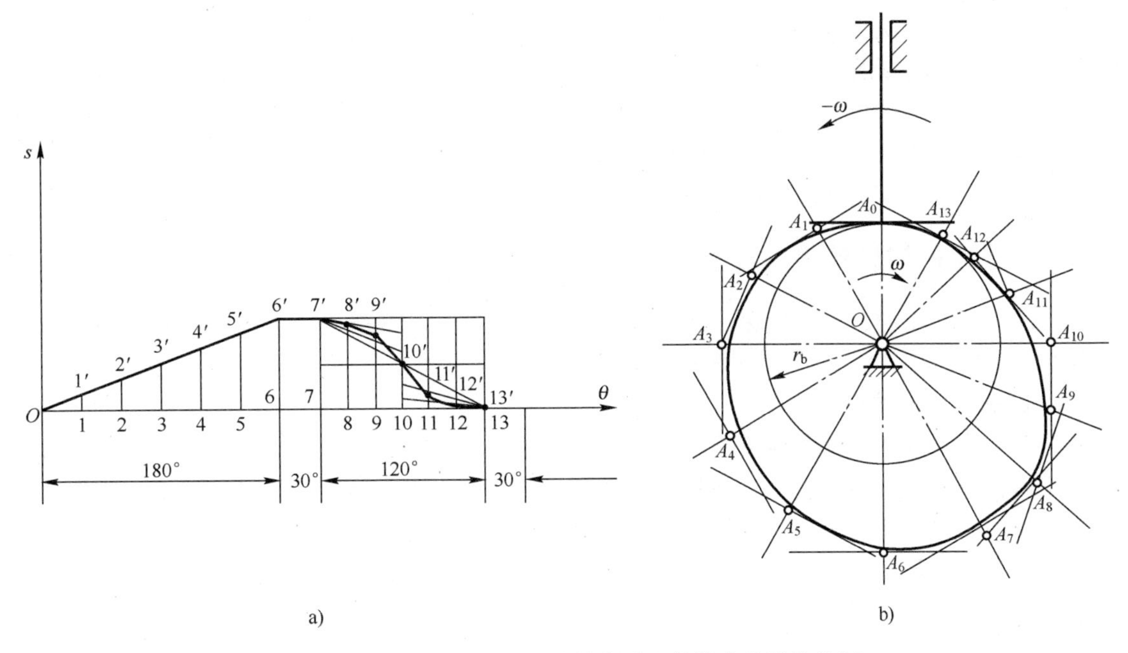

图 2-52　对心移动平底从动件盘形凸轮轮廓曲线的绘制

5. 偏置从动件盘形凸轮轮廓的设计

设已知偏置移动从动件的位移曲线（图 2-53a）、偏距 e、基圆半径 r_b 和从动件的行程 h，试设计此偏置移动尖顶从动件盘形凸轮的轮廓曲线。

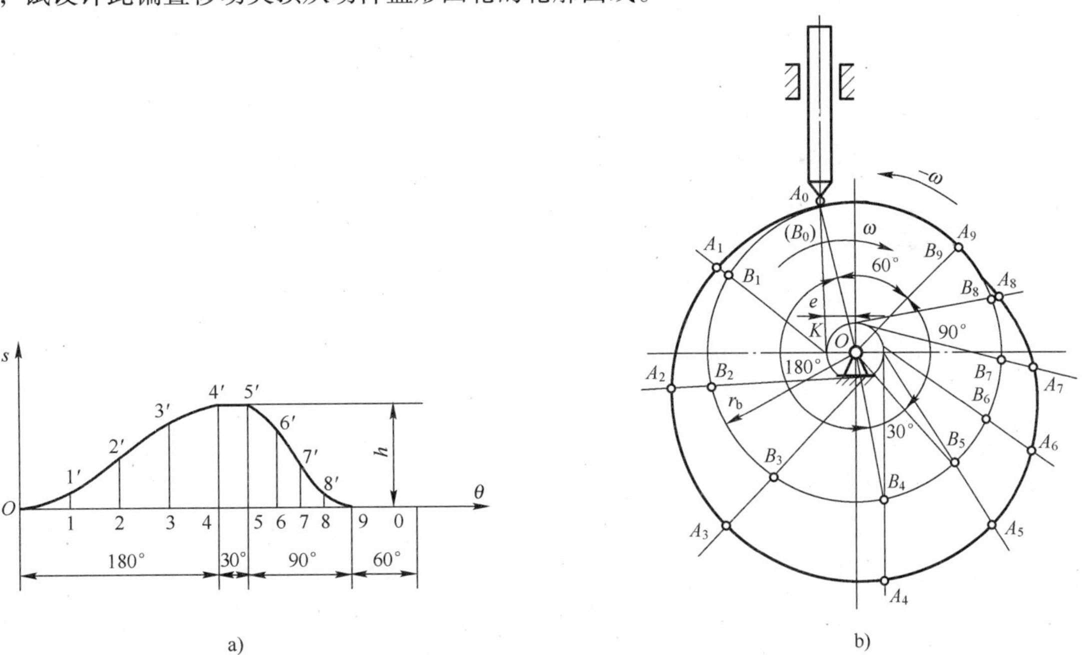

图 2-53　偏置从动件盘形凸轮轮廓曲线的绘制

如图 2-53b 所示，因偏置从动件导路的中心线与凸轮回转中心 O 有一偏距 e，所以从动件在反转运动中依次占据的位置不再是由凸轮回转中心 O 作出的径向线，而是始终与凸轮回转中心 O 保持一偏距 e。即从动件导路的中心线应始终与以 O 为圆心、偏距 e 为半径的偏置圆相切。从动件的位移（B_1A_1、B_2A_2、B_3A_3、…、B_9A_9）应在相应的切线上自基圆向外量取，这是与对心移动从动件不同的地方。最后，将 A_0、A_1、A_2、A_3、…、A_9、A_0各点用光滑曲线连接起来，即为所求的凸轮轮廓曲线，如图 2-53b 所示。

2.4.5 凸轮机构设计中应注意的问题

设计机构凸轮时，不仅应保证从动件能实现预期的运动规律，还需使设计的机构传力性能良好，结构紧凑，满足强度和安装等要求，为此，设计时应注意处理好下述问题。

1. 滚子半径的选取

滚子从动件有摩擦及磨损小的优点，若仅从强度和耐磨性方面考虑，应该选取较大的滚子半径 r_T，但滚子半径太大会对凸轮的实际轮廓曲线产生很大的影响，有时甚至会使从动件不能实现预期的运动规律。所以，必须注意滚子半径 r_T、理论轮廓上的最小曲率半径 ρ_{min} 及对应的实际轮廓曲线曲率半径 ρ_a 之间的关系。

（1）内凹的轮廓曲线　由图 2-54a 可得

$$\rho_a = \rho_{min} + r_T \tag{2-8}$$

由式（2-8）可知，实际轮廓曲线的曲率半径 ρ_a 等于理论轮廓上的最小曲率半径 ρ_{min} 与滚子半径 r_T 之和，所以无论滚子半径 r_T 大小如何，对应的实际轮廓曲线的曲率半径 ρ_a 始终大于零，故能得到一条满足运动要求的光滑曲线。

（2）外凸的轮廓曲线　由图 2-54b ~ d 可得

$$\rho_a = \rho_{min} - r_T \tag{2-9}$$

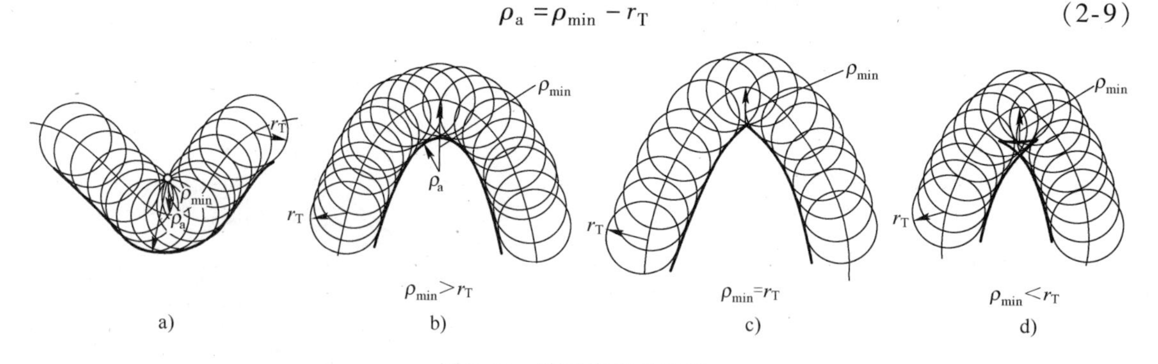

图 2-54　滚子半径的选择

由式（2-9）可知：

1）当 $\rho_{min} > r_T$ 时，$\rho_a > 0$，实际轮廓曲线为光滑曲线。

2）当 $\rho_{min} = r_T$ 时，$\rho_a = 0$，实际轮廓曲线出现尖点，凸轮轮廓在尖点处极易磨损，因此会改变预期的运动规律。

3）当 $\rho_{min} < r_T$ 时，$\rho_a < 0$，实际轮廓曲线相交，其交点以外的部分加工时将被切去，这将使从动件在工作时达不到预期的工作位置，一部分运动规律难以实现，此现象称为“运动失真”。

为避免上述后两种情况的发生，必须使 $\rho_a > 0$，即滚子半径必须小于凸轮理论轮廓曲线的最小曲率半径。设计时，通常取 $r_T \leqslant 0.8\rho_{min}$。为减小凸轮和滚子间的接触应力和磨损，还要求实际轮廓曲线的最小曲率半径 $\rho_{a\,min} > 1 \sim 5\text{mm}$。如果不能满足上述要求，就应适当减小滚子半径（在满足强度要求的前提下）或增大基圆半径（使ρ_{min}增大）。

2. 压力角的校核

图2-55所示为一尖顶对心移动从动件盘形凸轮机构在推程的某个位置的受力情况。F_Q为作用在从动件上的外载荷，当不计摩擦时，凸轮加给从动件的作用力F_n沿接触点处凸轮轮廓的法线方向nn，该力的作用线与从动件上受力点速度方向所夹的锐角α，称为此凸轮机构在图示位置的压力角，其意义与前述连杆机构的压力角相同。从动件在不同位置与凸轮轮廓接触时，压力角是不同的。

将法向力F_n分解为垂直于导路方向和沿导路方向上的两个分力F_x和F_y，则

$$\left.\begin{aligned} F_x &= F_n\sin\alpha \\ F_y &= F_n\cos\alpha \end{aligned}\right\} \tag{2-10}$$

式中　F_x——使从动件紧压导路而产生阻碍从动件运动的摩擦力，是有害分力；

F_y——推动从动件运动的有效分力。

由式（2-10）可知，当F_n一定时，F_y随α的增大而减小，F_x随α的增大而增大，使导路中的摩擦力也随之增大。当α增大到有效分力不足以克服摩擦阻力时，则无论外载荷F_Q有多小，也不论推力F_n有多大，都不能使从动件运动，这种现象称为凸轮机构的自锁。

由以上分析可知，为避免凸轮机构发生自锁，使其具有良好的传力性能，提高效率，必须对最大压力角α_{max}加以限制，应使其低于许用值，即

$$\alpha_{max} \leqslant [\alpha] \tag{2-11}$$

在工程实际中，根据实践经验，一般许用压力角的推荐值如下：

1）对于移动从动件的推程段，$[\alpha]=30°$。

2）对于摆动从动件的推程段，$[\alpha]=35°\sim45°$。

3）对于移动和摆动从动件的回程段，凸轮机构作用力一般较小，特别是力锁合凸轮机构一般不会出现自锁，可取$[\alpha]=70°\sim80°$。

由于凸轮轮廓曲线上各点的压力角α是变化的，因此在绘出凸轮轮廓曲线后，必须对理论轮廓曲线，尤其是推程中各处压力角进行校核，以防其超过许用值。常用的简便测量方法如图2-56所示。

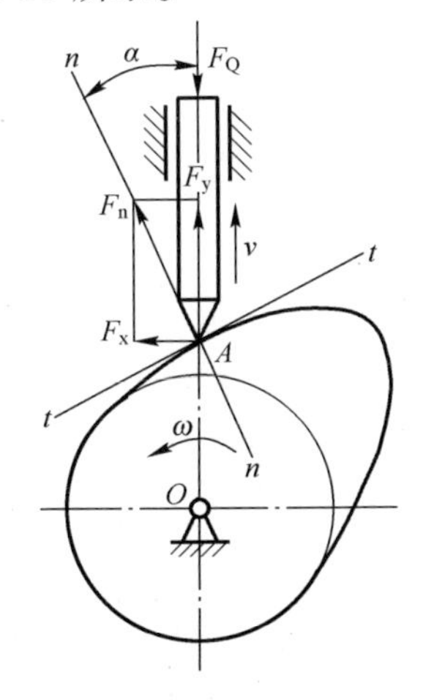

图2-55　凸轮机构的压力角

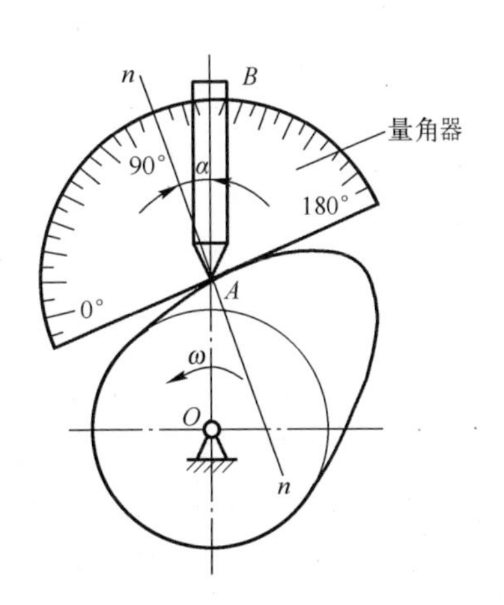

图2-56　压力角的测量

凸轮机构中的最大压力角 α_{max} 一般出现在推程的起始位置、理论轮廓线上比较陡的地方或从动件速度最大的轮廓附近。若测量结果超过许用值，可加大凸轮基圆半径重新进行设计。对力锁合的凸轮机构，还可适当偏置移动从动件。

3. 基圆半径的确定

一般情况下，为使凸轮机构紧凑些，基圆半径应尽量取得小一些，但基圆半径的大小会影响到机构压力角的大小。由图2-57可知，在相同的运动规律下，基圆半径越小，压力角越大。所以基圆半径的选择原则是：在保证机构良好传力性能的前提下，结构越紧凑越好；若受力较大，结构空间允许，也可适当增大基圆半径。

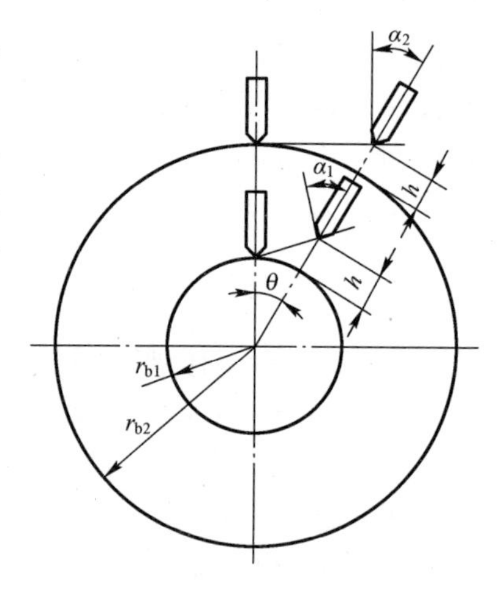

图2-57 基圆半径与压力角的关系

基圆半径一般可根据经验公式选择，即

$$r_b \geqslant 1.8 r_s + (7 \sim 10)\,\text{mm} \tag{2-12}$$

式中 r_s——凸轮轴半径，单位为mm。

根据式（2-12）选定的基圆半径 r_b 设计出凸轮轮廓后，应进行凸轮机构压力角的校核，若发现 $\alpha_{max} > [\alpha]$，则应适当增大基圆半径，按原位移曲线重新设计凸轮轮廓，以使压力角减小到允许范围内。

4. 凸轮的常用材料、加工及固定

（1）凸轮和滚子的常用材料　凸轮机构工作时，由于工作情况以及机构本身的特点，多数承受冲击载荷，使凸轮和从动件接触表面常易产生严重磨损，这就要求凸轮和滚子的工作表面硬度高、耐磨性好，并具有足够的表面接触强度。对于经常受冲击的凸轮机构，还要求凸轮芯部有较好的韧性。表2-5中列出了凸轮和从动件接触端的常用材料及热处理方法，可根据具体工作条件进行选择。

表2-5 凸轮和从动件接触端的常用材料及热处理方法

<table>
<tr><th rowspan="2">工作条件</th><th colspan="2">凸　轮</th><th colspan="2">从动件接触端</th></tr>
<tr><th>材料</th><th>热处理</th><th>材料</th><th>热处理</th></tr>
<tr><td rowspan="3">低速轻载</td><td>40钢、45钢、50钢</td><td>调质220~260HBW</td><td rowspan="2">45钢</td><td rowspan="2">表面淬火40~45HRC</td></tr>
<tr><td>HT200、HT250、HT300</td><td>170~250HBW</td></tr>
<tr><td>QT600-3</td><td>190~270HBW</td><td rowspan="2">尼龙</td><td rowspan="2"></td></tr>
<tr><td rowspan="4">中速中载</td><td>45钢</td><td>表面淬火40~45HRC</td></tr>
<tr><td>45钢、40Cr</td><td>表面高频淬火52~58HRC</td><td rowspan="2">20Cr</td><td rowspan="2">渗碳淬火，渗碳层深0.8~1mm，55~60HRC</td></tr>
<tr><td>15钢、20钢、20Cr、20CrMn</td><td>渗碳淬火，渗层深0.8~1.5mm，56~62HRC</td></tr>
<tr><td>40Cr</td><td>高频淬火，表面56~60HRC，心部45~50HRC</td><td rowspan="2">T8
T10
T12</td><td rowspan="2">淬火58~62HRC</td></tr>
<tr><td>高速重载或靠模凸轮</td><td>38CrMoAl、35CrAl</td><td>氮化，表面硬度700~900HV（约60~67HRC）</td></tr>
</table>

注：对一般中等尺寸的凸轮机构，$n \leqslant 100$r/min为低速，$100\text{r/min} < n < 200\text{r/min}$为中速，$n \geqslant 200$r/min为高速。

（2）凸轮的精度要求和加工方法　凸轮的精度要求主要包括凸轮的公差和表面粗糙度。精度与加工方法有关，对于单件生产、精度要求不高的凸轮，可在划线后加工；对于成批生产、精度要求较高的凸轮，可采用靠模仿形加工法或数控法加工。向径为 300 ~ 500mm 的凸轮，其公差和表面粗糙度可参考表 2-6 进行选择。

表 2-6 凸轮（向径为 300 ~ 500mm）的公差及表面粗糙度

凸轮精度	公差等级或极限偏差/mm			表面粗糙度/μm	
	向径	凸轮槽宽	基准孔	盘形凸轮	凸轮槽
较高	±（0.05 ~ 0.1）	H8（H7）	H7	$3.2 < Ra \leqslant 6.3$	$6.3 < Ra \leqslant 12.5$
一般	±（0.1 ~ 0.2）	H8	H7（H8）	$6.3 < Ra \leqslant 12.5$	$12.5 < Ra \leqslant 25$
低	±（0.2 ~ 0.5）	H9（H10）	H8		

（3）凸轮在轴上的固定方式　当凸轮轮廓尺寸接近轴径尺寸时，凸轮与轴可做成一体，如图 2-58 所示。当两者尺寸相差比较大时，应将凸轮和轴分开制造，这时为保证凸轮机构工作的准确性，凸轮在轴上的轴向及周向固定都有一定的要求，尤其是轴向固定。

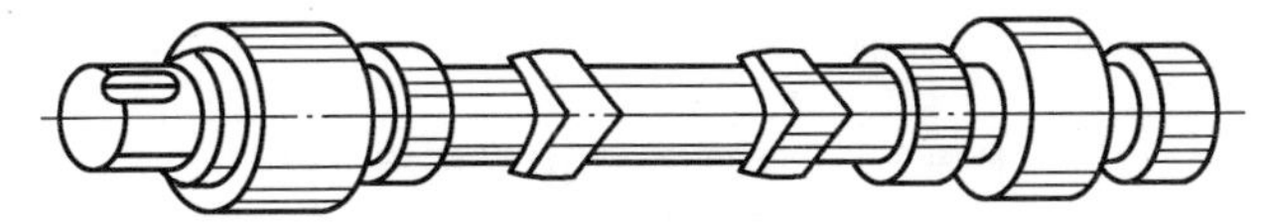

图 2-58　凸轮轴

图 2-59 所示为凸轮在轴上的几种常用固定形式。图 2-59a 所示为用键固定，不能周向调整；图 2-59b 所示为初调时用螺钉固定，然后配钻销孔，用锥销固定，装好后也不能调整；图 2-59c 所示为开槽锥形套筒固定，其调整方便，但不能用于受力较大的场合；图 2-59d所示为用齿轮离合器连接，可按齿距调整角度，但此结构较为复杂；图 2-59e 所示为用带有圆弧槽孔的法兰盘连接，可做微小角度调整。

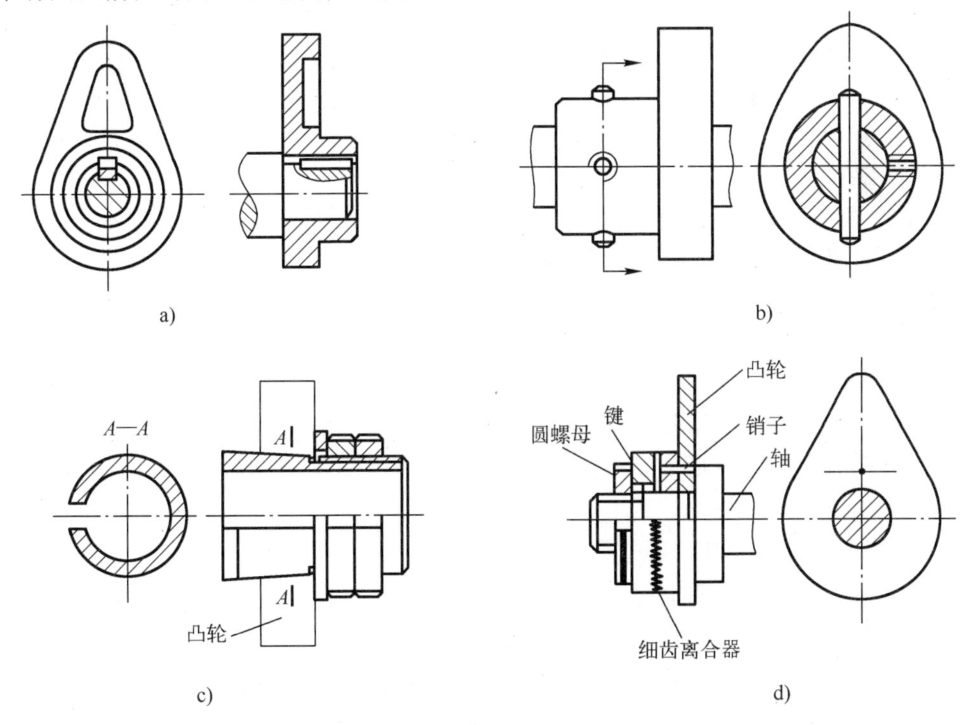

图 2-59　凸轮在轴上的固定方式

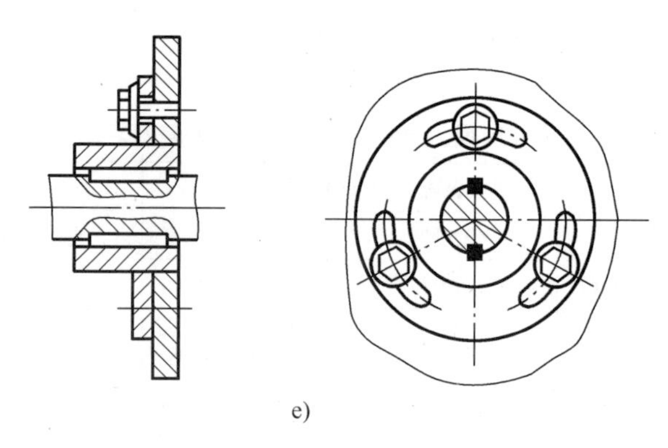

e)

图2-59　凸轮在轴上的固定方式（续）

任务实施

任务实施过程见表2-7。

表2-7　设计凸轮机构任务实施过程

步　　骤	内　　容	教师活动	学生活动	成　　果
1	掌握凸轮机构的组成和应用特点，了解凸轮机构的类型	布置任务，举例引导，讲解相关知识	课外调研，课堂学习讨论	1. 小组讨论记录 2. 课堂汇报 3. 分组完成凸轮机构的设计
2	掌握从动件的两种常用运动规律并学会绘制位移曲线，掌握凸轮轮廓曲线的设计方法			
3	设计内燃机配气机构中的凸轮机构	布置任务，指导学生活动	根据教师布置的任务分组讨论、设计	

思考训练题

2-1　试述内燃机的基本构造。

2-2　什么是高副？什么是低副？在平面机构中，高副和低副各引入几个约束？

2-3　什么是机构运动简图？它有什么作用？如何绘制平面机构运动简图？

2-4　什么是机构的自由度？如何计算？计算自由度应注意那些问题？

2-5　机构具有确定运动的条件是什么？不满足此条件会怎样？

2-6　常见的虚约束有哪些？如何识别与处理？

2-7　绘制如图2-60所示各机构的运动简图，并计算其自由度。

2-8　计算如图2-61所示平面机构的自由度，机构中如有复合铰链、局部自由度、虚约束，请予以指出。

2-9　平面四杆机构的基本形式是什么？它有哪些演化形式？

2-10　铰链四杆机构中曲柄存在的条件是什么？

2-11　简述急回特性、行程速比系数和极位夹角的概念。三者之间的关系如何？

2-12　解释压力角和传动角的概念。为什么说它们的大小可反映机构传力性能的好坏？

2-13　什么是平面连杆机构的死点位置？举例说明工程实际中是如何克服和利用死点位

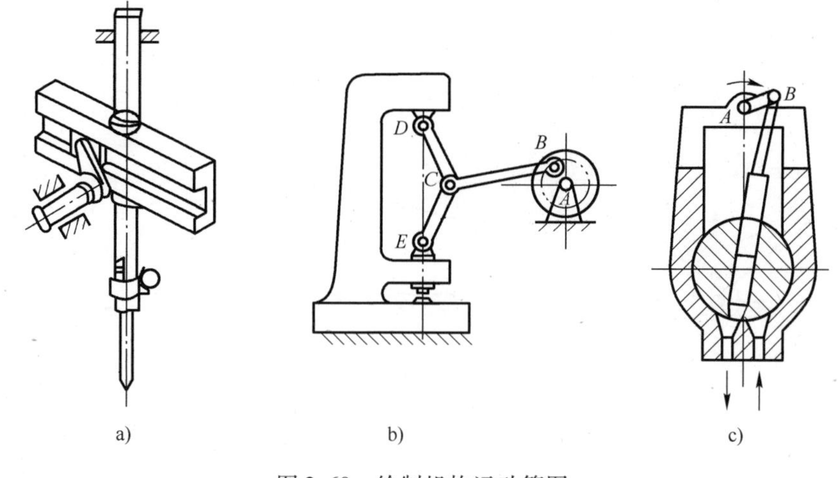

图 2-60　绘制机构运动简图

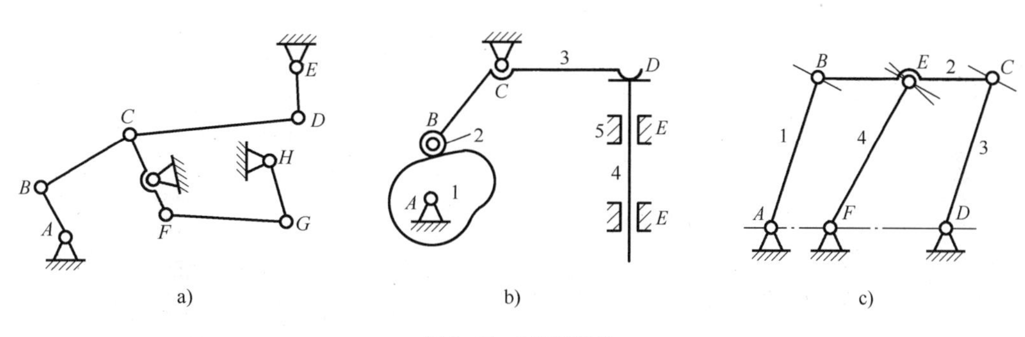

图 2-61　平面机构

置的。

2-14　根据如图 2-62 所示各构件的尺寸（单位为 mm）和机架位置，判断各铰链四杆机构的类型。

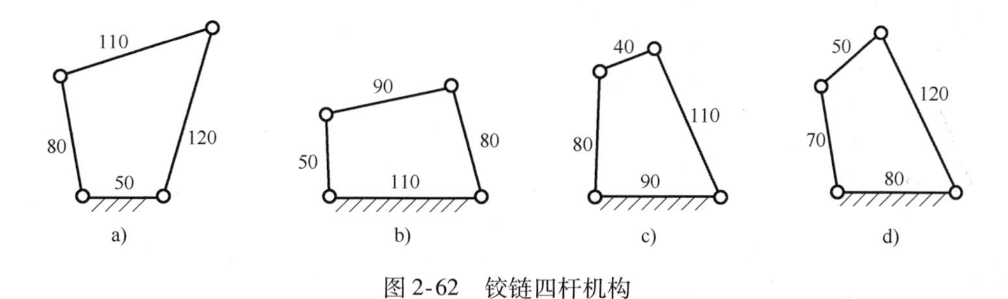

图 2-62　铰链四杆机构

2-15　画出如图 2-63 所示各机构的压力角和传动角，图中有箭头标注的构件为原动件。

2-16　设计一曲柄摇杆机构，已知摇杆 CD 的长度 $l_{CD}=50$mm，摆角 $\psi=45°$，行程速比系数 $K=1.4$，机架长度 $l_{AD}=38$mm，并求曲柄和连杆的长度 l_{AB} 和 l_{BC}。

2-17　图 2-64 所示为一加热炉炉门的启闭机构。要求加热时炉门关闭，处于垂直位置 E_1；炉门打开后处于水平位置 E_2，温度较低的一面朝上。已知炉门上两个铰链的中心距为 50mm，固定铰链安装在图示 $y-y$ 轴线上，其余相关尺寸如图中所示。试用图解法设计该铰

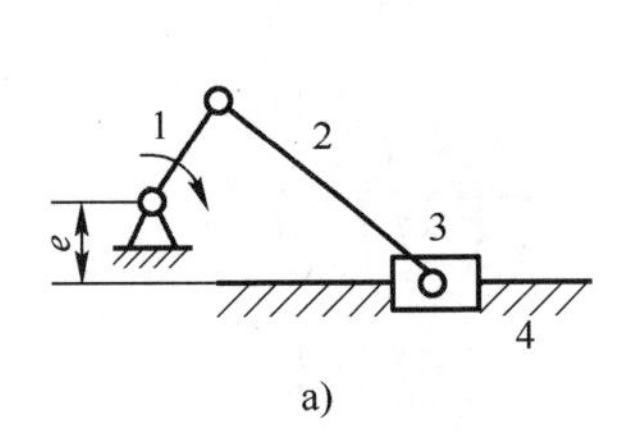

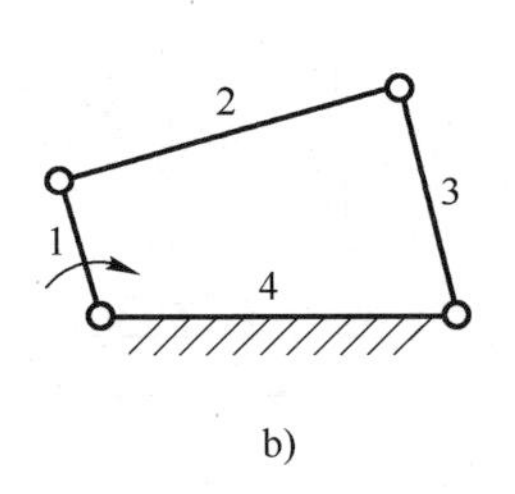

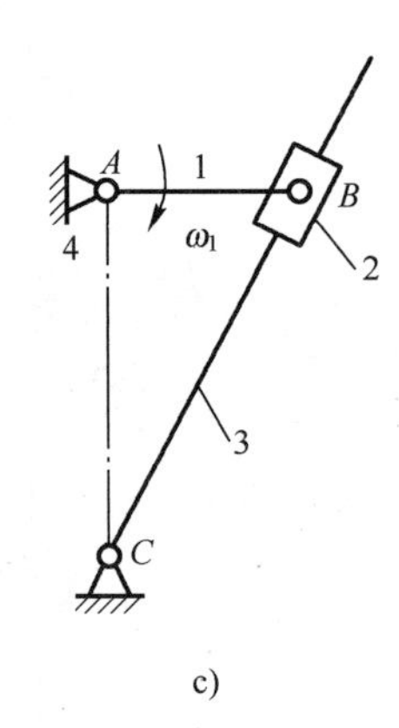

图 2-63　绘制机构的压力角和传动角

链四杆机构。

2-18　凸轮机构由哪几部分组成？其应用场合有哪些？

2-19　凸轮机构分为哪几类？为什么滚子从动件是最常用的从动件形式？

2-20　什么是行程、推程角、回程角和休止角？

2-21　凸轮机构从动件的常用运动规律有哪几种？它们各有什么特点？各适用于什么场合？

2-22　图解法绘制凸轮轮廓的原理是什么？这种原理的优势是什么？

2-23　何谓理论轮廓曲线和实际轮廓曲线？理论轮廓曲线和实际轮廓曲线之间有什么关系？

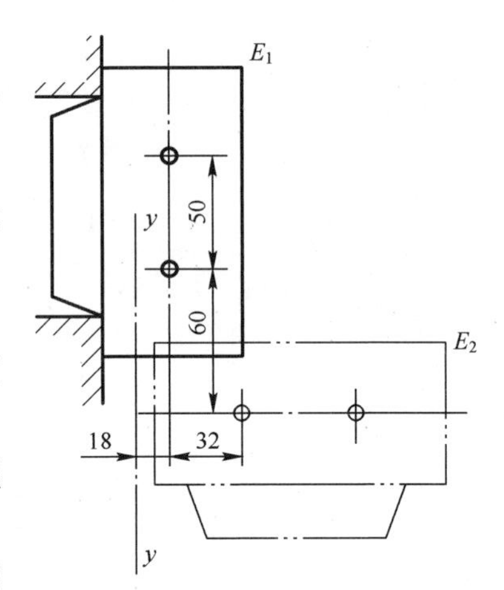

图 2-64　加热炉炉门的启闭机构

2-24　设计凸轮机构时应注意哪些问题？

2-25　凸轮基圆半径的选择原则是什么？

2-26　什么叫凸轮机构的压力角？压力角的大小对机构有什么影响？

2-27　图 2-65 所示为尖顶对心移动从动件盘形凸轮机构的运动线图，图中给出的运动线图尚不完整，试在图上补全运动线图，并指出哪些点产生刚性冲击，哪些点产生柔性冲击。

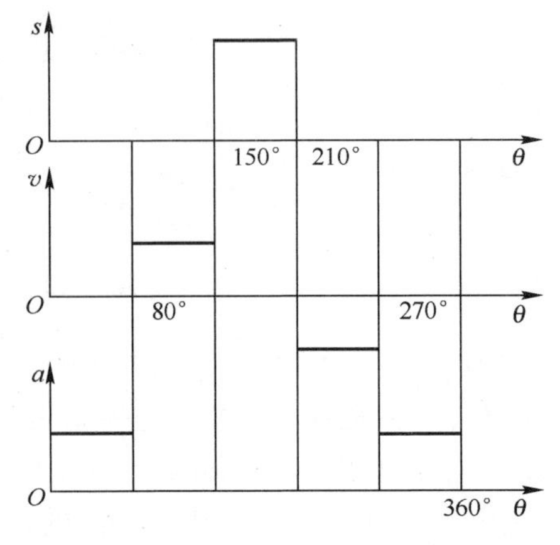

图 2-65　尖顶对心移动从动件盘形凸轮机构的运动线图

2-28　设计一对心尖顶移动从动件盘形凸轮机构。已知凸轮的基圆半径 $r_b = 40\text{mm}$，且凸轮以等角速度 ω 逆时针转动，从动件在推程中按等速规律运动，回程中按等加速等减速规律运动，从动件的行程 $h = 32\text{mm}$，凸轮的推程角 $\theta_0 = 150°$，远休止角 $\theta_s = 30°$，回程角

$\theta_h=120°$，近休止角 $\theta_j=60°$。试绘制从动件的位移线图和凸轮的轮廓曲线。

2-29 上题如改成滚子从动件，滚子半径 $r_T=10$mm，试绘制此凸轮轮廓曲线。如凸轮轮廓不能保持从动件运动规律，试估计误差可能发生在何处。

2-30 设内燃机的配气机构为一平底移动从动件盘形凸轮机构。已知凸轮的基圆半径 $r_b=25$mm，且凸轮以等角速度 ω 顺时针回转，从动件的最大行程 $h=15$mm，推程角 $\theta_0=120°$，远休止角 $\theta_s=30°$，回程角 $\theta_h=90°$，近休止角 $\theta_j=120°$，从动件在推程和回程均做等加速等减速运动。试绘制从动件的位移线图和凸轮的轮廓曲线。

2-31 设计一偏置移动尖顶从动件盘形凸轮机构。已知凸轮以等角速度 ω 顺时针回转，从动件相对回转中心向右偏，偏距 $e=10$mm，基圆半径 $r_b=30$mm。从动件的运动规律为：在推程中按等加速等减速规律运动，回程中按等速规律运动，从动件的行程 $h=16$mm，推程角 $\theta_0=90°$，远休止角 $\theta_s=60°$，回程角 $\theta_h=90°$，近休止角 $\theta_j=120°$。试绘制从动件的位移线图和凸轮的轮廓曲线。

学习情境 3

设计螺旋千斤顶

技能目标：以典型零部件螺旋千斤顶为载体，学会分析不同类型螺纹联接的特点及应用，掌握螺旋传动的设计过程和设计方法，培养结构设计能力。初步了解机械设计的一般程序，培养查阅有关手册及技术资料、正确使用国家标准规范的能力。

知识目标：

1）了解螺旋千斤顶的结构组成和工作原理。

2）掌握螺纹联接的基本知识。

3）了解螺旋传动的类型、结构和用途。

4）掌握螺旋传动的设计方法。

5）根据使用条件自行设计螺旋千斤顶，正确绘制螺旋千斤顶的装配图和零件图，学会编写设计计算说明书。

教学方法提示：可通过螺旋千斤顶拆装实验以及动画、视频等多媒体课件进行教学设计。

任务 3.1　分析螺旋千斤顶的结构

任务描述

千斤顶是一种用比较小的力就能把重物顶升、下降或移位的简单起重设备，也可用来校正设备装夹的偏差和构件的变形等。千斤顶主要用于厂矿、交通、运输等行业，作为车辆修理及其他起重、支承等工具。本任务要求结合实际，了解螺旋千斤顶的结构和工作原理，并掌握螺纹联接的基本知识。

相关知识

3.1.1　螺旋千斤顶的结构和工作原理

1. 螺旋千斤顶的结构

千斤顶按其构造及工作原理的不同，通常分为机械式和液压式两类，机械式千斤顶又有齿条式与螺旋式两种。其中螺旋千斤顶和液压式千斤顶较为常用。液压式千斤顶结构紧凑，工作平稳，起重量最大已达1000t，传动效率较高；其缺点是起重高度有限，起升速度较慢，易漏油，不宜长时间支承重物。螺旋千斤顶采用机械原理设计，自身无油，

英国航空客机事故

更不会发生漏油现象，其操作简单、携带轻便、维护简易、使用安全可靠，能长时间支承重物，最大起重量已达 100t，广泛适用于流动性的起重作业。螺旋千斤顶的典型结构如图 3-1 所示，主要由托杯、手柄、螺母、螺杆和底座等组成。

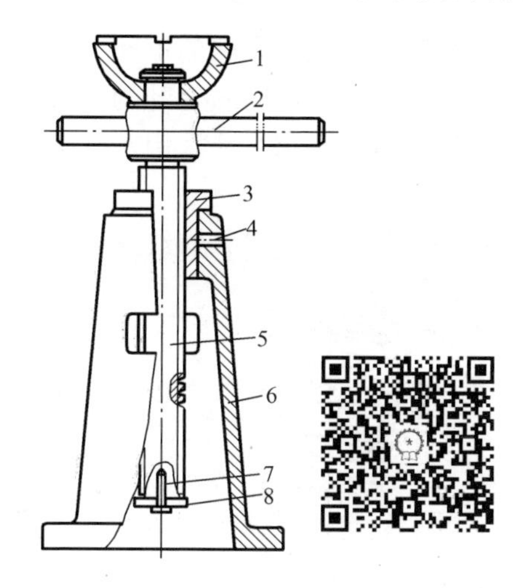

图 3-1　螺旋千斤顶
1—托杯　2—手柄　3—螺母　4—紧定螺钉　5—螺杆　6—底座　7—螺钉　8—挡圈

2. 螺旋千斤顶的工作原理

螺旋千斤顶利用螺旋传动原理来顶起重物，是机械装夹、汽车修理等行业常用的一种起重或顶压工具。如图 3-1 所示，螺杆 5 和螺母 3 为主要受力零件。工作时，手柄 2 穿在螺杆上部的圆孔中，转动手柄，螺杆通过螺母中的螺纹一面转动一面上下移动，以顶起或放下重物。托杯 1 直接顶住重物，不随螺杆 5 转动。螺母 3 镶嵌在底座中，用紧定螺钉 4 固定。

普通螺旋千斤顶靠螺纹自锁作用支持重物，构造简单，但传动效率较低，返程慢。自降螺旋千斤顶的螺纹无自锁作用，装有制动器，放松制动器，重物即可自行快速下降，缩短返程时间，但这种千斤顶构造较复杂。本学习情境设计的是普通螺旋千斤顶。

3.1.2　螺纹联接的基本知识

由螺旋千斤顶的结构和工作原理可知，螺旋千斤顶是由人力通过螺旋副传动来工作的，所以首先要熟悉螺纹的有关知识。

1. 螺纹的形成、分类及主要参数

（1）螺纹的形成　如图 3-2a 所示，将一底边长等于 πd_2 的直角三角形绕在直径为 d_2 的圆柱体表面上，使三角形的底边与圆柱体的底面圆周重合，则它的斜边在圆柱体的表面上便形成一条螺旋线。三角形的斜边与底边的夹角 ϕ 称为螺纹升角。若取任意平面图形，如图 3-2b所示的三角形，使其平面始终通过圆柱体的轴线且一边与圆柱素线重合，并沿着螺旋线移动，则此平面图形在空间的轨迹便形成螺纹。这个平面图形就称为螺纹的牙型。

（2）螺纹的分类　螺纹的分类方法很多，根据牙型不同，螺纹可分为矩形螺纹（图 3-3a）、三角形螺纹（图 3-3b）、梯形螺纹（图 3-3c）和锯齿形螺纹（图 3-3d）等。其中三角形螺纹还可分为普通螺纹、管螺纹和锥螺纹等。

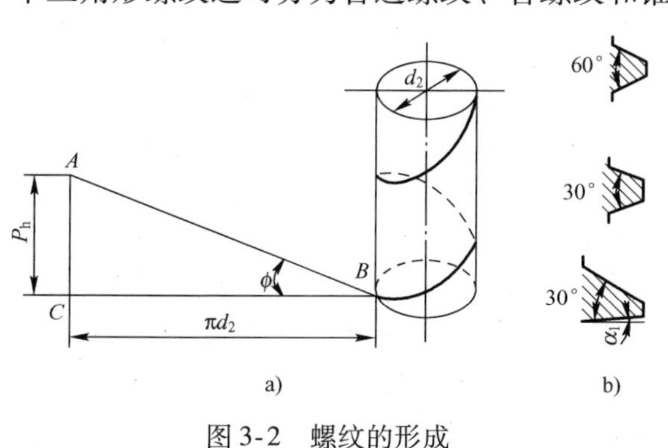

图 3-2　螺纹的形成

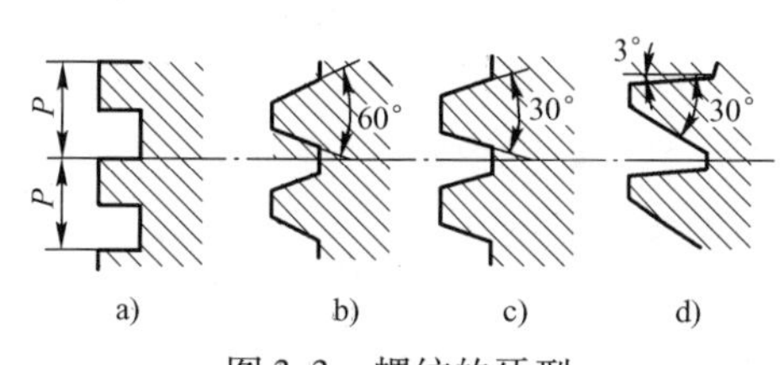

图 3-3　螺纹的牙型

根据螺旋线绕行方向的不同，螺纹可分为右旋和左旋两种。将螺纹的轴线垂直放置，螺旋线的可见部分自左向右上升的，为右旋（图3-4a）；反之为左旋（图3-4b）。一般采用右旋螺纹，有特殊要求时才采用左旋螺纹，如汽车左车轮轮毂的固定螺栓等，左旋螺纹的标准紧固件应有左旋标记。

根据螺旋线的数目，螺纹又可分为单线螺纹（图3-4a）和多线螺纹（图3-4b、c）。

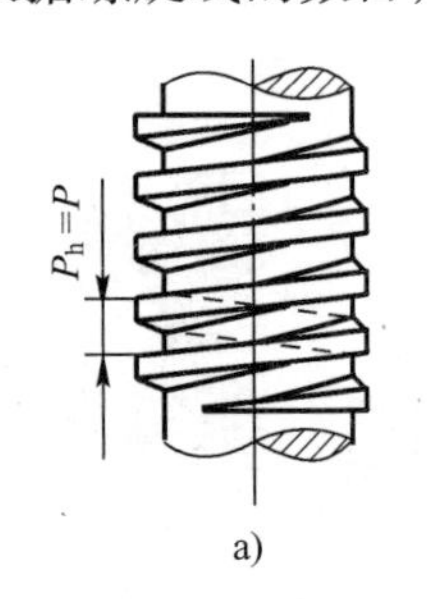

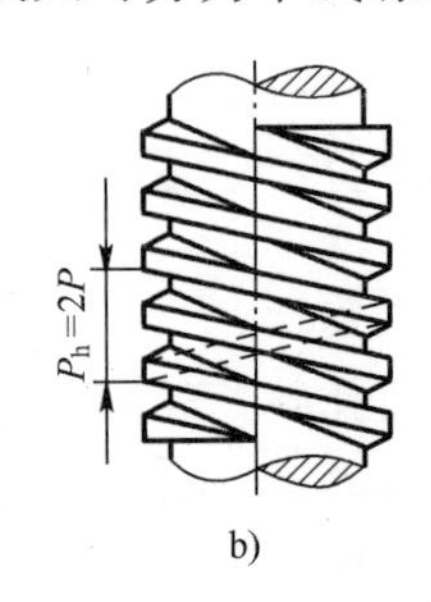

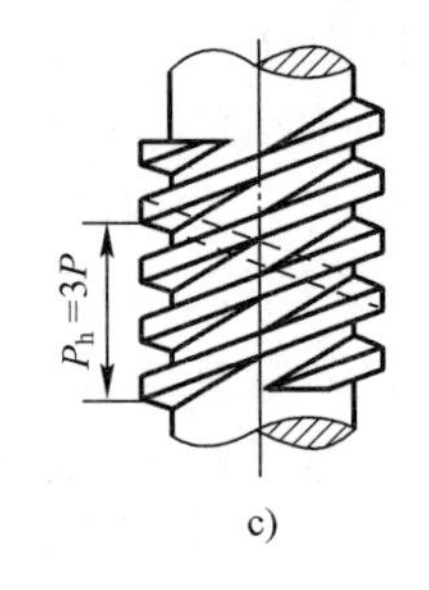

图3-4 螺纹旋向与线数

a）右旋、单线 b）左旋、双线 c）右旋、三线

根据螺纹在圆柱面上的位置，螺纹还可分为外螺纹（在圆柱体外表面上形成的螺纹）和内螺纹（在圆柱体孔壁上形成的螺纹），内、外螺纹共同组成螺旋副用于联接和传动，如图3-5所示。

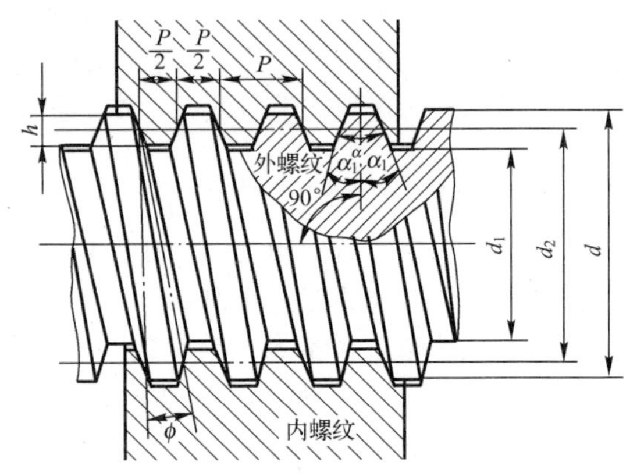

图3-5 普通螺纹的主要参数

螺纹还有米制和寸制之分，我国除管螺纹外，其他都采用米制螺纹。

（3）螺纹的主要参数 现以如图3-5所示的普通螺纹为例，说明螺纹的主要参数：

1）大径 d、D。分别表示外、内螺纹的最大直径，即与外螺纹牙顶或内螺纹牙底相切的假想圆柱的直径，在标准中规定为公称直径。

2）小径 d_1、D_1。分别表示外、内螺纹的最小直径，即与外螺纹牙底或内螺纹牙顶相切的假想圆柱的直径，常作为强度计算直径。

3）中径 d_2、D_2。分别表示外、内螺纹牙型上沟槽和凸起宽度相等处假想圆柱的直径。

4）螺距 P。表示相邻两牙在中径线上对应两点之间的轴向距离。

5）线数 n。表示圆柱端面上螺纹的数目。

6）导程 P_h。表示同一条螺旋线上相邻两牙之间的轴向距离，它与螺距 P 和线数 n 的关系为

$$P_h = nP \tag{3-1}$$

7）螺纹升角 ϕ。螺纹中径圆柱面上螺旋线的切线与垂直于螺纹轴线的平面间的夹角，由图3-2可知

$$\tan\phi = \frac{nP}{\pi d_2} \tag{3-2}$$

8）牙型角 α。在螺纹牙型上，两相邻牙侧间的夹角。

9）牙侧角 α_1。牙型侧边与螺纹轴线垂线间的夹角，等于牙型角的一半，即 $\alpha_1 = \alpha/2$。

10）螺纹接触高度 h。在两个相互配合螺纹的牙型上，牙侧重合部分在垂直于螺纹轴线方向上的距离。

2. 常用螺纹的类型、特点和应用

常用螺纹的类型、特点和应用见表3-1。

表3-1 常用螺纹的类型、特点和应用

螺纹类型		牙型	特点和应用
联接螺纹	普通螺纹	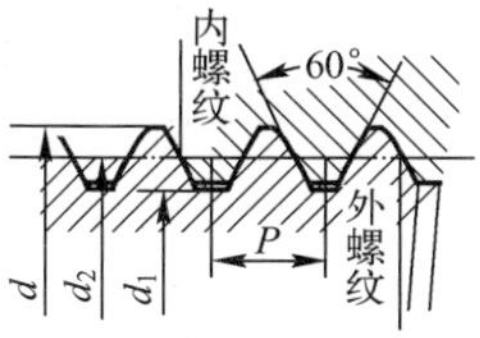	牙型为等边三角形，牙型角为60°，外螺纹牙根允许有较大的圆角，以减少应力集中。同一公称直径的螺纹，按螺距大小可分为粗牙螺纹和细牙螺纹。一般的静联接常采用粗牙螺纹。细牙螺纹的自锁性能好，但不耐磨，常用于薄壁件或者受冲击、振动和变载荷的联接，也可用作微调机构的调整螺纹
	55°非密封管螺纹	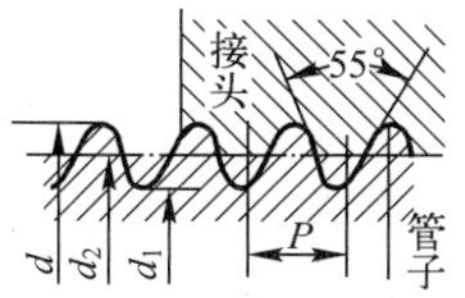	牙型为等腰三角形，牙型角为55°，牙顶有较大的圆角。管螺纹为寸制细牙螺纹，尺寸代号为管子内螺纹大径 适用于管接头、旋塞、阀门及其他管路附件的螺纹联接
	55°密封管螺纹	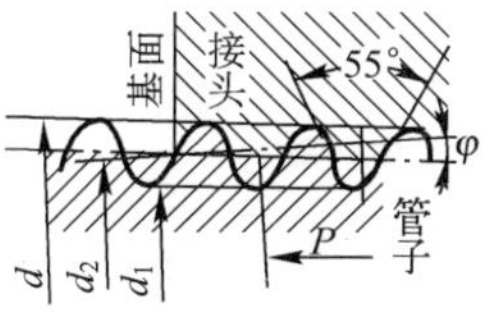	牙型角为等腰三角形，牙型角为55°，牙顶有较大的圆角。螺纹分布在锥度为1∶16的圆锥管壁上。包括圆锥内螺纹与圆锥外螺纹和圆锥外螺纹与圆柱内螺纹两种联接形式。螺纹旋合后，利用本身的变形来保证联接的紧密性 适用于管接头、旋塞、阀门及其他管路附件的螺纹联接
传动螺纹	矩形螺纹	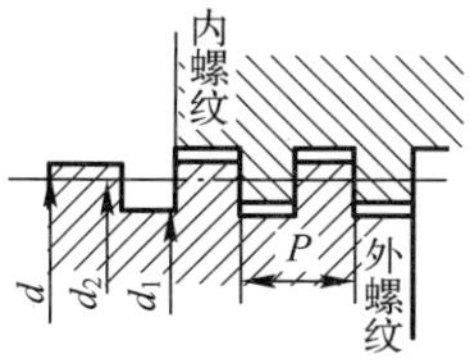	牙型为正方形，牙型角为0°。传动效率高，但牙根强度低，螺旋副磨损后，间隙难以修复和补偿。矩形螺纹尚无国家标准 应用较少，目前正逐渐被梯形螺纹所代替
	梯形螺纹	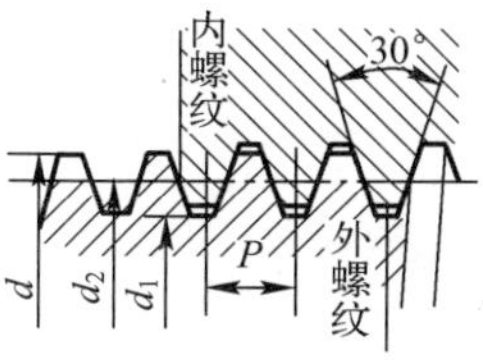	牙型为等腰梯形，牙型角为30°，传动效率低于矩形螺纹，但工艺性好，牙根强度高，对中性好。采用剖分螺母时，可以补偿磨损间隙 梯形螺纹是最常用的传动螺纹
	锯齿形螺纹	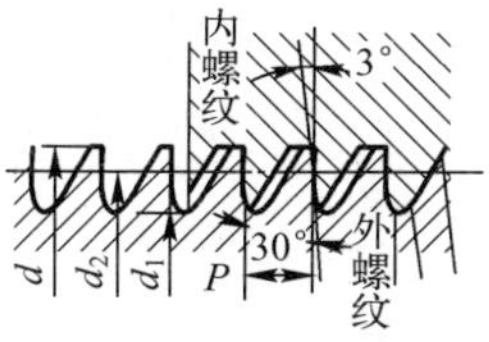	牙型为不等腰梯形，工作面的牙型角为3°，非工作面的牙型角为30°。外螺纹的牙根有较大的圆角，以减少应力集中。内、外螺纹旋合后大径处无间隙，便于对中，传动效率高，而且牙根强度高 适用于承受单向载荷的螺旋传动

3. 螺纹联接的基本类型与标准螺纹联接件

（1）螺纹联接的基本类型　螺纹联接的基本类型有螺栓联接、双头螺柱联接、螺钉联接和紧定螺钉联接四种，见表3-2。

表 3-2 螺纹联接的基本类型、特点和应用

类型	构　造	主要尺寸关系	特点和应用
螺栓联接	普通螺栓联接 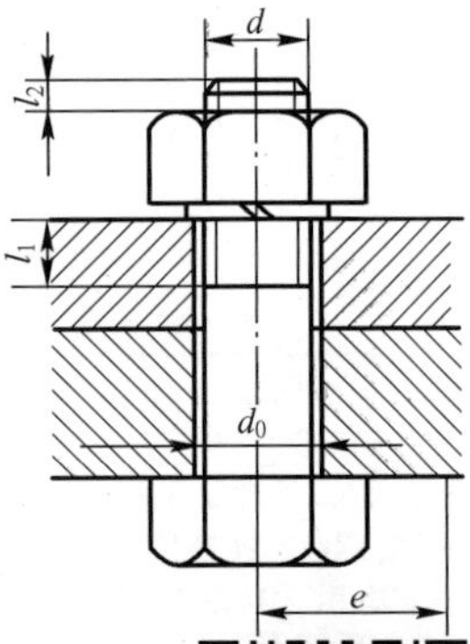	1. 螺纹预留长度 （1）普通螺栓联接 静载荷：$l_1 \geqslant (0.3 \sim 0.5)d$ 变载荷：$l_1 \geqslant 0.75d$ 冲击、弯曲载荷：$l_1 \geqslant d$ （2）铰制孔螺栓联接 $l_1 \approx 0$ 2. 螺纹伸出长度 $l_2 \approx (0.2 \sim 0.3)d$ 3. 螺栓轴线到被联接件边缘的距离 $e = d + (3 \sim 6)\text{mm}$ 4. 通孔直径 普通螺栓：$d_0 \approx 1.1d$ 铰制孔用螺栓：d_0 按 d 查有关标准	螺栓穿过被联接件的通孔，与螺母组合使用，装拆方便，成本低，不被联接件材料所限制。广泛用于传递轴向载荷且被联接件厚度不大、能从两边进行普通螺栓联接安装的场合
	铰制孔螺栓联接 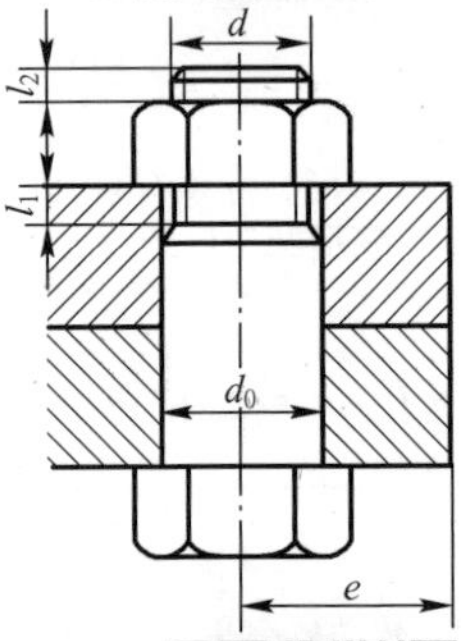		螺栓穿过被联接件的铰制孔并与之过渡配合，与螺母组合使用，适用于传递横向载荷或需要精确固定被联接件的相对位置的场合
双头螺柱联接	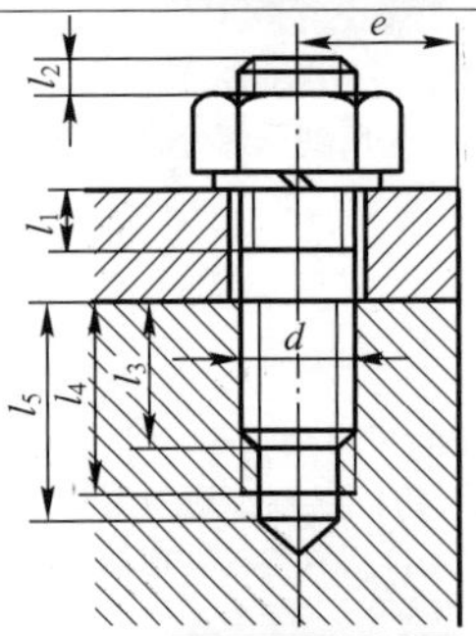	1. 螺纹拧入深度，被联接件的材料为 钢或青铜：$l_3 \approx d$ 铸铁：$l_3 = (1.25 \sim 1.5)d$ 铝合金：$l_3 = (1.5 \sim 2.5)d$ 2. 螺纹孔深度 $l_4 = l_3 + (2 \sim 2.5)P$（$P$ 为螺距） 3. 钻孔深度 $l_5 = l_4 + (0.5 \sim 1)d$ l_1、l_2、e 值与普通螺栓联接相同	双头螺柱的一端旋入较厚被联接件的螺纹孔中并固定，另一端穿过较薄被联接件的通孔，与螺母组合使用，适用于被联接件之一较厚、材料较软且经常装拆，联接紧固或紧密程度要求较高的场合

（续）

类型	构　　造	主要尺寸关系	特点和应用
螺钉联接	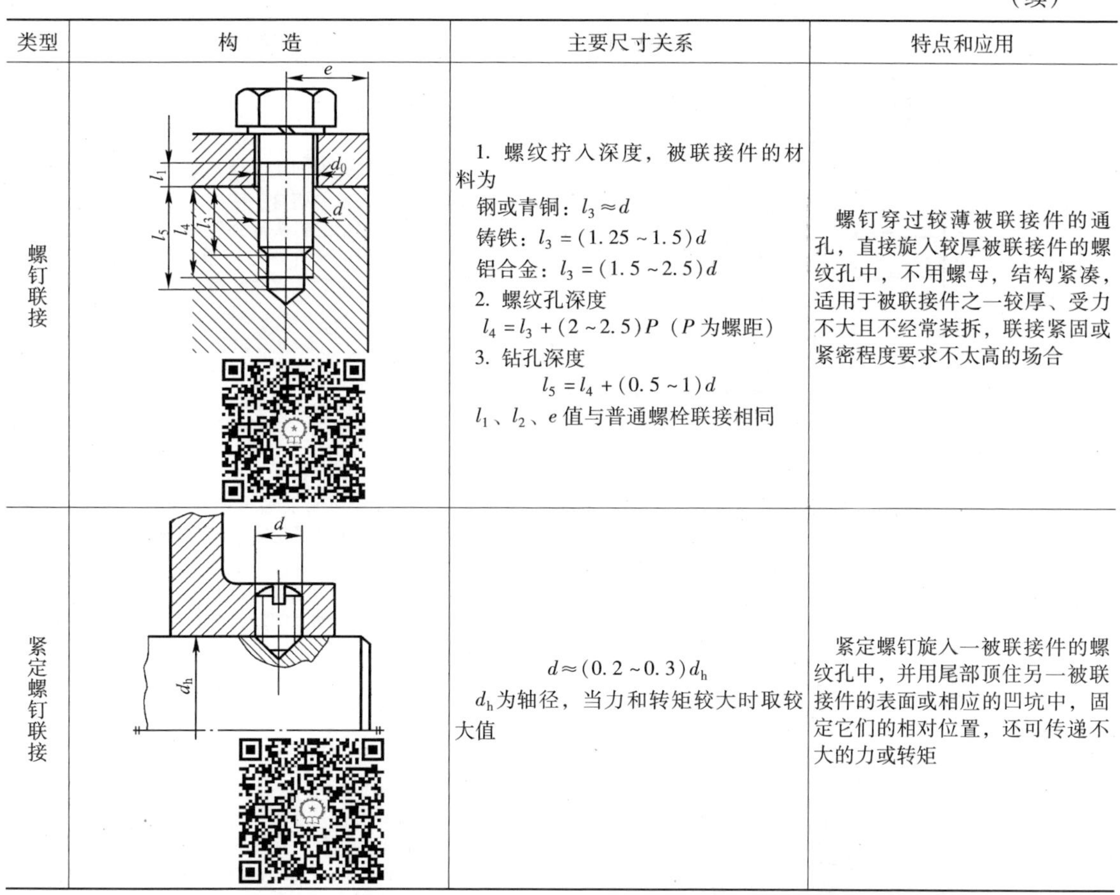	1. 螺纹拧入深度，被联接件的材料为 钢或青铜：$l_3 \approx d$ 铸铁：$l_3=(1.25\sim1.5)d$ 铝合金：$l_3=(1.5\sim2.5)d$ 2. 螺纹孔深度 $l_4=l_3+(2\sim2.5)P$（P为螺距） 3. 钻孔深度 $l_5=l_4+(0.5\sim1)d$ l_1、l_2、e值与普通螺栓联接相同	螺钉穿过较薄被联接件的通孔，直接旋入较厚被联接件的螺纹孔中，不用螺母，结构紧凑，适用于被联接件之一较厚、受力不大且不经常装拆，联接紧固或紧密程度要求不太高的场合
紧定螺钉联接		$d\approx(0.2\sim0.3)d_h$ d_h为轴径，当力和转矩较大时取较大值	紧定螺钉旋入一被联接件的螺纹孔中，并用尾部顶住另一被联接件的表面或相应的凹坑中，固定它们的相对位置，还可传递不大的力或转矩

（2）标准螺纹联接件　螺纹联接件的结构形式和尺寸已经标准化，设计时可查有关标准选用。常用螺纹联接件的类型、结构特点和应用见表3-3。

表3-3　常用螺纹联接件的类型、结构特点和应用

类型	图　　例	结构特点和应用
六角头螺栓	15°~30°　r　辗制末端　d_B　d_s　d　e　k'　l_s　l_g　(b)　k　l　s	应用最广，精度分为A、B、C三级，通用机械制造中多用C级。螺杆可制成全螺纹或部分螺纹，螺纹可用粗牙或细牙（A、B级）。螺栓头部有六角头和小六角头两种。其中小六角头螺栓材料利用率高、力学性能好，但由于头部尺寸较小，不宜用于装拆频繁、被联接件强度低的场合
双头螺柱	倒角端　倒角端　A型　d_s　d　X　X　b　b_m　l 辗制末端　辗制末端　B型　d_s　d　X　X　b　b_m　l	螺柱两头都有螺纹，两头的螺纹可以相同也可以不相同，螺柱可带退刀槽或制成腰杆，也可以制成全螺纹的螺柱，螺柱的一端常用于旋入铸铁或非铁金属的螺纹孔中，旋入后不拆卸，另一端则用于安装螺母以固定其他零件

（续）

类型	图例	结构特点和应用
螺钉	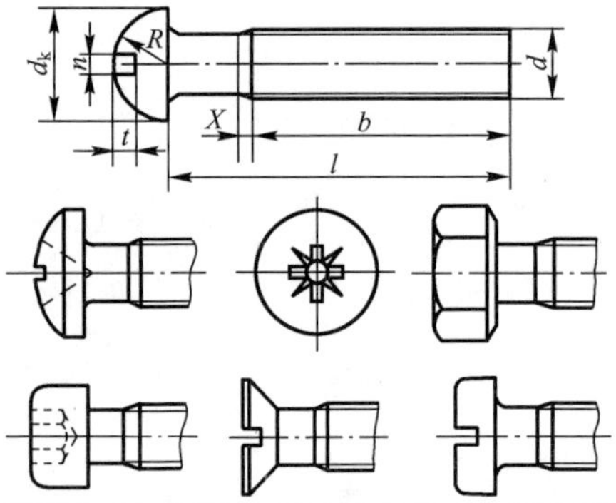	螺钉头部形状有圆头、扁圆头、六角头、圆柱头和沉头等。头部的槽有一字槽、十字槽和内六角孔等形式。十字槽螺钉头部强度高、对中性好，便于自动装配。内六角孔螺钉可承受较大的扳手扭矩，联接强度高，可替代六角头螺栓，用于要求结构紧凑的场合
紧定螺钉	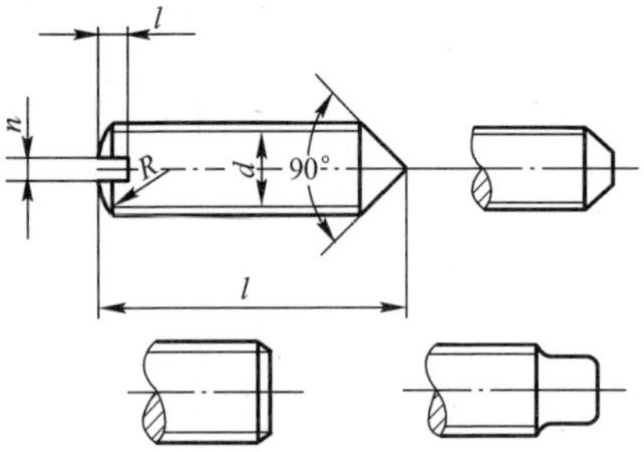	紧定螺钉常用的末端形式有锥端、平端和圆柱端。锥端适用于被紧定零件的表面硬度较低或不经常拆卸的场合；平端接触面积大，不会损伤零件表面，常用于预紧硬度较大的平面或经常装拆的场合；圆柱端压入轴上的凹槽中，适用于紧定空心轴上的零件位置
自攻螺钉	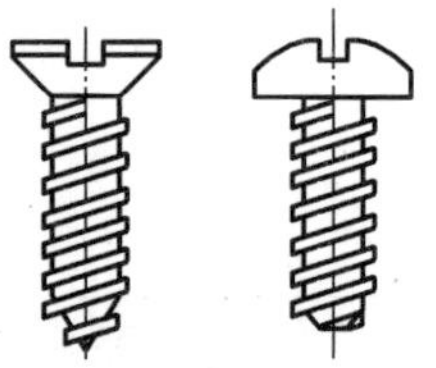	螺钉头部形状有圆头、六角头、圆柱头、沉头等，头部的槽有一字槽、十字槽等形式，末端形状有锥端和平端两种。多用于联接金属薄板、轻合金或塑料零件，螺钉在联接时可以直接攻出螺纹
六角螺母	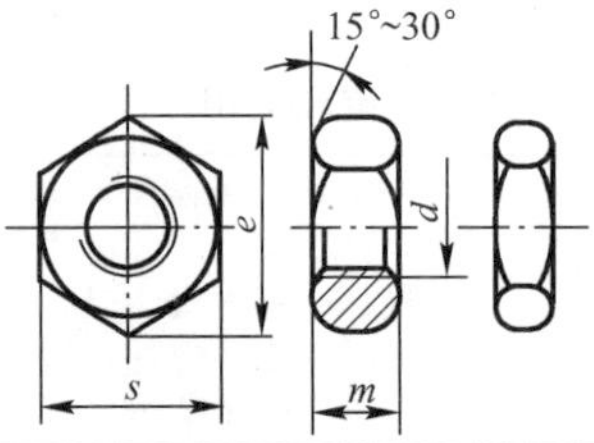	根据螺母厚度不同，可分为标准型、厚、薄三种。薄螺母常用于受剪力的螺栓上或空间尺寸受限制的场合。螺母的制造精度和螺栓相同，分为A、B、C三级，分别与相同级别的螺栓配用
圆螺母	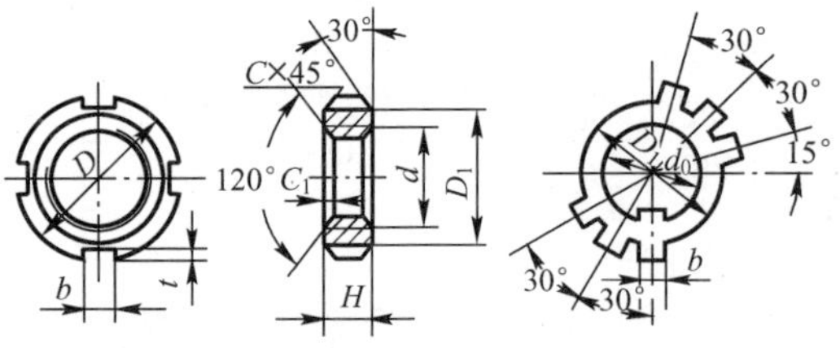	圆螺母常与止动垫圈配用，装配时将垫圈内舌插入轴上的槽内，将垫圈的外舌嵌入圆螺母的槽内，即可锁紧螺母，起到防松作用。常用于滚动轴承的轴向固定
垫圈	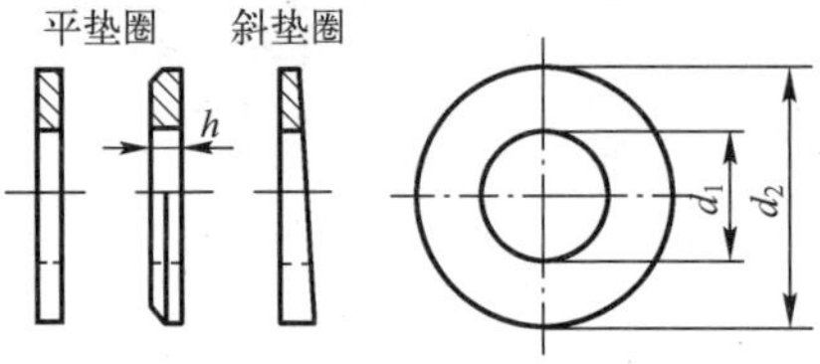 平垫圈　斜垫圈	保护被联接件的表面不被擦伤，增大螺母与被联接件间的接触面积。平垫圈按加工精度不同，分为A级和C级两种。用于同一螺纹直径的垫圈又分为特大、大、普通和小四种规格，特大垫圈主要在铁木结构上使用。斜垫圈用于倾斜的支承面上

4. 螺纹联接的预紧和防松

（1）螺纹联接的预紧　螺纹联接装配时，一般都需要拧紧螺纹，使联接螺纹在承受工作载荷之前，受到预先作用的力，这就是螺纹联接的预紧，预先作用的力称为预紧力，用 F_0 表示。螺纹联接预紧的目的在于增加联接的可靠性、紧密性和防松能力。

对于预紧力大小的控制，一般螺栓可凭经验，重要螺栓则要采用测力矩扳手或定力矩扳手（图 3-6）来控制。对于常用的钢制 M10 ~ M68 粗牙普通螺纹，拧紧力矩 T 的经验公式为

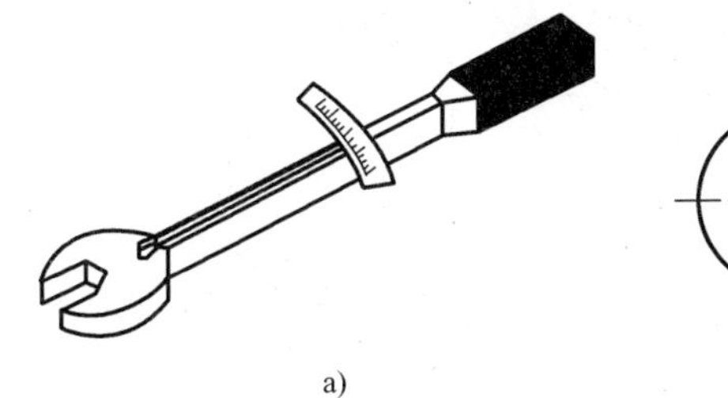

a)

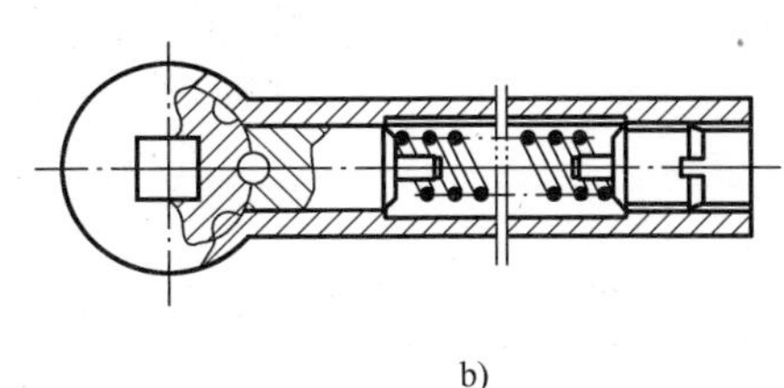

b)

图 3-6　控制预紧力扳手

a）测力矩扳手　b）定力矩扳手

$$T \approx 0.2F_0 d \tag{3-3}$$

式中　T——拧紧力矩，单位为 N · m；

F_0——预紧力，单位为 N；

d——螺纹的公称直径，单位为 mm。

对于不控制预紧力的重要的螺栓联接，宜采用不小于 M12 ~ M16 的螺栓，以免装配时被拧断。

（2）螺纹联接的防松　松动是螺纹联接最常见的失效形式之一。在静载荷条件下，普通螺栓由于螺纹的自锁性一般可以保证螺栓联接的正常工作，但是在冲击、振动或变载荷的作用下，或者当温度变化很大时，螺纹副间的摩擦力可能减少或瞬时消失，致使螺纹联接产生自动松脱现象，特别是在高压密闭容器等设备、装置中，螺纹联接的松动可能造成重大事故的发生。为了保证螺纹联接的安全可靠，许多情况下须采取一些必要的防松措施。

螺纹联接防松的实质是防止螺纹副的相对运动。按照工作原理来分，螺纹防松有摩擦防松、机械防松和破坏性防松等多种方法。常用的螺纹防松方法见表 3-4。

表 3-4　常用的螺纹防松方法

摩擦防松	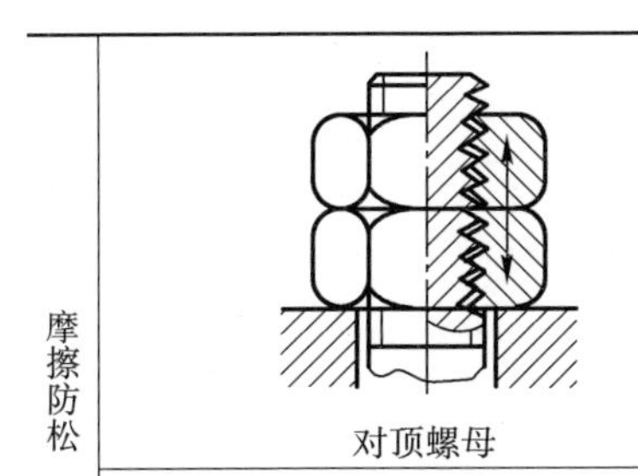 对顶螺母	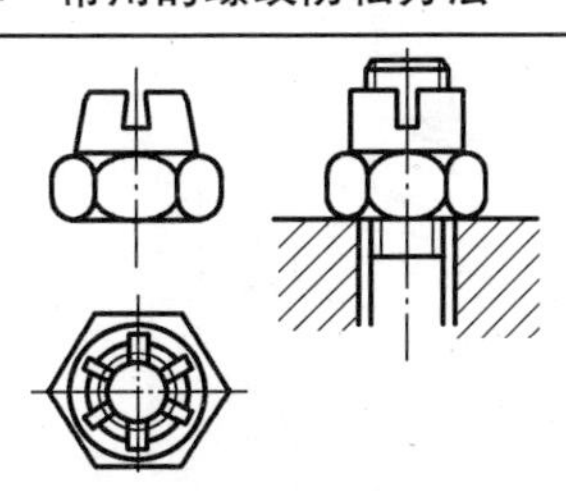 自锁螺母	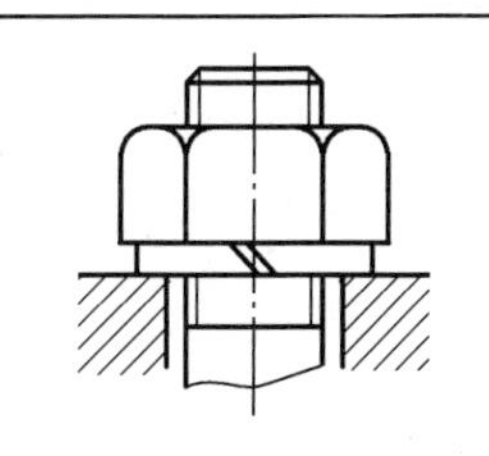 弹簧垫圈
	利用两螺母的对顶作用使螺栓始终受附加拉力和附加摩擦力作用。其结构简单，但质量大，可用于低速重载场合	螺母一端制成非圆形收口或开缝后径向收口。当螺母拧紧后，收口胀开，利用收口的弹力使螺纹副横向压紧。其结构简单，防松可靠，可多次装拆而不降低防松性能，用于较重要的联接	弹簧垫圈材料为弹簧钢，装配后垫圈被压平，其反弹力使螺纹副之间保持压紧力和摩擦力。其结构简单，但不十分可靠，应用较广

（续）

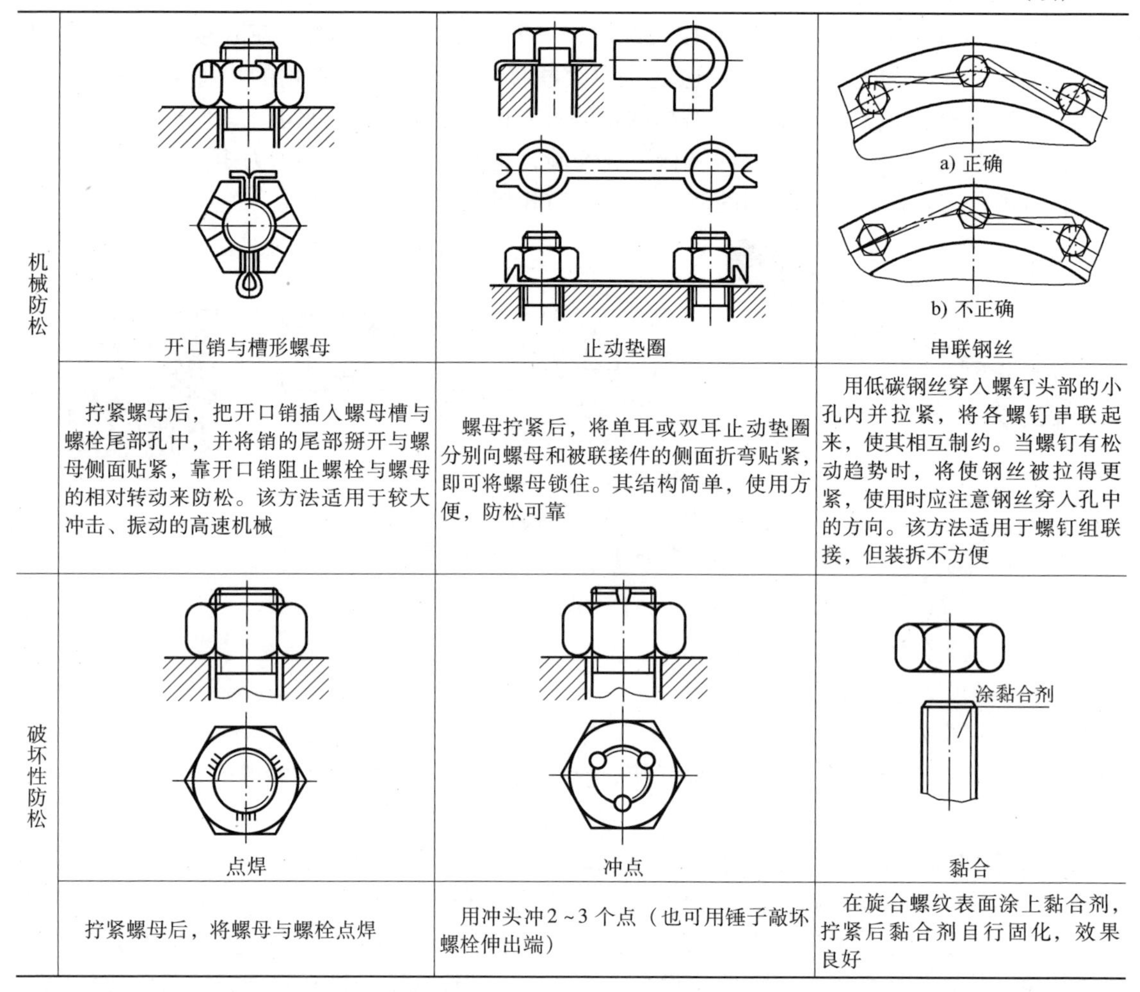

机械防松	开口销与槽形螺母	止动垫圈	串联钢丝 a) 正确 b) 不正确
	拧紧螺母后，把开口销插入螺母槽与螺栓尾部孔中，并将销的尾部掰开与螺母侧面贴紧，靠开口销阻止螺栓与螺母的相对转动来防松。该方法适用于较大冲击、振动的高速机械	螺母拧紧后，将单耳或双耳止动垫圈分别向螺母和被联接件的侧面折弯贴紧，即可将螺母锁住。其结构简单，使用方便，防松可靠	用低碳钢丝穿入螺钉头部的小孔内并拉紧，将各螺钉串联起来，使其相互制约。当螺钉有松动趋势时，将使钢丝被拉得更紧，使用时应注意钢丝穿入孔中的方向。该方法适用于螺钉组联接，但装拆不方便
破坏性防松	点焊	冲点	黏合 涂黏合剂
	拧紧螺母后，将螺母与螺栓点焊	用冲头冲2～3个点（也可用锤子敲坏螺栓伸出端）	在旋合螺纹表面涂上黏合剂，拧紧后黏合剂自行固化，效果良好

（3）螺旋副的受力分析、效率和自锁　以螺母与螺杆组成的空间螺旋副为例来分析受力。如图3-7所示，在轴向载荷 F_a 的作用下，螺旋副做相对运动，可看作推动滑块沿螺纹表面运动。将螺纹沿中径 d_2 处展开，得一倾斜角为 ϕ 的斜面（图3-8a），斜面上的滑块代表螺母，螺母与螺杆的相对运动可看成滑块在斜面上的运动。

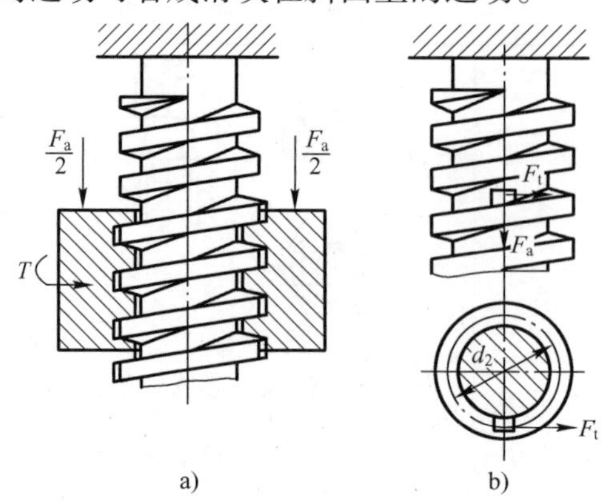

图3-7　螺纹的受力情况

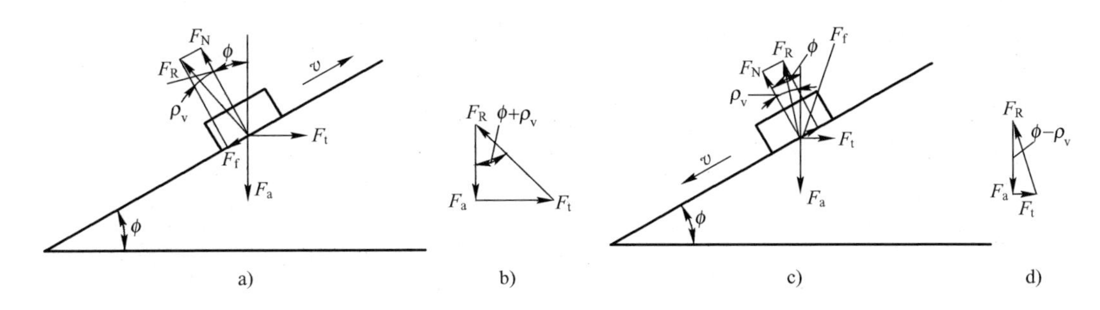

图 3-8　螺纹的受力分析

当滑块沿斜面向上等速运动时，所受作用力包括轴向载荷 F_a、水平推力 F_t、斜面对滑块的法向反力 F_N及摩擦力 F_f，如图 3-8a 所示。F_N与 F_f的合力为 F_R，F_R与 F_N的夹角为当量摩擦角 ρ_v（$\rho_v=\arctan f_v$，式中，f_v 是螺旋副之间的当量摩擦因数，$f_v=f/\cos\alpha_1$，f 为摩擦因数，α_1 为牙侧角）。由于滑块等速运动，所以滑块上的力 F_R、F_t和 F_a平衡，组成封闭的力三角形，由图 3-8b 得

$$F_t=F_a\tan(\phi+\rho_v) \tag{3-4}$$

旋紧螺母所需的力矩 T(N · mm) 为

$$T=F_t\frac{d_2}{2}=F_a\frac{d_2}{2}\tan(\phi+\rho_v) \tag{3-5}$$

螺旋副的效率 η 是指有用功与输入功之比。螺母旋转一周所需的输入功为 $W_1=2\pi T$，若滑块上升的距离为导程 P_h，则有用功为 $W_2=F_aP_h=F_a\pi d_2\tan\phi$，因此螺旋副的效率为

$$\eta=\frac{W_2}{W_1}=\frac{F_a\pi d_2\tan\phi}{F_a\pi d_2\tan(\phi+\rho_v)}=\frac{\tan\phi}{\tan(\phi+\rho_v)} \tag{3-6}$$

当螺母松退时，相当于滑块沿斜面等速下滑，如图 3-8b 所示。滑块在轴向力 F_a、水平力 F_t和合力 F_R的作用下保持平衡，如图 3-8d 所示，由力三角形可知

$$F_t=F_a\tan(\phi-\rho_v) \tag{3-7}$$

由式（3-7）可知，当 $\phi\leqslant\rho_v$ 时，$F_t\leqslant0$，这说明要使滑块下滑，必须施加一反向的作用力 F_t，否则无论力 F_a多大，滑块（即螺母）都不能运动，这种现象称为螺旋副的自锁。因此螺旋副的自锁条件是

$$\phi\leqslant\rho_v \tag{3-8}$$

由式（3-2）可知，单线螺纹的 ϕ 值最小，故联接用螺纹多为单线螺纹。由式（3-6）可知，为提高螺旋副的传动效率，应适当提高 ϕ，尽量降低 ρ_v 值。所以，传动螺纹常用小牙型角的矩形或梯形多线螺纹；为保证联接可靠，应采用牙型角较大的螺纹，如三角形螺纹。

设计螺旋副时，对要求正反转自由运动的螺旋副，应避免自锁现象，工程中也可以应用螺旋副的自锁特性，如螺旋千斤顶做成自锁螺旋，可以省去制动装置。

5. 螺栓组联接的结构设计

一般情况下，螺纹联接件都是成组使用的，其中螺栓组联接最为典型。对螺栓组联接进行结构设计时应考虑以下几个方面的问题。

（1）联接接合面的几何形状　通常设计成轴对称的简单几何形状，使螺栓组的对称中

心与联接接合面的形心重合，从而保证联接接合面受力均匀，且便于加工制造，如图 3-9 所示。

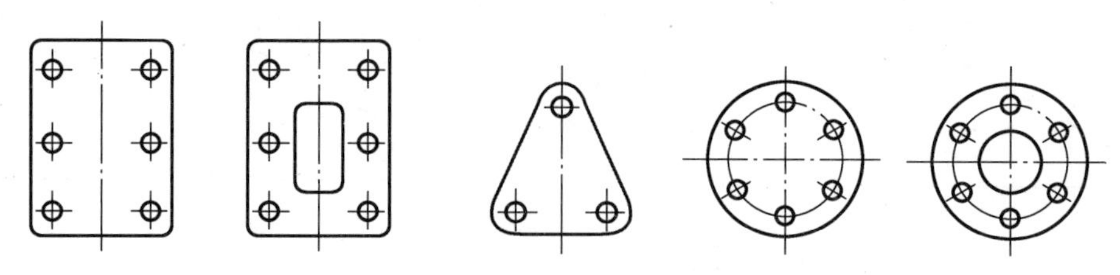

图 3-9　常用联接接合面的几何形状

（2）螺栓的数目与规格　分布在同一圆周上的螺栓数，应取 3、4、6、8、12 等易于分度的数目，以利于划线钻孔。受横向载荷的螺栓组，应避免沿横向载荷方向布置过多的螺栓（一般不超过 8 个），以免受力不均匀。同一螺栓组，通常采用相同的螺栓材料、直径和长度。

（3）结构和空间的合理性　在布置螺栓组时，螺栓中心线与机体壁之间、螺栓相互之间的距离应根据扳手活动空间大小来确定，留有的扳手空间应使扳手的最小转角不小于 60°，如图 3-10 所示。扳手空间尺寸可查有关手册。

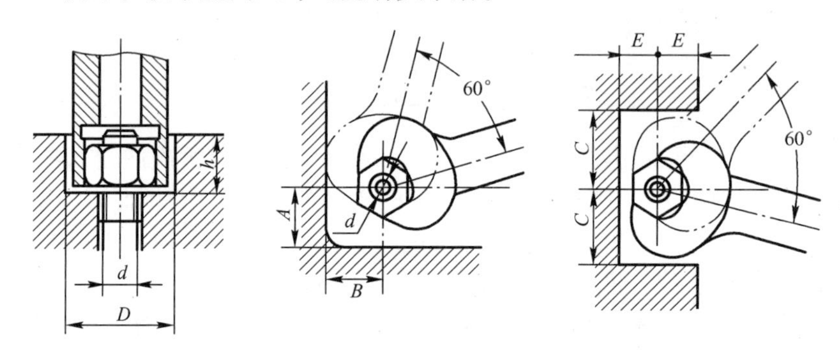

图 3-10　扳手空间尺寸示意图

（4）采用减载装置　对于承受横向载荷的螺栓组联接，为了减小螺栓预紧力，可采用如图 3-11 所示的减载装置。

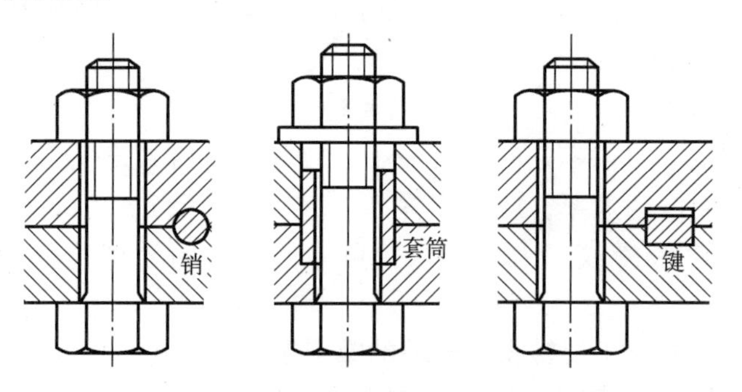

图 3-11　承受横向载荷的减载装置

（5）避免螺栓承受偏心载荷　为减小载荷相对于螺栓轴心的偏距，以保证螺栓头部支承面平整并与螺栓轴线相垂直，被联接件上应采用凸台、沉头座或斜面垫圈结构，如图3-12 所示。

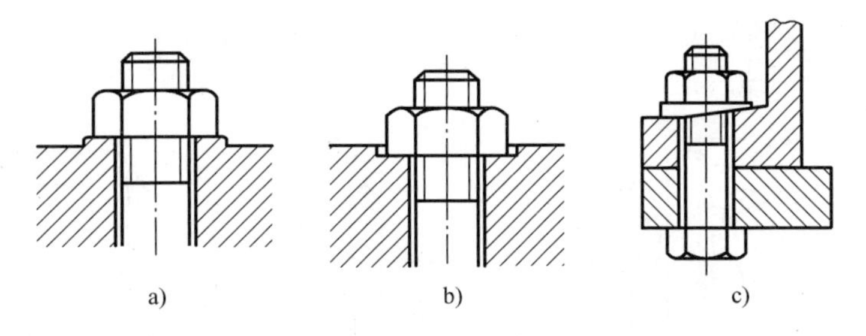

图 3-12　凸台、沉头座和斜面垫圈的应用
a）凸台　b）沉头座　c）斜面垫圈

任务实施

任务实施过程见表 3-5。

表 3-5　分析螺旋千斤顶的结构任务实施过程

步　骤	内　容	教 师 活 动	学 生 活 动	成　果
1	了解螺旋千斤顶的结构和工作原理	布置任务，举例引导，讲解相关知识	对螺旋千斤顶模型或实物进行观察、组内讨论	1. 小组讨论记录 2. 课堂汇报 3. 完成工作记录单
2	掌握螺纹联接知识	布置任务，指导学生活动，讲解相关知识	课外调研，课堂学习讨论	

任务 3.2　设计螺旋传动

任务描述

经过任务 3.1 的学习，已经了解了螺旋千斤顶的结构组成和工作原理，掌握了螺纹联接的基本知识。本任务要求通过工程实例了解螺旋传动的类型、结构和用途，并掌握螺旋传动的设计方法。

相关知识

3.2.1　螺旋传动的用途和运动方式

1. 螺旋传动的用途

螺旋传动是利用由螺杆和螺母组成的螺旋副来实现传动要求的。其主要功用是将回转运动转变为直线运动，同时传递运动和动力，是机械设备和仪器仪表中广泛应用的一种传动机构。例如，机床进给机构中采用螺旋传动实现刀具或工作台的直线进给；又如，螺旋千斤顶和螺旋压力机工作部分的直线运动就是利用螺旋传动来实现的。

2. 螺旋传动的运动方式

根据螺杆与螺母的相对运动关系，螺旋传动的常用运动方式有四种：螺杆转动但轴向固定，螺母移动，如图 3-13a 所示，多用于机床的进给机构；螺母转动但轴向固定，螺杆移动，如图 3-13b 所示，多用于观察镜的螺旋调整装置；螺母固定，螺杆转动并移动，如

图 3-13c所示，多用于螺旋千斤顶或螺旋压力机；螺杆固定，螺母转动并移动，如图 3-13d所示，用于螺旋千斤顶或螺旋压力机。

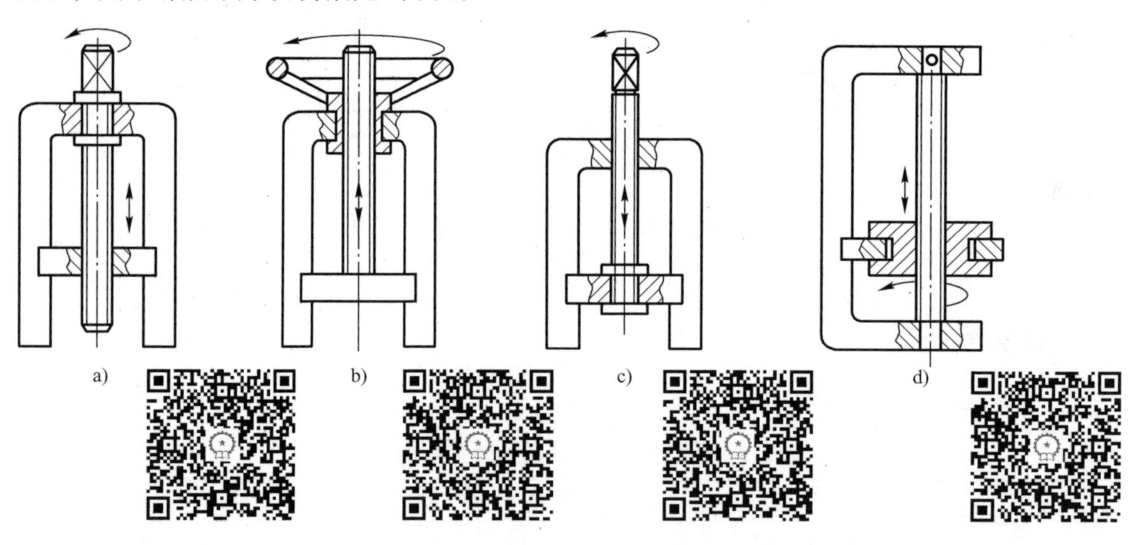

图 3-13 螺旋传动的运动方式

学习这部分内容时，应注意螺旋传动与前面任务 3.1 中螺纹联接的差别。

3.2.2 螺旋传动的分类

1. 根据用途分类

（1）传力螺旋 以传递动力为主，一般要求用较小的转矩转动螺杆（或螺母），而使螺母（或螺杆）产生轴向运动和较大的轴向推力，如螺旋千斤顶、螺旋压力机等，如图 3-14所示。这种传力螺旋主要承受很大的轴向力，通常为间歇性工作，每次工作时间较短，工作速度不高。设计时应保证螺旋具有足够的强度和刚度，同时一般应具有自锁能力。

（2）传导螺旋 以传递运动为主，常用作机床刀架或工作台的进给机构，如图 3-15 所示。一般需在较长的时间内连续工作，且工作速度较高，故要求有较高的传动精度。

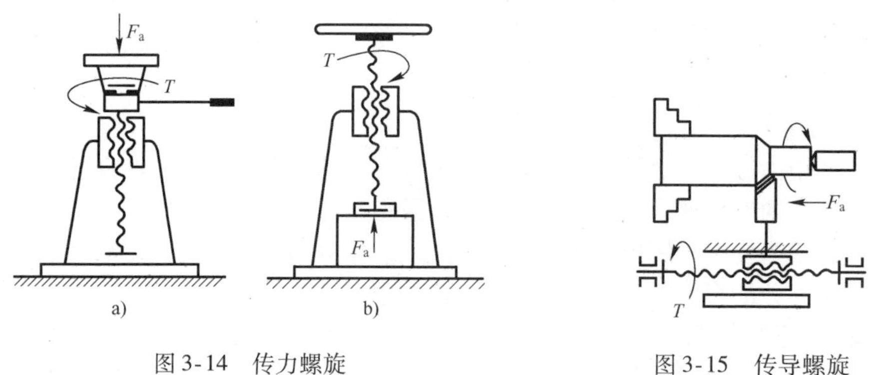

图 3-14 传力螺旋

a）螺旋千斤顶 b）螺旋压力机

图 3-15 传导螺旋

（3）调整螺旋　用于调整并固定零部件之间的相对位置，它不经常转动，一般在空载下调整，要求有可靠的自锁性能和精度。常用于测量仪器及各种机械的调整装置，如千分尺中的螺旋（图3-16a）、台虎钳钳口调节机构（图3-16b）。

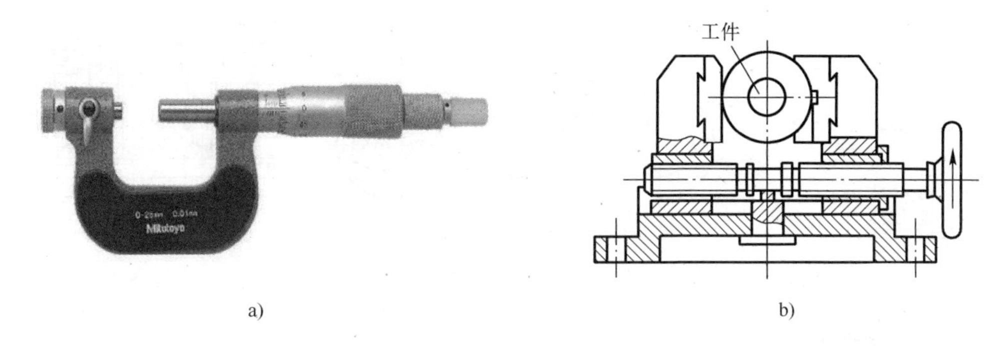

图3-16　调整螺旋
a）千分尺　b）台虎钳钳口调节机构

2. 根据摩擦性质分类

（1）滑动螺旋　螺旋副做相对运动时产生滑动摩擦的螺旋称为滑动螺旋。滑动螺旋结构比较简单，螺母和螺杆的啮合是连续的，其工作平稳，易于自锁，这对起重设备、调节装置等很有意义，广泛应用于机床的进给、分度、定位等机构，以及压力机、千斤顶的传力螺旋等。但螺纹之间的摩擦阻力大、磨损快、传动效率低（一般为30%～40%），不适宜用于高速和大功率传动。

（2）滚动螺旋　螺旋副做相对运动时产生滚动摩擦的螺旋称为滚动螺旋，也称滚珠丝杠。滚动螺旋的摩擦阻力小，传动效率高（90%以上），磨损小，精度易保持；但结构复杂，成本高，不能自锁。滚动螺旋主要用于对传动精度要求较高的场合，如数控机床、测试机械、仪器的传动和调整螺旋，车辆、飞机上的传动螺旋等。

（3）静压螺旋　向螺旋副注入液压油，使螺纹工作面被油膜分开的螺旋，称为静压螺旋。静压螺旋螺纹副之间的摩擦性质为液体摩擦，其摩擦阻力小，传动效率高（可达99%），但结构复杂，需要供油系统。适用于要求高精度、高效率的重要传动中，如数控、精密机床、测试装置或自动控制系统的传动螺旋等。

由于滑动螺旋传动结构简单，因此应用比较广泛。本任务主要介绍滑动螺旋传动的设计计算方法。

3.2.3　滑动螺旋传动的设计

1. 滑动螺旋传动的结构

滑动螺旋传动的结构主要是指螺杆和螺母的固定与支承的结构形式。螺旋传动的工作刚度与精度等和支承结构有直接关系。

（1）支承结构　当螺杆长径比小且垂直布置时（如起重及加压装置的传力螺旋），可以采用螺母本身作为支承的结构。当螺杆长径比大且水平布置时（如机床丝杠等），应在螺杆两端或中间附加支承，以提高螺杆的工作刚度。

（2）螺母结构　螺母结构有整体式、剖分式和组合式三种，如图3-17所示。整体式螺母结构简单，但由磨损产生的轴向间隙不能补偿，只适合在精度要求较低的场合中使用；剖分式螺母磨损后可补偿间隙，精度较高；组合式螺母适用于经常做双向传动的传导螺旋，可提高传动精度，消除空回误差。

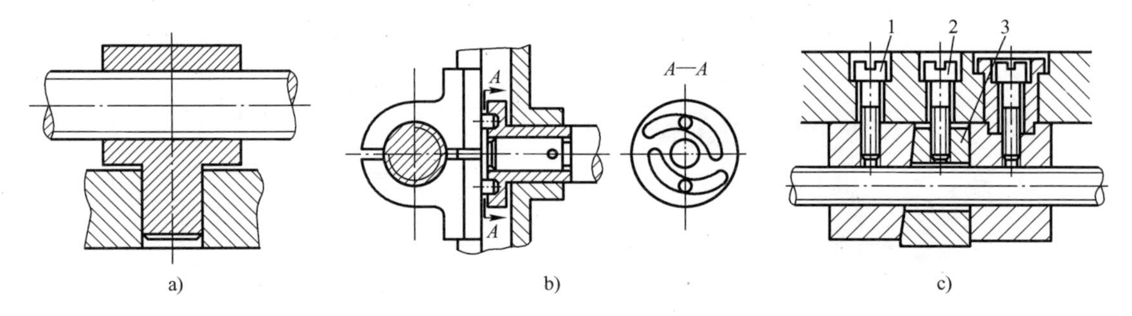

图 3-17 螺母结构

a）整体式螺母 b）剖分式螺母 c）组合式螺母

（3）螺杆结构 传动用螺杆的螺纹一般采用右旋结构，只有在特殊情况下才采用左旋螺纹，如为了符合操作习惯，车床的横向进给丝杠螺纹即采用左旋螺纹。螺纹牙型可采用梯形、矩形和锯齿形，常用梯形和锯齿形螺纹。

2. 滑动螺旋传动的材料选择

滑动螺旋传动的主要零件是螺杆和螺母，为了减轻滑动螺旋的摩擦和磨损，螺杆和螺母的材料除应具有足够的强度外，还应具有较好的减摩性和耐磨性。由于螺母的加工成本比螺杆低，且更换较容易，因此应使螺母的材料比螺杆的材料软，保证工作时所发生的磨损主要在螺母上。滑动螺旋材料选择方法具体如下：

1）对于硬度不高的螺杆，通常采用 45 钢、50 钢。

2）对于硬度较高的重要传动，可选用 T12、65Mn、40Cr 等，并经热处理以获得较高的硬度。

3）对于精密螺杆，要求热处理后有较好的尺寸稳定性，可选用 9Mn2V、CrWMn、38CrMoAlA 等。

4）螺母的常用材料为青铜和铸铁。在要求较高的情况下，可采用铸造锡青铜 ZCuSn10P1 和 ZCuSn5Pb5Zn5；在重载低速的情况下，可用高强度铸造铝青铜 ZCuAl10Fe3 等；在低速轻载的情况下，也可选用耐磨铸铁或普通灰铸铁。

螺杆与螺母的常用材料见表 3-6。

表 3-6 螺杆与螺母的常用材料

螺纹副	材料	应用场合
螺杆	Q235、Q275、45 钢、50 钢	轻载、低速传动，材料不经热处理
	40Cr、65Mn、20CrMnTi	重载、较高速传动，材料需经热处理，以提高耐磨性
	9Mn2V、CrWMn、38CrMoAl	精密传导螺旋传动，材料需经热处理
螺母	ZCuSn10P1、ZCuSn5Pb5Zn5	一般传动
	ZCuAl10Fe3、ZCuZn25Al6Fe3Mn3	重载、低速转动，对于尺寸较小或轻载高速传动，螺母可采用钢或铸铁制造，内孔浇铸巴氏合金或青铜

3. 滑动螺旋传动的设计计算

因为滑动螺旋螺纹副之间的摩擦性质为滑动摩擦，所以滑动螺旋传动的失效形式主要是螺纹磨损。设计时，通常先根据耐磨性条件，计算出螺杆的直径和螺母的高度，然后按照标准确定螺旋的各主要参数。对于受力较大的传力螺旋，还应校核螺杆危险截面和螺母螺纹牙的强度，以防止其发生塑性变形或断裂；对于要求自锁的螺杆，应校核其自锁性；对于长径比大的受压螺杆，要校核其稳定性，以防止螺杆受压后失稳。具体应根据螺旋传动的类型、工作条件及其失效形式等采用不同的设计准则，而不必逐项进行校核。

（1）耐磨性计算　滑动螺旋的磨损与螺纹工作面上的压强、滑动速度、螺纹表面粗糙度及润滑状态等因素有关。其中最主要的是螺纹工作面上的压强，压强越大，磨损越大。因此，滑动螺旋的耐磨性计算主要是使螺纹工作面上的压强小于材料的许用压强。

由于螺母的材料较软，磨损多发生在螺母上，因此只需要计算螺母的强度。将螺母的一圈螺纹牙展开，如图 3-18 所示。设轴向力为 F，相旋合圈数为 μ，则 $\mu = H/P$，从而得出耐磨性的验算公式为

$$p=\frac{F/\mu}{A}=\frac{F/\mu}{\pi D_2 h}=\frac{FP}{\pi D_2 hH}\leqslant[p] \qquad (3\text{-}9)$$

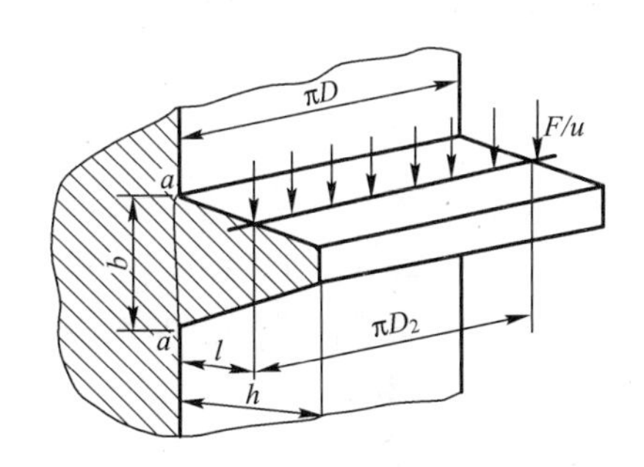

图 3-18　螺母螺纹圈的受力

式中　p——螺纹工作面上的压强，单位为 MPa；

F——作用于螺杆的轴向力，单位为 N；

A——螺纹的承压面积，指螺纹工作面在轴向力平面上的投影面积，单位为 mm^2；

D_2——螺纹中径，单位为 mm；

h——螺纹接触高度，单位为 mm，梯形和矩形螺纹 $h=0.5P$，锯齿形螺纹 $h=0.75P$；

μ——螺纹工作圈数；

H——螺母厚度，单位为 mm；

P——螺纹螺距，单位为 mm；

$[p]$——材料的许用压强，单位为 MPa，其值查表 3-7。

表 3-7　滑动螺旋传动的许用压强

材料（螺杆/螺母）	滑动速度/(m/min)	许用压强 [p]/MPa
钢/青铜	低速	18 ~ 25
	<3.0	11 ~ 18
	6 ~ 12	7 ~ 10
	> 15	1 ~ 2
淬火钢/青铜	6 ~ 12	10 ~ 13
钢/灰铸铁	< 2.4	13 ~ 18
	6 ~ 12	4 ~ 7
钢/钢	低速	7.5 ~ 13

注：1. 表中数值适用于 $\varphi=2.5\sim4$ 的情况。

2. 当 $\varphi<2.5$ 时，$[p]$ 可提高 20%；如为剖分螺母，应降低 $[p]$ 15% ~20%。

为得出设计公式，须消掉一个未知数，因此引入螺母厚度系数 φ，令 $\varphi=H/D_2$，代入式（3-9），整理后可得螺纹中径 D_2的设计公式为

$$D_2 \geqslant \sqrt{\frac{FP}{\pi\varphi h[p]}} \tag{3-10}$$

式中 φ 值根据螺母的结构选取。对于整体式螺母，磨损后间隙不能调整，通常用于轻载或精度要求低的场合，为使受力分布均匀，螺纹工作圈数不宜过多，宜取 $\varphi=1.2\sim2.5$；对于剖分式螺母或螺母兼作支承而受力较大，可取 $\varphi=2.5\sim3.5$；当传动精度高或要求寿命长时，允许取 $\varphi=4$。

根据式（3-10）计算出的螺纹中径 D_2，必须查国家标准，取标准值。由于旋合各圈螺纹牙受力不均，故螺纹工作圈数 μ 不宜大于10。

（2）自锁性验算　对于要求自锁的螺旋传动（如螺旋千斤顶），应校核是否满足自锁条件，即

$$\phi \leqslant \rho_v = \arctan f_v \tag{3-11}$$

式中　ϕ——螺纹升角；

ρ_v——螺纹副的当量摩擦角；

f_v——螺纹副的当量摩擦因数，见表3-8。

表3-8　螺纹副的当量摩擦因数（定期润滑）

螺纹副材料	钢－青铜	钢－耐磨铸铁	钢－灰铸铁	钢－钢	淬火钢－青铜
当量摩擦因数 f_v	0.08～0.10	0.1～0.12	0.12～0.15	0.11～0.17	0.06～0.08

（3）螺杆强度校核　螺杆工作时同时受轴向力 F 及转矩 T 的作用，危险截面上受拉（压）应力和扭转剪应力的复合作用。根据第四强度理论，其强度校核公式为

$$\sigma_{ca} = \sqrt{\sigma^2+3\tau^2} = \sqrt{\left(\frac{4F}{\pi d_1^2}\right)^2 + 3\left(\frac{T}{W_T}\right)^2} \leqslant [\sigma] \tag{3-12}$$

式中　F——作用于螺杆的轴向力，单位为N；

d_1——螺杆螺纹小径，单位为mm；

T——螺杆所受转矩，单位为N·mm；

W_T——抗扭截面系数，单位为mm^3，$W_T=\frac{\pi d_1^3}{16}\approx0.2d_1^3$；

$[\sigma]$——螺杆材料的许用应力，单位为MPa，见表3-9。

表3-9　螺杆和螺母材料的许用应力

项　目	许用应力/MPa		
钢制螺杆	$[\sigma]=\frac{R_{eH}}{S}=\frac{R_{eH}}{3\sim5}$，$R_{eH}$为材料的屈服强度/MPa		
螺母	材　料	许用弯曲应力 $[\sigma_{bb}]$	许用切应力 $[\tau]$
	青铜	40～60	30～40
	耐磨铸铁	50～60	40
	铸铁	45～55	40
	钢	$(1.0\sim1.2)[\sigma]$	$0.6[\sigma]$

注：静载荷许用应力取大值。

(4) 螺母螺纹牙强度计算　螺纹牙多发生剪切与弯曲破坏。一般情况下，螺母材料的强度比螺杆低，因此，螺纹牙的剪断和弯断均发生在螺母上，所以只需校核螺母的螺纹牙强度即可。如图3-18所示，假设载荷集中作用在螺纹中径上，可将螺母螺纹牙视为沿螺纹大径 D 处展开的悬臂梁。因此，得出螺母螺纹牙根部危险剖面 $a—a$ 处的抗弯强度条件为

$$\sigma_{bb}=\frac{M}{W}=\frac{3Fh}{\pi Db^2\mu}\leqslant[\sigma_{bb}] \tag{3-13}$$

抗剪强度条件为

$$\tau_b=\frac{F}{\pi Db\mu}\leqslant[\tau] \tag{3-14}$$

式中　D——螺母大径，单位为mm；

b——螺纹牙底宽，单位为mm，梯形螺纹 $b=0.65P$，矩形螺纹 $b=0.5P$，锯齿形螺纹 $b=0.75P$；

h——螺纹接触高度，单位为mm，梯形和矩形螺纹 $h=0.5P$，锯齿形螺纹 $b=0.75P$；

μ——螺纹工作圈数，$\mu=\dfrac{H}{P}$；

$[\sigma_{bb}]$、$[\tau]$——许用弯曲应力和许用切应力，单位为MPa，见表3-9。

(5) 稳定性计算　对于长径比大的受压螺杆，当轴向力 F 超过某一临界载荷 F_{cr} 时，螺杆可能会突然产生侧向弯曲而丧失稳定性。因此，对细长螺杆应进行稳定性校核，其稳定性条件为

$$S_{SC}=\frac{F_{cr}}{F}\geqslant S \tag{3-15}$$

式中　S_{SC}——螺杆稳定性的计算安全系数；

S——螺杆稳定性计算的许用安全系数，传导螺旋 $S=2.5\sim4.0$，传力螺旋 $S=3.5\sim5.0$，精密螺旋或水平螺杆 $S>4$；

F——螺杆所受的压力，单位为N；

F_{cr}——螺杆的临界载荷，单位为N，与螺杆的柔度 γ 及材料有关，根据 $\gamma=\dfrac{4\beta l}{d_1}$ 值的大小选用不同的公式进行计算。

1) 对淬火钢螺杆：

当 $\gamma\geqslant85$ 时，

$$F_{cr}=\frac{\pi^2EI}{(\beta l)^2}$$

当 $\gamma<85$ 时，

$$F_{cr}=\frac{490}{1+0.0002\gamma^2}\cdot\frac{\pi d_1^2}{4}$$

2) 对不淬火钢螺杆：

当 $\gamma\geqslant90$ 时，

$$F_{cr}=\frac{\pi^2 EI}{(\beta l)^2}$$

当 $\gamma<90$ 时，

$$F_{cr}=\frac{340}{1+0.000\,13\gamma^2}\cdot\frac{\pi d_1^2}{4}$$

式中 E——螺杆材料的拉压弹性模量，单位为 MPa，对于钢，$E=2.06\times10^5$ MPa；

I——螺杆危险截面惯性矩，单位为 mm^4，$I=\frac{\pi d_1^4}{64}$；

β——螺杆的长度系数，与螺杆端部支承方式有关，对于一般螺旋起重器，当螺杆的长度与直径之比大于10时，可按一端固定、一端自由考虑，取 $\beta=2$；当螺杆的长度与直径之比小于10时，可按一端固定、一端铰支考虑，取 $\beta=0.7$；

l——螺杆的工作长度，单位为 mm；

d_1——螺杆螺纹小径，单位为 mm。

应当注意：当 $\gamma\leqslant40$ 时，无需进行稳定性验算。

由于滑动螺旋传动的效率较低，因此，粗略计算时也可不必计算传动效率。

任务实施

任务实施过程见表3-10。

表3-10 设计螺旋传动任务实施过程

步骤	内容	教师活动	学生活动	成果
1	了解螺旋传动的类型、结构和用途	布置任务，举例引导，讲解相关知识	对各种螺旋传动机构进行分析比较，观察它们的特点	1. 小组讨论记录 2. 课堂汇报 3. 完成工作记录单
2	掌握螺旋传动的设计方法	布置任务，讲解相关知识，指导学生活动	熟悉螺旋传动的设计方法，为螺旋千斤顶的设计作准备	

任务3.3 设计计算螺旋千斤顶

任务描述

经过任务3.1和3.2的学习，了解了螺旋千斤顶的结构组成、工作原理和螺旋传动的设计原理和方法。本任务要求结合实际，根据使用条件自行设计螺旋千斤顶，正确绘制螺旋千斤顶的装配图和零件工作图，初步学会编写设计计算说明书，从而培养结构设计的能力。

相关知识

3.3.1 螺旋千斤顶的设计任务分析

如图3-1所示，螺旋千斤顶主要由托杯、手柄、螺母、螺杆、底座等零件及其附件组成，其中螺母、螺杆等零件的主要尺寸应通过理论计算确定，其他尺寸可由经验数据、结构需要和工艺要求来确定，必要时还需经过相关验算。

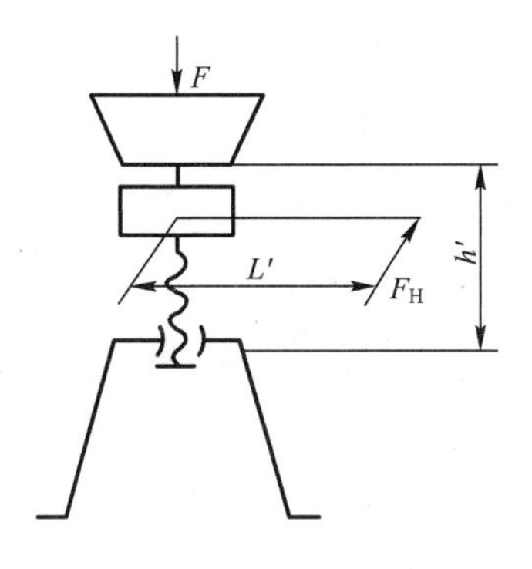

图 3-19　螺旋千斤顶运动简图

1. 设计任务

设计一螺旋千斤顶，最大起重量 $F=40\text{kN}$，最大起重高度 $h'=180\text{mm}$，采用单头梯形螺纹，螺旋应有自锁性，其运动简图如图 3-19 所示。

2. 设计要求

1）能把 40kN 的物体举起 180mm 的高度，并能平稳下降，具有足够的寿命。

2）螺杆在上升和下降的过程中可以停在任意中间位置，而不自行落下（即能够自锁）。

3）一人操作，人手推力不可过大，以免操作者过度疲劳。

4）螺旋千斤顶的支承面与被举起重物之间不能有相对滑动，千斤顶与地面应有足够大的接触面积。如果地面太松软，可以垫木板。

5）在保证上述要求的同时，还应保证工作可靠、操作安全、加工方便和经济等。

3. 千斤顶零件各部分的设计分析

（1）螺旋　参数要符合国家标准，强度足够，可自锁，稳定性好，耐磨，摩擦力小。

（2）螺母　强度足够，耐磨，防止转动。

（3）底座　稳定，与地面有足够大的接触面积，外形美观。

（4）手柄　长度合理，强度足够，操作方便。

此外，每个零件都应方便加工和装配等。

3.3.2　螺旋千斤顶的结构设计和分析计算

1. 设计过程和步骤

设计过程和步骤见表 3-11。

表 3-11　螺旋千斤顶的设计过程和步骤

步骤	计算项目	计算内容及说明	计算结果
1	选择材料	（1）螺杆　由表 3-6 选螺杆材料为 45 钢，由附表 B-4 查得 $R_{eH}=355\text{MPa}$，由表 3-9 取 $S=4$，则螺杆材料许用应力为 $[\sigma]=\dfrac{R_{eH}}{S}=\dfrac{355}{4}\text{MPa}=88.75\text{MPa}$ （2）螺母　由表 3-6 选螺母材料为铸造锡青铜 ZCuSn10P1。因千斤顶螺旋为手动低速，所以由表 3-7 取 $[p]=18\text{MPa}$	螺杆：45 钢 螺母：ZCuSn10P1
2	计算耐磨性，设计螺旋副尺寸	（1）选取螺母厚度系数 φ　螺母结构选整体式，取 $\varphi=1.2$ （2）计算螺纹中径 D_2　梯形螺纹：$h=0.5P$ $D_2\geqslant\sqrt{\dfrac{FP}{\pi\varphi h[p]}}=\sqrt{\dfrac{40000\times P}{\pi\times1.2\times0.5P\times18}}\text{mm}=34.34\text{mm}$ （3）确定螺旋副的尺寸　由计算出的 D_2 值查附表 C-4 和附表 C-5，确定螺旋副的尺寸为 螺杆：$d=40\text{mm}$；$d_1=32\text{mm}$；$d_2=36.5\text{mm}$；$P=7\text{mm}$ 螺母：$D=41\text{mm}$；$D_1=33\text{mm}$；$D_2=36.5\text{mm}$ 根据操作习惯选单线左旋梯形螺纹，则螺旋副的标记为 Tr40×7LH−7H/7e	选择 Tr40×7−7H/7e−L

（续）

步骤	计算项目	计算内容及说明	计算结果
2	计算耐磨性，设计螺旋副尺寸	（4）计算螺母厚度 H $H=\varphi D_2=1.2\times36.5\text{mm}=43.8\text{mm}$ （5）计算旋合圈数 μ $\mu=\dfrac{H}{P}=\dfrac{43.8}{7}\approx6.3<10$，合适 （6）计算螺母实际厚度 H'　取 $\mu=7$，则螺母实际厚度为 $H'=\mu P=7\times7\text{mm}=49\text{mm}$	$\mu=7$ 螺母实际厚度 $H'=49\text{mm}$
3	校核螺纹副自锁性	由式（3-2）知 $\phi=\arctan\dfrac{nP}{\pi d_2}=\arctan\dfrac{1\times7}{\pi\times36.5}\approx3.49°$ 由表 3-8 查得 $f_v=0.09$，则 $\rho_v=\arctan f_v=\arctan0.09\approx5.14°$ 所以，$\phi<\rho_v$，满足自锁条件	$\phi=3.49°$ 自锁
4	校核螺杆强度	（1）计算螺杆所受转矩　由式（3-5）知 $T_1=F\dfrac{d_2}{2}\tan(\phi+\rho_v)$ $=40\,000\times\dfrac{1}{2}\times36.5\times\tan(3.49°+5.14°)\text{N}\cdot\text{mm}$ $\approx110\,793\text{N}\cdot\text{mm}$ （2）强度校核 $\sigma=\sqrt{\left(\dfrac{4F}{\pi d_1^2}\right)^2+3\left(\dfrac{T_1}{0.2d_1^3}\right)^2}$ $=\sqrt{\left(\dfrac{4\times40\,000}{\pi\times32^2}\right)^2+3\times\left(\dfrac{110\,793}{0.2\times32^3}\right)^2}\text{MPa}$ $\approx58\text{MPa}<[\sigma]$ 所以强度足够	$\sigma=58\text{MPa}$ 安全
5	校核螺母螺纹牙强度	由表 3-9 取：$[\sigma_{bb}]=50\text{MPa}$，$[\tau]=35\text{MPa}$ 螺纹牙底宽：$b=0.65P=0.65\times7\text{mm}=4.55\text{mm}$ 螺纹工作高度：$h=0.5P=3.5\text{mm}$ （1）抗弯强度校核 $\sigma_{bb}=\dfrac{3Fh}{\pi Db^2\mu}=\dfrac{3\times40\,000\times3.5}{\pi\times41\times4.55^2\times7}\text{MPa}$ $\approx22.5\text{MPa}<[\sigma_{bb}]$ 所以抗弯强度足够 （2）抗剪强度校核 $\tau=\dfrac{F}{\pi Db\mu}=\dfrac{40\,000}{\pi\times41\times4.55\times7}\text{MPa}\approx9.75\text{MPa}<[\tau]$ 所以抗剪强度足够	$\sigma_{bb}=22.5\text{MPa}$ 安全 $\tau_b=9.75\text{MPa}$ 安全
6	校核螺杆稳定性	（1）计算柔度 $\gamma=\dfrac{4\beta l}{d_1}$ 螺杆一端固定，一端自由，长度系数取 $\beta=2$；螺杆最大受力长度 l 可按下式估算 $l=h'+\dfrac{H'}{2}+d=\left(180+\dfrac{49}{2}+40\right)\text{mm}$ $=244.5\text{mm}$ 所以　$\gamma=\dfrac{4\times2\times244.5}{32}\approx61$ （2）计算临界载荷 F_{cr}　本题螺杆不淬火，$\gamma<90$，所以 $F_{cr}=\dfrac{340}{1+0.000\,13\gamma^2}\cdot\dfrac{\pi d_1^2}{4}=\dfrac{340}{1+0.000\,13\times61^2}\times\dfrac{\pi\times32^2}{4}\text{N}\approx184\,295\text{N}$	

（续）

步骤	计 算 项 目	计算内容及说明	计 算 结 果
6	校核螺杆稳定性	（3）计算安全系数 S_{SC} $$S_{SC}=\frac{F_{cr}}{F}=\frac{184\ 295}{40\ 000}\approx 4.6>3.5$$ 所以稳定性满足要求	$S_{SC}\approx 4.6$ 稳定性满足要求
7	螺母外部尺寸的设计计算	（1）计算螺母外径 D'　螺母的结构及尺寸如下图所示，螺母悬置部分受到拉伸和扭转复合应力的作用，为简化计算，将拉应力增大30%，只按抗拉强度计算，得强度公式为 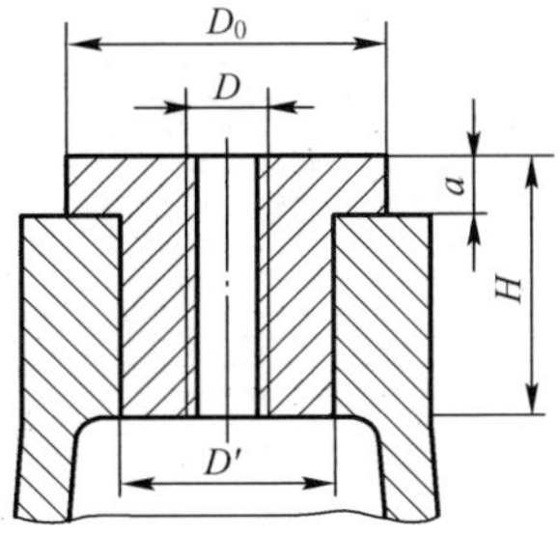 $$R_m=\frac{1.3F}{\frac{\pi}{4}(D'^2-D^2)}\leqslant[R_m]$$ 从而可得 $$D'\geqslant\sqrt{\frac{5.2F}{\pi[R_m]}+D^2}$$ 式中，螺母许用拉应力可按下式计算：$[R_m]=0.83[\sigma_{bb}]$，由表3-9取$[\sigma_{bb}]=50\text{MPa}$，则 $$D'\geqslant\sqrt{\frac{5.2\times 40\ 000}{\pi\times 0.83\times 50}+41^2}\text{mm}\approx 57.2\text{mm}$$ （2）计算凸缘尺寸 1）计算凸缘直径 D_0 及厚度 a。由经验公式 $D_0=(1.2\sim1.3)D'$，得 $$D_0=1.3\times 58\text{mm}=75.4\text{mm}$$ 由经验公式 $a=\frac{H'}{3}$，得 $$a=\frac{49}{3}\text{mm}\approx 16.33\text{mm}$$ 2）校核凸缘支承表面的抗压强度 由经验公式$[R_{mc}]=(1.5\sim1.7)[\sigma_{bb}]$，得 $$[R_{mc}]=(1.5\sim1.7)\times 50\text{MPa}=(75\sim85)\text{MPa}$$ 抗压强度条件为 $$R_{mc}=\frac{F}{\frac{\pi(D_0^2-D'^2)}{4}}$$ 则　$$R_{mc}=\frac{40\ 000}{\frac{\pi\times(75^2-58^2)}{4}}\approx 22.5\text{MPa}<[R_{mc}]$$ 所以抗压强度足够 3）校核凸缘根部的抗弯强度 $$\sigma_{bb}=\frac{M}{W}=\frac{\frac{1}{4}F(D_0-D')}{\frac{\pi D'a^2}{6}}=\frac{1.5F(D_0-D')}{\pi D'a^2}$$ $$=\frac{1.5\times 40\ 000\times(75-58)}{\pi\times 58\times 16^2}\text{MPa}$$ $$\approx 21.9\text{MPa}<[\sigma_{bb}]$$	圆整后取 $D'=58\text{mm}$ 圆整后取 $D_0=75\text{mm}$ 圆整后取 $a=16\text{mm}$ $R_{mc}=22.5\text{MPa}$ 安全 $\sigma_{bb}=21.9\text{MPa}$ 安全

（续）

步骤	计算项目	计算内容及说明	计算结果
7	螺母外部尺寸的设计计算	所以抗弯强度足够 4）校核凸缘根部抗剪强度 $\tau_b=\frac{F}{\pi D'a}=\frac{40\ 000}{\pi\times58\times16}\text{MPa}\approx13.7\text{MPa}<[\tau]$ 所以抗剪强度足够	$\tau_b=13.7\text{MPa}$ 安全
8	手柄的设计计算	托杯与手柄的结构如下图所示 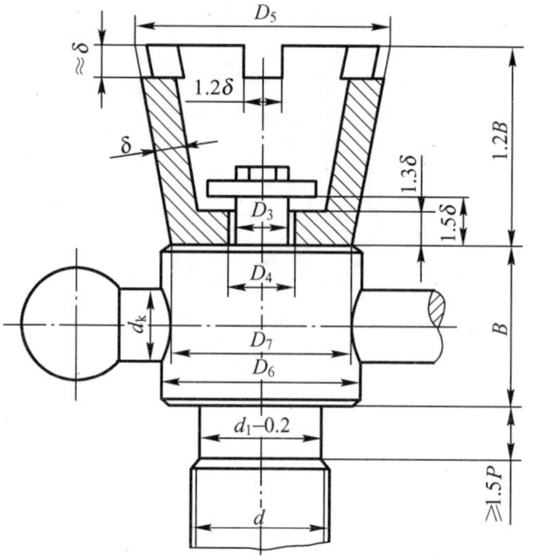 （1）确定手柄长度　设手柄作用力为 F_H（通常取200N左右），手柄长为 L'，手柄上的工作力矩为 T，则 $L'=\frac{T}{F_H}$ $T=T_1+T_2=F\frac{d_2}{2}\tan(\phi+\rho_v)+\frac{1}{3}f_cF\frac{D_7^3-D_4^3}{D_7^2-D_4^2}$ 式中，T_1、T_2 为螺纹副摩擦力矩及托杯与接触面摩擦力矩，单位为N·mm；f_c 为托杯与支承面间的摩擦因数（托杯材料选HT200），值取0.12；D_4、D_7 及其他结构尺寸如上图所示，具体数值可按下列经验公式计算 $D_3=(0.6\sim0.7)d$ $D_4=D_3+(0.5\sim2)\text{mm}$ $D_5=(2.4\sim2.5)d$ $D_6=(1.7\sim1.9)d$ $D_7=D_6-(2\sim4)\text{mm}$ $B=(1.4\sim1.6)d$ $\delta\geqslant10\text{mm}$ 上式中，d 为螺纹公称直径，则 $D_7=D_6-(2\sim4)\text{mm}=(1.7\sim1.9)\times40\text{mm}-(2\sim4)\text{mm}$ $=(68\sim76)\text{mm}-(2\sim4)\text{mm}$ 圆整后取 $D_7=75\text{mm}$ $D_4=(0.6\sim0.7)\times40\text{mm}+(0.5\sim2)\text{mm}$ $=(24\sim28)\text{mm}+(0.5\sim2)\text{mm}$ 圆整后取 $D_4=25\text{mm}$ 应当注意：上述计算所得尺寸均应圆整	$D_7=75\text{mm}$ $D_4=25\text{mm}$

（续）

步骤	计算项目	计算内容及说明	计算结果
8	手柄的设计计算	$T=\frac{36.5}{2}\times 40\,000\times\tan(3.49^\circ+5.14^\circ)\text{N}\cdot\text{mm}$ $+\frac{1}{3}\times 0.12\times 40\,000\times\frac{75^3-25^3}{75^2-25^2}\text{N}\cdot\text{mm}$ $=240\,793\text{N}\cdot\text{mm}$ 所以 $L'=\frac{T}{F_H}=\frac{240\,793}{200}\text{mm}\approx 1\,204\text{mm}$ 为减小千斤顶的存放空间，一般取手柄长度不得大于千斤顶的高度，可取 $L=600\text{mm}$ （2）确定手柄直径　选手柄材料为 Q255，由附表 B-3 取：$R_{eH}=255\text{MPa}$，则 $[\sigma_{bb}]=\frac{R_{eH}}{1.5\sim 2}=\frac{255}{1.5\sim 2}\text{MPa}=170\sim 127.5\text{MPa}$ 取 $[\sigma_{bb}]=130\text{MPa}$ 手柄的抗弯强度条件为 $\sigma_{bb}=\frac{M}{W}=\frac{F_H L'}{\frac{\pi}{32}d_k^3}\leqslant[\sigma_{bb}]$ 则 $d_k\geqslant\sqrt[3]{\frac{F_H L'}{0.1[\sigma_{bb}]}}=\sqrt[3]{\frac{200\times 1\,204}{0.1\times 130}}\text{mm}=26.46\text{ mm}$ 圆整后取手柄直径 $d_k=28\text{mm}$	取手柄长度 $L=600\text{mm}$（使用时加套管） $d_k=28\text{mm}$
9	计算效率	$\eta=\frac{FP}{2\pi T}=\frac{40\,000\times 7}{2\pi\times 200\times 1\,204}=18.5\%$	$\eta=18.5\%$
10	设计托杯	选托杯材料为 HT200，由经验公式 $[p]=(0.4\sim 0.5)R_m$ 得 $[p]=(0.4\sim 0.5)\times 200\text{MPa}=(80\sim 100)\text{MPa}$ 托杯结构尺寸可参看步骤 8 中图及其他有关设计资料确定，托杯下端面挤压强度为 $p_{压}=\frac{F}{\frac{\pi(D_7^2-D_4^2)}{4}}=\frac{40\,000}{\frac{\pi(75^2-25^2)}{4}}\text{MPa}\approx 10.2\text{MPa}<[p]$	托杯：HT200 $p_{压}=10.2\text{MPa}$ 挤压强度足够
11	设计底座	（1）底座材料选择 HT200，其结构尺寸如下图所示 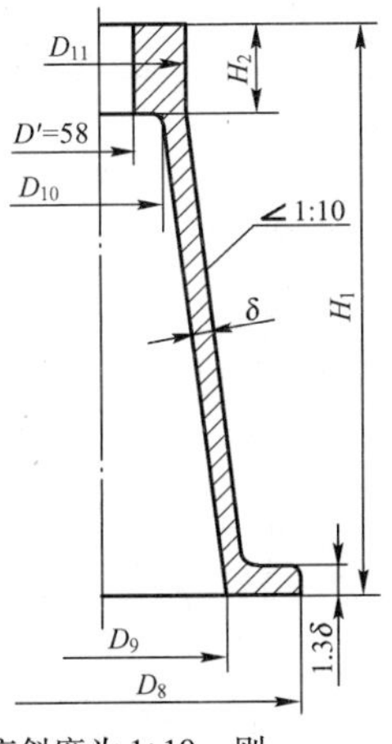 D_{11}　H_2　$D'=58$　D_{10}　∠1:10　δ　H_1　D_9　D_8　1.3δ （2）求直径 D_9　底座斜度为 1:10，则 $\frac{\frac{1}{2}(D_9-D_{10})}{H_1-H_2}=\frac{1}{10}$ 因螺旋千斤顶的最大起重高度 $h'=180\text{mm}$，所以	底座 HT200

（续）

步骤	计算项目	计算内容及说明	计算结果
11	设计底座	$H_1-H_2=h'+(15\sim20)\text{mm}=180+(15\sim20)\text{mm}$ 取 $H_1-H_2=200\text{mm}$ D_{10}可按以下经验公式计算 $D_{10}=D'+(5\sim10)\text{mm}=58\text{mm}+(5\sim10)\text{mm}=63\sim68\text{mm}$ 取 $D_{10}=65\text{mm}$，则 $D_9=\frac{2(H_1-H_2)}{10}+D_{10}=\frac{2\times200}{10}\text{mm}+65\text{mm}=105\text{mm}$ （3）求直径 D_8　D_8 由底座抗压强度确定，有 $R_{mc}=\frac{F}{\frac{\pi(D_8^2-D_9^2)}{4}}\leqslant[R_{mc}]$ 如底面为混凝土或木材，取 $[R_{mc}]=2\text{MPa}$，则 $D_8\geqslant\sqrt{\frac{4F}{\pi[R_{mc}]}+D_9^2}=\sqrt{\frac{4\times40\,000}{\pi\times2}+105^2}\text{mm}\approx191.02\text{mm}$ （4）求 H_1、H_2 $H_2=H'-a$, 所以 $H_2=49\text{mm}-16\text{mm}=33\text{mm}$ $H_1=200\text{mm}+H_2=200\text{mm}+33\text{mm}=233\text{mm}$ 其他尺寸可用下列经验公式确定 $D_{11}=1.4D'$ $\delta=(8\sim10)\text{mm}$ 应当注意：上述计算所得结构尺寸均应圆整	$D_{10}=65\text{mm}$ $D_9=105\text{mm}$ 圆整后取 $D_8=195\text{mm}$ $H_2=33\text{mm}$ $H_1=233\text{mm}$
12	绘制装配图	螺旋千斤顶的装配示意图如下图所示 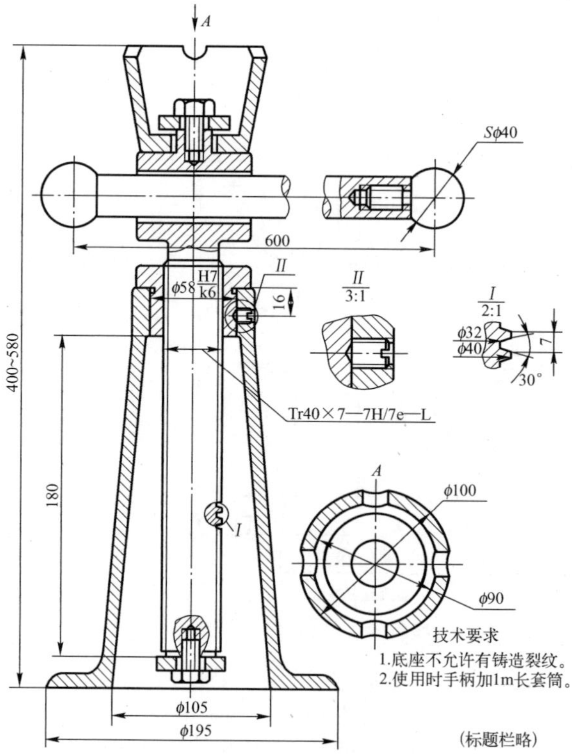 技术要求 1.底座不允许有铸造裂纹。 2.使用时手柄加1m长套筒。 （标题栏略）	

2. 设计注意事项

1）图幅尺寸一定按标准选用（包括加长、加宽），视图布置位置适当，结构合理，投影正确，表达清楚，合乎制图规则。

2）装配图尺寸标注应包括特性尺寸（如最大起重高度）、安装尺寸、外形尺寸（总长、总宽、总高）和配合尺寸等。

3）图样应注明技术特性及技术要求。

4）绘图要按国家标准，标题栏和明细栏的格式应符合要求。

5）多检查。从投影关系检查，在图上按各零部件的投影进行检查；按规定画法检查，尤其是螺纹类的画法；从结构方面检查，如螺杆与螺孔配合及不配合的画法等。

6）设计计算说明书应在全部计算及图样完成后进行整理和编写。封面格式与书写格式如图3-20所示或参照有关文献，其内容应包括封面、目录、设计任务书、设计计算及说明、设计总结、参考资料等。

螺旋千斤顶设计计算说明书

分院 ________ 专业 ________

班级 ________

设计者 ________

指导教师 ________

完成日期 ____年__月__日

成绩 ________

校　　名

a)

步骤	计算项目	计算内容及说明	计算结果
1			
2			
3			
4			
5			
6			
……			

b)

图3-20　设计计算说明书格式

a）封面格式　b）书写格式

任务实施

任务实施过程见表3-12。

表3-12　设计计算螺旋千斤顶任务实施过程

步　骤	内　容	教师活动	学生活动	成　果
1	螺旋千斤顶的拆装实验	布置任务，指导学生活动	对螺旋千斤顶进行拆装，观察螺旋千斤顶中各零部件的作用	1. 螺旋千斤顶装配图和零件工作图 2. 设计计算说明书
2	螺旋千斤顶的设计计算	布置任务，演示引导，指导学生活动	课堂学习讨论，按教师给定的设计任务书分组进行螺旋千斤顶的设计	

思考训练题

3-1 常用螺纹按牙型可分为几种？各有什么特点？联接、传动应各选用何种牙型的螺纹，原因是什么？

3-2 螺纹的主要参数有哪些？螺距与导程有何不同？螺纹升角与哪些参数有关？如何判断螺纹的线数和旋向？

3-3 螺纹联接的基本类型有哪几种？各适用于何种场合？有何特点？

3-4 螺纹联接为什么要预紧？控制预紧力的方法有哪些？

3-5 螺纹联接为什么要防松？常用的防松方法有哪些？

3-6 螺旋副出现自锁是否意味着螺母拧不开？

3-7 螺栓组联接结构设计的目的是什么？应该考虑的问题有哪些？

3-8 螺旋传动的用途是什么？按其用途不同螺旋传动可分为哪几类？

3-9 按螺旋副摩擦性质不同，螺旋传动可分为哪几类？各有何特点？

3-10 滑动螺旋传动的主要失效形式是什么？其主要尺寸（即螺杆直径和螺母厚度）通常是根据什么条件确定的？

3-11 试找出如图 3-21 所示螺纹联接结构的不合理之处，并加以改正。

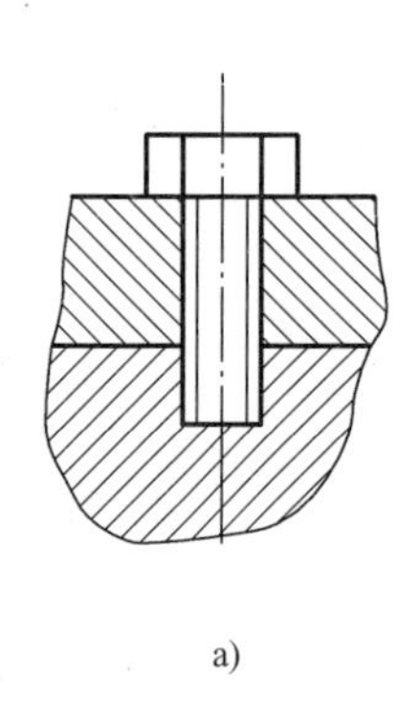

a)

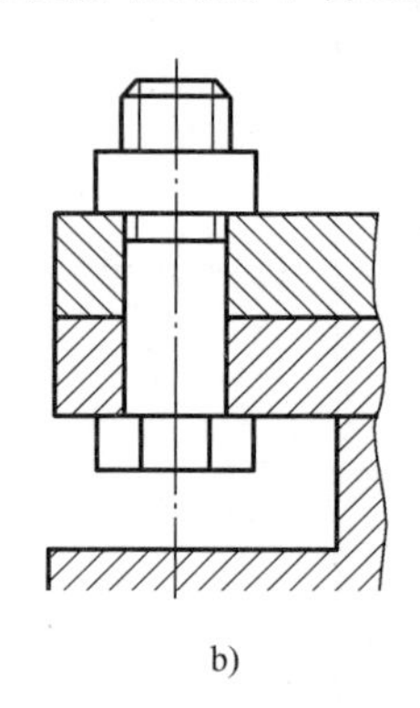

b)

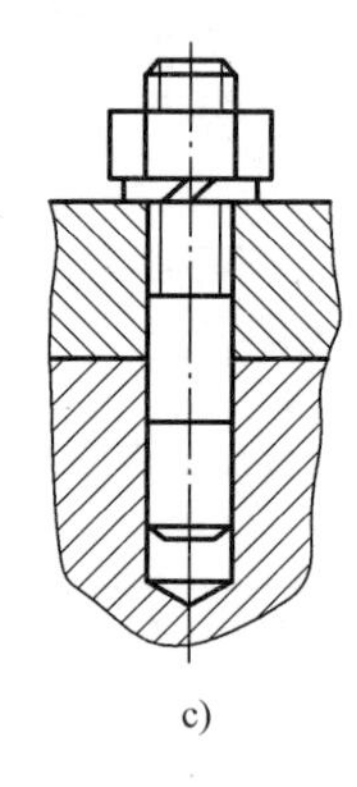

c)

图 3-21 螺纹联接

3-12 设计螺旋千斤顶

设计数据：

1）最大起重量 $F=30\text{kN}$，最大提升高度 $H=170\text{mm}$。

2）最大起重量 $F=50\text{kN}$，最大提升高度 $H=210\text{mm}$。

设计要求：

1）选择螺杆、螺母、托杯等零件的材料。

2）计算螺杆、螺母的主要参数及其他尺寸。

3）计算手柄的长度和截面尺寸。

4）绘制装配图，标注有关尺寸，填写标题栏及零件明细栏，并编写设计说明书一份。

学习情境 4

设计齿轮泵

技能目标：以典型零部件齿轮泵为载体，学会根据齿轮传动的特点和类型来选用齿轮；应用相关表格和公式进行齿轮主要参数和公称尺寸的计算；能够对标准直齿圆柱齿轮进行受力分析，并进行标准直齿圆柱齿轮传动设计的计算；能够根据工作条件进行轴的设计计算。掌握齿轮泵的设计过程和方法，进一步提高查阅有关手册及技术资料、正确使用国家标准规范和进行机械零部件系统设计的能力。

知识目标：

1）了解齿轮泵的类型、结构及工作原理。

2）熟悉齿轮传动的特点、类型和应用；掌握标准直齿圆柱齿轮的几何尺寸计算和轮齿受力分析方法；掌握直齿圆柱齿轮传动的设计计算方法。

3）了解轴的类型、功用和常用材料；掌握轴的结构设计的基本要求和强度计算方法。

4）根据已知条件自行设计齿轮泵，能正确绘制出齿轮泵的装配图和零件工作图，进一步熟悉设计计算说明书的编写方法。

教学方法提示：可通过参观机械零部件陈列室、齿轮泵拆装实验以及动画、视频等多媒体课件进行教学设计。

任务 4.1　分析齿轮泵的类型及工作原理

任务描述

齿轮泵是依靠密封在一个壳体中的两个或两个以上的齿轮，在相互啮合过程中所产生的空间容积变化来输送液体的泵，因其具有体积小、重量轻、结构简单、自吸性能好、工作可靠、耐冲击、维护修理方便和价格便宜等优点，而得到了广泛的应用。本任务要求结合实际，正确认识齿轮泵，了解齿轮泵的类型、结构和工作原理。

相关知识

4.1.1　齿轮泵的分类

1. 按齿轮啮合形式分

齿轮泵可分为外啮合和内啮合两种类型。外啮合齿轮泵因具有结构简单、加工方便、成本低、自吸性能好、对污物不敏感等优点，而被各种液压机械采用；内啮合齿轮泵的结构和制造较外啮合齿轮泵稍复杂，因其外形尺寸更小、重量更轻、压力和流量脉动较小、效率高、噪声低、寿命长，因此特别适用于外形尺寸要求紧凑、重量又要求很轻的设备，如飞机等。

2. 按齿廓曲线分

在外啮合齿轮泵中，齿轮轮齿的齿廓曲线一般采用渐开线齿廓（也有用圆弧齿廓的）；在内啮合齿轮泵中，除了可采用渐开线齿廓外，还可采用摆线齿廓。

3. 按齿面形式分

可分为直齿、斜齿、人字齿和圆弧齿几种，其中，斜齿、人字齿、圆弧齿与直齿相比，啮合性能好一些，啮合无声，无撞击，寿命较长。但其斜角不能太大，因为如果斜角太大，会使吸、压油腔相通，对流量波动性的改善不太显著，故应用不多。

4. 按啮合齿轮个数分

可分为两齿轮式和多齿轮式两种。多齿轮式可组成并联的多个齿轮泵，能同时向多个执行元件提供液压油；也可组成串联的多个齿轮泵，以使液体获得更高的压力。

5. 按传动级数分

可分为单级齿轮泵和多级齿轮泵两种。多级齿轮泵由多个齿轮泵串联而成，可使输出液体的压力提高。

4.1.2 齿轮泵的工作原理

1. 外啮合齿轮泵的工作原理

外啮合齿轮泵的工作原理如图4-1所示。一对相互啮合的齿轮装在由泵体、前盖和后盖组成的密合空间内，由于齿轮齿顶和泵体内孔表面的间隙很小，齿轮两端面和盖板之间的间隙也很小，因而把吸油腔和压油腔隔开了。当齿轮泵由驱动轴带动主动齿轮按图示方向旋转时，两侧油腔的容积发生变化。左侧的轮齿逐渐退出啮合，空间容积由小变大，形成局部真空，油箱中的油液在大气压力的作用下进入吸油腔并充满齿间，随着齿轮的继续旋转，充满齿间的油液被带到右侧；在右侧的压油腔内，轮齿逐渐进入啮合，空间容积由大变小，并将齿间的油液挤压出来，从压油腔强迫流出。这就是外啮合齿轮泵的吸油和压油过程，在齿轮不断旋转的过程中，齿轮泵就实现了连续吸油和压油的工作循环。

2. 内啮合齿轮泵的工作原理

内啮合齿轮泵的工作原理如图4-2所示。小齿轮与内齿环相互啮合，小齿轮、内齿环、填隙片和两块侧板组成了高压腔的密合空间。支承块紧贴内齿环，并支承其回转运动。

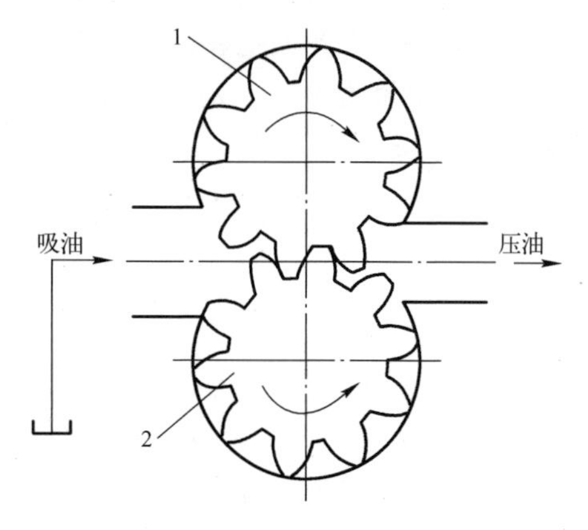

图4-1 外啮合齿轮泵的工作原理

1—主动齿轮 2—从动齿轮

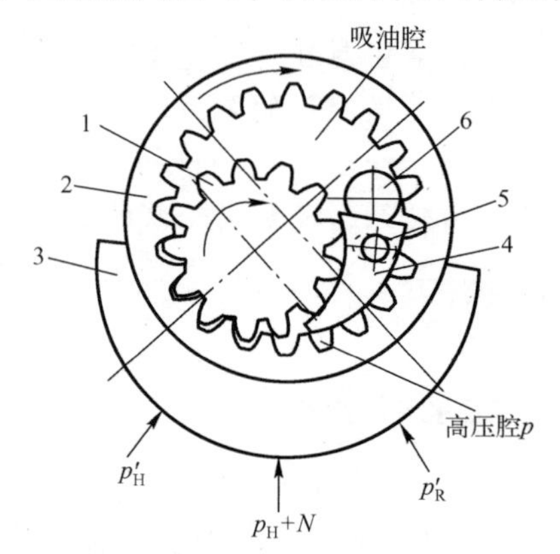

图4-2 内啮合齿轮泵的工作原理

1—小齿轮 2—内齿环 3—支承块 4—填隙片 5—导销 6—止动销

内啮合齿轮泵的工作原理和外啮合齿轮泵的工作原理相同，也是利用齿间密封容积的变化来实现吸油和压油的。内啮合齿轮泵中的小齿轮是主动轮，大齿轮为从动轮，工作时大齿轮随小齿轮同向旋转。当驱动轴驱动小齿轮并带动内齿环按图示方向旋转时，在吸油腔内，随着内、外齿廓逐渐退出啮合，空间容积由小变大，产生真空，油液在大气压力的作用下进入吸油腔并充满齿间。在高压腔内，随着内、外齿廓逐渐进入啮合，空间容积由大变小，产生压力，把油液挤出。当小齿轮带动内齿环连续回转时，就形成了连续吸油和压油的过程。

注：本学习情境要求设计一种外啮合直齿圆柱齿轮泵，且书中将要设计的外啮合齿轮泵是指两个齿轮具有相同参数的渐开线齿轮泵。

外啮合齿轮泵的典型结构已在学习情境 1 中涉及，它主要由泵体、从动轴、从动齿轮、齿轮轴等组成，这里不再赘述。

任务实施

任务实施过程见表 4-1。

表 4-1　分析齿轮泵的类型及工作原理任务实施过程

步骤	内容	教师活动	学生活动	成果
1	了解齿轮泵的类型和工作原理	布置任务，举例引导，讲解相关知识	课外调研，课堂学习讨论	1. 小组讨论记录 2. 课堂汇报 3. 完成工作任务单
2	进行齿轮泵拆装实验	布置任务，指导学生活动	对齿轮泵进行拆装，观察齿轮泵的结构组成及其中各零部件的作用	

任务 4.2　设计直齿圆柱齿轮

任务描述

中国古代齿轮的发明与应用

经过任务 4.1 的学习，已经了解齿轮泵的分类及工作原理，知道齿轮泵中最重要的零件之一是齿轮，所以首先要掌握齿轮的有关知识。本任务通过介绍直齿圆柱齿轮相关知识，要求了解齿轮的形成，初步认识齿轮各部分的名称，并掌握齿轮几何尺寸和强度的计算方法。

相关知识

4.2.1　齿轮传动的特点和基本类型

齿轮传动是现代机械中应用最广的机械传动形式之一，可用来传递空间中任意两轴之间的运动和动力，传递速度可达 300m/s，传递功率可达 10^5kW。广泛应用于工程机械、矿山、冶金、汽车、飞机以及各种机床、仪器、仪表等工业中。

1. 齿轮传动的特点

1）传动平稳，能保证瞬时传动比恒定，传递运动准确可靠。

2）效率高。在常用的机械传动中，以齿轮传动的效率为最高，一级圆柱齿轮传动的效率可达99%。

3）传递功率和速度范围大。传递功率可从1W到十几万千瓦，圆周线速度为0.1～300m/s。

4）结构紧凑，工作可靠，寿命长。

5）可用来传递呈任意夹角的两轴间的运动和动力。

6）制造和安装精度要求较高，工作时有噪声，成本较高。

7）齿轮的齿数为整数，能获得的传动比受到一定的限制，不能实现无级变速。

8）不适合远距离传动。

2. 齿轮传动的类型

1）按照一对齿轮两轴线的相对位置、啮合方式和轮齿的齿向，齿轮传动的分类如下：

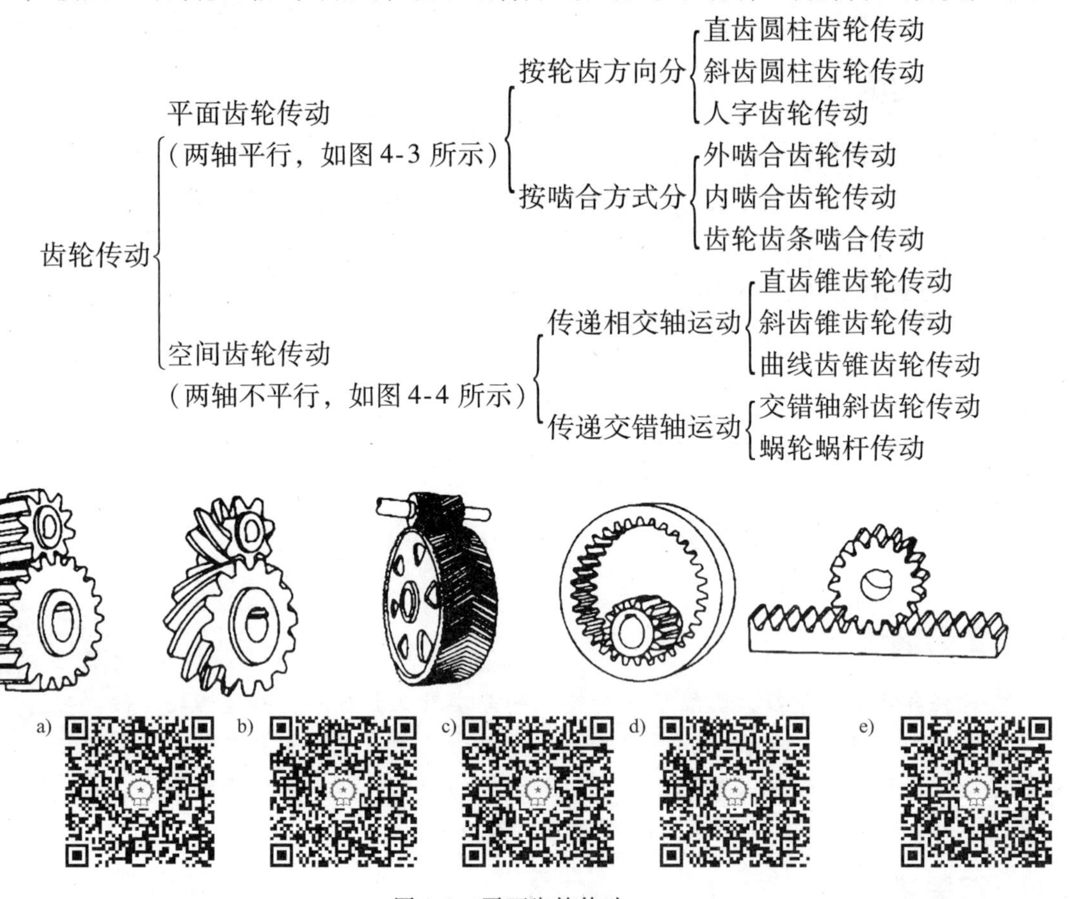

图4-3　平面齿轮传动

a）直齿圆柱齿轮传动　b）斜齿圆柱齿轮传动　c）人字齿轮传动

d）内啮合齿轮传动　e）齿轮齿条啮合传动

2）按照轮齿齿廓曲线的形状，齿轮传动可分为渐开线齿轮传动、圆弧齿轮传动和摆线齿轮传动等。传递动力的齿轮目前广泛应用的是渐开线齿轮，对于大功率传动，少量采用圆弧齿轮。所以本书仅介绍渐开线齿轮传动。

3）按照齿廓表面硬度的不同，齿轮传动可分为软齿面（硬度≤350HBW）齿轮传动和硬齿面（硬度>350HBW）齿轮传动两种。

4）根据工作条件的不同，齿轮传动又可分为开式齿轮传动和闭式齿轮传动两种。开式

图 4-4　空间齿轮传动

a）直齿锥齿轮传动　b）斜齿锥齿轮传动　c）曲线齿锥齿轮传动　d）交错轴斜齿轮传动　e）蜗轮蜗杆传动

齿轮传动中，齿轮完全裸露，外界杂物很容易侵入，不能保证良好的润滑，但其成本低，所以常用于低速、低精度齿轮传动；闭式齿轮传动中，齿轮被封闭在箱体内，具有良好的润滑条件和防护条件，常用于速度较高或重要的齿轮传动，如机床主轴箱、齿轮减速器等。

4.2.2　渐开线的形成及特点

1. 渐开线的形成

设在半径为 r_b 的圆上有一直线 L 与其相切，如图 4-5 所示，当直线 L 沿圆周做纯滚动时，直线上一点 K 的轨迹为该圆的渐开线。该圆称为渐开线的基圆，r_b 为基圆半径，直线 L 称为渐开线的发生线。渐开线上任一点 K 的向径 r_K 与起始点 A 的向径间的夹角 θ_K 称为渐开线在 K 点的展角。

渐开线齿轮轮齿两侧的齿廓就是由同一基圆产生的两条对称的渐开线组成的，如图 4-6 所示。

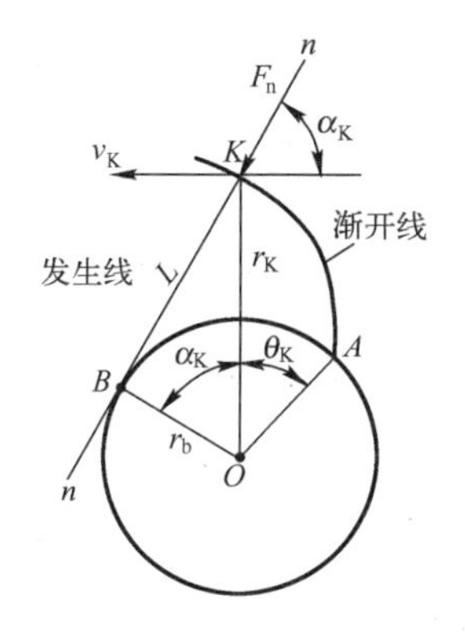

图 4-5　渐开线的形成

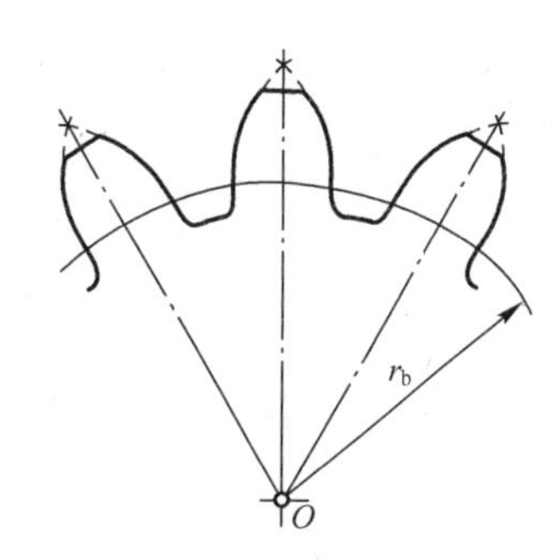

图 4-6　渐开线齿廓的形成

2. 渐开线的特点

由渐开线的形成可知，渐开线具有以下特点：

1）发生线沿基圆滚过的长度，等于基圆上相应被滚过的弧长。

2）渐开线上任意点的法线必是基圆的切线。

3）由图4-5可知，发生线与基圆的切点B即为K点处渐开线的曲率中心，线段KB为K点处的曲率半径。K点离基圆越远，其曲率半径越大；K点离基圆越近，相应的曲率半径越小。也就是说，一条渐开线在离基圆越近的地方弯曲的越强烈；在离基圆越远的地方越平缓。

4）渐开线的形状与基圆半径的大小有关。在展角相同时，基圆半径越大，其渐开线的曲率半径也越大，渐开线越平直，当基圆半径趋于无穷大时，渐开线变成一条直线，渐开线齿条具有直线齿廓。

5）基圆内无渐开线。

6）渐开线上任意一点K的法线方向与该点的线速度v_K方向所夹的锐角α_K，称为该点的压力角。

$$\cos\alpha_K = \frac{r_b}{r_K} \tag{4-1}$$

由上式可知，渐开线上各点的压力角不等，离基圆越远，压力角越大，基圆上的压力角为零。

4.2.3 渐开线直齿圆柱齿轮的基本参数及几何尺寸的计算

1. 渐开线齿轮各部分的名称

图4-7a所示为直齿圆柱外齿轮的一部分，图4-7b所示为直齿圆柱内齿轮的一部分，图4-7c所示为齿条的一部分。以外齿轮为例，其各部分名称和符号如下：

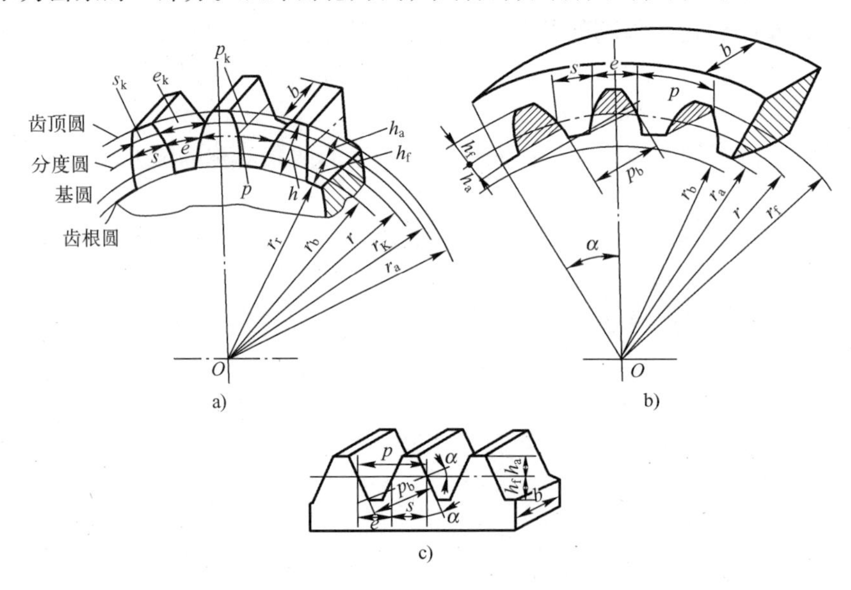

图4-7 标准直齿圆柱齿轮各部分的名称和符号

齿顶圆——轮齿顶部所在的圆称为齿顶圆，分别用r_a和d_a表示其半径和直径。

齿根圆——齿槽底部所在的圆称为齿根圆，分别用r_f和d_f表示其半径和直径。

分度圆——为了设计和制造的方便，在齿顶圆和齿根圆之间人为规定了一个圆，作为计算齿轮各部分尺寸的基准，该圆称为分度圆。分度圆上各参数符号规定不带角标，分别用r

和 d 表示其半径和直径。在标准齿轮中，分度圆上的齿厚 s 与齿槽宽 e 相等。

齿宽——在齿轮轴线方向量得的齿轮宽度称为齿宽，用 b 表示。

齿槽宽——齿轮相邻两齿之间的空间称为齿槽。在任意半径的圆周上，一个齿槽的两侧齿廓之间的弧长称为该圆周上的齿槽宽，用 e_k 表示。

齿厚——在任意半径的圆周上，一个轮齿的两侧齿廓之间的弧长称为该圆周上的齿厚，用 s_k 表示。

齿距——在任意半径的圆周上，相邻两齿同侧齿廓之间的弧长称为该圆周上的齿距，用 p_k 表示，$p_k = s_k + e_k$。

齿顶高——齿顶圆与分度圆之间的径向距离称为齿顶高，用 h_a表示。

齿根高——齿根圆与分度圆之间的径向距离称为齿根高，用 h_f表示。

齿高——齿顶圆与齿根圆之间的径向距离称为齿高，又称全齿高，用 h 表示，$h = h_a + h_f$。

2. 齿轮的基本参数

直齿圆柱齿轮的基本参数有五个：

（1）齿数 z　齿轮整个圆周上均布的轮齿个数，称为齿数，用 z 表示。

（2）模数 m　齿轮的分度圆是计算齿轮各部分尺寸的基准，因为分度圆的周长 $= \pi d = zp$，则分度圆的直径为

$$d = \frac{p}{\pi}z$$

式中的 π 是一个无理数，会使计算和测量不方便，因此，工程上把比值 p/π 规定为整数或较完整的有理数，这个比值称为模数，用 m 表示，即

$$m = \frac{p}{\pi}$$

所以

$$d = mz \tag{4-2}$$

模数是齿轮计算中的重要参数，其单位为 mm。显然，模数越大，轮齿的尺寸越大，轮齿承受载荷的能力也越大。

模数是计算和度量齿轮尺寸的一个基本参数，我国规定的标准模数系列见表 4-2。

表 4-2　标准模数系列（GB/T 1357—2008）　　（单位：mm）

第一系列	1	1.25	1.5	2	2.5	3	4	5	6	8
	10	12	16	20	25	32	40	50		
第二系列	1.125	1.375	1.75	2.25	2.75	3.5	4.5	5.5	(6.5)	7
	9	11	14	18	22	28		35	45	

注：1. 本表适用于渐开线圆柱齿轮，对于斜齿轮是指法向模数。

2. 选用模数时，应优先选用第一系列，其次是第二系列，括号内的数值尽可能不用。

（3）压力角 α　由渐开线性质可知，同一渐开线齿廓上各点的压力角是不同的。为了便于设计、制造和维修，规定分度圆上的压力角 α 为标准值，我国规定标准齿轮 $\alpha = 20°$。分度圆压力角 α 的计算公式为

$$\cos\alpha = \frac{r_b}{r} \tag{4-3}$$

（4）齿顶高系数 h_a^* 和顶隙系数 c^*　当齿轮的模数确定之后，齿轮的齿顶高、齿根高和齿高可以表示为

$$\begin{aligned} h_a &= h_a^* m \\ h_f &= h_a + c^* m = (h_a^* + c^*) m \\ h &= h_a + h_f = (2h_a^* + c^*) m \end{aligned} \tag{4-4}$$

式中　h_a^*——齿顶高系数；

c^*——顶隙系数。

齿顶高系数和顶隙系数在我国已经标准化，对于圆柱齿轮，其标准值规定如下。

正常齿制：$h_a^* = 1$　$c^* = 0.25$

短齿制：$h_a^* = 0.8$　$c^* = 0.3$

3. 标准直齿圆柱齿轮的几何尺寸计算

当一个齿轮的模数 m、压力角 α、齿顶高系数 h_a^* 和顶隙系数 c^* 均为标准值，且分度圆处的齿厚与齿槽宽相等，即 $s=e$ 时，则称其为标准齿轮。标准直齿圆柱齿轮主要几何尺寸的计算公式见表4-3。

表4-3　标准直齿圆柱齿轮主要几何尺寸的计算公式

名　称	符　号	计算公式
模数	m	由轮齿的承载能力确定，选取标准值
压力角	α	选取标准值
分度圆直径	d	$d_1 = mz_1$；$d_2 = mz_2$（小齿轮用下标“1”表示，大齿轮用下标“2”表示）
齿顶高	h_a	$h_a = h_a^* m$
齿根高	h_f	$h_f = (h_a^* + c^*) m$
齿高	h	$h = h_a + h_f = (2h_a^* + c^*) m$
齿顶圆直径	d_a	$d_a = d \pm 2h_a = (z \pm 2h_a^*) m$
齿根圆直径	d_f	$d_f = d \mp 2h_f = (z \mp 2h_a^* \mp 2c^*) m$
基圆直径	d_b	$d_b = d\cos\alpha = mz\cos\alpha$
齿距	p	$p = \pi m$
基圆齿距	p_b	$p_b = p\cos\alpha = \pi m\cos\alpha$
齿厚	s	$s = p/2 = \pi m/2$
齿槽宽	e	$e = p/2 = \pi m/2$
顶隙	c	$c = c^* m$
中心距	a	$a = (d_1 \pm d_2)/2 = m(z_1 \pm z_2)/2$
节圆直径	d'	标准安装时：$d' = d$
传动比	i	$i = \omega_1/\omega_2 = z_2/z_1 = d'_2/d'_1 = d_2/d_1 = d_{b2}/d_{b1}$

注：表中正负号处，上面符号用于外齿轮，下面符号用于内齿轮。

4.2.4　渐开线直齿圆柱齿轮的啮合传动分析

1. 渐开线齿廓的啮合特性

一对齿轮的传动是靠主动轮齿廓依次推动从动轮齿廓来实现的。两轮的瞬时角速度之比为瞬时传动比，工程中要求瞬时传动比是定值，即

$$i_{12}=\frac{\omega_1}{\omega_2}=常数 \tag{4-5}$$

通常主动轮用下标“1”表示，从动轮用下标“2”表示，ω_1 为主动轮的角速度，ω_2 为从动轮的角速度。

（1）四线合一　如图 4-8 所示，一对渐开线齿廓在任意点 K 啮合，过 K 点作两齿廓的公法线 N_1N_2，根据渐开线的性质，该公法线也是两基圆的内公切线。由于齿轮基圆是定圆，故在其同一方向的内公切线具有唯一性，当两齿廓转到 K' 点啮合时，公法线仍是 N_1N_2 线。因此，无论齿轮在哪一点啮合，啮合点总在这条公法线上，所以该公法线又可称为啮合线。由于两个齿轮啮合传动时，其正压力是沿着公法线方向的，因此对于渐开线齿廓的齿轮，啮合线、过啮合点的公法线、基圆的内公切线和正压力作用线“四线合一”。该线与两轮中心连线 O_1O_2 的交点 P 是一固定点，P 点称为节点。

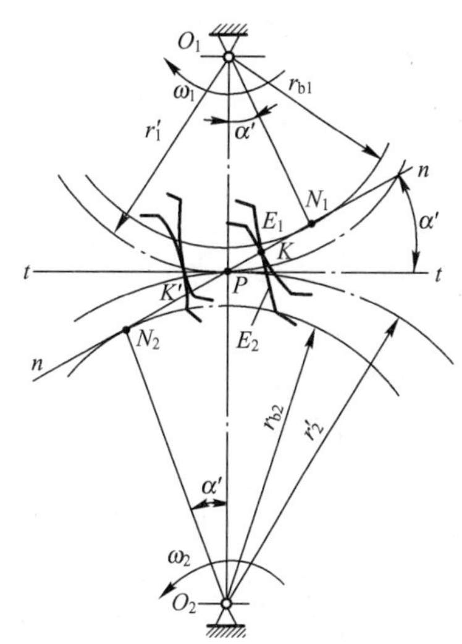

图 4-8　渐开线齿廓的啮合

（2）中心距可分性且实现恒定的传动比　如图 4-8 所示，分别以轮心 O_1、O_2 为圆心，以 $r_1'=O_1P$ 与 $r_2'=O_2P$ 为半径所作的圆称为节圆。由于 $\triangle O_1N_1P \backsim \triangle O_2N_2P$，所以两轮的传动比为

$$i_{12}=\frac{\omega_1}{\omega_2}=\frac{O_2P}{O_1P}=\frac{r_2'}{r_1'}=\frac{r_{b2}}{r_{b1}} \tag{4-6}$$

由式（4-6）可知，渐开线齿轮传动比是常数。齿轮加工完成后，基圆大小就确定了，因此在安装时若中心距略有变化，也不会改变传动比的大小，此特性称为中心距可分性。该特性使渐开线齿轮对加工、安装的误差及轴承的磨损不敏感，故渐开线齿廓被广泛采用。

（3）啮合角等于节圆压力角　在图 4-8 中，啮合线 N_1N_2 与过节点 P 所作的两节圆公切线 $t-t$ 之间所夹的锐角 α' 称为啮合角。由于两节圆在节点 P 处相切，所以当一对渐开线齿廓在节点 P 处啮合时，啮合点 K 与节点 P 重合，这时的压力角称为节圆的压力角。由图 4-8 可知，一对相啮合的渐开线齿轮的啮合角，其大小恒等于两齿轮的节圆压力角。显然齿轮在传动时啮合角不变，力作用线方向也始终不变。当齿轮传递的转矩一定时，其压力角的大小也保持不变，因而传动较平稳。

2. 正确啮合条件

一对渐开线齿廓能保证传动比恒定，并不表明任意两个渐开线齿轮都能相互配对并正确啮合传动。这是由于齿轮传动是依靠两齿轮的轮齿依次啮合来实现的。

如图 4-9 所示，两对轮齿分别在 K、K' 点啮合，根据渐开线齿廓的啮合特性可知，K、K' 点都应在啮合线 N_1N_2 上，线段 KK' 的长度称为齿轮的法向齿距。显然两齿轮要想正确啮合，它们的法向齿距必须相等。

由渐开线的性质可知，齿轮的法向齿距与基圆齿距相等，所以要使齿轮正确啮合，它们的基圆齿距必须相等，即 $p_{b1}=p_{b2}$，因 $p_b=\pi m\cos\alpha$，故可得

$$\pi m_1\cos\alpha_1=\pi m_2\cos\alpha_2$$

由于渐开线齿轮的模数和压力角都为标准值，所以两轮的正确啮合条件为

$$\begin{cases} m_1 = m_2 = m \\ \alpha_1 = \alpha_2 = \alpha \end{cases} \tag{4-7}$$

即一对渐开线直齿圆柱齿轮的正确啮合条件是：两轮的模数和压力角应分别相等，并等于标准值。

根据齿轮传动的正确啮合条件，一对渐开线直齿圆柱齿轮的传动比又可表达为

$$i_{12} = \frac{\omega_1}{\omega_2} = \frac{r_2'}{r_1'} = \frac{r_{b2}}{r_{b1}} = \frac{r_2}{r_1} = \frac{z_2}{z_1} \tag{4-8}$$

即齿轮传动的传动比不仅与两轮的基圆、节圆、分度圆直径成反比，而且与两轮的齿数成反比。

3. 正确安装的条件

一对齿轮传动时，一个齿轮节圆上的齿槽宽与另一个齿轮节圆上的齿厚之差称为齿侧间隙（简称侧隙）。正确安装的渐开线齿轮副，理论上应为无侧隙啮合，否则啮合过程中会产生冲击和噪声，反向啮合时则会出现空程。实际上，为了防止齿轮工作时因温度升高而卡死以及储存润滑油，应留有必要的微量侧隙，但此侧隙是在制造时以齿厚公差来保证的，理论设计时仍按无侧隙计算。因此，下述所讨论的中心距均为无侧隙条件下的中心距。

以图4-10所示的外啮合齿轮传动为例，齿轮啮合时相当于一对节圆做纯滚动，由于一对正确啮合的渐开线标准齿轮的模数相等，故两轮分度圆上的齿厚与齿槽宽相等，即 $s_1 = e_1 = s_2 = e_2 = \pi m/2$。所以若要保证无侧隙啮合，就要求分度圆与节圆重合，这样的安装称为标准安装，标准安装时的中心距称为标准中心距，用 a 表示，即

$$a = r_1' + r_2' = r_1 + r_2 = m(z_1 + z_2)/2 \tag{4-9}$$

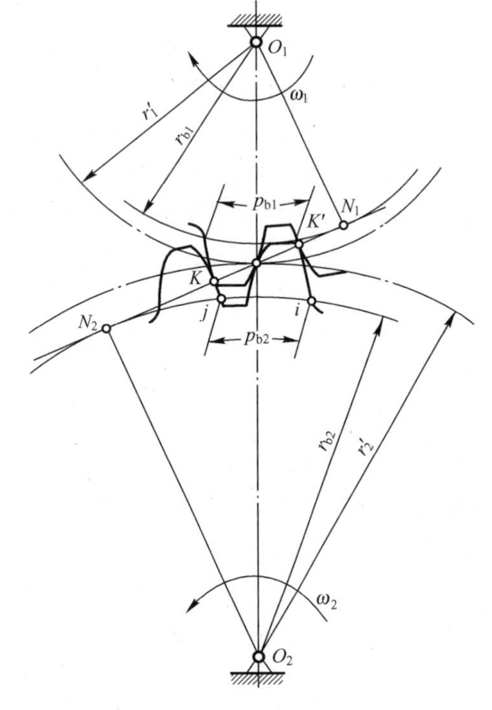

图4-9 渐开线齿轮的正确啮合条件

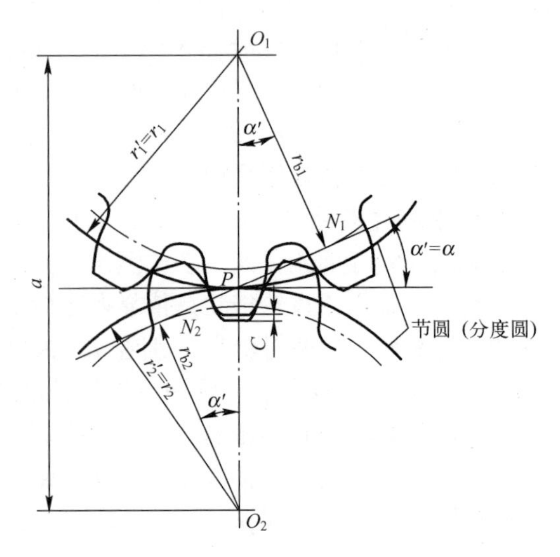

图4-10 外啮合齿轮传动

此时两齿轮在径向方向留有间隙 c，称为标准顶隙，顶隙的作用是防止一齿轮齿顶与另一齿轮的齿根相碰，同时便于储存润滑油。

一对齿轮啮合时，不论中心距如何改变，两轮的节圆始终是相切的，它们的大小会随着中心距的改变而改变，即两轮的中心距总是等于两轮节圆半径之和，节圆和啮合角只有在一对齿轮传动时才存在。而分度圆是一个大小完全确定的圆，是在单个齿轮上来定义的。只有在标准安装时，节圆和分度圆才重合。当安装中心距不等于标准中心距时（即非标准安装），节圆半径要发生变化，但分度圆半径不变。这时节圆和分度圆就不再重合，啮合角也不再等于标准压力角。此时中心距为

$$a' = r_1' + r_2' = a\frac{\cos\alpha}{\cos\alpha'} \tag{4-10}$$

4. 连续传动的条件

齿轮传动是依靠两轮的轮齿依次啮合来实现的。如图 4-11 所示，齿轮 1 是主动轮，齿轮 2 是从动轮，进入啮合时，主动轮 1 的齿根推动从动轮 2 的齿顶，即从动轮齿顶圆与啮合线的交点 B_2 为初始啮合点。随着主动轮 1 推动从动轮 2 转动，两齿廓的啮合点沿啮合线 N_1N_2 移动，当啮合点移动到齿轮 1 的齿顶圆与啮合线的交点 B_1 时，齿廓啮合终止，可见 B_1B_2 即为实际啮合线的长度。显然，齿顶圆越大，B_1、B_2 点越接近 N_1、N_2 点，但因基圆内无渐开线，故实际啮合线上的 B_1、B_2 点不可能超过 N_1、N_2 点，所以 N_1、N_2 点为啮合的极限位置，故称 N_1N_2 为理论啮合线段。

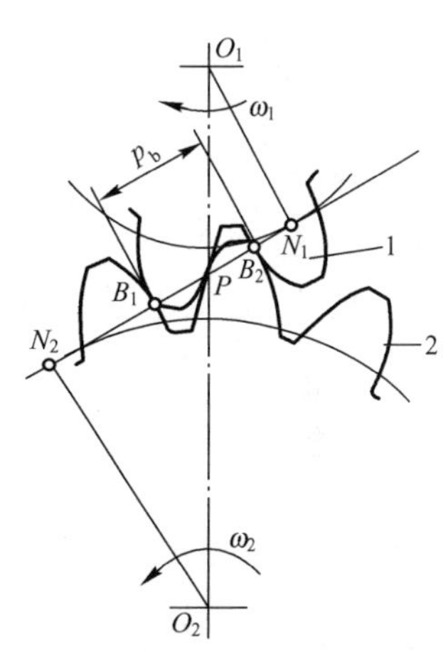

图 4-11　渐开线齿轮连续传动的条件

根据上面的分析，一对轮齿啮合的区间是有限的，为了使两轮能连续地进行传动，必须保证在前一对轮齿尚未脱离啮合时，后一对轮齿能及时地进入啮合。也就是说，同时啮合的轮齿对数必须有一对或一对以上，只有这样才能保证传动的连续进行。为了满足这一条件，就要求实际啮合线段 B_1B_2 大于或至少等于齿轮的法向齿距（基圆齿距）p_b。通常把 B_1B_2 与 p_b 的比值称为齿轮传动的重合度，用 ε 表示。齿轮连续传动的条件为

$$\varepsilon = \frac{B_1B_2}{p_b} \geqslant 1 \tag{4-11}$$

重合度 ε 表明同时参与啮合轮齿的对数。ε 越大，表明同时参与啮合轮齿的对数越多，每对轮齿平均分担的载荷就越小，齿轮的承载能力就越强，传动也越平稳。所以，重合度 ε 是衡量齿轮传动质量的指标之一。

理论上，$\varepsilon=1$ 就能保证一对齿轮连续传动，但由于齿轮制造和安装误差的存在，以及轮齿变形的影响，为保证齿轮连续传动，实际中应让重合度大于 1。一般机械制造中常取 $\varepsilon=1.1\sim1.4$；对于 $\alpha=20°$，$h_a^*=1$ 的标准直齿圆柱齿轮，$\varepsilon_{max}=1.981$。

表 4-4 所列为许用重合度［ε］的推荐值，设计时应满足 $\varepsilon>[\varepsilon]$。

表 4-4　［ε］推荐值

使用场合	一般机械制造业	汽车、拖拉机	金属切削机床
［ε］	1.4	1.1～1.2	1.3

4.2.5 渐开线齿轮的加工

齿轮轮齿的加工方法很多，如切削加工法、铸造法、热轧法、冲压法等，最常用的是切削加工法。切削加工法按其原理可分为仿形法和范成法两类。

1. 仿形法

仿形法是在普通铣床上利用成形刀具直接切削出轮齿齿形的一种加工方法，所采用成形刀具切削刃的形状，在其轴向剖面内与被切齿轮齿槽的形状完全相同。常用的成形刀具有盘状铣刀（图4-12）和指状铣刀（图4-13）两种。

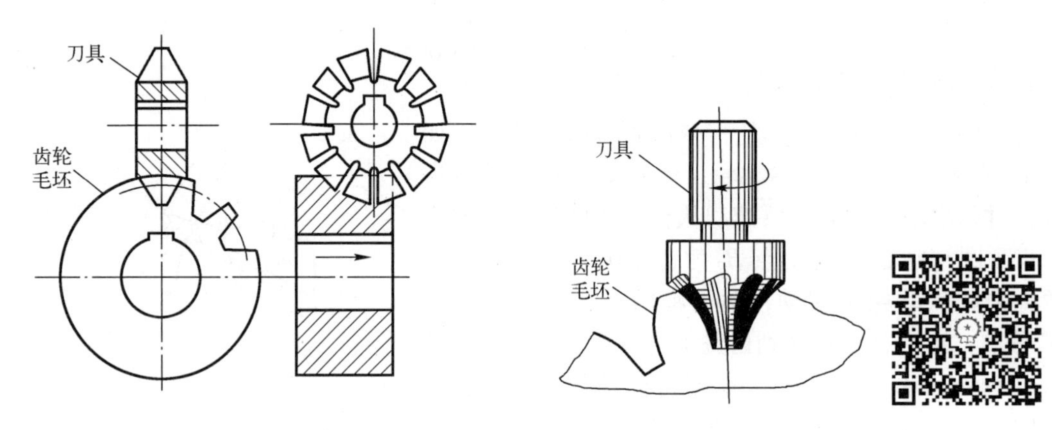

图4-12 用盘状铣刀加工齿轮　　图4-13 用指状铣刀加工齿轮

加工齿轮时，齿轮毛坯安装在铣床的工作台上，铣刀绕本身轴线转动，同时齿轮毛坯或刀具沿齿轮轴线方向直线移动。铣完一个齿槽后，由分度机构将轮坯转过 $360°/z$ 再铣第二个齿槽，直至整个齿轮加工结束。这种方法加工简单，不需要专门的齿轮加工设备，但加工精度低，生产率也低，只适用于单件、修配或少量生产及齿轮精度要求不高的齿轮的加工。

2. 范成法

范成法又叫展成法，是目前齿轮加工中最常用的一种方法。它是运用一对齿轮（或齿轮与齿条）无侧隙啮合时，其共轭齿廓互为包络线的原理来加工齿廓的。范成法切齿的方法有很多种，其中应用最多的是插齿和滚齿。

（1）插齿　插齿加工是利用插刀在插齿机上加工齿轮，一般采用的插刀有两种：齿轮插刀和齿条插刀。

1）齿轮插刀加工。图4-14a所示为用齿轮插刀加工齿轮的情况。齿轮插刀是一个具有切削刃的渐开线外齿轮。插齿时，插刀沿轮坯轴线方向做上下往复切削运动，同时插刀与轮坯以恒定传动比（由机床传动系统来保证）做范成运动，如图4-14b所示。为了防止插刀退刀时擦伤已加工的齿廓表面，退刀时，轮坯还需做小距离的让刀运动。另外，为了切出轮齿的整个高度，插刀还需要向轮坯中心移动，做径向进给运动。

2）齿条插刀加工。图4-15所示为用齿条插刀加工齿轮的情况。加工时，插刀与轮坯的范成运动相当于齿条与齿轮的啮合传动，其切齿原理与用齿轮插刀加工齿轮的原理相同。

上述插齿加工只能实现间断切削，生产率低。因此，在生产实践中，常采用生产率较高的滚齿法加工齿轮。

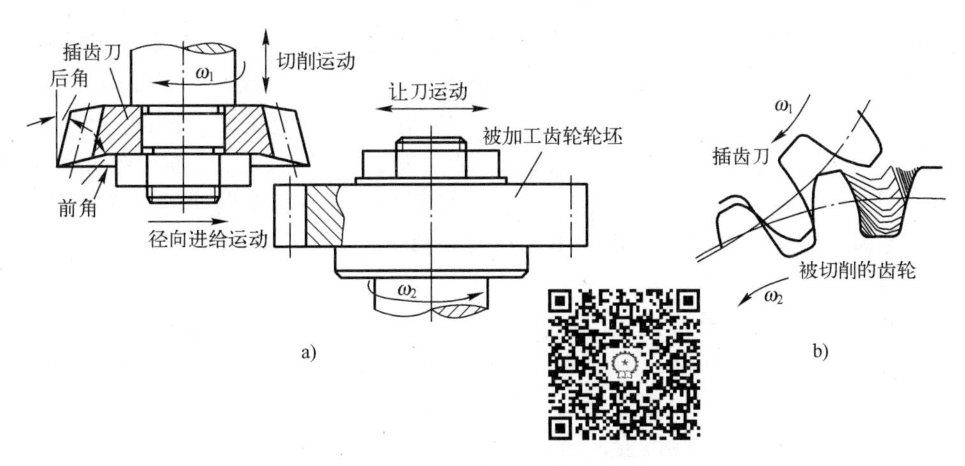

图4-14　用齿轮插刀加工齿轮

（2）滚齿　滚齿是利用齿轮滚刀在滚齿机上加工齿轮。齿轮滚刀的外形类似于沿纵向开有沟槽的梯形螺纹，其轴向剖面与齿条相同，如图4-16所示。当滚刀转动时，相当于齿条做轴向移动。所以，用滚刀切制齿轮的原理与用齿条插刀切制齿轮的原理基本相同。滚刀除了旋转之外，还沿着轮坯的轴线缓慢地进给，以便切出整个齿宽。

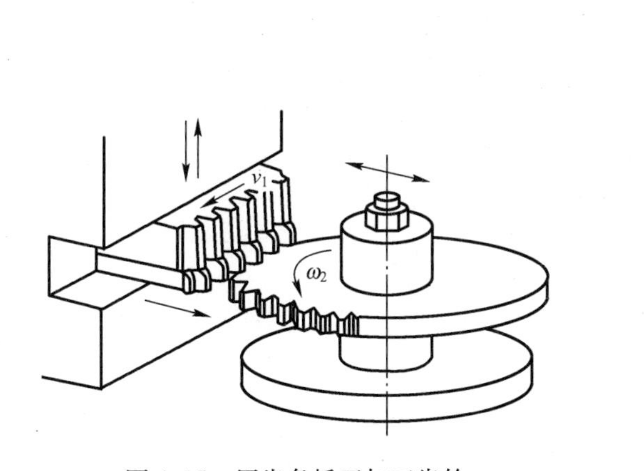

图4-15　用齿条插刀加工齿轮

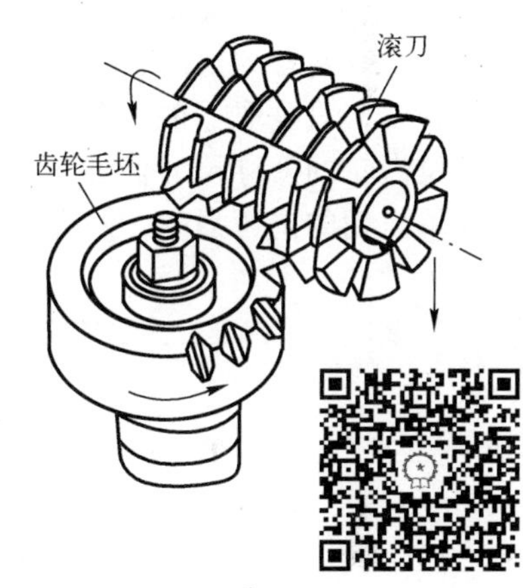

图4-16　用滚刀加工齿轮

滚齿加工的特点是连续切削，生产率较高，但需要专用机床。

3. 根切现象与齿轮的最少齿数

用范成法加工齿轮时，如齿轮毛坯的齿数过少，常会将轮齿根部的渐开线齿廓切去一部分，如图4-17所示，这种现象称为根切。根切大大削弱了轮齿的抗弯强度，降低了齿轮传动的平稳性和重合度，故应设法避免。

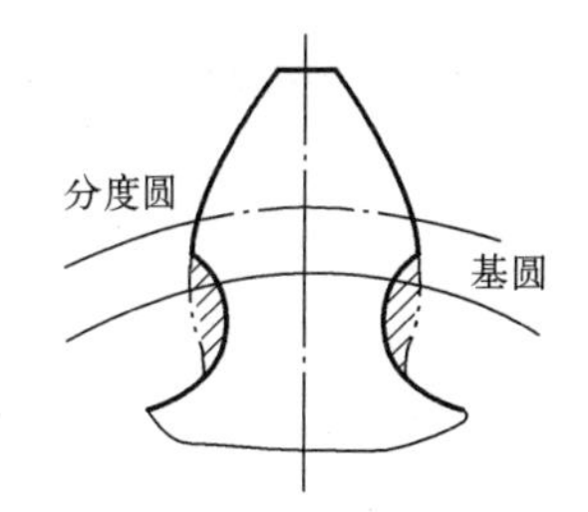

图4-17　根切现象

对于标准齿轮，可用限制最少齿数的方法来避免根切。最少齿数可用下式计算

$$z_{\min}=\frac{2h_a^*}{\sin^2\alpha} \tag{4-12}$$

当$\alpha=20°$，$h_a^*=1$时，$z_{\min}=17$；当$\alpha=20°$，$h_a^*=0.8$时，$z_{\min}=14$。

某些情况下，为了尽量减少齿数以获得比较紧凑的结构，在满足轮齿抗弯强度的条件下，当允许齿根部有少量根切时，根据经验，正常齿轮的最少齿数 z_{min} 可取 14。

如上所述，标准直齿圆柱齿轮的齿数越少，其结构尺寸就越紧凑，同时产生根切的可能性也就越大。当所需齿轮的齿数低于不根切的最少齿数，即 $z<z_{min}$，而又要求不产生根切时，必须采用变位齿轮。采用变位齿轮，可制成齿数少于 z_{min} 而无根切的齿轮，可实现非标准中心距的无侧隙传动，还可提高齿轮的强度和承载能力。

4. 变位齿轮

如图 4-18a 所示，在齿条刀具上，齿厚等于齿槽宽的直线称为刀具中线。加工标准齿轮时，刀具中线与轮坯分度圆相切，由于两者做纯滚动，故能切出在分度圆上 $s=e$ 的标准齿轮。当 $z<z_{min}$ 时，刀具齿顶线超过极限点 N_1，被切齿轮必将发生根切（图中双点画线部分）。若将刀具向外移动一段距离，至实线位置，因刀具顶线不超过 N_1 点，就不会发生根切了。

这种通过改变刀具与轮坯的相对位置来切制齿轮的方法，称为变位修正法，切制出来的齿轮称为变位齿轮。

刀具相对轮坯移动的距离称为变位量，用 xm 表示。其中 m 为模数，x 称为变位系数。规定：刀具远离轮心的变位称为正变位，$x>0$，加工出的齿轮为正变位齿轮；刀具移近轮心的变位称为负变位，$x<0$，加工出的齿轮为负变位齿轮；对于标准齿轮，$x=0$，称为零变位。

由变位原理可知，切制变位齿轮和切制标准齿轮所用的刀具相同，刀具与齿轮的运动关系也一样，所以两者的模数、压力角、分度圆、基圆均相等，两者的齿廓曲线仍是同一基圆形成的渐开线，只是取用的部位不同而已。所以，变位齿轮仍能保持恒定传动比的啮合传动。但变位齿轮的公称尺寸已非标准值，由图 4-18b 可知，正变位齿轮齿根部分的齿厚增大，提高了齿轮的抗弯强度，但齿顶变薄；而负变位齿轮正好相反。

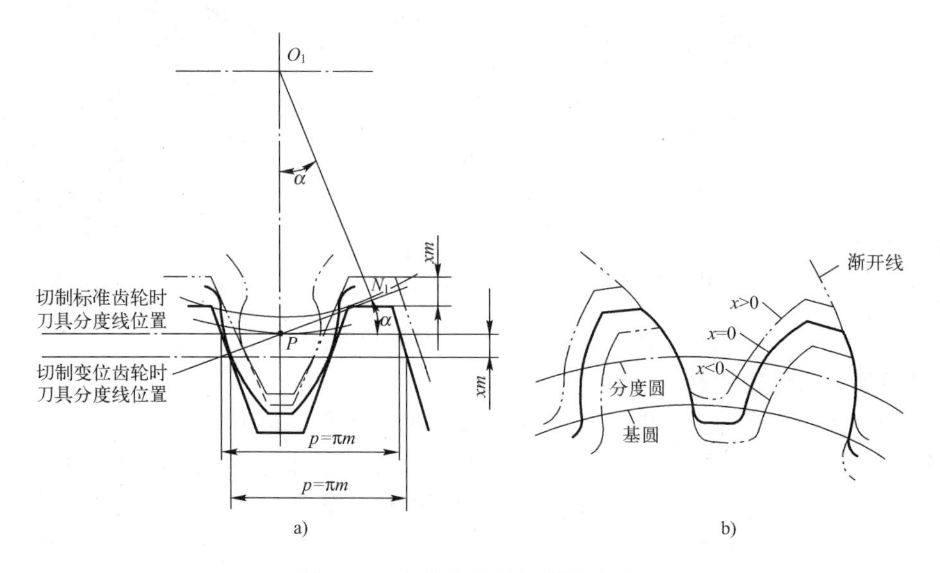

图 4-18　变位齿轮的切制及齿廓

4.2.6　直齿圆柱齿轮的传动设计

1. 齿轮的失效形式和常用材料

（1）齿轮的失效形式　分析齿轮失效原因的目的在于提出防止或减轻失效的措施，并根据不同的失效形式，建立齿轮的设计计算准则。齿轮的失效主要发生在轮齿部分。常见的轮齿失效形式有轮齿折断、齿面点蚀、齿面磨损、齿面胶合及齿面塑性变形等。

1）轮齿折断。轮齿折断一般发生在齿根部位，通常有两种情况：一种是在反复的交变应力作用下引起的疲劳折断；另一种是因突然严重过载或冲击载荷作用而产生的过载折断。这两种折断都起始于轮齿根部受拉的一侧。齿宽较小的直齿轮往往发生全齿折断，齿宽较大的直齿轮或斜齿轮则容易发生局部折断，如图 4-19 所示。

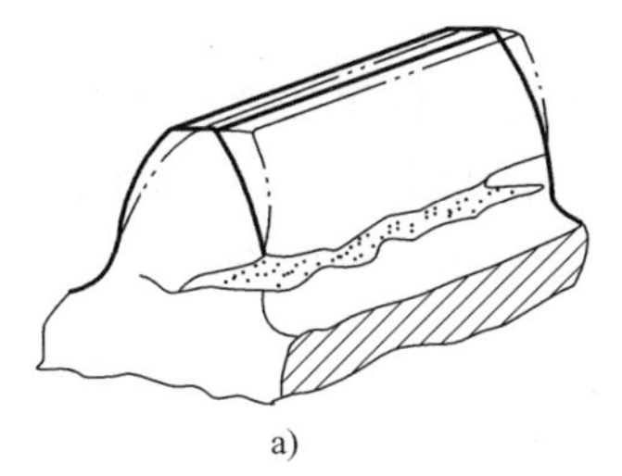

a)

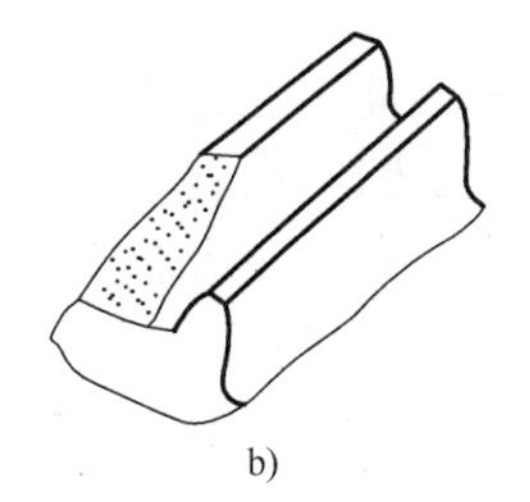

b)

图 4-19　轮齿折断

a）全齿折断　b）局部折断

防止轮齿折断的措施有很多，如增大齿根圆角半径，减小齿面的表面粗糙度值，限制轮齿根部弯曲疲劳应力，避免过载或冲击，对轮齿的表面进行强化处理以提高齿面硬度等。

2）齿面点蚀。点蚀的产生主要是由于轮齿啮合时，在接触处产生脉动循环变化的接触应力，在这种接触应力的反复作用下，轮齿表面会出现疲劳裂纹，裂纹的扩展使金属微粒剥落下来而形成疲劳点蚀。通常疲劳点蚀首先发生在节线附近的齿根表面处，如图 4-20 所示。点蚀会影响轮齿的正常啮合，引起冲击和噪声，造成传动的不平稳。

点蚀常发生在润滑状态良好、齿面硬度较低（<350HBW）的闭式传动中。开式齿轮传动由于齿面磨损较快，点蚀往往来不及出现或扩展就被磨掉了，所以看不到点蚀现象。

提高齿面抗点蚀能力的措施主要有提高齿面硬度，降低齿面的表面粗糙度值，合理选用润滑油黏度等。

3）齿面磨损。齿面磨损通常有两种情况：一种是由齿面间的相对滑动摩擦引起的磨损；另一种是由于灰尘、金属微粒等进入齿面间而引起的磨损，如图 4-21 所示。一般情况下，这两种磨损往往同时发生并相互促进。齿面严重磨损后，轮齿将失去正确的齿形，齿侧间隙将增大而产生振动和噪声，甚至由于齿厚磨薄最终导致轮齿折断。

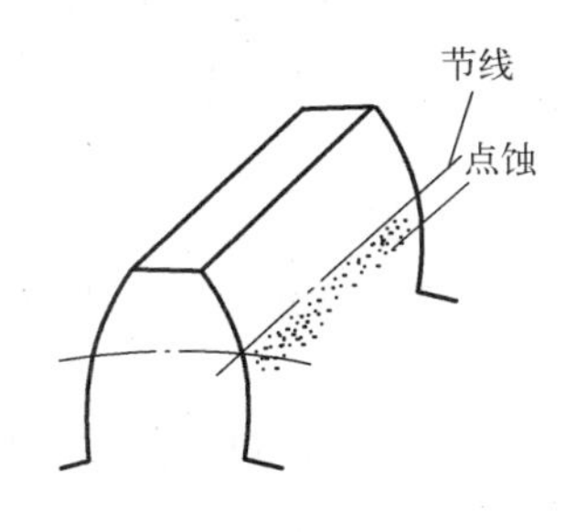

图 4-20　齿面点蚀

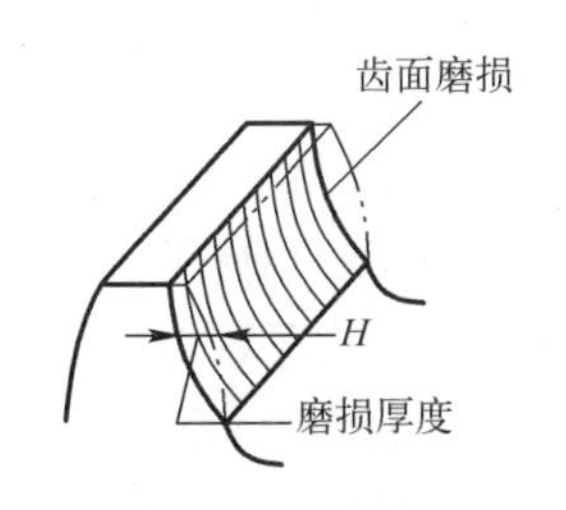

图 4-21　齿面磨损

齿面磨损主要发生在开式齿轮传动中，在润滑油不清洁的闭式齿轮传动中也可能发生。提高齿面抗磨损能力的措施主要有：提高齿面硬度，降低齿面表面粗糙度值，注意润滑油的清洁度等。

4）齿面胶合。胶合是比较严重的黏着磨损。高速重载传动时，常因瞬时高温而使润滑油膜破裂，致使齿面金属互相粘连，较软齿面的金属被撕下，从而在齿面上沿滑动方向出现条状沟纹，这种现象称为齿面胶合，如图 4-22 所示。在低速重载时，润滑油膜不易形成，会因重载而出现冷胶合现象。

提高抗胶合能力的措施主要有：提高齿面硬度，降低齿面的表面粗糙度值，采用抗胶合力强的润滑油等。

5）齿面塑性变形。低速重载传动时，如果轮齿的材料比较软，当齿面间作用力过大时，啮合中的齿面表层材料就会沿着摩擦力方向产生塑性流动，这种现象称为塑性变形，如图 4-23 所示。在过载严重和起动频繁的传动中，容易产生齿面塑性变形。

图 4-22　齿面胶合

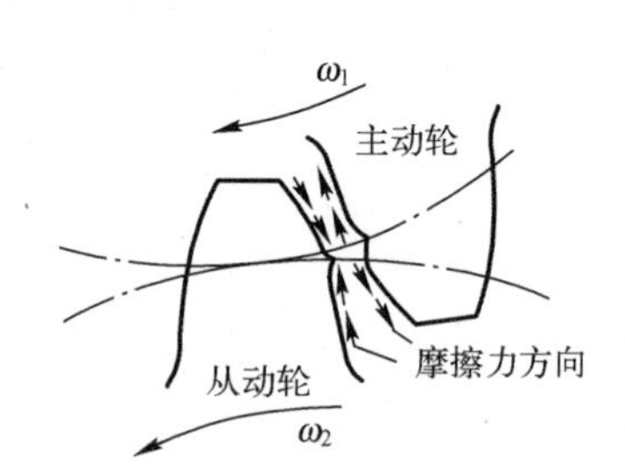

图 4-23　齿面塑性变形

提高齿面硬度和采用黏度较高的润滑油，都有助于防止或减轻齿面的塑性变形。

（2）齿轮材料　由齿轮的失效分析可知，对齿轮材料的基本要求是：齿面应具有足够的硬度和良好的耐磨性；齿芯应具有足够的强度和较好的韧性，以及良好的加工工艺性和热处理性能。具体选择应考虑齿轮承受载荷的大小与性质，工作环境条件以及结构、尺寸、质量和工艺性、经济性等方面的要求。

齿轮最常用的材料是钢，此外还有铸铁及一些非金属材料等。

1）锻钢。锻钢的强度高、韧性好，并可通过多种热处理方法改善其力学性能，故应用最广。

按热处理后齿面硬度的不同，齿轮可分为软齿面齿轮（齿面硬度≤350HBW）和硬齿面齿轮（齿面硬度 >350HBW）。

① 软齿面齿轮。常用的是中碳钢和中碳合金钢，如 45 钢、40Cr、35SiMn 等，经调质或正火处理。软齿面齿轮适用于强度、精度要求不高的场合，经过热处理后用插齿或滚齿的方法加工。

② 硬齿面齿轮。常用材料为中碳钢或中碳合金钢，经表面淬火处理后硬度可达 40～55HRC；若用低碳钢或低碳合金钢，如 20 钢、20Cr、20CrMnTi 等，则须经渗碳淬火，硬度可达 56～62HRC，热处理后须磨齿。

应注意：一般要求的齿轮传动可采用软齿面齿轮。由于单位时间内小齿轮轮齿的工作次数比大齿轮多，为使配对的大、小齿轮寿命相当，通常使小齿轮的齿面硬度比大齿轮高 30～50HBW。对于高速、重载或重要的齿轮传动，可采用硬齿面齿轮组合，齿面硬度可大致相同。

2）铸钢。当齿轮因尺寸较大（ >400～600mm）而不便于锻造时，可用铸钢来制造，再进行正火处理以细化晶粒，如低速、重载的矿山机械中的大齿轮。

3）铸铁。灰铸铁的抗胶合及抗点蚀能力强，而且价格低廉，但它的强度较低，抗冲击性能差，因此常用于开式、低速轻载、功率不大及无冲击振动的齿轮传动中。

球墨铸铁的力学性能和抗冲击能力比灰铸铁高，可代替铸钢制造大直径齿轮。

4）非金属材料。非金属材料的弹性模量小，传动中轮齿的变形可减轻动载荷和噪声，适用于高速轻载、精度要求不高的场合。常用的有夹布胶木、工程塑料等。

齿轮常用材料的力学性能及应用范围见表4-5。

表4-5 齿轮常用材料的力学性能及应用范围

材料	牌号	热处理	硬度	抗拉强度 R_m/MPa	屈服强度 R_{eH}/MPa	应用范围
优质碳素钢	45	正火 调质 表面淬火	169~217HBW 217~255HBW 48~55 HRC	588 647 750	294 373 450	低速轻载 低速中载 高速中载或冲击很小
	50	正火	180~220HBW	620	320	低速轻载
合金钢	40Cr	调质 表面淬火	240~260HBW 48~55HRC	735 900	539 650	中速中载 高速中载，无剧烈冲击
	42SiMn	调质 表面淬火	217~269HBW 45~55HRC	750	470	高速中载，无剧烈冲击
	20Cr	渗碳淬火	56~62HRC	637	392	高速中载，承受冲击
	20CrMnTi	渗碳淬火	56~62HRC	1079	834	
铸钢	ZG310-570	正火 表面淬火	163~197HBW 40~50HRC	570	310	中速、中载、大直径
	ZG340-640	正火 调质	179~207HBW 240~270HBW	640 700	340 380	
球墨铸铁	QT500-5 QT600-2	正火	147~241HBW 220~280HBW	500 600		低、中速轻载，小冲击
灰铸铁	HT250 HT300	人工时效 （低温退火）	175~263HBW 182~273HBW	200 300		低速轻载，冲击很小

2. 标准直齿圆柱齿轮的强度计算

（1）直齿圆柱齿轮轮齿的受力分析　对轮齿上的作用力进行分析，是计算齿轮的强度、设计支承齿轮的轴及选用轴承的基础。

图4-24所示为一对直齿圆柱齿轮传动，其齿廓在节点 C 处接触，如果忽略齿间的摩擦力，则两齿轮在接触点处相互作用的法向力 F_n 沿啮合线方向且垂直于齿面。图示的法向力为作用于主动轮上的力，可用 F_{n1} 表示。在分度圆上，法向力 F_{n1} 可分解为两个相互垂直的分力：与分度圆相切的圆周力（切向力）F_{t1} 和沿半径方向并指向轮心的径向力 F_{r1}。由力矩平衡条件得

$$\begin{cases} F_{t1} = \dfrac{2T_1}{d_1} \\ F_{r1} = F_{t1}\tan\alpha \\ F_{n1} = \dfrac{F_{t1}}{\cos\alpha} = \dfrac{2T_1}{d_1\cos\alpha} \end{cases} \tag{4-13}$$

式中 T_1——主动轮1传递的转矩，单位为N·mm，$T_1=9.55\times10^6\frac{P_1}{n_1}$，其中$P_1$为主动轮传递的功率，单位为kW，$n_1$为主动轮转速，单位为r/min；

d_1——小齿轮分度圆直径，单位为mm；

α——分度圆压力角，$\alpha=20°$。

根据作用力与反作用力原理，可求出作用在从动轮上的力为

$$\begin{cases}F_{t1}=-F_{t2}\\F_{r1}=-F_{r2}\\F_{n1}=-F_{n2}\end{cases}$$

主动轮上所受的圆周力是阻力，故其运动方向与主动轮的转向相反；从动轮上所受的圆周力是驱动力，其方向与从动轮的转向相同。两齿轮上的径向力方向分别指向各自的轮心，如图4-25所示。

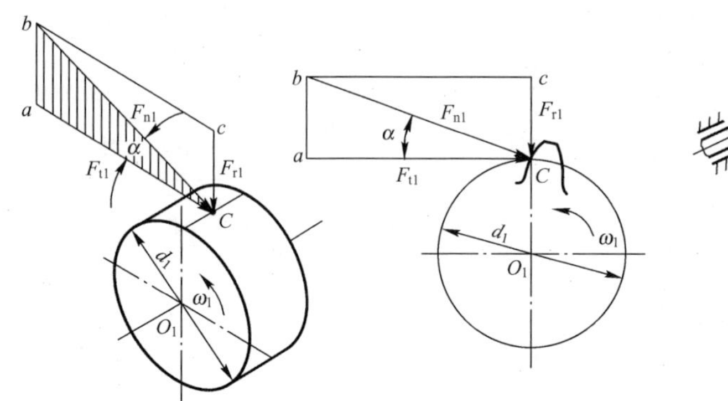

图4-24 直齿圆柱齿轮的受力分析

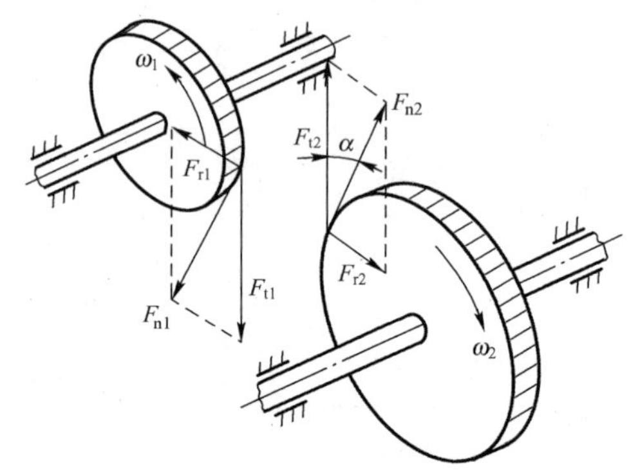

图4-25 直齿圆柱齿轮各力的方向

（2）轮齿的计算载荷 上述求得的法向力F_n是齿轮在理想的平稳工作条件下所受的名义载荷。实际工作中，由于制造和安装误差，以及受载后轴、轴承、轮齿的变形等因素的影响，会引起载荷局部集中，使实际载荷增加。因此，计算齿轮强度时，通常用考虑了各种影响因素的计算载荷F_{nc}代替名义载荷F_n，计算载荷的公式为

$$F_{nc}=KF_n \tag{4-14}$$

式中 K——载荷系数，由表4-6查取。

表4-6 载荷系数K

载荷特性	工作机举例	原动机		
		电动机	多缸内燃机	单缸内燃机
平稳 轻微冲击	均匀加料的输送机和喂料机、发电机、透平鼓风机和压缩机、机床辅助传动等	1~1.2	1.2~1.6	1.6~1.8
中等冲击	不均匀加料的输送机和喂料机、重型卷扬机、球磨机、机床主传动、多缸往复式压缩机等	1.2~1.6	1.6~1.8	1.8~2.0
较大冲击	压力机、剪床、钻机、轧机、挖掘机、重型给水泵、破碎机、单缸往复式压缩机等	1.6~1.8	1.9~2.1	2.2~2.4

注：斜齿、圆周速度低、传动精度高、齿宽系数小及齿轮在两轴承间对称布置时，取小值；直齿、圆周速度高、传动精度低、齿宽系数大及齿轮在轴承间不对称布置时，取大值。

（3）齿面接触疲劳强度的计算　齿面接触疲劳强度计算是针对齿面点蚀失效进行的，齿面点蚀是由齿面间的接触应力过大引起的。通常点蚀发生在节线附近，原因是直齿圆柱齿轮在节点处啮合时，其相对滑动速度为零，不易形成油膜。为避免点蚀，根据赫兹应力公式，可推导出一对标准直齿圆柱齿轮齿面接触疲劳强度的计算公式（推导过程从略）：

校核公式

$$\sigma_H = 3.52 Z_E \sqrt{\frac{KT_1}{bd_1^2}\frac{u \pm 1}{u}} \leqslant [\sigma_H] \tag{4-15}$$

设计公式

$$d_1 \geqslant \sqrt[3]{\frac{KT_1(u \pm 1)}{\psi_d u}\left(\frac{3.52 Z_E}{[\sigma_H]}\right)^2} \tag{4-16}$$

式中　σ_H——齿面接触应力，单位为MPa；

Z_E——材料的弹性系数，见表4-7；

K——载荷系数，见表4-6；

T_1——主动轮传递的转矩，单位为N·mm；

b——轮齿的工作宽度，单位为mm；

d_1——小齿轮分度圆直径，单位为mm；

±——“+”用于外啮合，“-”用于内啮合；

u——大小齿轮的齿数之比，$u = \frac{z_2}{z_1}$；

ψ_d——齿宽系数，$\psi_d = \frac{b}{d_1}$，查表4-8；

$[\sigma_H]$——齿轮材料的许用接触应力，单位为MPa，按式（4-19）计算。

表4-7　配对齿轮材料的弹性系数 Z_E　（单位：$\sqrt{MPa}$）

小齿轮材料	大齿轮材料			
	钢	铸　钢	灰　铸　铁	球墨铸铁
钢	189.8	188.9	165.4	181.4
铸钢	—	188.0	161.4	180.5

表4-8　齿宽系数 $\psi_d = b/d_1$

齿轮相对于轴承位置	齿面硬度	
	≤350HBW	>350HBW
对称布置	0.8～1.4	0.4～0.9
非对称布置	0.6～1.2	0.3～0.6
悬臂布置	0.3～0.4	0.2～0.25

应用式（4-15）和式（4-16）时应注意以下问题：

1）两齿轮的齿面接触应力相同，即 $\sigma_{H1} = \sigma_{H2}$。

2）两齿轮的许用接触应力［σ_{H1}］与［σ_{H2}］一般不相同，进行强度计算时应选用较小值。

3）当分度圆直径 d 保持不变，相应改变 m 和 z 时，［σ_H］不变，所以齿轮的齿面接触疲劳强度仅与齿轮的分度圆直径或中心距有关。

（4）齿根弯曲疲劳强度的计算　轮齿的疲劳折断主要与齿根的弯曲应力有关，为防止轮齿根部的疲劳折断，由材料力学一系列推导可得，轮齿齿根弯曲疲劳强度的计算公式（推导过程从略）为：

校核公式

$$\sigma_F=\frac{2KT_1}{bd_1m}Y_FY_S=\frac{2KT_1}{\psi_d z_1^2m^3}Y_FY_S\leqslant[\sigma_F] \tag{4-17}$$

设计公式

$$m\geqslant\sqrt[3]{\frac{2KT_1}{z_1^2\psi_d}\left(\frac{Y_FY_S}{[\sigma_F]}\right)} \tag{4-18}$$

式中　K、T_1、b、d_1、ψ_d 的意义同前；

σ_F——齿根弯曲应力，单位为 MPa；

m——模数，单位为 mm；

Y_F——齿形系数，见表 4-9；

Y_S——应力修正系数，见表 4-9；

z_1——主动轮齿数；

$[\sigma_F]$——齿轮材料的许用弯曲应力，单位为 MPa，按式（4-21）计算。

表 4-9　标准外齿轮的齿形系数 Y_F 和应力修正系数 Y_S

z	17	18	19	20	21	22	23	24	25	26	27	28	29
Y_F	2.97	2.91	2.85	2.80	2.76	2.72	2.69	2.65	2.62	2.60	2.57	2.55	2.53
Y_S	1.52	1.53	1.54	1.55	1.56	1.57	1.575	1.58	1.59	1.595	1.60	1.61	1.62
z	30	35	40	45	50	60	70	80	90	100	150	200	≥200
Y_F	2.52	2.45	2.40	2.35	2.32	2.28	2.24	2.22	2.20	2.18	2.14	2.12	2.06
Y_S	1.625	1.65	1.67	1.68	1.70	1.73	1.75	1.77	1.78	1.79	1.83	1.87	1.97

应用式（4-17）和式（4-18）时应注意以下两点：

1）通常两个相啮合齿轮的齿数不相同，故齿形系数 Y_F 和应力修正系数 Y_S 都不相等，而且两齿轮的许用应力［σ_F］也不一定相等，所以必须分别校核两齿轮齿根的抗弯强度。

2）设计计算时，应将两齿轮的 $Y_FY_S/[\sigma_F]$ 值进行比较，取其中较大者代入式（4-18）中计算，并将计算得到的 m 值按表 4-2 圆整成标准模数。

（5）齿轮的许用应力　齿轮的许用应力是由齿轮的材料及热处理后的硬度等因素来决定的。

1）接触疲劳许用应力

$$[\sigma_H]=\frac{\sigma_{Hlim}}{S_H}Z_N \tag{4-19}$$

式中　σ_{Hlim}——接触疲劳极限，单位为 MPa，由图 4-26 查得；

S_H——齿面接触疲劳强度安全系数，见表 4-10；

Z_N——接触疲劳寿命系数，查图 4-27，图中的横坐标为应力循环次数 N，可按下式计算

$$N=60njL_h \tag{4-20}$$

式中　n——齿轮转速，单位为 r/min；

j——齿轮每转一周，同一侧齿面啮合的次数；

L_h——齿轮工作寿命，单位为 h。

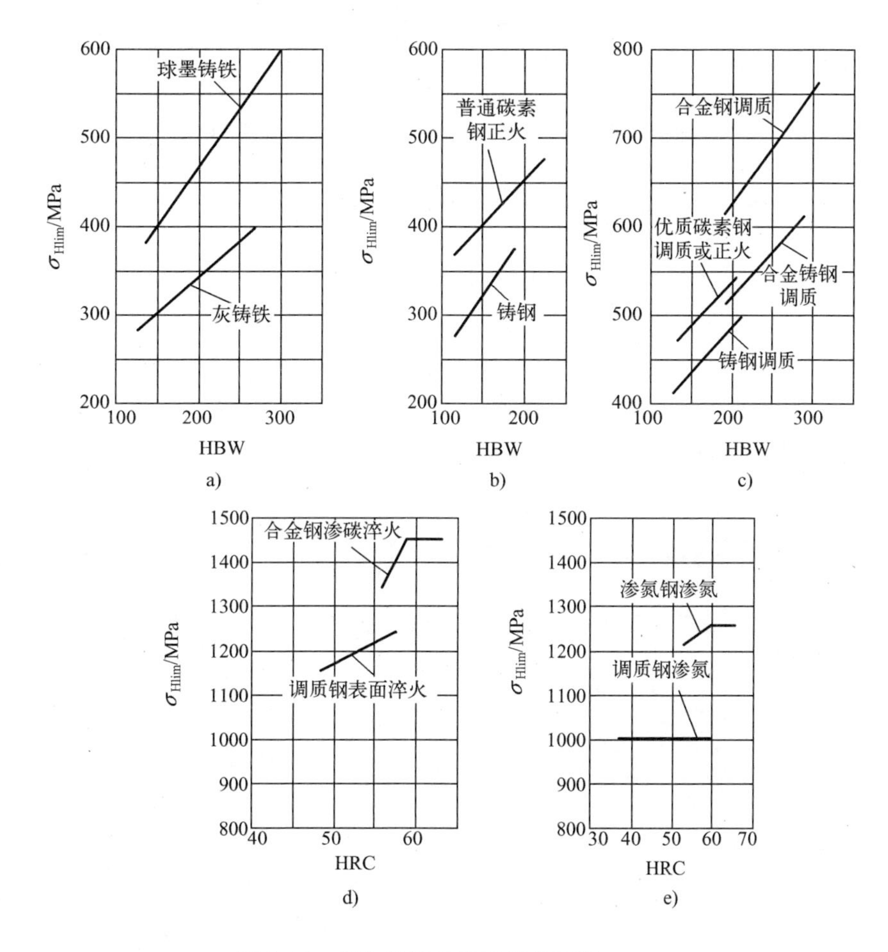

图 4-26　齿轮材料的接触疲劳极限 σ_{Hlim}

表 4-10　安全系数 S_H 和 S_F

安全系数	软齿面（≤350HBW）	硬齿面（>350HBW）	重要的传动、渗碳淬火齿轮或铸造齿轮
S_H	1.0~1.1	1.1~1.2	1.3
S_F	1.3~1.4	1.4~1.6	1.6~2.2

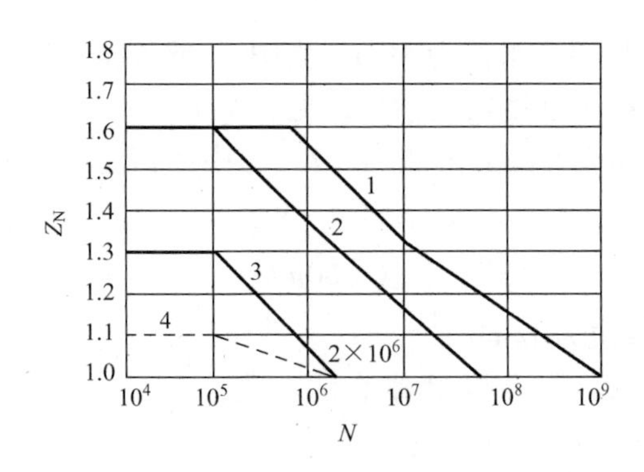

图 4-27　接触疲劳寿命系数 Z_N

1—碳钢经正火、调质、表面淬火及渗碳，球墨铸铁（允许一定的点蚀）

2—碳钢经正火、调质、表面淬火及渗碳，球墨铸铁（不允许出现点蚀）

3—碳钢调质后气体渗氮，灰铸铁　4—碳钢调质后液体渗氮

2）弯曲疲劳许用应力。齿根弯曲疲劳许用应力为

$$[\sigma_F]=\frac{\sigma_{Flim}}{S_F}Y_N \tag{4-21}$$

式中　σ_{Flim}——弯曲疲劳极限，单位为 MPa，由图 4-28 查得；

S_F——齿根弯曲疲劳强度安全系数，见表 4-10；

Y_N——弯曲疲劳寿命系数，查图 4-29，图中的横坐标为应力循环次数 N，按式(4-20) 计算。

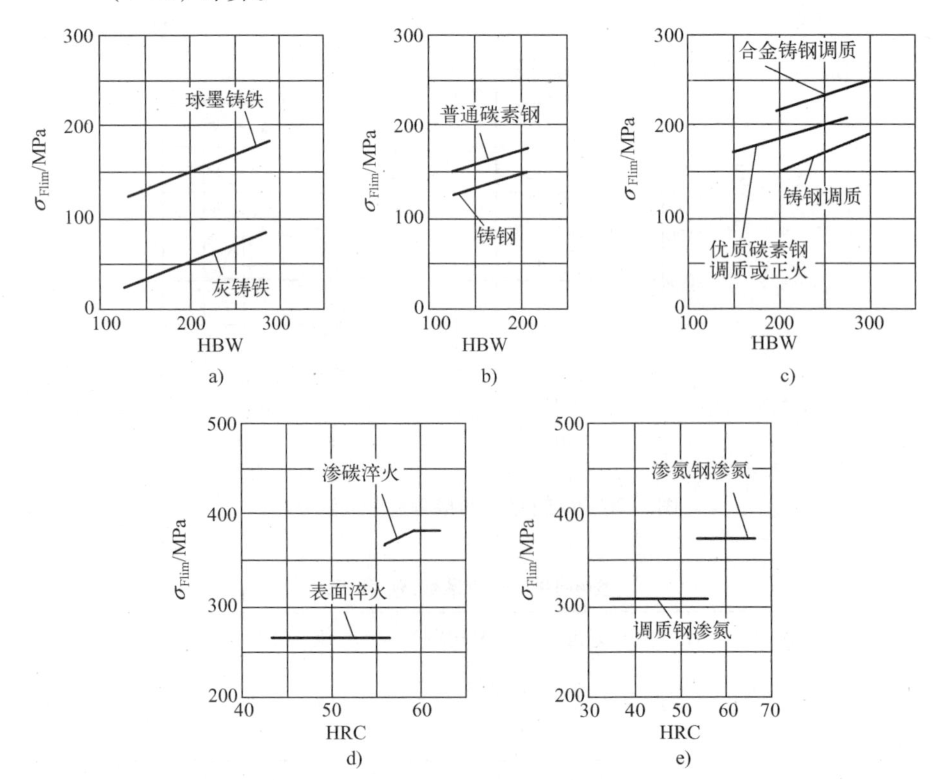

图 4-28　齿轮材料的弯曲疲劳极限 σ_{Flim}

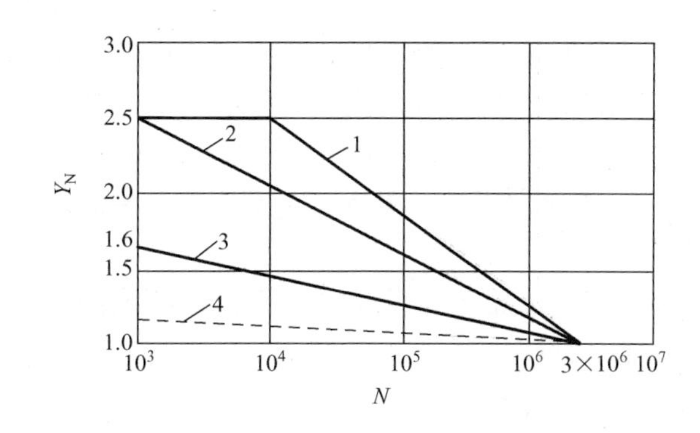

图 4-29 弯曲疲劳寿命系数 Y_N

1—碳钢经正火、调质，球墨铸铁 2—碳钢经表面淬火、渗碳
3—渗氮钢气体渗氮，灰铸铁 4—碳钢调质后液体渗氮

（6）齿轮传动的设计计算准则 综上所述，齿轮传动在不同的工作和使用条件下，有着不同的失效形式。因此，在进行齿轮传动的设计计算时，应分析具体的工作条件，判断可能发生的主要失效形式，以确定相应的设计准则：

1）对于软齿面（齿面硬度≤350HBW）的闭式齿轮传动，其主要失效形式为齿面点蚀，故设计准则为按齿面接触疲劳强度设计，确定齿轮的主要参数和尺寸，再做齿根弯曲疲劳强度校核。

2）对于硬齿面（齿面硬度>350HBW）的闭式齿轮传动，其主要失效形式为齿根疲劳折断，故设计准则为按齿根弯曲疲劳强度设计，再做齿面接触疲劳强度校核。

3）对于开式齿轮传动，其主要失效形式是齿面磨损和因磨损导致的轮齿折断。但由于磨损的机理比较复杂，到目前为止尚无成熟的设计计算方法。通常只按齿根弯曲疲劳强度设计，确定齿轮的模数，再考虑磨损，将所求得的模数增大 10% ~20%，而无须校核齿面接触疲劳强度。

3. 齿轮传动主要参数的选择

（1）传动比 i 一般齿轮传动，常取单级传动比 $i=3\sim6$；当 $i>7$ 时，宜采用多级传动，以免传动装置的外廓尺寸过大。对于开式或手动的齿轮传动，传动比可取大些，$i_{max}=8\sim12$。

（2）齿数 z 一般设计中取 $z>z_{min}$。当中心距确定后，增加齿数可使重合度增大，提高传动的平稳性，降低摩擦损耗，从而可提高传动效率；但齿数增加后会使模数减小，导致轮齿的抗弯强度降低。所以具体设计时，应在保证抗弯强度的前提下，适当减小模数，增大齿数。

对于闭式软齿面齿轮传动，通常取 $z_1=20\sim40$；对于闭式硬齿面齿轮传动及开式传动，齿根抗弯曲疲劳破坏能力较低，宜取较少齿数，通常取 $z_1=17\sim20$。为保证齿面磨损均匀，宜使 z_1、z_2互为质数。

（3）模数 m 模数的大小影响轮齿的抗弯强度。设计时，应在满足轮齿弯曲疲劳强度的条件下，取较小的模数，以增大齿数，减少切齿量。对于传递动力的齿轮，可按 $m=(0.007\sim0.02)a$ 初选模数，但应保证模数 $m>1.5\sim2$mm。

（4）齿宽系数 ψ_d 增大齿宽系数，可减小齿轮传动装置的径向尺寸，降低齿轮的圆周速度。但齿宽系数过大，则因齿轮宽度的增加，会出现齿向载荷分布严重不均的现象，故 ψ_d 取值应合适。对于一般机械，可按表4-8进行选取。为补偿加工和装配的误差，设计时通常使小齿轮的齿宽比大齿轮的齿宽大5～10mm，即取 $b_1=b_2+(5\sim10)$mm，但在强度计算时，仍按大齿轮的齿宽 b_2 代入公式计算。齿宽 b_1、b_2 都应圆整为整数，个位数最好为0或5。

4. 齿轮传动的设计计算

（1）原始数据和设计内容　齿轮传动设计中，一般情况下给定的原始数据有：

1）载荷的性质和传递的功率 P。

2）工作机和原动机的工作特性。

3）主、从动齿轮的转速 n_1 和 n_2（或传动比 i）。

4）对传动的尺寸要求。

5）寿命、可靠性、维修条件等。

设计内容主要包括以下几方面：

1）确定齿轮传动的主要参数。

2）确定齿轮传动的几何尺寸。

3）确定精度等级。

4）确定齿轮的结构形式。

5）绘制齿轮零件图等。

（2）设计步骤和计算方法

1）选择齿轮材料及热处理。齿轮材料及热处理方法的选择可参考表4-5和本节的有关内容，结合考虑取材方便和经济性原则。

2）确定齿轮传动的精度等级。齿轮传动精度等级的选择可参阅表4-11，在满足使用要求的前提下，应尽可能选择低的精度等级，以减少加工难度，降低制造成本。

表4-11　齿轮传动精度等级及其应用

精度等级	圆周速度 v/(m/s)			应用举例
	直齿圆柱齿轮	斜齿圆柱齿轮	直齿锥齿轮	
6（高精度）	≤15	≤30	≤9	高速重载的齿轮传动，如机床、汽车和飞机中的重要齿轮，分度机构的齿轮，高速减速器的齿轮等
7（精密）	≤10	≤20	≤6	高速中载或中速重载的齿轮传动，如标准系列减速器的齿轮，机床和汽车变速器中的齿轮等
8（中等精度）	≤5	≤9	≤3	一般机械中的齿轮传动，如机床、汽车和拖拉机中的齿轮，起重机械中的齿轮，农业机械中的重要齿轮等
9（低精度）	≤3	≤6	≤2.5	低速重载的齿轮，低精度机械中的齿轮等

3）简化设计计算。按本节所确定的设计计算准则进行设计计算，并确定齿轮传动的主要参数。如对闭式软齿面传动，可按齿面接触疲劳强度确定 d_1，再选择合适的 z 和 m，最后校核齿根弯曲疲劳强度；对闭式硬齿面传动，则可按齿根弯曲疲劳强度确定模数 m，再选择

合适的 z 和 ψ_{d}，最后校核齿面接触疲劳强度等。

4）计算齿轮的几何尺寸。按表4-3所列公式计算齿轮的几何尺寸。

5）确定齿轮的结构形式。齿轮一般由轮缘、轮毂和轮辐三部分组成。根据齿轮毛坯制造方法的不同，齿轮可分为锻造齿轮和铸造齿轮两种。圆柱齿轮的结构及尺寸可参阅表4-12。

表4-12　圆柱齿轮的结构及尺寸

名称	结构形式	结构尺寸
齿轮轴	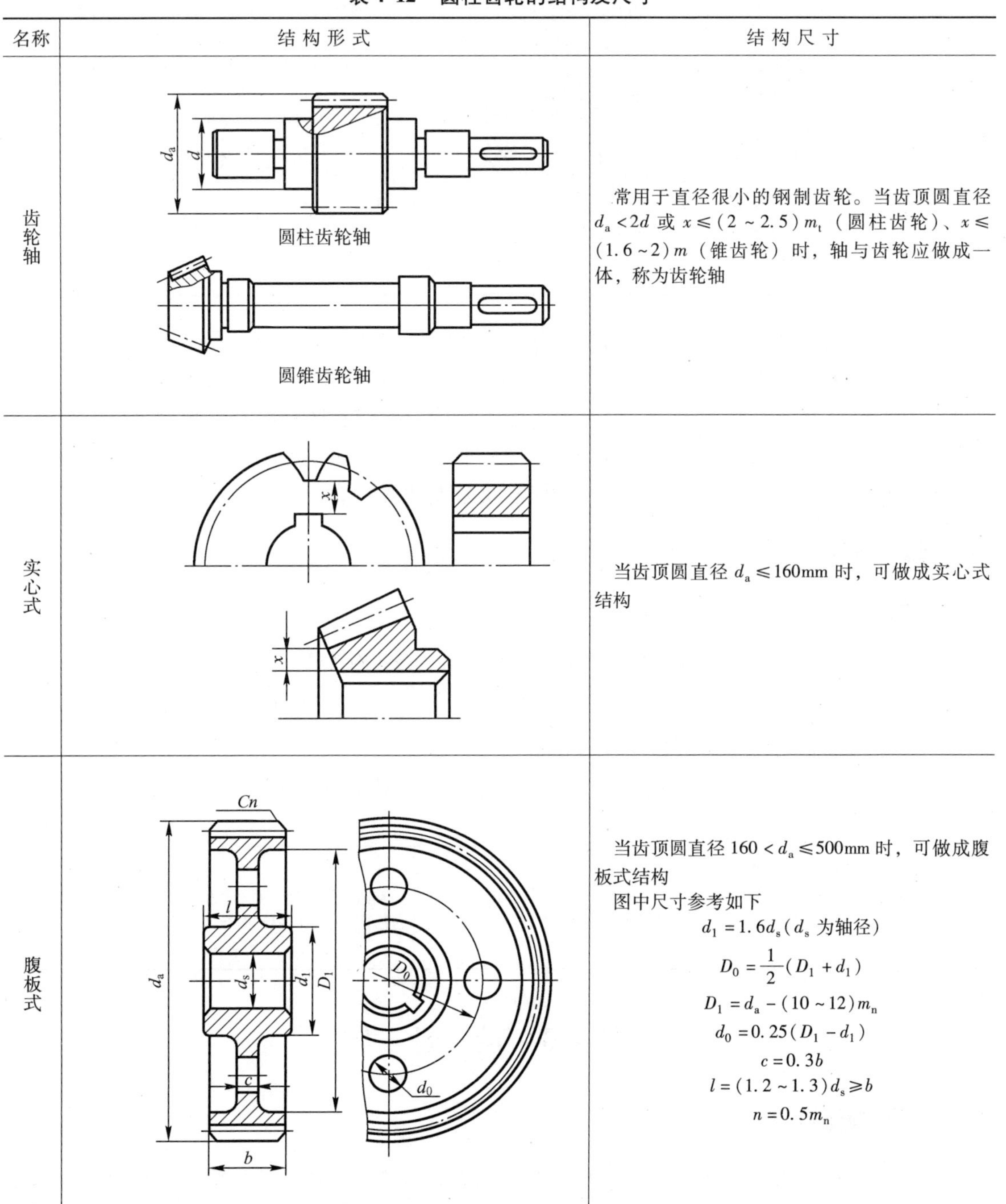 圆柱齿轮轴 圆锥齿轮轴	常用于直径很小的钢制齿轮。当齿顶圆直径 $d_a<2d$ 或 $x\leqslant(2\sim2.5)m_t$（圆柱齿轮）、$x\leqslant(1.6\sim2)m$（锥齿轮）时，轴与齿轮应做成一体，称为齿轮轴
实心式		当齿顶圆直径 $d_a\leqslant160\mathrm{mm}$ 时，可做成实心式结构
腹板式		当齿顶圆直径 $160<d_a\leqslant500\mathrm{mm}$ 时，可做成腹板式结构 图中尺寸参考如下 $d_1=1.6d_s$（d_s 为轴径） $D_0=\frac{1}{2}(D_1+d_1)$ $D_1=d_a-(10\sim12)m_n$ $d_0=0.25(D_1-d_1)$ $c=0.3b$ $l=(1.2\sim1.3)d_s\geqslant b$ $n=0.5m_n$

（续）

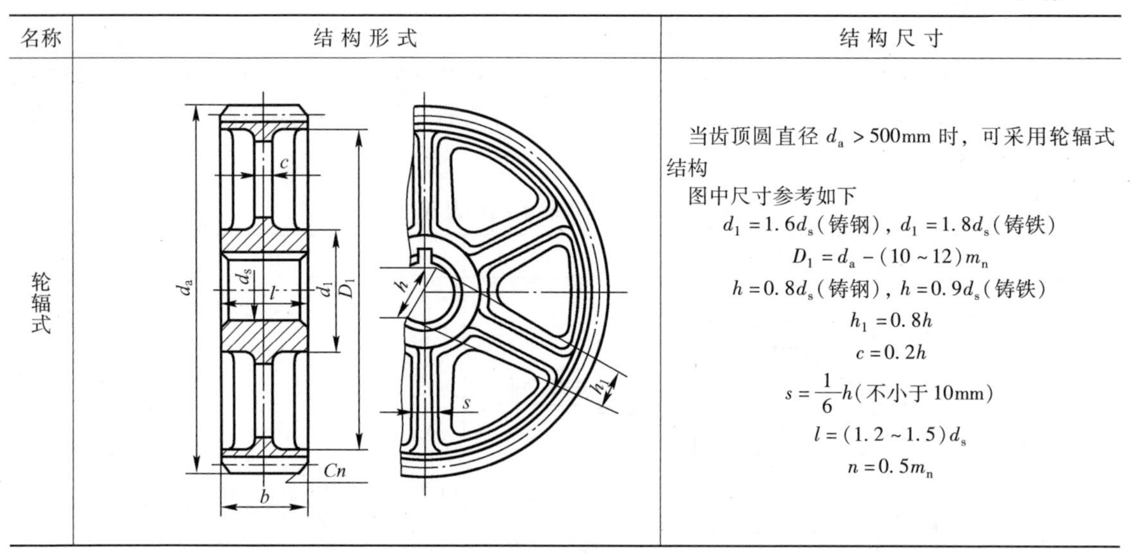

名称	结构形式	结构尺寸
轮辐式		当齿顶圆直径 $d_a > 500\text{mm}$ 时，可采用轮辐式结构 图中尺寸参考如下 $d_1 = 1.6d_s$（铸钢），$d_1 = 1.8d_s$（铸铁） $D_1 = d_a - (10 \sim 12)m_n$ $h = 0.8d_s$（铸钢），$h = 0.9d_s$（铸铁） $h_1 = 0.8h$ $c = 0.2h$ $s = \frac{1}{6}h$（不小于10mm） $l = (1.2 \sim 1.5)d_s$ $n = 0.5m_n$

6）绘制齿轮工作图。齿轮工作图可按机械制图标准中规定的简化画法绘制。按 GB/T 4459.2—2003 的规定，工件图上应标注分度圆直径 d、齿顶圆直径 d_a、齿宽 b、其他结构尺寸及公差、定位基准及相应的几何公差和表面粗糙度，并应在图样的右上角用表格的形式列出模数 m、齿数 z、压力角 α、齿顶高系数、径向变位系数、精度等级、齿轮副中心距及其极限偏差、配对齿轮、公差组的检测项目代号及公差值等。

任务实施

任务实施过程见表4-13。

表4-13　设计直齿圆柱齿轮任务实施过程

步骤	内容	教师活动	学生活动	成果
1	了解齿轮传动的特点、基本类型，掌握渐开线直齿圆柱齿轮的基本参数及几何尺寸的计算方法	布置任务，举例引导，讲解相关知识，指导学生活动	课外调研，课堂学习讨论	1. 小组讨论记录 2. 课堂汇报 3. 完成工作记录单
2	了解渐开线齿廓的加工原理和根切现象，掌握标准直齿圆柱齿轮传动的设计计算方法	布置任务，讲解相关知识，指导学生活动	熟悉齿轮传动的设计方法，为齿轮泵的设计作准备	

任务4.3　设　计　轴

任务描述

轴是机器中的重要零件之一，轴的主要功能是支承转动零件，传递运动和动力。本任务要求结合实际，了解轴的分类和常用材料，掌握轴的结构分析方法和强度计算方法。

相关知识

4.3.1　轴的分类

轴按轴线形状的不同，可分为直轴、曲轴和挠性轴。直轴根据外形的不同，又可分为光轴和阶梯轴两种。轴还可以按以下几种方法分类。

1. 根据轴的承载情况分类

根据承载情况不同，可将轴分为心轴、转轴和传动轴三类。

（1）心轴　工作中只承受弯矩而不传递转矩的轴，称为心轴。心轴按其是否转动又分为固定心轴和转动心轴两种。固定心轴工作时不随回转零件一起转动，如自行车前轮轴（图 4-30），其所受弯曲应力为静应力；转动心轴工作时随回转零件一起转动，如火车车轮轴（图 4-31），其所受弯曲应力为对称循环应力。

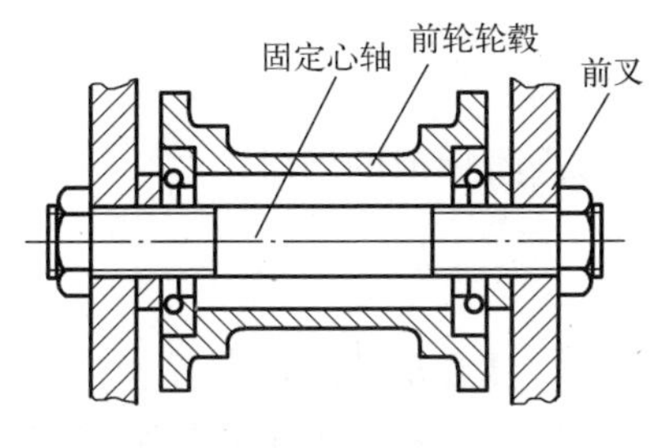

图 4-30　自行车前轮轴

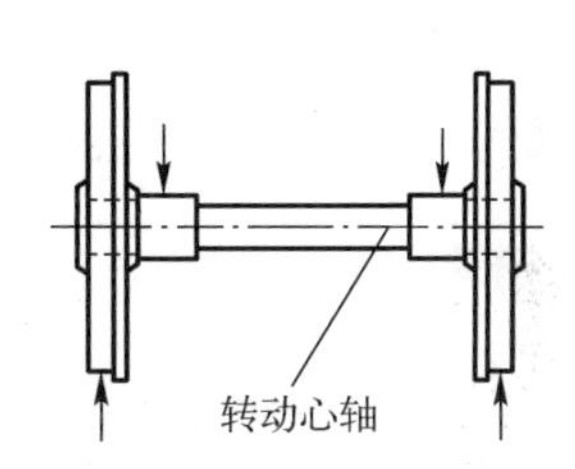

图 4-31　火车车轮轴

（2）转轴　工作中同时承受弯矩和转矩的轴称为转轴，如减速器中的齿轮轴(图 4-32)。转轴是机器中最常见的轴。

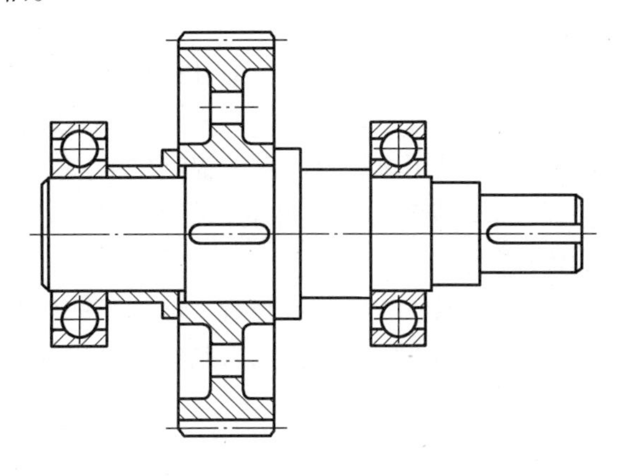

图 4-32　减速器中的齿轮轴

（3）传动轴　工作时只传递扭矩而不承受弯矩的轴，称为传动轴。如汽车变速器与后桥之间的传动轴（图 4-33）。

2. 按轴的截面是否充满材料分类

按轴的截面是否充满材料，轴可分为实心轴和空心轴（图 4-34）。直轴一般为实心轴，但有时为了减轻轴的重量或满足机器的工作要求，也可将直轴做成空心轴。

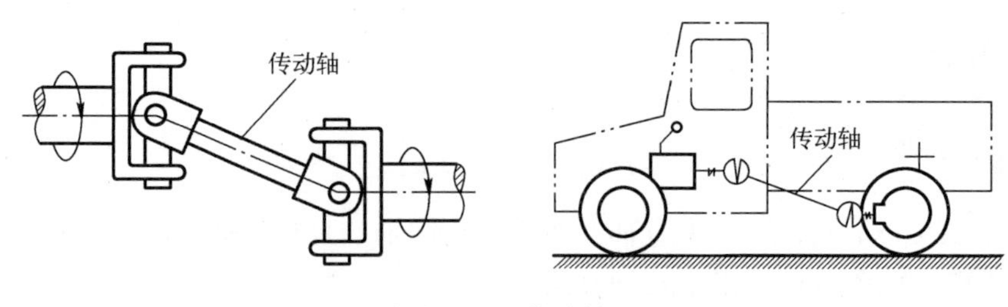

图4-33　传动轴

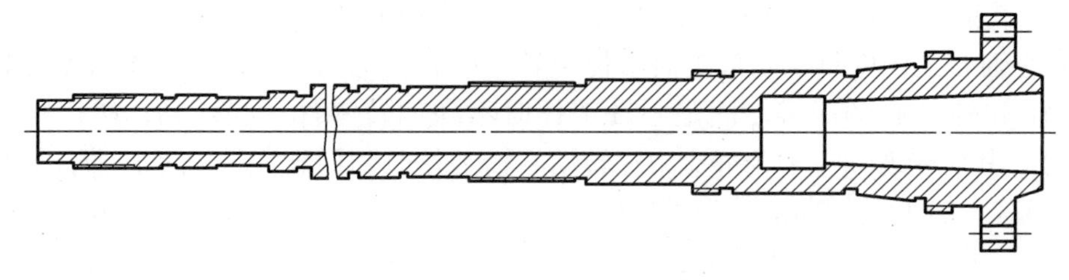

图4-34　空心轴

本任务主要学习轴线为直线、截面为实心、外形为阶梯形的转轴。

4.3.2　轴的材料

轴的主要失效形式是疲劳破坏，因此，轴的材料应具有足够的疲劳强度，对应力集中的敏感性要小，与滑动零件接触的表面应有足够的耐磨性，应易于加工和热处理等。轴的常用材料主要是优质碳素钢和合金钢。

优质碳素钢价格低廉，对应力集中的敏感性小，并能通过热处理获得良好的力学性能。一般机械上的轴，常用35钢或45钢，其中又以45钢应用最普遍。对受力较小或不重要的轴，可用Q235、Q255等普通碳素钢。

合金钢的力学性能和淬火性能均高于碳素钢，但其价格较贵，对应力集中比较敏感，常用于高速、重载及要求耐磨、耐高温等特殊要求的场合。合金钢和碳素钢具有相近的弹性模量，且热处理对其影响也不大，故采用合金钢并不能提高轴的刚度。

轴的毛坯一般采用轧制的圆钢或锻件。锻件的内部组织较均匀、强度较高，故重要的轴、大尺寸的阶梯轴应采用锻造毛坯。

对于形状复杂的轴也可采用铸钢或球墨铸铁制造。球墨铸铁具有吸振性好、对应力集中不敏感、易铸造复杂的形状、价格低等优点，可用来制作内燃机中的曲轴、凸轮轴等。但铸件品质不易控制，可靠性差。

轴的常用材料及其力学性能见表4-14。

表4-14　轴的常用材料及其力学性能

材料牌号	热处理方法	毛坯直径 d/mm	硬度（HBW）	抗拉强度	屈服强度	弯曲疲劳极限	应用说明
				MPa（不小于）			
Q235A	—	—	190	520	280	220	用于不重要的或承受载荷不大的轴
Q275	—	—	190	520	280	220	用于不很重要的轴

（续）

材料牌号	热处理方法	毛坯直径 d/mm	硬度（HBW）	抗拉强度	屈服强度	弯曲疲劳极限	应用说明
				MPa（不小于）			
35	正火	25	≤187	540	320	230	用于一般轴
45	正火	≤100	170～217	600	300	240	用于较重要的轴，应用最为广泛
45	调质	≤200	217～255	650	360	270	
40Cr	调质	≤100	241～286	750	550	350	用于承受载荷较大，而无很大冲击的轴
35SiMn 42SiMn	调质	≤100	229～286	800	520	355	性能接近40Cr，用于中、小型轴
40MnB	调质	≤200	241～286	750	500	335	性能接近40Cr，用于较重要的轴
35CrMo	调质	≤100	207～269	750	550	350	用于承受重载荷的轴
20Cr	渗碳 淬火 回火	≤60	表面 56～62HRC	650	400	280	用于要求强度、韧性及耐磨性均较好的轴

4.3.3 轴的结构设计和强度计算

轴的设计与计算方法将在学习情境5中详细介绍。

任务实施

任务实施过程见表4-15。

表4-15 设计轴任务实施过程

步骤	内容	教师活动	学生活动	成果
1	了解轴的分类，掌握轴的常用材料的选择方法	布置任务，举例引导	课外调研，课堂学习讨论	1. 小组讨论记录 2. 课堂汇报 3. 完成工作记录单
2	掌握轴的结构设计和强度计算方法	布置任务，讲解相关知识，指导学生活动	对齿轮泵中的轴进行观察，了解轴的工艺结构，并学会轴的强度计算方法	

任务4.4 设计计算齿轮泵

任务描述

经过前面的学习，了解了齿轮泵的工作原理、结构组成及齿轮与轴的相关知识。本任务要求结合实际，根据工作条件自行设计齿轮泵，正确绘制出齿轮泵的装配图和零件图，进一步熟悉设计计算说明书的编写方法，以培养结构设计能力。

相关知识

4.4.1 齿轮泵齿轮参数的确定与计算

本任务设计的是一种外啮合直齿圆柱齿轮泵，外啮合齿轮泵中的齿轮一般采用一对参数完全相同的渐开线齿形的齿轮。

1. 齿轮参数的确定原则

设计齿轮泵时，应在保证所需性能和寿命的前提下，尽可能使尺寸小、重量轻、制造容易、成本低，以求技术上先进、经济上合理。具体确定原则如下：

1）在要求的排量下，泵的体积小、重量轻。

2）在要求的工况条件下，齿轮的齿形、轴颈和轴身等具有足够的强度和刚度，泵的轴承载荷小。

3）尽量减小泵的流量脉动。

4）在泵系列设计时，尽量减少零件和齿轮刀具的种类，提高通用化和标准化的程度。

2. 齿轮的模数、齿数和齿宽的确定

（1）齿轮泵的排量与齿轮模数、齿数和齿宽的关系　外啮合齿轮泵在没有泄漏、损失的情况下，每转所排出的液体体积称为泵的理论排量，以 q 表示。齿轮泵的排量可近似按以下公式计算

$$q=2\pi K_1 zm^2 b\times10^{-3} \tag{4-22}$$

式中　q——排量，单位为 mL/r；

K_1——与齿轮啮合的重合度 ε 有关的系数，通常 $K_1=1.06\sim1.115$，齿数少时取大值，齿数多时取小值（当 $z=6$ 时，可取 $K_1=1.115$，当 $z=20$ 时，可取 $K_1=1.06$）；

z——齿数；

m——模数，单位为 mm；

b——齿宽，单位为 mm。

由式（4-22）可知，排量与齿轮齿数和齿宽成正比，与模数的二次方成正比，因此在排量一定的情况下，选取齿数少、模数大的齿轮，可以实现泵的体积小、重量轻的目的。

（2）齿轮模数的确定　如前所述，为使泵的体积减小、重量减轻，应增大模数并减少齿数。但是对于中、高压齿轮泵，齿轮模数如过大，会使齿数过少，从而使齿根圆过小。为了保证泵的容积效率达到设计要求，齿轮的齿根圆到轴颈之间应有一定的密封长度，一般为 3～5mm。如果齿根圆过小，又要留一定的端面密封长度，轴颈尺寸将会很小，这样会使轴颈的强度和刚度不足。另外，如果轴颈尺寸小，轴承尺寸也就相应小，轴承的承载能力将会不足，而泵的可靠性和寿命取决于轴承的承载能力和寿命，所以齿轮模数不能选得过大。目前，排量为 4～200mL/r 的中、高压齿轮泵的齿轮模数一般按表 4-16 选取。

表4-16　中、高压齿轮泵齿轮模数的选用

排量 q/(mL/r)	模数 m/mm
4 ~ 16	3
10 ~ 40	4
32 ~ 100	5
80 ~ 140	6
125 ~ 200	7

（3）齿轮齿数的确定　减少齿数可减小齿轮泵的外形尺寸，但若齿数过少，不仅会使流量脉动严重，甚至会使齿轮啮合的重合度 $\varepsilon<1$，这是不允许的。一般齿轮泵齿数的选择范围为 $z=6\sim30$。对于机床或其他对流量均匀性要求较高的低压齿轮泵，可取 $z=14\sim30$；对于工程机械及矿山机械的中高压和高压齿轮泵，对流量均匀性的要求不高，但要求结构尺寸小、作用在齿轮上的径向力小，以延长轴承的寿命，这时可选用较少的齿数，取 $z=9\sim15$；对流量均匀性要求不高，压力又很低的齿轮泵，取 $z=6\sim8$。

（4）齿轮齿宽的确定　当齿轮泵齿轮的模数和齿数确定后，齿轮泵的排量与齿轮的齿宽成正比。由于齿轮泵的容积效率主要受端面泄漏的影响，因此，当泵的齿轮模数和齿数确定后，齿宽尺寸越大，泵的容积效率就越高。但齿宽尺寸若选得过大，将会因热处理后齿形变形大而使齿轮精度不易达到设计要求；同时，因齿轮径向载荷加大，挠性变形也将加大，这会影响到轴承的承载能力和寿命。所以，齿宽与齿顶圆尺寸之比的选取范围一般为0.2～0.8。

3. 齿轮齿形修正的确定

齿数少时会产生根切现象。对于标准齿轮，不产生根切的最少齿数为17（压力角 $\alpha=20°$）。根切既会破坏啮合的连续性，又会大大降低齿轮的强度。因此，当齿数少于给定压力角所对应的最少齿数时，应采取措施避免根切，常采用以下两种方法对齿轮进行修正：

1）保持刀具与齿坯之间的距离，增大压力角。采用这种方法，需要具有各种不同压力角的齿轮刀具，如22°、22.5°、25°、28°和30°。

2）保持压力角为标准值，改变刀具与齿坯之间的距离，即采用正变位法来修正齿轮齿形。这种方法简单实用，目前中国、俄罗斯等国大都用此法来修正齿形。但是采用正变位法修正齿形会带来齿顶变尖的问题，这样既削弱了齿顶强度，又会使齿顶在渗碳淬火热处理中因淬透而造成损坏。因此，在选择变位系数时，既要保证齿轮不发生根切现象，又要保证齿顶齿厚为模数的20%～40%。

对于齿数 $z=14\sim17$ 的低压齿轮泵，因根切较小，一般可不进行修正。

4. 齿轮齿侧间隙的确定

根据齿轮泵加工、装配和使用的需要，一般在设计齿轮参数时留有一定的齿侧间隙。齿侧间隙的选取范围为模数的1%～8%，可通过给定齿轮公法线长度的极限偏差来获得不同的齿侧间隙。

5. 齿轮参数的计算

目前，国内外广泛采用“增一齿修正法”来设计计算齿轮泵的齿轮参数。对于一对参数完全相同的齿轮而言，用这种方法计算齿轮的中心距和齿顶圆直径时，将标准齿轮中心距和齿顶圆直径的计算公式中的齿数 z 以 $z+1$ 代入，以达到正变位的目的。

4.4.2 齿轮泵的结构设计和分析计算

1. 设计任务

设计一外啮合直齿圆柱齿轮泵，理论排量 $q=100\text{mL/r}$，额定压力 $p=2.5\text{MPa}$，额定转速 $n=1000\text{r/min}$，工作介质油液的黏度为 $22\text{mm}^2/\text{s}$，容积效率 $\eta\geqslant 90\%$，噪声 $\leqslant 95\text{dB}$，使用年限 8 年，工作为两班工作制，载荷平稳，环境清洁。

1）根据给定要求设计齿轮泵，完成齿轮泵装配图。

2）编写设计计算说明书一份。

2. 设计过程和步骤

设计过程和步骤按表 4-17 中的格式书写。

表 4-17 齿轮泵设计过程和步骤

<table>
<tr><th>步骤</th><th>计算项目</th><th>计算内容及说明</th><th>计 算 结 果</th></tr>
<tr><td>1</td><td>齿轮参数的确定</td><td>

（1）齿轮齿数 z 的初步确定 因齿轮泵额定压力 $p=2.5\text{MPa}$，属于低压齿轮泵，可取 $z=14\sim30$，为使泵的体积小，同时避免根切，初步取 $z=14\sim19$

（2）齿轮模数 m 的初步确定 参考表 4-16，取 $m=5\sim6$

（3）齿宽 b 的确定 由式（4-22）可知，$q=2\pi K_1 zm^2 b\times10^{-3}$，则

$$b=\frac{1\,000q}{2\pi K_1 zm^2}$$

式中 $K_1=1.06\sim1.115$，这里取 $K_1=1.1$

由上式计算的齿宽 b 与齿顶圆尺寸之比的范围应在 0.2～0.8，即

$$\frac{b}{d_a}=0.2\sim0.8$$

（4）齿轮泵转速 n 的确定方法 由公式 $v=\frac{\pi Dn}{1\,000\times60}$ 可知

$$n=\frac{60\,000v}{\pi D}$$

式中 v——节圆极限速度，单位为 m/s，可按下表选取；

D——节圆直径，单位为 mm；

n——转速，单位为 r/min。

齿轮泵节圆极限速度与油液黏度的关系

<table>
<tr><td>油液的运动黏度/(mm^2/s)</td><td>12</td><td>45</td><td>75</td><td>152</td><td>300</td><td>520</td><td>760</td></tr>
<tr><td>节圆极限速度 v_{max}/(m/s)</td><td>5</td><td>4</td><td>3.7</td><td>3</td><td>2</td><td>1.6</td><td>1.25</td></tr>
</table>

由上表进行插补计算可得，当黏度为 $22\text{mm}^2/\text{s}$ 时，$v_{max}=4.7\text{m/s}$

（5）确定齿轮泵上齿轮的有关参数

由步骤（1）、（2）、（3）、（4）初步确定的参数，对相同排量，不同齿数、模数的齿轮泵进行比较，结果见下表

<table>
<tr><th>q</th><th>z</th><th>m /mm</th><th>b /mm</th><th>d_a /mm</th><th>b/d_a</th><th>转速 n /（r/min）</th></tr>
<tr><td>100</td><td>14</td><td>5</td><td>41.339</td><td>80</td><td>0.516 7</td><td>1 282</td></tr>
<tr><td>100</td><td>15</td><td>5</td><td>38.583</td><td>85</td><td>0.453 9</td><td>1 197</td></tr>
<tr><td>100</td><td>16</td><td>5</td><td>36.172</td><td>90</td><td>0.401 9</td><td>1 122</td></tr>
<tr><td>100</td><td>17</td><td>5</td><td>34.044</td><td>95</td><td>0.358 4</td><td>1 056</td></tr>
</table>

</td><td></td></tr>
</table>

（续）

<table>
<tr><th>步骤</th><th>计算项目</th><th>计算内容及说明</th><th>计算结果</th></tr>
<tr><td>1</td><td>齿轮参数的确定</td><td>（续）
<table>
<tr><th>q</th><th>z</th><th>m /mm</th><th>b /mm</th><th>d_a /mm</th><th>b/d_a</th><th>转速 n /(r/min)</th></tr>
<tr><td>100</td><td>18</td><td>5</td><td>32.153</td><td>100</td><td>0.321 5</td><td>997</td></tr>
<tr><td>100</td><td>19</td><td>5</td><td>30.460</td><td>105</td><td>0.290 1</td><td>945</td></tr>
<tr><td>100</td><td>14</td><td>6</td><td>28.708</td><td>96</td><td>0.299 0</td><td>1 069</td></tr>
<tr><td>100</td><td>15</td><td>6</td><td>26.794</td><td>102</td><td>0.262 7</td><td>997</td></tr>
<tr><td>100</td><td>16</td><td>6</td><td>25.119</td><td>108</td><td>0.232 6</td><td>935</td></tr>
<tr><td>100</td><td>17</td><td>6</td><td>23.642</td><td>114</td><td>0.207 4</td><td>880</td></tr>
<tr><td>100</td><td>18</td><td>6</td><td>22.328</td><td>120</td><td>0.186 1</td><td>831</td></tr>
<tr><td>100</td><td>19</td><td>6</td><td>21.153</td><td>126</td><td>0.167 9</td><td>787</td></tr>
</table>
由上表可知，其中的两组齿轮泵齿轮的参数满足要求，即
1）模数 $m=5$；齿数 $z=18$；齿宽 $b=32$。
2）模数 $m=6$；齿数 $z=15$；齿宽 $b=27$。
本例设计选取1）组参数进行计算</td><td>$m=5$
$z=18$
$b=32$</td></tr>
<tr><td>2</td><td>齿轮几何尺寸的计算</td><td>因齿轮的齿数 $z=18$，不会发生根切现象，所以不考虑修正，齿轮几何尺寸的计算均按标准齿轮进行，具体如下
（1）分度圆直径
$$d=mz=5\times18\text{mm}=90\text{mm}$$
（2）齿顶高
$$h_a=h_a^*m=1\times5\text{mm}=5\text{mm}$$
（3）齿根高
$$h_f=(h_a^*+c^*)m=(1+0.25)\times5\text{mm}=6.25\text{mm}$$
（4）齿高
$$h=h_a+h_f=(5+6.25)\text{mm}=11.25\text{mm}$$
（5）顶隙
$$c=c*m=0.25\times5\text{mm}=1.25\text{mm}$$
（6）齿顶圆直径
$$d_a=d+2h_a=(90+2\times5)\text{mm}=100\text{mm}$$
（7）齿根圆直径
$$d_f=d-2h_f=(90-2\times6.25)\text{mm}=77.5\text{mm}$$
（8）基圆直径
$$d_b=d\cos\alpha=90\times\cos20^\circ\text{mm}=84.57\text{mm}$$
（9）齿距
$$p=\pi m=\pi\times5\text{mm}=15.7\text{mm}$$
（10）齿厚
$$s=p/2=15.7/2\text{mm}=7.85\text{mm}$$
（11）中心距
$$a=mz=5\times18\text{mm}=90\text{mm}$$</td><td>$d=90\text{mm}$
$d_a=100\text{mm}$
$d_f=77.5\text{mm}$
$a=90\text{mm}$</td></tr>
<tr><td>3</td><td>齿轮泵输入功率的计算</td><td>齿轮泵输入功率按下式计算
$$P=\frac{pqn\times10^{-3}}{60\eta_w}=\frac{2.5\times100\times1000\times10^{-3}}{60\times0.9}\text{kW}=4.63\text{kW}$$
式中 P——输入功率，单位为kW；
p——工作压力，单位为MPa；
q——理论排量，单位为mL/r；
n——转速，单位为r/min；
η_w——机械效率，取0.9。</td><td>$P=4.63\text{kW}$</td></tr>
</table>

（续）

步骤	计算项目	计算内容及说明	计算结果
4	齿轮材料的选择	查表4-5，齿轮材料选45钢，表面淬火48～55 HRC	
5	齿面接触疲劳强度校核	（1）接触疲劳许用应力$[\sigma_H]$的计算　由式（4-19）得 $[\sigma_H]=\frac{\sigma_{Hlim}}{S_H}Z_N$ 由图4-26查得 $\sigma_{Hlim}=1\,150\text{MPa}$ 应力循环次数N由式（4-20）计算得 $N=60njL_h$ 按一年250个工作日，每班8h计算，齿轮应力循环次数为 $N_1=60njL_h=60\times1\,000\times1\times2\times8\times250\times8$ $=1.92\times10^9$ 由图4-27中曲线1，得 $Z_N=1.0$ 由表4-10，取安全系数$S_H=1.1$，则 $[\sigma_H]=\frac{\sigma_{Hlim}Z_N}{S_H}=\frac{1\,150\times1}{1.1}\text{MPa}=1\,045.45\text{MPa}$ （2）接触疲劳强度的计算 $\sigma_H=3.52Z_E\sqrt{\frac{KT_1}{bd_1^2}\frac{u\pm1}{u}}$ 1）由表4-7查得弹性系数$Z_E=189.8\sqrt{\text{MPa}}$ 2）齿数比$u=1$ 3）转矩T $T=9.55\times10^6\times\frac{P}{n}=9.55\times10^6\times\frac{4.63}{1\,000}\text{N}\cdot\text{mm}$ $=44\,216.5\text{N}\cdot\text{mm}$ 4）载荷系数，查表4-6，取$K=1.2$，则 $\sigma_H=3.52Z_E\sqrt{\frac{KT}{bd^2}\frac{u+1}{u}}$ $=3.52\times189.8\sqrt{\frac{1.2\times44\,216.5}{32\times90^2}\times\frac{1+1}{1}}\text{MPa}$ $=427.5\text{MPa}<[\sigma_H]$ 所以接触疲劳强度足够	接触疲劳强度足够
6	齿根弯曲疲劳强度校核	（1）齿根弯曲疲劳许用应力$[\sigma_F]$的计算　由式（4-21）得 $[\sigma_F]=\frac{\sigma_{Flim}}{S_F}Y_N$ 由图4-28查得：$\sigma_{Flim}=265\text{MPa}$ 由表4-10查得：$S_F=1.5$ 由图4-29查得：$Y_N=1$，则 $[\sigma_F]=\frac{\sigma_{Flim}}{S_F}Y_N=\frac{265}{1.5}\times1\text{MPa}=176.67\text{MPa}$ （2）弯曲疲劳强度的计算 $\sigma_F=\frac{2KT}{bdm}Y_FY_S$ 由表4-9查得齿形系数$Y_F=2.91$，$Y_S=1.53$，则 $\sigma_F=\frac{2KT}{bdm}Y_FY_S=\frac{2\times1.2\times44\,216.5}{32\times90\times5}\times2.91\times1.53\text{MPa}$ $=32.81\text{MPa}<[\sigma_F]$ 所以抗弯强度足够	抗弯强度足够

（续）

步骤	计算项目	计算内容及说明	计算结果
7	轴的设计计算（略）	参见学习情境5	
8	绘制齿轮泵装配图	齿轮泵装配示意图如下图所示 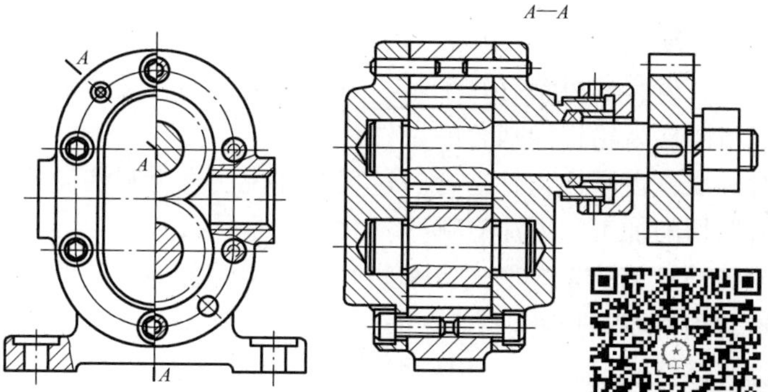 A—A	

3. 编写设计说明书

齿轮泵设计说明书主要包括以下几方面内容：

1）封面。

2）目录。

3）设计任务书，主要为齿轮泵的设计条件，包括排量、压力、工作环境等设计必需的条件。

4）设计方案的选择和确定。

5）设计计算，包括压力、流量、功率、齿轮几何尺寸、强度、刚度、寿命等必需的计算。重要部分，但齿轮泵无需计算的须注明原因。

6）设计总结。

7）参考文献。

齿轮泵设计说明书的封面格式与书写格式可参考图3-20。

任务实施

任务实施过程见表4-18。

表4-18　设计计算齿轮泵任务实施过程

步　骤	内　容	教师活动	学生活动	成　果
1	齿轮泵拆装实验	布置任务，指导学生活动	对齿轮泵进行拆装，观察齿轮泵中各零部件的作用	1. 齿轮泵装配图和零件图 2. 设计计算说明书
2	齿轮泵设计计算	布置任务，演示引导，指导学生活动	课堂学习讨论，并按教师给定的设计任务书分组进行齿轮泵的设计	

思考训练题

4-1 试述齿轮泵的分类及工作原理。

4-2 渐开线具有哪些重要的特点?

4-3 何谓齿轮的分度圆?

4-4 渐开线标准直齿圆柱齿轮有几个基本参数?它们的含义分别是什么?

4-5 渐开线直齿圆柱齿轮正确啮合的条件是什么?

4-6 试述一对标准直齿圆柱齿轮啮合的过程,并说明直齿圆柱齿轮连续传动的条件。

4-7 渐开线齿廓切削加工的方法有哪些?其特点是什么?

4-8 圆柱齿轮传动常见的失效形式有哪些?简要说明各种失效形式的现象及影响因素。

4-9 圆柱齿轮常用材料和热处理有哪些?

4-10 提高齿面接触疲劳强度和齿根弯曲疲劳强度的措施有哪些?

4-11 一对标准外啮合直齿圆柱齿轮传动,已知 $z_1=19$,$z_2=68$,$m=2\text{mm}$,$\alpha=20°$。试计算小齿轮的分度圆直径、齿顶圆直径、齿根圆直径、基圆直径、齿距以及齿厚和齿槽宽。

4-12 一正常齿制标准直齿圆柱齿轮,因轮齿损坏需要更换,现测得齿顶圆直径 $d_a=71.95\text{mm}$,齿数 $z=22$。试求该齿轮的主要尺寸。

4-13 一对正确安装的渐开线标准直齿圆柱齿轮(正常齿制),已知 $m=4\text{mm}$,$z_1=25$,$z_2=125$。求传动比 i 和中心距 a。

4-14 在技术改造中计划使用两个现成的标准直齿齿轮,已测得齿数 $z_1=22$,$z_2=98$,小齿轮齿顶圆直径 $d_{a1}=240\text{mm}$,大齿轮的齿高 $h=22.5\text{mm}$。试判断这两个齿轮能否正确啮合。

4-15 有一单级闭式直齿圆柱齿轮传动。已知小齿轮材料为45钢,调质处理,齿面硬度为250HBW,大齿轮材料为ZG45,正火处理,硬度为190HBW,$m=4\text{mm}$,齿数 $z_1=25$,$z_2=73$,齿宽 $b_1=84\text{mm}$,$b_2=78\text{mm}$,8级精度,齿轮在轴上对称布置,齿轮传递功率 $P_2=4\text{kW}$,转速 $n_2=720\text{r/min}$,单向转动,载荷有中等冲击,用电动机驱动。试校核齿轮传动的强度。

4-16 轴按其承受载荷情况可分哪三种类型?举例说明。

4-17 试举出日常生活、实训中所见到的轴的例子,并说明它们的类型。

4-18 轴的常用材料有哪些?若轴的刚度不够,是否可以采用高强度合金钢来提高刚度?为什么?

4-19 设计一齿轮泵,设计数据:理论排量 $q=125\text{mL/r}$,额定压力 $p=2.5\text{MPa}$,额定转速 $n=1450\text{r/min}$,工作介质油液的黏度为 $22\text{mm}^2/\text{s}$,容积效率 $\eta\geqslant90\%$。使用年限10年,工作为两班工作制,载荷平稳,环境清洁。设计内容:根据给定要求设计齿轮泵,完成齿轮泵装配图;编写设计计算说明书一份。

学习情境 5

设计带式输送机的传动装置

技能目标：以带式输送机的传动装置为载体，通过综合设计训练，达到以下目的：

1）巩固、加深所学知识，掌握经验估算等机械设计的基本技能。

2）提高设计能力，如计算能力、绘图能力和计算机辅助设计（CAD）能力等，熟悉设计资料（标准、规范、手册、图表等）的使用方法。

3）培养分析和解决工程实际问题的能力，勇于创新、敬业乐业的工作作风，良好的职业道德及团队协作精神。

知识目标：掌握常用机械零件及简单机械传动装置的一般设计方法和设计步骤。

教学方法提示：可通过参观带式输送机传动装置实物、拆装减速器以及播放动画、视频、录像等辅助手段进行教学设计。

任务 5.1 带式输送机的结构分析及传动方案设计

任务描述

带式输送机是组成有节奏的流水作业线所不可缺少的经济型物料输送设备。本任务要求结合实际，了解带式输送机的结构组成和工作原理，并学会带式输送机传动方案的分析和设计。

相关知识

高转筒车——古代输送机的应用

5.1.1 带式输送机的应用

带式输送机的应用非常广泛，在各种现代化工业企业，如冶金、电力、煤炭、化工、建材、印刷、邮电、食品等行业中，都有它的应用，它是物料输送、产品生产线、物件分拣中不可缺少的机电设备。带式输送机按其输送能力，可分为重型输送机（如矿用带式输送机）、轻型输送机（如用于电子、食品轻工、化工医药等行业的带式输送机）。常见的带式输送机如图 5-1 所示。

5.1.2 带式输送机的结构与工作原理

带式输送机的典型结构如图 5-2 所示，它主要由输送带辊筒、输送带、主辊筒、支架、传动装置和电动机等组成。其工作原理为：电动机通过传动装置驱动主辊筒轴转动，主辊筒与输送带之间的静摩擦力使输送带运动，以挠性输送带作为物料承载件和牵引件，

a)

b)

图 5-1　常见的带式输送机

a）用于输送物料的带式输送机　b）用于采矿的带式输送机

依靠输送带与物料之间的静摩擦力使物料与输送带一起向同一方向运动，从而完成物料的输送工作。

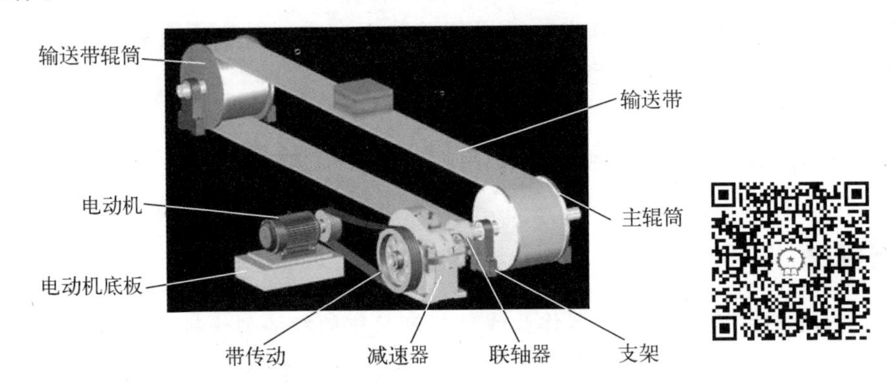

图 5-2　带式输送机的典型结构

带式输送机具有输送能力强、输送距离远、结构简单、易于维护、对物料适应性强，能方便地实现程序化控制和自动化操作等优点。运用输送带的连续或间歇运动来输送 100kg 以下的物品时，其运行平稳、噪声小，并可实现上下坡传送。

带式输送机既可输送碎散物料，又可输送成件物品；既可单机应用，也可与机械手、提升机、装配线等设备组成自动化生产线，以实现生产环节的连续性和自动化，提高生产率，减轻工人的劳动强度。

5.1.3　带式输送机传动方案的设计

机器通常由原动机（电动机、内燃机等）、传动装置和工作机三部分组成。

传动装置位于原动机和工作机之间，一般包括传动件（如带传动、齿轮传动、蜗杆传动等）和支承件（轴、轴承、箱体等）两部分。它的功能是根据工作机的要求，将原动机的运动和动力传递给工作机。实践表明，传动装置设计得合理与否，对机器的性能、尺寸、质量及成本都有很大影响。因此，合理地设计传动装置是机器设计工作中的重要一环，而合理地拟定传动方案又是保证传动装置设计质量的基础。

传动方案一般由机构运动简图表示，它直接反映工作机、传动装置和原动机三者间运动和动力的传递关系。设计机械传动装置时，首先应根据设计任务书拟定传动方案。如果设计任务书中已给出传动方案，则可以论述该方案的合理性，也可以提出修改意见或另行拟定更合理的方案。

拟定传动方案的重要依据是工作机能够实现预定的运动功能。但实现一种预定功能往往可通过采用不同的传动机构类型、改变各级传动的布置顺序，以及在保证总传动比相同的前提下，分配给各级传动机构不同的分传动比来获得，所以满足传动要求的传动方案可能有很多，图5-3所示为带式输送机的三个传动方案。这三个方案采用的原动机均为电动机，可传动装置各不相同。图5-3a所示方案的传动装置主要由带传动和一级直齿圆柱齿轮减速器组成；图5-3b所示方案的传动装置为一级蜗杆减速器；图5-3c所示方案的传动装置为圆柱－锥齿轮二级减速器。要从多个传动方案中选出最好的方案，除了了解各种减速器的特点外，还必须了解各种传动的特点和选择原则。

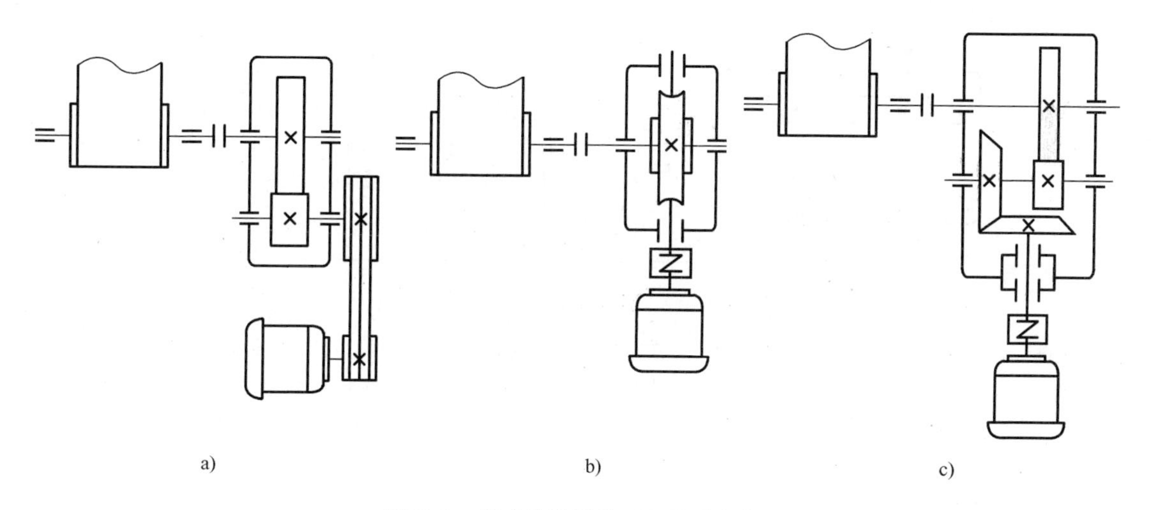

图5-3　带式输送机的三个传动方案

1. 减速器的类型、特点及应用

工程上，减速器的类型有很多。常用减速器的类型、特点及应用见表5-1。

表5-1　常用减速器的类型、特点及应用

类　　型	运 动 简 图	推荐传动比	特点及应用
一级圆柱齿轮减速器		直齿 $i \leqslant 4$ 斜齿 $i \leqslant 6$	轮齿可做成直齿、斜齿或人字齿，传递功率可达上万千瓦，效率比较高、工艺简单、精度易于保证，一般工厂均能制造，应用广泛 直齿用于速度较低（$v \leqslant 8\text{m/s}$）、载荷较轻的传动；斜齿用于速度较高的传动；人字齿用于载荷较重的传动中。减速器箱体通常用铸铁做成，单件或小批量生产时，可采用焊接结构。轴承一般采用滚动轴承，重载或速度特别高时则采用滑动轴承

（续）

类型		运动简图	推荐传动比	特点及应用
二级圆柱齿轮减速器	展开式	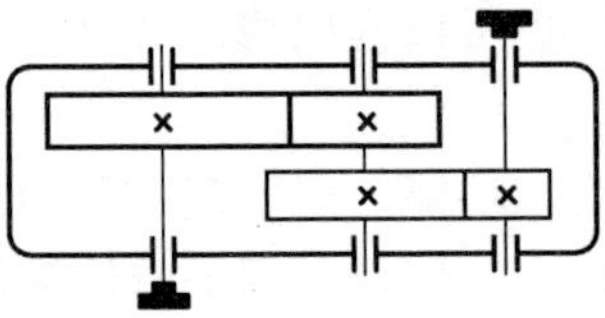	$i=i_1i_2$ $i=8\sim40$	一般采用斜齿轮，低速级也可采用直齿轮。总传动比较大，结构简单，应用广泛。由于齿轮相对于轴承为不对称布置，因而沿齿宽载荷分布不均匀，要求轴有较大的刚度。高速级齿轮宜布置在远离转矩输入端，以使轴在转矩作用下产生的扭转变形和在弯矩作用下产生的弯曲变形可部分地互相抵消，从而减轻沿齿宽载荷分布不均匀的现象。适用于载荷比较平稳的场合
	分流式	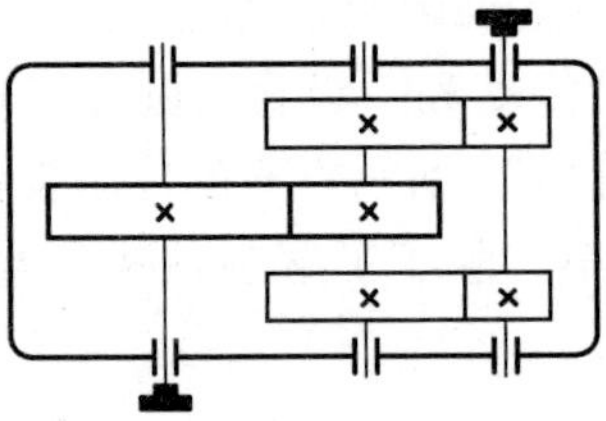	$i=i_1i_2$ $i=8\sim40$	结构较复杂，高速级一般用斜齿，低速级可用直齿或人字齿。齿轮相对于轴承为对称布置，沿齿宽载荷分布较均匀。适用于大功率、变载荷的场合
	同轴式	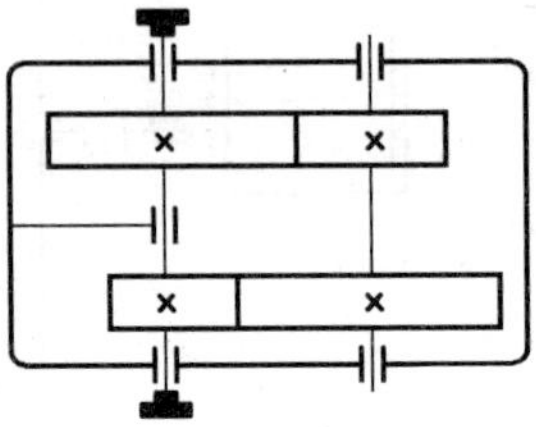	$i=i_1i_2$ $i=8\sim40$	减速器横向尺寸较小，轴向尺寸大，且中间轴较长、刚度差，使沿齿宽载荷分布不均匀。两大齿轮浸油深度大致相同，有利于浸油润滑
一级锥齿轮减速器		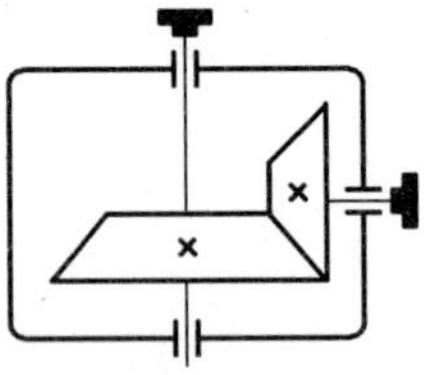	直齿 $i\leqslant3$ 斜齿 $i\leqslant5$	传动比不宜太大，以减小大齿轮的尺寸，方便加工。制造、安装复杂，成本高，适用于两轴垂直相交的传动
二级圆柱－锥齿轮减速器		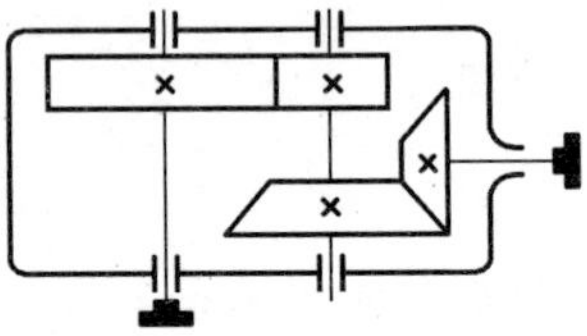	$i=i_1i_2$ $i=8\sim15$	特点同一级锥齿轮减速器，锥齿轮应置于高速级，以减小锥齿轮的尺寸，便于加工
一级蜗杆减速器	蜗杆下置式	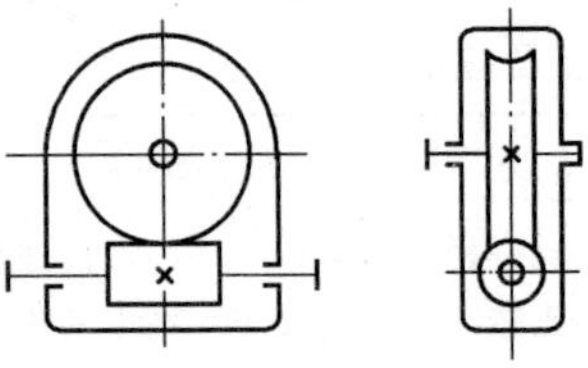	$i=10\sim40$	蜗杆布置在蜗轮的下方，啮合处的润滑、冷却条件较好，蜗杆轴承润滑也方便，但当蜗杆圆周速度高时，搅油损失大，所以一般适用于蜗杆圆周速度 $v\leqslant4\mathrm{m/s}$ 的场合
	蜗杆上置式	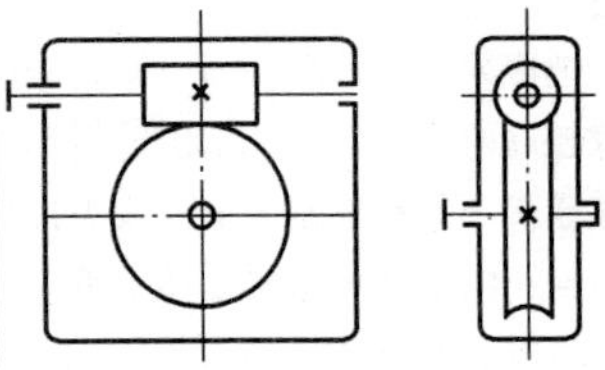	$i=10\sim40$	蜗杆布置在蜗轮的上方，蜗杆轴承润滑较差，一般适用于蜗杆圆周速度 $v>4\mathrm{m/s}$ 的场合

（续）

类　型	运动简图	推荐传动比	特点及应用
二级蜗杆减速器		$i=i_1 i_2$ $i=300\sim800$	传动比大，结构紧凑，但效率低。适用于小功率、大传动比而结构紧凑的场合

2. 传动机构类型的选择原则

1）小功率传动时，宜选用结构简单、价格便宜、标准化程度高的传动机构，以降低制造成本。

2）大功率传动时，应优先选用传动效率高的传动机构，如齿轮传动，以降低能耗。

3）工作中可能出现过载的工作机，应选用具有过载保护作用的传动机构，如带传动，但在易燃、易爆场合，不能选用带传动，以防止摩擦静电引起火灾。

4）载荷变化较大、换向频繁的工作机，应选用具有缓冲吸振能力的传动机构，如带传动。

5）工作温度较高、潮湿、多粉尘、易燃、易爆等场合，宜选用链传动、闭式齿轮或蜗杆传动。

6）要求两轴间保持准确的传动比时，应选用齿轮或蜗杆传动。

3. 各类传动机构在多级传动中的布置原则

1）带传动承载能力较低，但传动平稳、缓冲吸振能力强，宜布置在高速级。

2）链传动运转不平稳、有冲击，宜布置在低速级。

3）蜗杆传动效率低，但传动平稳，当其与齿轮传动同时应用时，宜布置在高速级。

4）当传动中有圆柱齿轮和锥齿轮传动时，锥齿轮传动宜布置在高速级，以减小锥齿轮的尺寸。

5）对于开式齿轮传动，由于其工作环境较差、润滑不良，为减少磨损，宜布置在低速级。

6）斜齿轮传动比较平稳，常布置在高速级。

合理的传动方案首先应满足工作机的性能要求和工作条件，此外，还应具有结构简单、尺寸紧凑、成本低、传动效率高和操作维护方便等特点。要同时满足上述要求是很困难的，设计过程中一般应根据具体的设计任务有侧重点地保证主要设计要求，选用比较合理的方案。

4. 带式输送机传动方案的设计过程（见表5-2）

表5-2　带式输送机传动方案的设计过程

步骤	计算项目	计算内容及说明	计算结果
1	设计任务	设计一个运输散粒物料（如粮食）的带式输送机传动装置，拟订其传动方案	
2	已知条件	已知输送带的工作拉力 $F=2\,000\mathrm{N}$，输送带的工作速度 $v=1.30\mathrm{m/s}$，卷筒直径 $D=180\mathrm{mm}$，输送带卷筒效率（包括轴承）$\eta_w=0.94$，输送机连续单向运转，载荷平稳，空载起动，使用期10年，小批量生产，两班制工作，运输带速度允许误差为 ±5%	

（续）

步骤	计算项目	计算内容及说明	计算结果
3	传动方案的拟定	传动方案的拟定就是根据工作机的性能要求和工作条件，选择合适的传动机构类型，确定各级传动的布局、顺序和各组成部分的连接方式，绘制出传动方案的运动简图 根据设计任务知道，该输送机是轻型输送机，没有特殊要求。拟定该输送机的传动方案如下图所示，带传动与电动机相连，布置在高速级，减速器采用一级直齿圆柱齿轮减速器 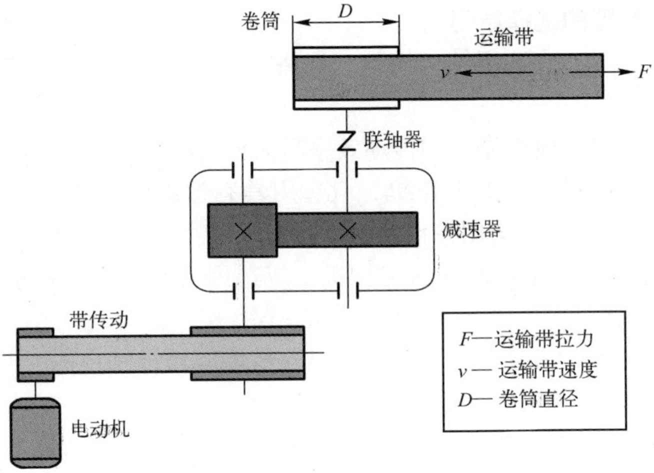 F—运输带拉力 v— 运输带速度 D— 卷筒直径 带式输送机传动方案	

任务实施

任务实施过程见表5-3。

表5-3 带式输送机的结构分析及传动方案设计任务实施过程

步骤	内容	教师活动	学生活动	成果
1	了解带式输送机的结构组成和工作原理	先把工作任务单与工作记录单发给学生，明确本情境的工作任务和要求；然后带领学生参观带式输送机传动装置实物	课外调研，课堂学习讨论	1. 小组讨论记录 2. 课堂汇报 3. 完成带式输送机传动方案的拟订
2	学会传动方案设计	演示带式输送机的结构、工作原理与应用；讲授传动方案设计的方法。然后布置任务，指导学生活动	先拟订几个方案，最后根据具体的工作要求择优选择	

任务5.2 选择电动机

任务描述

电动机是最常用的原动机，已经标准化、系列化。本任务是按照工作机的要求，根据任务5.1中所拟定的传动方案选择电动机的类型、结构形式、容量和转速，并学习在产品目录中查找其型号和尺寸的方法。

相关知识

5.2.1 电动机类型和结构形式的选择

电动机是一种标准化系列化产品，一般由专门工厂批量生产，设计使用时只需根据工作机的要求和拟定的传动方案合理选择其类型和参数，并从产品目录中查出相对应的型号和有关尺寸，以便购置。

1. 类型选择

电动机分交流电动机和直流电动机两种，工厂一般采用三相交流电，因而多采用交流电动机。交流电动机有异步电动机和同步电动机两类，异步电动机又分为笼型和绕线型两种，其中以普通笼型异步电动机应用最多。目前应用最多的是Y系列自扇冷式笼型三相异步电动机（图5-4），因为其结构简单、工作可靠、价格低廉，维护方便、起动性能好，可适用于不易燃、不易爆、无腐蚀性气体、无特殊要求的场合，如机床、农机、风机、运输机、轻工机械等。在经常需要起动、制动和正、反转的场合（如起重机械、冶金设备等），则要求电动机的转动惯量小、过载能力大，此时应选用起重及冶金用YZ型（笼型）或YZR型（绕线型）三相异步电动机。

图5-4　Y系列自扇冷式笼型三相异步电动机

2. 结构形式选择

电动机的结构形式按其安装位置的不同可分为卧式与立式两种。卧式电动机的转轴是水平安放的，立式电动机的转轴则与地面垂直，两种安装方式的电动机使用的轴承不同，因此不能随便混用。一般情况下应选用卧式电动机；立式电动机的价格较高，只有在为了简化传动装置，又必须垂直运转时才采用（如钻床）。

为了防止电动机被周围的媒介质所损坏，或因电动机本身的故障引起事故，应根据不同的环境选择适当的防护类型。电动机外壳的防护形式分为开启式、防护式、封闭式和防爆式等。电动机的额定电压一般为380V。

（1）开启式　这种电动机价格便宜，散热条件好，但容易侵入水汽、铁屑、灰尘、油垢等，从而影响电动机的寿命及正常运行，因此只能用于干燥及清洁的环境中。

（2）防护式　这种电动机机座下面有通风口，散热较好，可防止水滴、铁屑等杂物从与垂直方向呈小于45°的方向落入电动机内部，但不能防止潮气及灰尘的侵入，因此适用于干燥和灰尘不多，没有腐蚀性和爆炸性气体的环境。

（3）封闭式　这类电动机一般可分为自扇冷式、他扇冷式及密封式三类。自扇冷式和他扇冷式电动机可用在潮湿、多腐蚀性灰尘、易受风雨侵蚀等的环境中；密封式电动机一般用于浸入水中的机械（如潜水泵电动机），因为其密封性好，所以水和潮气均不能侵入，这种电动机的价格较高。

（4）防爆式　这类电动机应用在有爆炸危险的环境（如在矿井下或油池附近等）中，对于湿热地带或船用电动机还有特殊的防护要求。

5.2.2 电动机功率（容量）的确定

电动机功率（容量）的确定直接影响到电动机工作性能和经济性能的好坏。如果所选电动机的功率小于工作要求，则不能保证工作机的正常工作，或使电动机长期过载而提早损坏；如果所选电动机功率太大，则电动机经常不能满载运行，功率因数和效率太低，从而增加电能消耗，造成浪费。因此，设计时一定要选择合适的电动机功率。

（1）确定工作机所需功率 P_w　工作机所需功率 P_w 应由机器的工作阻力和运动参数计算确定。设计时，可按设计任务书中给定的工作机参数（F、v 或 T、n）按下式计算求得

$$P_w = \frac{Fv}{1\,000\eta_w} \tag{5-1}$$

$$P_w = \frac{Tn_w}{9\,550\eta_w} \tag{5-2}$$

式中　P_w——工作机所需功率，单位为kW；

F——工作机的工作阻力，单位为N；

v——工作机的线速度，单位为m/s；

T——工作机的阻力矩，单位为N·m；

n_w——工作机的转速，单位为r/min；

η_w——工作机的效率。

（2）确定电动机的输出功率 P_d　考虑传动系统的功率损耗，电动机输出功率为

$$P_d = \frac{P_w}{\eta} \tag{5-3}$$

式中　P_d——电动机的输出功率，单位为kW；

η——从电动机至工作机的传动装置总效率。

$$\eta = \eta_1\eta_2\eta_3\cdots\eta_n \tag{5-4}$$

式中，η_1、η_2、η_3、…、η_n 分别为传动装置中的各传动副（如带传动、齿轮传动等）、每个联轴器及各对轴承的效率，其效率概略值可按表5-4选取。当表中给出的效率值有一个范围时，一般取中间值；当工作条件差、加工精度低、润滑为脂润滑或维护不良时，应取低值；反之，应取高值。

（3）确定电动机额定功率 P_{ed}　在连续运转的条件下，电动机发热不超过许可温度的最大功率称为额定功率，用 P_{ed} 表示。根据计算的电动机输出功率 P_d，可确定电动机的额定功

率 P_{ed}。因本学习情境所要设计的带式输送机一般为长期连续运转、载荷不变或很少变化的机械，所以应使电动机的额定功率 P_{ed} 等于或稍大于电动机的工作功率 P_d，即 $P_{ed} \geq P_d$，这样电动机在工作时就不会过热。

表 5-4　机械传动效率概略值

种类		效率（η）	种类		效率（η）
圆柱齿轮传动	经过跑合的6级精度和7级精度齿轮传动（稀油润滑）	0.98～0.99	联轴器	弹性联轴器	0.99～0.995
	8级精度的一般齿轮传动（稀油润滑）	0.97		十字滑块联轴器	0.97～0.99
	9级精度的齿轮传动（稀油润滑）	0.96		齿式联轴器	0.99
	加工齿的开式齿轮传动（脂润滑）	0.94～0.96		万向联轴器（$\alpha>3°$）	0.95～0.97
	铸造齿的开式齿轮传动	0.90～0.93		万向联轴器（$\alpha\leq3°$）	0.97～0.98
锥齿轮传动	经过跑合的6级和7级精度的齿轮传动（稀油润滑）	0.97～0.98	链传动	片式关节链	0.95
	8级精度的一般齿轮传动（稀油润滑）	0.94～0.97		滚子链	0.96
	加工齿的开式齿轮传动（脂润滑）	0.92～0.95		齿形链	0.97
	铸造齿的开式齿轮传动	0.88～0.92	滑动轴承	润滑不良	0.94(一对)
蜗杆传动	自锁蜗杆	0.40～0.45		润滑正常	0.97(一对)
	单头蜗杆	0.70～0.75		润滑很好（压力润滑）	0.98(一对)
	双头蜗杆	0.75～0.82		液体摩擦润滑	0.99(一对)
	三头和四头蜗杆	0.80～0.92	滚动轴承	球轴承	0.99(一对)
带传动	平带无张紧轮的传动	0.98		滚子轴承	0.98(一对)
	平带有张紧轮的传动	0.97	丝杠传动	滑动丝杠	0.30～0.60
	平带交叉传动	0.90		滚动丝杠	0.85～0.95
	V带传动	0.96	卷筒		0.94～0.97

5.2.3　电动机转速的确定

同一类型、相同额定功率的电动机，有几种不同的同步转速（即磁场转速）可供选择。三相异步电动机常用的同步转速有四种，即3 000r/min、1 500r/min、1 000r/min和750r/min。同步转速低的电动机，其磁极数多，外廓尺寸及质量较大，价格较高，但可使传动装置的总传动比及尺寸减小；同步转速高的电动机则正好相反，其磁极数少，外廓尺寸及质量较小，价格较低，但使传动装置的总传动比及尺寸增大。因此设计时，应从电动机和传动装置的总费用、传动装置的复杂程度及其机械效率等各个方面综合考虑，选取适当的电动机转速。通常选用同步转速为1 500r/min或1 000r/min的电动机。

选择电动机转速时，可先根据工作机主动轴转速 n_w 和传动装置中各级传动的合理传动比范围，推算出电动机转速的可选范围，其计算公式如下

$$n_d=(i_1 i_2 i_3 \cdots i_n)n_w \tag{5-5}$$

$$n_w = \frac{60 \times 1\,000v}{\pi D} \tag{5-6}$$

式中　　n_d——电动机转速可选范围，单位为 r/min；

i_1，i_2，…，i_n——各级传动的合理传动比范围，见表5-5；

n_w——工作机的转速，单位为 r/min；

v——工作机的线速度，单位为 m/s；

D——输送带卷筒直径，单位为 mm。

表5-5　常用机械传动的单级传动比推荐值

类　型	平带传动	V带传动	圆柱齿轮传动	锥齿轮传动	蜗杆传动	链　传　动
推荐值	2～4	2～4	3～6	直齿2～3	10～40	2～5
最大值	5	7	10	直齿6	80	7

在电动机的类型、结构、功率和转速确定后，即可从标准中查出电动机的型号，并将其型号、额定功率 P_{ed}、满载转速 n_m、电动机中心高、轴伸尺寸、键槽尺寸等记录下来，以备后续传动零件设计计算、联轴器选择之用。其中，满载转速 n_m 是指负荷达到额定功率时的电动机转速。三相交流异步电动机的铭牌上都标有额定功率和满载转速。附表I-1、I-2是Y系列三相异步电动机的技术数据和安装形式。

应当注意：进行传动装置的设计计算时，功率通常按实际需要的电动机工作功率 P_d 计算，转速则按满载转速 n_m 计算。

5.2.4　总传动比的计算和各级传动比的分配

1. 计算总传动比

传动装置的总传动比 i 计算公式如下

$$i = \frac{n_m}{n_w} \tag{5-7}$$

式中　n_m——电动机满载转速，单位为 r/min；

n_w——工作机转速，单位为 r/min。

对于多级传动，传动装置的总传动比为各级传动比的乘积，即

$$i = i_1 i_2 i_3 \cdots i_n \tag{5-8}$$

式中　i_1，i_2，…，i_n——各级传动机构的传动比。

2. 分配各级传动比

计算出总传动比后，应合理地分配各级传动比。传动比分配得合理，可以减小传动装置的外廓尺寸和质量，达到结构紧凑和成本降低的目的，还可以获得良好的润滑条件。进行传动比分配时应注意以下几点：

1）各级传动机构的传动比应在推荐的范围内选取（表5-5），不要超过最大值。

2）应使各传动件的尺寸协调，结构匀称、合理，避免互相干涉碰撞或安装不便。例如，V带传动的传动比若选得过大，将使大带轮外圆半径大于减速器中心高（图5-5），使带轮与底座或地面相碰，造成安装不便。所以，在由带传动和齿轮减速器组成的传动中，一般应使带传动的传动比小于齿轮传动的传动比。又如，在双级圆柱齿轮减速器中，若高速级传动

比选得过大（如 $i_1>2i_2$），就可能使高速级大齿轮的齿顶圆与低速轴发生干涉（图5-6）。

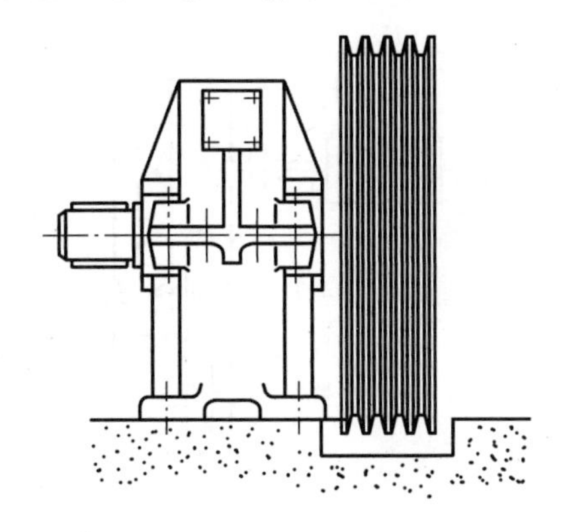

图5-5　带轮过大造成安装不便

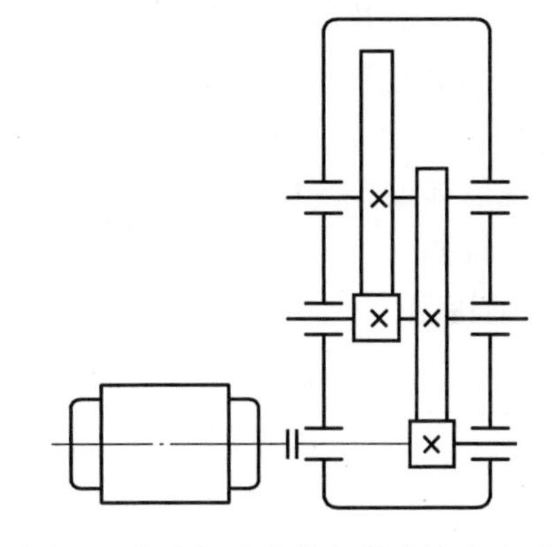

图5-6　高速级大齿轮与低速轴发生干涉

3）应尽量使传动装置的外廓尺寸紧凑、质量较小。图5-7所示为二级圆柱齿轮减速器的两种传动比分配方案，在相同的总中心距和总传动比情况下，方案a具有较小的外廓尺寸。

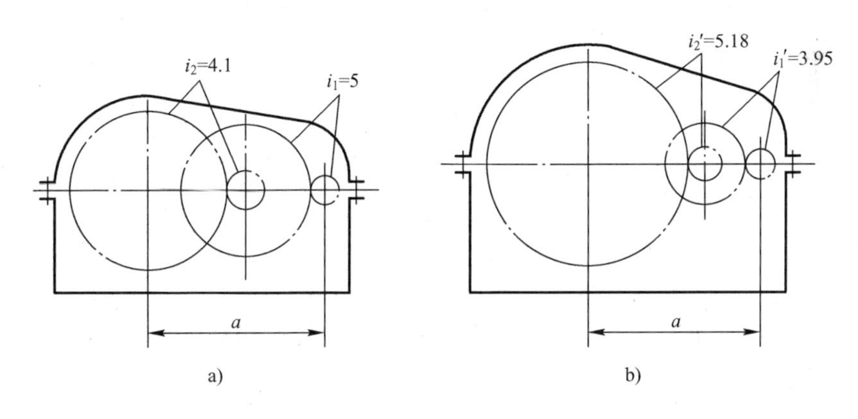

图5-7　不同传动比对外廓尺寸的影响

4）在二级减速器中，各级齿轮都应得到充分润滑。高速级和低速级的大齿轮直径应尽量相近，以利于浸油润滑。

对于展开式二级圆柱齿轮减速器，高速级传动比 i_1 和低速级传动比 i_2 一般可按 $i_1=(1.3\sim1.5)i_2$ 选取，同轴式减速器则取 $i_1=i_2$。

需要强调的是，这样分配的各级传动比只是初步选定的数值，实际传动比要根据选定的齿轮齿数或带轮基准直径准确计算。因此，可能会与由电动机到工作机计算出来的传动装置要求的传动比之间存在一定的误差。一般传动装置容许工作机实际转速与设定转速之间的相对误差为 $\pm(3\sim5)\%$。

5.2.5　传动装置的运动和动力参数的计算

在选定电动机型号、分配传动比之后，应计算传动装置各部分的功率及各轴的转速、转矩，为后面传动零件和轴的设计计算提供依据。各轴的转速可根据电动机的满载转速及传动比进行计算，传动装置各部分的功率和转矩通常是指各轴的输入功率和输入转矩。

计算各轴运动及动力参数时，应先将传动装置中的各轴从高速轴到低速轴依次编号，定为0轴（电动机轴），1轴，2轴，…，并按此顺序进行计算，现以如图5-8所示的带式输送机传动简图为例进行说明。

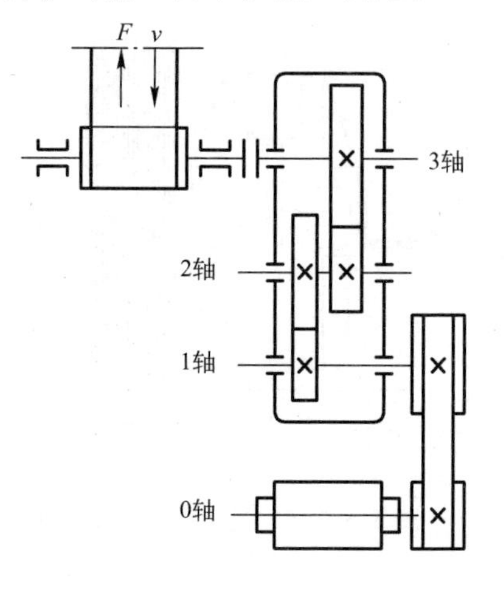

图5-8 带式输送机传动方案

1. 各轴转速

$$n_0 = n_m \tag{5-9}$$

$$n_1 = \frac{n_m}{i_{01}} \tag{5-10}$$

$$n_2 = \frac{n_1}{i_{12}} = \frac{n_m}{i_{01} i_{12}} \tag{5-11}$$

$$n_3 = \frac{n_2}{i_{23}} = \frac{n_m}{i_{01} i_{12} i_{23}} \tag{5-12}$$

式中 n_m——电动机满载转速，单位为r/min；

n_0、n_1、n_2、n_3——0轴、1轴、2轴、3轴的转速，单位为r/min；

i_{01}、i_{12}、i_{23}——电动机轴至1轴、1轴至2轴、2轴至3轴的传动比。

2. 各轴输入功率

$$P_0 = P_d \tag{5-13}$$

$$P_1 = P_d \eta_{01} \tag{5-14}$$

$$P_2 = P_1 \eta_{12} = P_d \eta_{01} \eta_{12} \tag{5-15}$$

$$P_3 = P_2 \eta_{23} = P_d \eta_{01} \eta_{12} \eta_{23} \tag{5-16}$$

式中 P_d——电动机输出功率，单位为kW；

P_0、P_1、P_2、P_3——0轴、1轴、2轴、3轴的输入功率，单位为kW；

η_{01}、η_{12}、η_{23}——电动机轴与1轴、1轴与2轴、2轴与3轴间的传动效率。

3. 各轴转矩

$$T_0 = T_d = 9\,550 \frac{P_d}{n_m} \tag{5-17}$$

$$T_1 = 9\,550 \frac{P_1}{n_1} = 9\,550 \frac{P_d}{n_m} i_{01} \eta_{01} \tag{5-18}$$

$$T_2 = 9\,550 \frac{P_2}{n_2} = 9\,550 \frac{P_d}{n_m} i_{01} i_{12} \eta_{01} \eta_{12} \tag{5-19}$$

$$T_3 = 9\,550 \frac{P_3}{n_3} = 9\,550 \frac{P_d}{n_m} i_{01} i_{12} i_{23} \eta_{01} \eta_{12} \eta_{23} \tag{5-20}$$

式中 T_d——电动机输出转矩，单位为N·m；

T_0、T_1、T_2、T_3——0轴、1轴、2轴、3轴的输入转矩，单位为N·m。

运动和动力参数的计算结果经整理后，应填入相应的表格中，以备后面设计时使用。

5.2.6 电动机的选择设计过程

电动机的选择设计过程和步骤见表5-6。

表 5-6　电动机的选择设计过程和步骤

步骤	计 算 项 目	计算内容及说明	计 算 结 果
1	设计任务	按照工作机的要求，根据任务 5.1 所拟订的传动方案进行电动机的选择设计 原始数据：运输带工作拉力 $F = 2\,000\text{N}$ 运输带工作速度 $v = 1.30\text{m/s}$ 卷筒直径 $D = 180\text{mm}$ 卷筒效率（包括轴承）$\eta_w = 0.94$ 工作条件：连续单向运转，载荷平稳，空载起动，使用期 10 年，小批量生产，两班制工作，运输带速度允许误差为 ±5%	
2	给各轴编号	从高速轴到低速轴依次编号，定为 0 轴（电动机轴）、1 轴和 2 轴，如下图所示 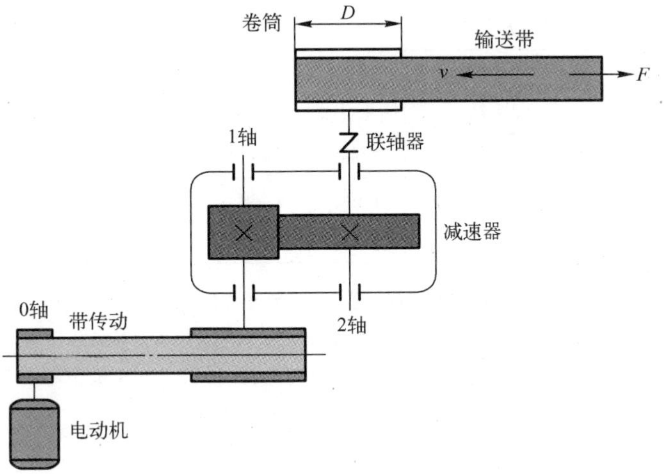 带式输送机传动方案及各轴编号	
3	选择电动机类型	按已知的工作要求和工况条件，选用 Y 系列自扇冷式笼型三相异步电动机，封闭式结构，电压为 380V	Y 系列自扇冷式笼型三相异步电动机
4	确定电动机功率	（1）工作机所需功率为 $P_w = \frac{Fv}{1\,000\eta_w} = \frac{2\,000 \times 1.3}{1\,000 \times 0.94}\text{kW} \approx 2.77\text{kW}$ （2）电动机所需工作功率为 $P_d = \frac{P_w}{\eta}$ 由电动机至卷筒的传动装置总效率为 $\eta = \eta_1 \eta_2 \eta_3 \eta_4$ 式中，η_1、η_2、η_3、η_4 分别为带传动、齿轮传动轴承、齿轮传动、联轴器的效率。查表 5-4，取 $\eta_1 = 0.96$（带传动），$\eta_2 = 0.99$（球轴承），$\eta_3 = 0.97$（设齿轮精度为 8 级），$\eta_4 = 0.99$（弹性联轴器），则 $P_d = \frac{P_w}{\eta} = \frac{P_w}{\eta_1 \eta_2^2 \eta_3 \eta_4} = \frac{2.77}{0.96 \times 0.99^2 \times 0.97 \times 0.99}\text{kW} \approx 3.07\text{kW}$ 由附表 I－1，可选取额定功率为 $P_{ed} = 4\text{kW}$ 的电动机	$P_w \approx 2.77\text{kW}$ $P_d \approx 3.07\text{kW}$ $P_{ed} = 4\text{kW}$

（续）

<table>
<tr><th>步骤</th><th>计算项目</th><th>计算内容及说明</th><th>计算结果</th></tr>
<tr><td>5</td><td>确定电动机转速</td><td>
卷筒轴工作转速为
$$n_w=\frac{60\times1\,000v}{\pi D}=\frac{60\times1\,000\times1.3}{3.14\times180}\text{r/min}\approx138\text{r/min}$$
按表5-5推荐的合理传动比范围，取 $i_{带}=2\sim4$，$i_{齿}=3\sim6$，则从电动机到卷筒轴的总传动比合理范围为 $i_{总}=6\sim24$。故电动机转速的可选范围为
$$n_d=i_{总}n_w=(6\sim24)\times138\text{r/min}=828\sim3\,312\text{r/min}$$
符合这一范围的电动机同步转速有1 000r/min、1 500r/min和3 000r/min三种。根据相同功率（容量）的三种转速，从附表Ⅰ-1查出有三种适用的电动机型号，再将总传动比合理分配给V带传动和齿轮传动，即可得到三种传动比方案，见下表。
<table>
<tr><th rowspan="2">方案</th><th rowspan="2">电动机型号</th><th>额定功率</th><th colspan="2">电动机转速 r/min</th><th colspan="3">传动装置的传动比</th></tr>
<tr><th>P_{ed}/kW</th><th>同步转速</th><th>满载转速</th><th>总传动比</th><th>V带</th><th>齿轮</th></tr>
<tr><td>1</td><td>Y132M1-6</td><td>4</td><td>1 000</td><td>960</td><td>6.96</td><td>2</td><td>3.48</td></tr>
<tr><td>2</td><td>Y112M-4</td><td>4</td><td>1 500</td><td>1 440</td><td>10.43</td><td>3</td><td>3.47</td></tr>
<tr><td>3</td><td>Y112M-2</td><td>4</td><td>3 000</td><td>2 890</td><td>20.94</td><td>4</td><td>5.235</td></tr>
</table>
综合考虑电动机和传动装置的尺寸、质量及带传动和齿轮传动的传动比，本例选用第一种方案，即选用电动机型号为Y132M1-6，其满载转速 $n_m=960\text{r/min}$，额定功率 $P_{ed}=4\text{kW}$。由附表Ⅰ-3查得，电动机中心高 $H=132\text{mm}$，输出轴段尺寸为 $\phi38\text{mm}\times80\text{mm}$，键宽10mm
因为是设计专用机械，后续设计计算可取所需电动机工作功率 $P_d\approx3.07\text{kW}$ 为设计功率进行设计计算
</td><td>$n_m=960\text{r/min}$
电动机型号 Y132M1-6</td></tr>
<tr><td>6</td><td>计算总传动比和分配各级传动比</td><td>
$$i_{总}=\frac{n_m}{n_w}=\frac{960}{138}\approx6.96$$
综合考虑带传动和减速器总体尺寸选定
$$i_{01}=i_{带}=2,\text{ 则 } i_{12}=i_{齿}=\frac{i_{总}}{i_{01}}=\frac{6.96}{2}=3.48$$
</td><td>$i_{总}=6.96$
$i_{带}=2$
$i_{齿}=3.48$</td></tr>
<tr><td>7</td><td>计算运动和动力参数</td><td>
（1）各轴转速
$n_0=n_m=960\text{r/min}$
$n_1=\frac{n_m}{i_{01}}=\frac{960}{2}\text{r/min}=480\text{r/min}$
$n_2=\frac{n_1}{i_{12}}=\frac{480}{3.48}\text{r/min}\approx137.93\text{r/min}$
$n_w=n_2=137.93\text{r/min}$
（2）各轴输入功率
$P_0=P_d=3.07\text{kW}$
$P_1=P_d\eta_{01}=3.07\times0.96\text{kW}\approx2.95\text{kW}$
$P_2=P_1\eta_{12}=P_1\eta_{轴承}\eta_{齿轮}=2.95\times0.99\times0.97\text{kW}\approx2.83\text{kW}$
$P_w=P_2\eta_{2w}=P_2\eta_{轴承}\eta_{联轴器}=2.83\times0.99\times0.99\text{kW}\approx2.77\text{kW}$
</td><td>$n_0=960\text{r/min}$
$n_1=480\text{r/min}$
$n_2=137.93\text{r/min}$
$n_w=137.93\text{r/min}$
$P_0=3.07\text{kW}$
$P_1=2.95\text{kW}$
$P_2=2.83\text{kW}$
$P_w=2.77\text{kW}$</td></tr>
</table>

（续）

<table>
<tr><th>步骤</th><th>计算项目</th><th>计算内容及说明</th><th>计算结果</th></tr>
<tr><td>7</td><td>计算运动和动力参数</td><td>（3）各轴转矩
$$T_0=9\,550\frac{P_d}{n_m}=9\,550\times\frac{3.07}{960}\text{N}\cdot\text{m}=30.54\text{N}\cdot\text{m}$$
$$T_1=9\,550\frac{P_1}{n_1}=9\,550\times\frac{2.95}{480}\text{N}\cdot\text{m}=58.69\text{N}\cdot\text{m}$$
$$T_2=9\,550\frac{P_2}{n_2}=9\,550\times\frac{2.83}{137.93}\text{N}\cdot\text{m}=195.94\text{N}\cdot\text{m}$$
$$T_w=9\,550\frac{P_w}{n_w}=9\,550\times\frac{2.77}{137.93}\text{N}\cdot\text{m}=191.79\text{N}\cdot\text{m}$$
运动和动力参数计算结果列于下表
<table>
<tr><th rowspan="2">参数</th><th colspan="4">轴名</th></tr>
<tr><th>0轴（电动机轴）</th><th>1轴</th><th>2轴</th><th>卷筒轴</th></tr>
<tr><td>转速 n/(r/min)</td><td>960</td><td>480</td><td>137.93</td><td>137.93</td></tr>
<tr><td>输入功率 P/ kW</td><td>3.07</td><td>2.95</td><td>2.83</td><td>2.77</td></tr>
<tr><td>输入转矩 T/(N·m)</td><td>30.54</td><td>58.69</td><td>195.94</td><td>191.79</td></tr>
<tr><td>传动比 i</td><td>2</td><td colspan="2">3.48</td><td>1</td></tr>
</table>
</td><td>$T_0=30.54\text{N}\cdot\text{m}$
$T_1=58.69\text{N}\cdot\text{m}$
$T_2=195.94\text{N}\cdot\text{m}$
$T_w=191.79\text{N}\cdot\text{m}$</td></tr>
</table>

任务实施

任务实施过程见表5-7。

表5-7 选择电动机任务实施过程

<table>
<tr><th>步骤</th><th>内容</th><th>教师活动</th><th>学生活动</th><th>成果</th></tr>
<tr><td>1</td><td>根据已知的工作要求和工况条件，选择合适的电动机</td><td rowspan="2">布置任务，演示引导，指导学生活动</td><td rowspan="2">课外调研，课堂学习讨论，分组完成相关设计计算</td><td rowspan="2">电动机的选择设计计算说明书</td></tr>
<tr><td>2</td><td>计算总传动比、分配各级传动比；计算各轴的运动和动力参数</td></tr>
</table>

任务5.3 设计带传动

任务描述

带传动是一种常用的机械传动装置，它的主要作用是传递转矩和改变转速。本任务通过对带传动基本理论的学习，了解带传动的类型、特点及应用场合；掌握带传动的受力分析和失效形式分析方法，以及V带传动的设计方法及步骤。最后，按照任务5.1中带式输送机的工作要求和任务5.2中所计算的运动和动力参数，合理设计带传动。

相关知识

5.3.1 带传动的类型、特点及应用

如图5-9所示，带传动一般由主动轮1、从动轮2和适度张紧在两轮上的封闭环形传动带3组成，工作时靠带与带轮接触面间的摩擦或啮合来传递运动和动力。

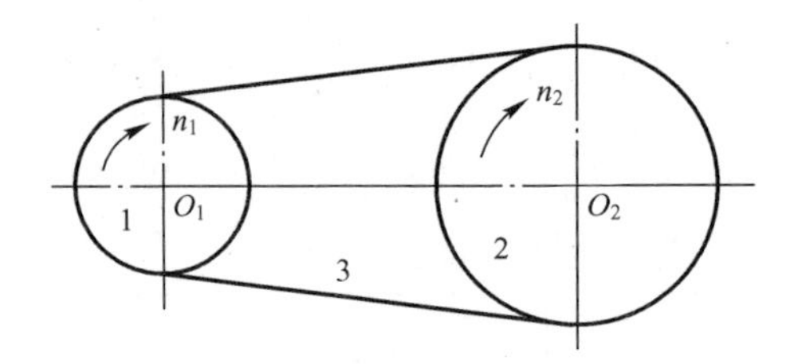

图5-9 带传动简图

1—主动轮 2—从动轮 3—传动带

1. 带传动的类型

（1）按工作原理分类

1）摩擦带传动。摩擦带传动依靠带与带轮间摩擦力的作用来传递运动和动力。其应用最广，平带传动、V带传动、多楔带传动和圆带传动都属于摩擦带传动。

2）啮合带传动。啮合带传动依靠带内侧的等距横向凸齿与带轮表面相应的齿槽相啮合来传递运动和动力，同步齿形带传动就属于啮合带传动。

（2）按带的截面形状分类 根据带的截面形状不同，带传动可以分为平带传动、V带传动、多楔带传动、圆带传动和同步带传动，如图5-10所示。

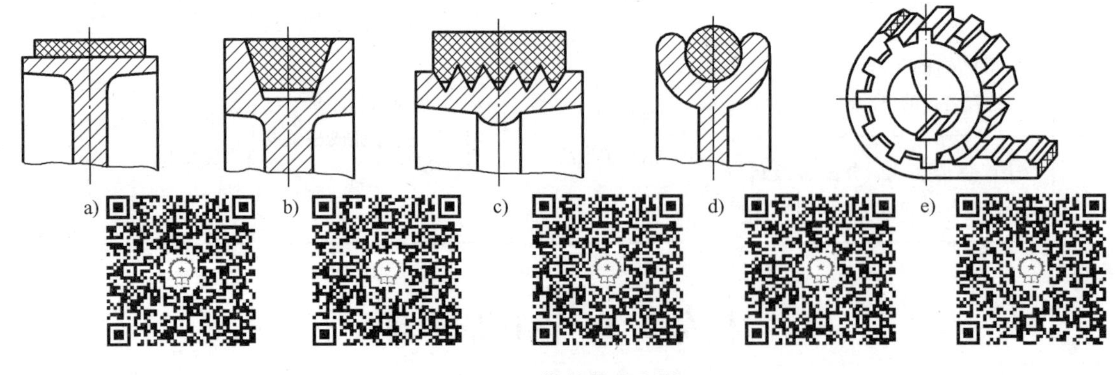

图5-10 带的截面形状

a）平带传动 b）V带传动 c）多楔带传动 d）圆带传动 e）同步带传动

1）平带。平带的横截面为扁平矩形，工作面是与轮面相接触的内表面（图5-10a），结构简单，带轮易于制造，主要用于两轴平行、转向相同的较远距离的传动。

2）V带。V带的横截面为等腰梯形，工作面是与带轮轮槽相接触的两侧面（图5-10b）。根据楔形摩擦原理，在张紧力和摩擦因数相同的条件下，V带传动较平带传动能产生更大的摩擦力，如图5-11所示，因此在相同条件下，V带能传递更大的功率，且传动平稳，故一

般机械中多采用V带传动。按其截面高度和宽度相对尺寸不同，V带又分为普通V带、窄V带、宽V带、大楔角V带和联组V带等多种类型，其中以普通V带应用最广，本任务将重点学习普通V带传动的设计。

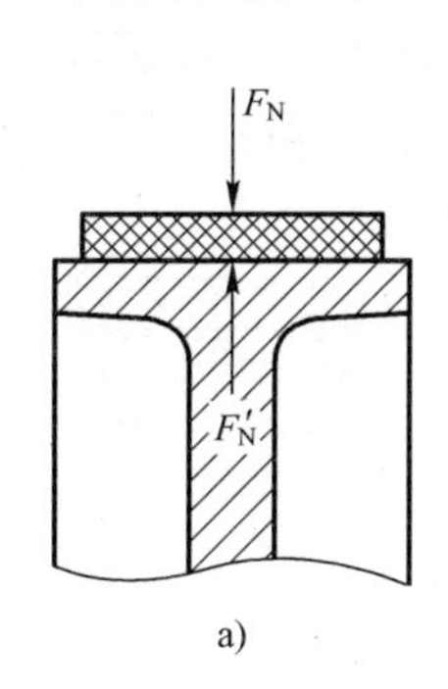

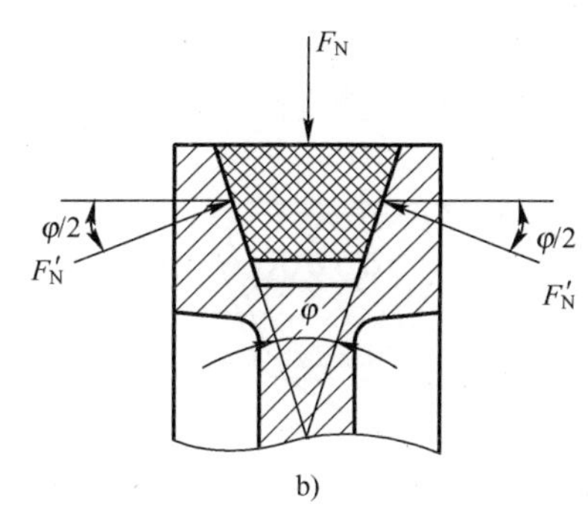

图5-11　平带和V带
a）平带　b）V带

3）多楔带。多楔带以平带为基体，内表面具有等距纵向楔面，工作面为楔的侧面（图5-10c），主要用于传递功率较大而又要求结构紧凑的场合。

4）圆带。圆带的横截面为圆形（图5-10d），仅用于缝纫机、仪器等小功率的传动。

5）同步齿形带。同步带传动是一种啮合带传动（图5-10e）。其传动比准确，轴向压力小，适用于线速度较高、传动比较大的场合；但安装和制造精度要求高。

2. 带传动的特点

与其他传动相比，带传动是一种比较经济的传动形式，带的弹性和柔性使带传动具有以下优点：

1）适用于主、从动轴间中心距较大的传动（可达15m）。

2）可吸收振动，缓和冲击，从而使传动平稳、噪声小。

3）结构简单，制造、安装和维护方便，成本低廉。

4）过载时带与带轮间会打滑，打滑虽使传动失效，但可防止损坏传动系统中的其他零件。

带传动的缺点如下：

1）带存在弹性滑动，使传动效率降低，传动比不像啮合传动那样准确（同步带除外）。

2）传动带的寿命较短，一般只能用2 000 ~ 3 000h，且不适用于高温、易燃、易爆等场合。

3）传递同样大的圆周力时，轴上的压轴力和轮廓尺寸比啮合传动大。

3. 带传动的应用

带传动的应用范围非常广，多用于两轴中心距较大、传动比要求不严格的机械中。

1）传动效率较齿轮传动低，所以大功率的带传动较为少用，常见的一般不超过50kW。

2）带速不宜过低或过高，否则会降低带传动的传动能力。带的工作速度一般为5 ~ 25m/s。

3）带传动中由于摩擦会产生电火花，故不能用于有爆炸危险的场合。

5.3.2　V带和V带轮

1. V带的结构

V带都制成无接头的环形带，其横截面结构如图5-12所示，主要由顶胶1（拉伸层）、抗拉体2（承载层）、底胶3（压缩层）和包布层4组成。顶胶和底胶用弹性好的橡胶制成，当带绕过带轮时，顶胶层受拉，底胶层受压；包布层用橡胶帆布制成，对带起保护作用；抗拉体用于承受纵向拉力，其结构形式分为线绳结构（图5-12a）和帘布结构（图5-12b）两种。线绳结构的V带柔韧性好，抗弯强度高，适用于带轮直径小、转速较高的场合；帘布结构的V带制造方便，抗拉强度高，应用较广，但易伸长、发热和脱层。

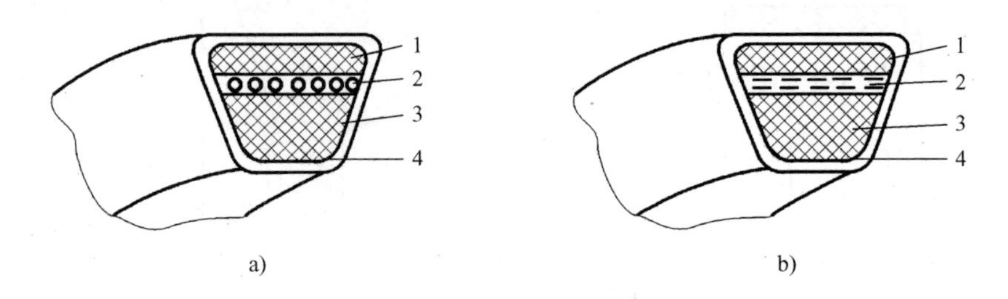

图5-12 V带的抗拉体的结构

1—顶胶 2—抗拉体 3—底胶 4——包布

2. 普通V带的型号和公称尺寸

普通V带按其截面尺寸由小到大的顺序排列，共有Y、Z、A、B、C、D、E七种型号，各型号的截面尺寸见表5-8所列，带的楔角α都是40°。在相同的条件下，截面尺寸越大，传递的功率就越大。

表5-8 普通V带的截面尺寸及V带轮轮槽尺寸（摘自GB/T 11544—2012、GB/T 13575.1—2008）

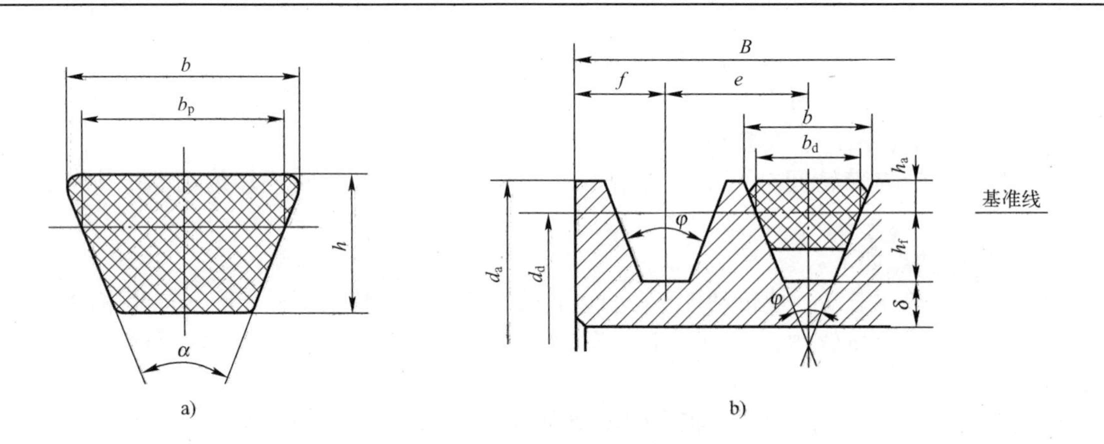

尺寸参数		V带型号						
		Y	Z	A	B	C	D	E
V带	节宽b_p/mm	5.3	8.5	11.0	14.0	19.0	27.0	32.0
	顶宽b/mm	6.0	10.0	13.0	17.0	22.0	32.0	38.0
	高度h/mm	4.0	6.0	8.0	11.0	14.0	19.0	23.0
	楔角α/(°)	40°						
	截面面积A/mm^2	18	47	81	138	230	476	692
	每米带长质量m/(kg/m)	0.023	0.06	0.105	0.17	0.30	0.63	0.97

（续）

尺寸参数				Y	Z	A	B	C	D	E
				V带型号						
V带轮轮槽尺寸	基准宽度 b_d/mm			5.3	8.5	11.0	14.0	19.0	27.0	32.0
	槽顶 b/mm			≈6.3	≈10.1	≈13.2	≈17.2	≈23.0	≈32.7	≈38.7
	基准线至槽顶高 h_{amin}/mm			1.6	2.0	2.75	3.5	4.8	8.1	9.6
	基准线至槽底深 h_{fmin}/mm			4.7	7.0	8.7	10.8	14.3	19.9	23.4
	第一槽对称面至端面距离 f_{min}/mm			6	7	9	11.5	16	23	28
	槽间距 e/mm			8±0.3	12±0.3	15±0.3	19±0.4	25.5±0.5	37±0.6	44.5±0.7
	最小轮缘厚度 δ/mm			5	5.5	6	7.5	10	12	15
	轮缘宽 B/mm			$B=(z-1)e+2f$（z为轮槽数）						
	轮缘外径 d_a/mm			$d_a=d_d+2h_a$						
	轮槽数 z 范围			1~3	1~4	1~5	1~6	3~10	3~10	3~10
	槽角 φ	32°	相对应的基准直径 d_d/mm	≤60	—	—	—	—	—	—
		34°		—	≤80	≤118	≤190	≤315	—	—
		36°		>60	—	—	—	—	≤475	≤600
		38°		—	>80	>118	>190	>315	>475	>600

当V带在V带轮上弯曲时，顶胶受拉伸长，底胶受压缩短，在二者之间有一层既不伸长也不缩短、长度和宽度均保持不变的纤维层，称为中性层，其宽度称为节宽 b_p。在V带轮上，与所配用的V带的节宽 b_p 相对应的带轮直径称为V带轮的基准直径，用 d_d 表示。V带在规定的张紧力下，位于带轮基准直径 d_d 上的周线长度称为基准长度 L_d，它用于带传动的几何计算，已标准化，见表5-9。

普通V带的标记由V带型号、基准长度公称值和标准编号三部分组成。例如，基准长度为2 000mm的C型普通V带，其标记为C　2000　GB/T 11544—2012。

V带的标记通常压印在V带的外表面上，以供识别和选用。

表5-9　普通V带基准长度系列值和带长修正系数 K_L（摘自GB/T 13575.1—2008）

基准长度 L_d/mm	带长公差/mm		带长修正系数 K_L						
公称尺寸	极限偏差	配组公差	Y	Z	A	B	C	D	E
200~500	此处略，可参考GB/T 13575.1—2008标准								
560	+13	2		0.94					
630	−6			0.96	0.81				
710	+15			0.99	0.83				
800	−7			1.00	0.85				
900	+17			1.03	0.87	0.81			
1000	−8			1.06	0.89	0.84			
1120	+19			1.08	0.91	0.86			
1250	−10			1.11	0.93	0.88			

（续）

基准长度 L_d /mm	带长公差/mm		带长修正系数 K_L						
公称尺寸	极限偏差	配组公差	Y	Z	A	B	C	D	E
1400	+23	4		1.14	0.96	0.90			
1600	-11				0.99	0.93	0.84		
1800	+27				1.01	0.95	0.85		
2000	-13				1.03	0.98	0.88		
2240	+31	8			1.06	1.00	0.91		
2500	-16				1.09	1.03	0.93		
2800	+37					1.05	0.95	0.83	
3150	-18					1.07	0.97	0.86	
3550	+44	12				1.09	0.99	0.89	
4000	-22					1.13	1.02	0.91	
4500	+52					1.15	1.04	0.93	0.90
5000	-26					1.18	1.07	0.96	0.92
5600	+63	20					1.09	0.98	0.95
6300	-32						1.12	1.00	0.97
7100	+77						1.15	1.03	1.00
8000	-38						1.18	1.06	1.02
9000~16000	略，可参看 GB/T 13575.1—2008								

3. V带轮的材料和结构

（1）V带轮的设计要求　V带轮是带传动中非常重要的机械零件，设计时应满足以下基本要求：

1）应有足够的强度和刚度，铸造或焊接内应力小。

2）质量小，结构工艺性好，质量分布均匀，制造方便。

3）轮槽工作面要经过精加工（表面粗糙度一般为 $Ra3.2\ \mu m$），以减轻带的磨损。

4）各轮槽的尺寸和角度应保持一定的精度，以使载荷分布较为均匀。

5）为保证带轮运转的平稳性，应根据带速进行带轮的动、静平衡试验。带速较低时进行静平衡试验，带速较高时进行动平衡试验。

（2）V带轮的材料　带速小于30m/s时，带轮一般用灰铸铁（HT150、HT200）制造；高速时用钢材（铸钢或用钢板冲压后焊接而成）制造，速度可达45m/s。小功率传动时，也可使用铝合金或塑料带轮。

（3）V带轮的结构　V带轮一般由轮缘、轮毂和轮辐三部分组成。轮缘是指带轮外圈的环形部分，用以安装传动带；轮毂是指带轮内圈与轴连接的部分；轮辐是指轮缘与轮毂间的连接部分。根据轮辐结构的不同，带轮可分为实心式、腹板式、孔板式和椭圆轮辐式四种，如图5-13所示。

带轮基准直径 $d_d \leq 2.5d$（d 为带轮轴孔的直径）时，可采用实心式结构（图5-13a）；

当2.5$d < d_d \leqslant$300mm时，常采用腹板式结构（图5-13b）；当$d_2 - d_1 \geqslant$100mm时，为方便吊装和减小质量，可在腹板上开孔，称为孔板式结构（图5-13c）；$d_d >$300mm时，可采用椭圆轮辐式结构（图5-13d）。

带轮的结构设计，主要是根据带轮的基准直径选择结构形式；根据V带型号确定轮槽尺寸（表5-8）；带轮的其他结构尺寸通常按经验公式（图5-13）计算确定。带轮的各部分尺寸确定后，即可绘制出零件图，并按工艺要求标注相应的技术要求。

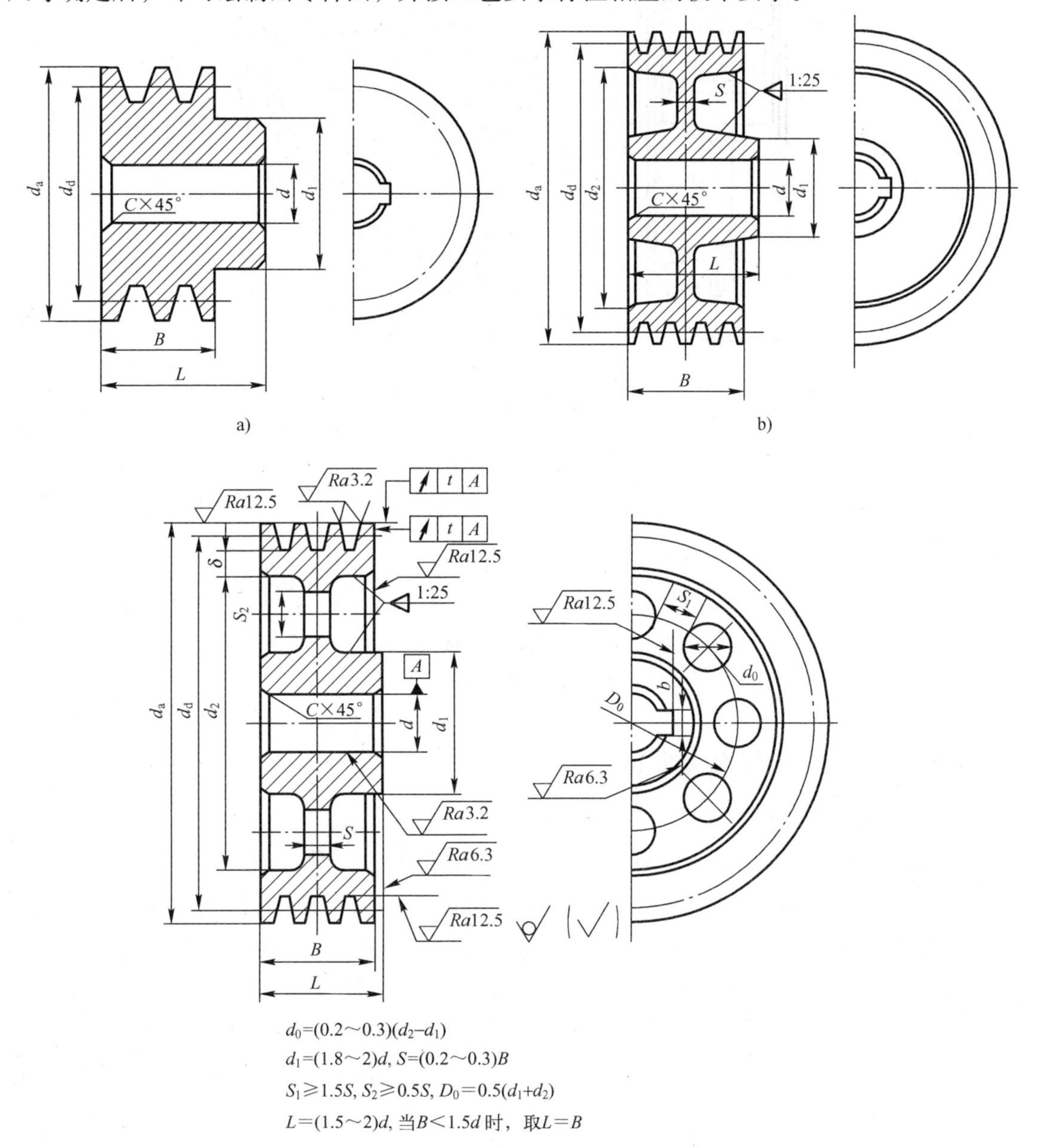

图5-13　V带轮的结构

a）实心式带轮　b）腹板式带轮　c）孔板式带轮

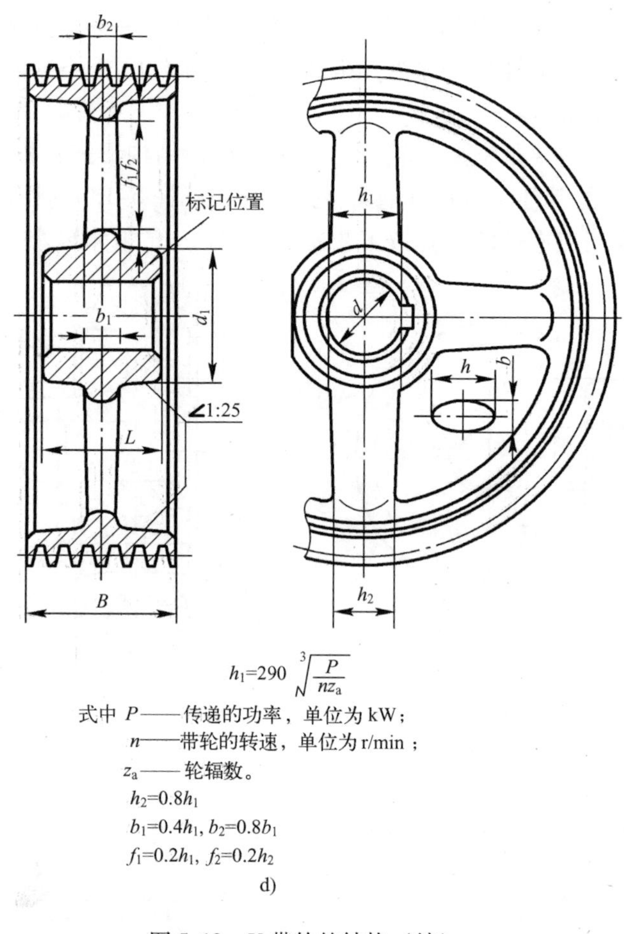

图5-13 V带轮的结构（续）

d）椭圆轮辐式带轮

5.3.3 V带传动的工作能力分析

1. 带传动的受力分析

为保证带传动的正常工作，传动带必须以一定的初拉力 F_0 张紧在两带轮上。当带传动尚未运转时，带上下两边的拉力相等，均为 F_0，如图5-14a所示。带传动工作时，带与带轮之间产生摩擦力，主动轮对带的摩擦力 F_f 的方向与带的运动方向相同，从动轮对带的摩擦力 F_f 的方向与带的运动方向相反。由于摩擦力的作用，带绕进主动轮的一边被拉紧，称为紧边，紧边拉力由 F_0 增至 F_1；带绕出主动轮的一边则被放松，称为松边，松边拉力由 F_0 降至 F_2，如图5-14b所示。假定带工作时的总长度不变，则紧边拉力的增量应等于松边拉力的减小量，即

$$F_1-F_0=F_0-F_2$$

或

$$F_1+F_2=2F_0 \tag{5-21}$$

紧边拉力与松边拉力的差起着传递功率的作用，称为带传动的有效拉力，即带所能传递的圆周力，用 F_t 表示。此力等于带与带轮接触面上各点摩擦力之和，即

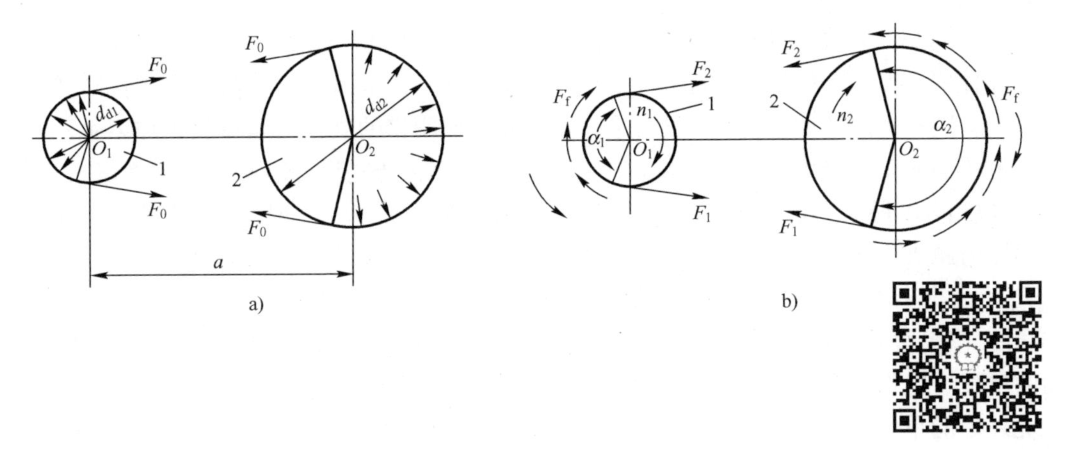

图5-14　带传动的受力分析

a）不工作时受力　b）工作时受力

$$F_t = F_1 - F_2 = \sum F_f \tag{5-22}$$

所以

$$F_1 = F_0 + \frac{F_t}{2},\quad F_2 = F_0 - \frac{F_t}{2} \tag{5-23}$$

如果传递功率为 P(kW)，传动速度为 v(m/s)，则有效圆周力 F_t(N) 与 P、v 之间的关系为

$$F_t = \frac{1\,000P}{v} \tag{5-24}$$

由式（5-23）可知，带两边拉力 F_1 和 F_2 的大小取决于初拉力 F_0 和带传动的有效圆周力 F_t；由式（5-24）可知，在带传动的传动能力范围内，F_t 的大小又和传递的功率 P 及带的速度 v 有关。当带速一定时，传递的功率增大，相应地有效圆周力 F_t 也要增大，要求带与带轮之间的摩擦力也越大。但是，当其他条件不变且初拉力 F_0 一定时，这个摩擦力有一极限值，即最大摩擦力 $\sum F_{fmax}$，只有当 $\sum F_{fmax} \geqslant F_t$ 时，带传动才能正常运转。如所需传递的圆周力（有效拉力）超过这一极限值，则带与带轮之间将产生显著的相对滑动，这种现象称为打滑，是带传动的一种失效形式，故这个极限值限制着带传动的传动能力。

另外，需要注意的是：当传递的功率 P 一定时，带速 v 小，则所需圆周力大，因此，通常把带传动布置在机械设备的高速级传动上，以减小带传递的圆周力。

在带传动中，当带在带轮上有打滑趋势时，带与带轮间的摩擦力就会达到最大值，即有效圆周力达到最大值。此时，若忽略离心力的影响，则带的紧边拉力 F_1 与松边拉力 F_2 之间的关系可用欧拉公式表示为

$$F_1 = F_2 e^{f\alpha} \tag{5-25}$$

式中　f——摩擦因数（V带传动用当量摩擦因数 f_v，$f_v = f/\sin\frac{\varphi}{2}$）；

α——带在小带轮上的包角，单位为rad；

e——自然对数的底（e = 2.718…）。

联立式（5-23）、式（5-25），可得带传动所能传递的最大有效圆周力为

$$F_{tmax} = 2F_0\left(\frac{e^{f\alpha}-1}{e^{f\alpha}+1}\right) = 2F_0\left(1-\frac{2}{1+e^{f\alpha}}\right) = F_1\left(1-\frac{1}{e^{f\alpha}}\right) \tag{5-26}$$

由式（5-26）可知，带传动的最大有效圆周力与下列因素有关：

1）初拉力 F_0。最大有效圆周力 F_{tmax}与 F_0 成正比。这是因为 F_0 越大，带与带轮间的正压力越大，则传动时的摩擦力就越大。但 F_0 过大将加剧带的磨损，缩短其工作寿命；F_0 过小时，带传动的工作能力将下降，易发生打滑。所以在带传动设计时必须合理确定 F_0 的值。

2）包角 α。最大有效圆周力 F_{tmax}与 α 成正比。因为 α 越大，带与带轮接触面上所产生的总摩擦力越大，传动能力越高。由于小带轮上的包角 α_1 较小，因此带传动的最大有效圆周力 F_{tmax}取决于小带轮上的包角 α_1 的大小。

3）摩擦因数 f。最大有效圆周力 F_{tmax}与 f 成正比。摩擦因数 f 与带及带轮的材料、摩擦表面的状况、工作环境等有关。

此外带的单位质量 m 和带速 v 对最大有效圆周力 F_{tmax}也有影响，带的 m、v 值越大，最大有效圆周力 F_{tmax}越小，故高速传动时带的质量要尽可能小。

2. 带的应力分析

传动带在工作过程中，会产生三种应力。

（1）拉应力 σ

紧边拉应力为

$$\sigma_1=\frac{F_1}{A}$$

松边拉应力为

$$\sigma_2=\frac{F_2}{A}$$

式中 F_1，F_2——紧边、松边的拉力，单位为 N；

A——带的横截面面积，单位为 mm²。

（2）弯曲应力 σ_b 带在绕过带轮时，因弯曲会产生弯曲应力，弯曲应力只发生在带与带轮的接触部分。弯曲应力 σ_b 的计算公式如下

$$\sigma_b=E\frac{h}{d_d} \tag{5-27}$$

式中 E——带的弹性模量，单位为 MPa；

h——带的厚度，单位为 mm；

d_d——带轮的基准直径，单位为 mm。

由式（5-27）可知，弯曲应力与 d_d成反比，d_d越小时，弯曲应力 σ_b 就越大，故带绕在小带轮上时的弯曲应力 σ_{b1}大于绕在大带轮上时的弯曲应力 σ_{b2}。为了避免产生过大的弯曲应力，在设计 V 带传动时，应对其最小基准直径 d_{dmin}加以限制（表 5-10）。

表 5-10 V 带轮的最小基准直径

带 型	Y	Z	A	B	C	D	E
d_{dmin}/ mm	20	50	75	125	200	355	500

（3）离心拉应力 σ_c 工作时，带随带轮做圆周运动，产生离心拉力 F_c，从而在带中引起离心拉应力 σ_c。离心拉应力的计算公式为

$$\sigma_c = \frac{F_c}{A} = \frac{mv^2}{A} \tag{5-28}$$

式中 m——传动带单位长度的质量，单位为 kg/m，m 的值见表 5-8；

v——传动带的带速，单位为 m/s；

A——带的横截面面积，单位为 mm^2。

离心力虽然只产生于带做圆周运动的弧段上，但由此引起的离心拉应力却作用于带的全长，且各处大小相等。离心力的存在，使带与带轮接触面上的正压力减小，带传动的工作能力将有所降低。由式（5-28）可知，m 和 v 越大，σ_c 越大，故传动带的速度不宜过高。

将上述三种应力进行叠加，即得到在传动过程中，传动带上各个位置所受的应力。传动带上的应力分布如图 5-15 所示。

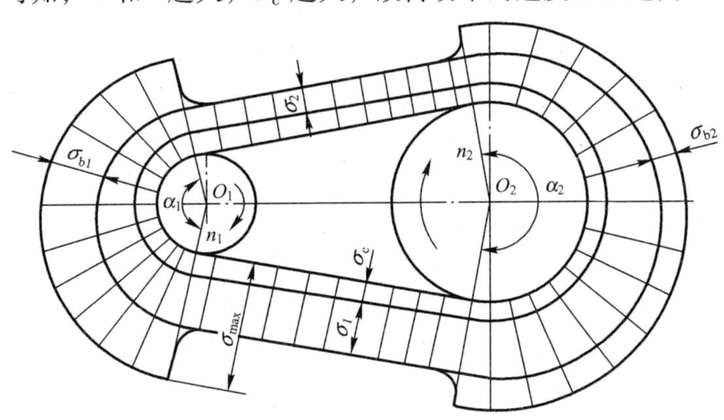

图 5-15 带工作时的应力分布示意图

带运行时，作用在带上某点的应力是随其所处位置的不同而变化的，所以带是在变应力下工作的，当应力循环次数达到一定数值后，带将产生疲劳破坏。

由于紧边拉应力大于松边拉应力，小带轮上带的弯曲应力大于大带轮上带的弯曲应力，离心拉应力处处相等，所以，带所受的最大应力产生在带由紧边绕上小带轮处（图 5-15），其值为

$$\sigma_{max} = \sigma_1 + \sigma_{b1} + \sigma_c \tag{5-29}$$

为保证带具有足够的疲劳寿命，应满足

$$\sigma_{max} = \sigma_1 + \sigma_{b1} + \sigma_c \leqslant [\sigma] \tag{5-30}$$

式中 σ_1——带的紧边拉应力，单位为 MPa；

σ_{b1}——小带轮上带的弯曲应力，单位为 MPa；

σ_c——带的离心拉应力，单位为 MPa；

$[\sigma]$——带的许用应力，单位为 MPa。

3. 弹性滑动和打滑

（1）弹性滑动 传动带是弹性体，其受拉力作用后将产生弹性伸长，并且其伸长量随拉力大小的变化而改变。由于带传动在工作过程中，紧边拉力大于松边拉力，因此紧边的伸长量大于松边的伸长量。

如图 5-16 所示，当传动带的紧边在 a 点绕上主动轮时，带的速度 v 和主动轮的圆周速度 v_1 是相等的。但在接触弧上，带自 a 点转到 b 点的过程中，所受拉力由 F_1 逐渐降到 F_2，其弹性变形量也随之逐渐减小。这样，传动带在随主动轮一起运转的同时，又相对带轮产生回缩，造成传动带的速度低于主动轮的圆周速度，也就是说，传动带与带轮之间产生了微小的相对滑动。在从动轮上，情况则正好相反，带的速度 v 大于从动轮的圆周速度 v_2，两者之间也发生相对滑动。图 5-16 中的虚线箭头表示的是带在带轮上的相对滑动方向。

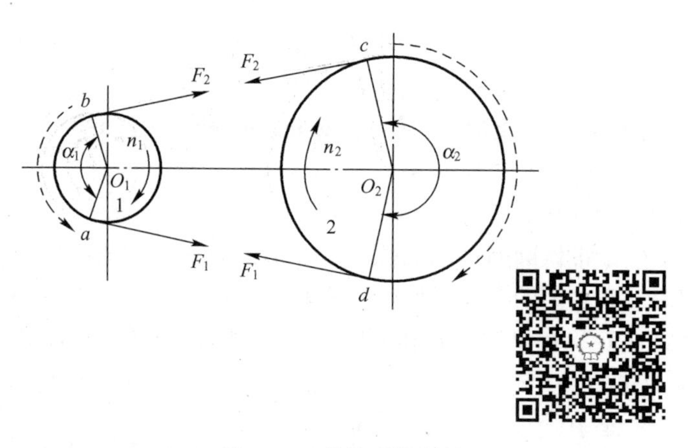

图 5-16 带的弹性滑动

这种由带的弹性变形所引起的带与带轮之间的微小相对滑动，称为弹性滑动。弹性滑动是带传动中无法避免的一种正常的物理现象。

弹性滑动会引起传动带的磨损，使传动带温度升高，传动效率下降。同时，弹性滑动使从动轮的圆周速度 v_2 低于主动轮的圆周速度 v_1，即产生了速度损失。这种速度损失还随外载荷的变化而变化，这就使得带传动不能保证准确的传动比。

由弹性滑动引起的从动轮圆周速度相对降低的程度，称为滑动率，用 ε 表示，即

$$\varepsilon = \frac{v_1 - v_2}{v_1} \times 100\% \tag{5-31}$$

式中 v_1、v_2——主、从动轮的圆周速度，单位为 m/s。

在考虑弹性滑动的情况下，带传动的实际传动比为

$$i = \frac{n_1}{n_2} = \frac{d_{d2}}{d_{d1}(1 - \varepsilon)} \tag{5-32}$$

式中 n_1、n_2——主、从动轮的转速，单位为 r/min；

d_{d1}、d_{d2}——主、从动轮的基准直径，单位为 mm。

由式（5-32）可知，带传动的传动比与 ε 有关，而 ε 又是与工况相关的，这就是带传动不能获得准确的传动比的原因。通常带传动的滑动率为 1% ~2%，粗略计算时可忽略不计。

（2）打滑 随着紧、松边拉力差的增大，带的弹性滑动区域扩展至带与带轮的整个接触面时，会发生打滑。弹性滑动和打滑是两个不同的概念。弹性滑动是由带的弹性变形引起的，除非带是不可伸长的绝对挠性体，或带的两边不存在拉力差，否则由于带两边产生的弹性变形量不相等，必然会产生弹性滑动。而打滑是由于过载引起的带在带轮上的全面滑动，它将导致带的严重磨损，并使带的运动处于不稳定的状态。不能将弹性滑动和打滑混淆起来，打滑可以避免，弹性滑动则不能避免。

5.3.4 V 带传动的使用和维护

1. V 带传动的张紧装置

V 带不是完全的弹性体，经过一段时间的运转后，会发生塑性伸长而松弛，使张紧力降低。因此，带传动有必要设置张紧装置，以保证带传动的正常工作，常见的张紧装置有以下三种。

（1）定期张紧装置　定期张紧装置是利用定期改变中心距的方法来进行张紧的，如图5-17所示。其中图5-17a用于垂直或接近垂直的传动，图5-17b用于水平或接近水平的传动。

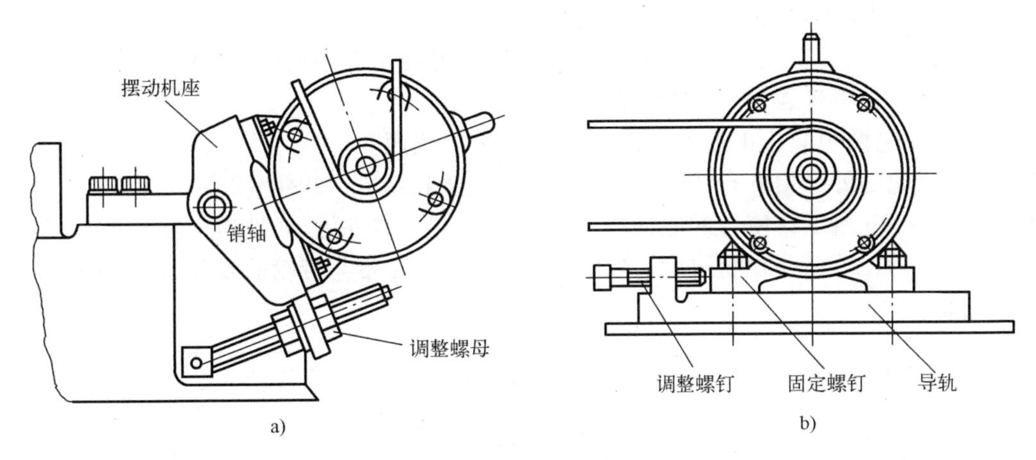

图5-17　定期张紧装置

（2）自动张紧装置　图5-18所示是一种自动张紧装置，它将装有带轮的电动机安装在摆动机座上，利用电动机及摆座的自重使带轮随电动机绕固定支承轴摆动，通过载荷的大小自动调整中心距达到张紧的目的。

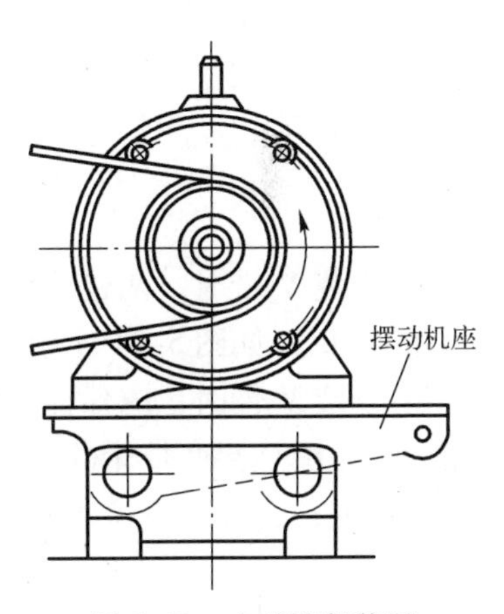

图5-18　自动张紧装置

（3）张紧轮张紧装置　张紧轮张紧装置一般适用于中心距不可调的带传动装置，如图5-19所示。对于V带传动，张紧轮一般应放在松边的内侧，使带只受单向弯曲，同时张紧轮应尽量靠近大带轮，以免影响小带轮上的包角，如图5-19a所示。张紧轮的轮槽尺寸与带轮相同。对于平带传动，张紧轮可以装在平带松边的外侧，并尽量靠近小带轮处，这样可以增加小带轮上的包角，如图5-19b所示。

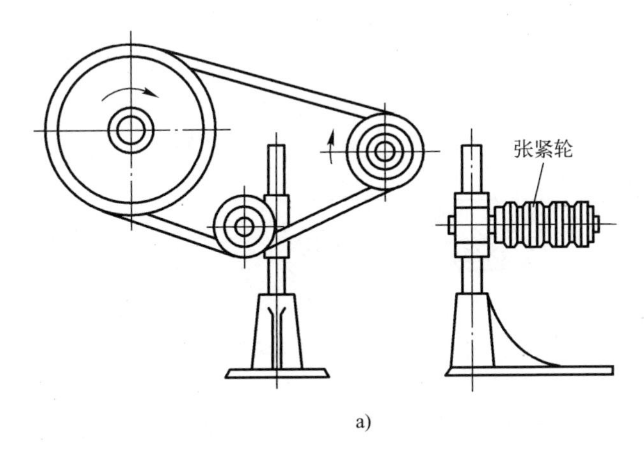

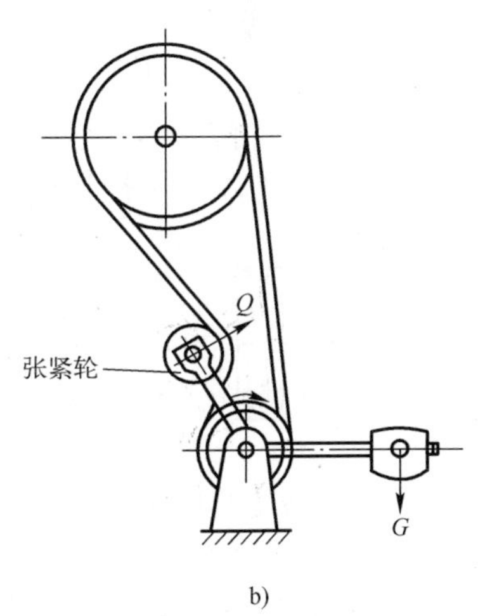

图5-19　张紧轮张紧装置
a）V带张紧　b）平带张紧

2. V带传动的安装与维护

为了保证V带传动正常工作，延长V带的使用寿命，必须正确安装、使用和维护V带。在V带安装和使用时应注意以下几个问题：

1）安装V带时，应先缩小中心距，将带套入带轮槽后，再慢慢调整中心距，直至张紧。严禁用撬棍等工具将带强行撬入或撬出带轮。

2）V带在轮槽中应有正确的位置，为使V带两侧面与轮槽的工作面充分接触，V带的外表面应与带轮的外缘相平齐（安装新带时可稍高于轮缘），如图5-20a所示；若V带嵌入过深，如图5-20b所示，使带的底面与轮槽底部接触，会失去V带楔面增压效应的优势，降低其传动能力；若V带位置过高，如图5-20c所示，则带与带轮的接触面积将减小，使传动能力下降。

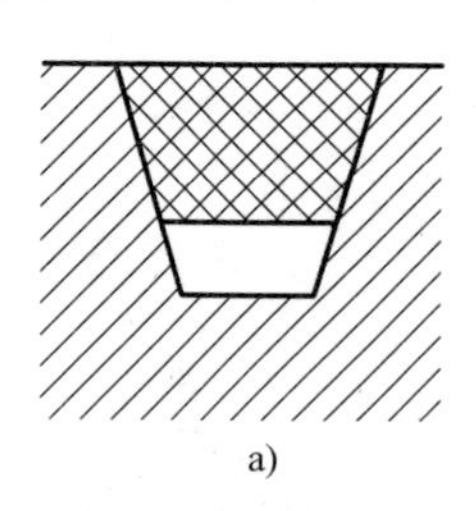

a)

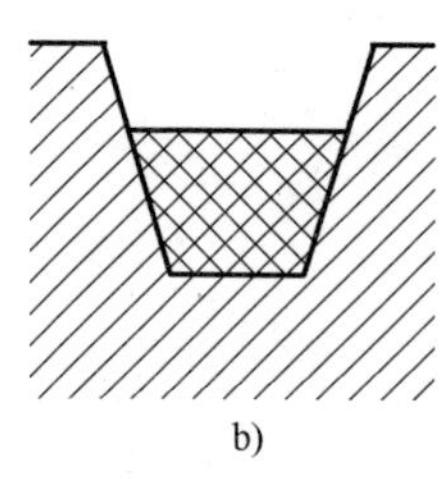

b)

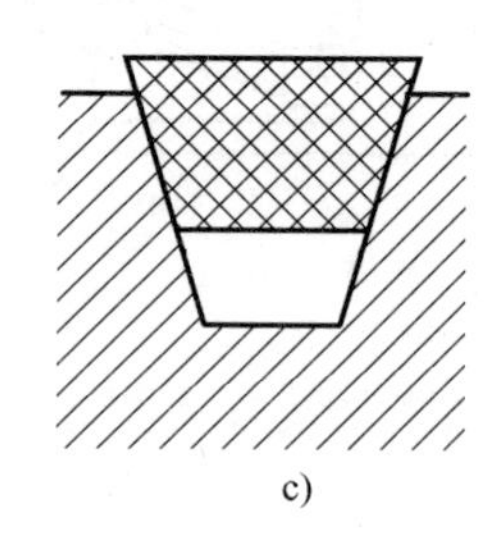

c)

图5-20 V带在轮槽中的位置

a）正确 b）、c）错误

3）安装V带时，两带轮轴线应相互平行，各带轮相对应轮槽的对称平面应重合，误差不得超过20′，如图5-21所示，否则会加速带的磨损，降低带的寿命。

4）安装V带时，应保证适当的张紧力。对于中等中心距的带传动，一般可凭经验控制张紧力，方法是在两带轮的中间位置以大拇指能按下15mm左右为宜，如图5-22所示。新带在使用前，最好预先拉紧一段时间后再使用。

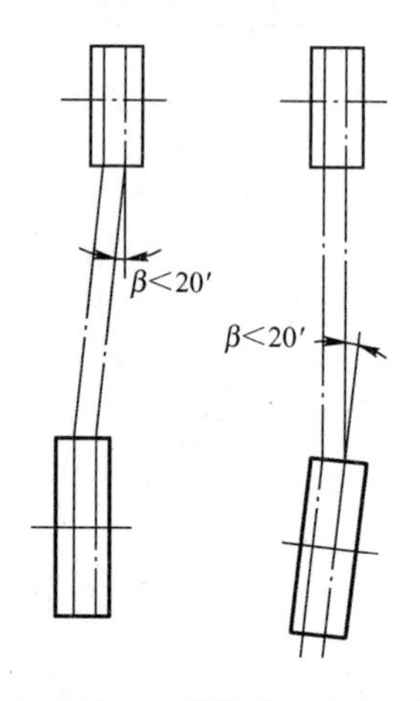

图5-21 V带轮的安装位置

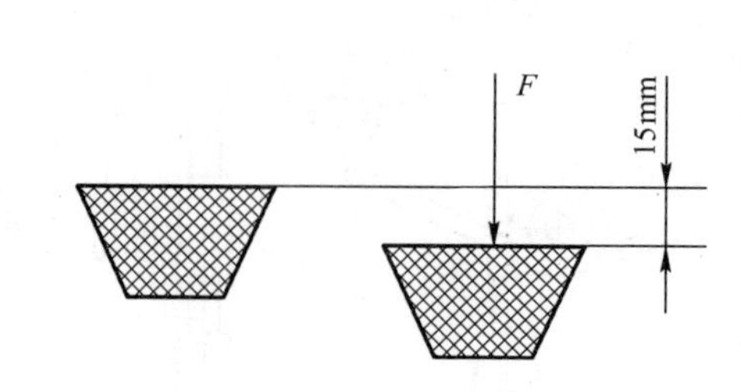

图5-22 V带的张紧程度

5）同组使用的V带应型号相同、长度相等，不同厂家生产的V带、新旧V带不能同组使用，以免各带受力不均匀。

6）定期对V带进行检查，以便及时调整中心距或更换V带。

7）为了保证安全，带传动应加防护罩，同时应防止带与酸、碱或油接触而腐蚀传动带。

8）如果带传动装置需闲置一段时间后再用，应将传动带放松。带传动的工作温度不应超过60℃。

5.3.5　V带传动设计

1. 带传动的失效形式和设计准则

根据带传动的工作情况分析可知，带传动的主要失效形式是打滑和疲劳破坏。因此，带传动的设计准则是：在保证带传动不打滑的前提下，最大限度地发挥带传动的工作能力，同时使传动带具有一定的疲劳强度和使用寿命。

不打滑的条件为

$$F_t = \frac{1\,000P}{v} \leqslant F_1\left(1 - \frac{1}{e^{f\alpha}}\right)$$

疲劳强度条件为

$$\sigma_{max} = \sigma_1 + \sigma_{b1} + \sigma_c \leqslant [\sigma]$$

上述公式中符号的含义同前所述。

2. 单根普通V带的基本额定功率

根据既不打滑，又有一定疲劳寿命这两个条件，得到特定条件（特定带长、载荷平稳、传动比 $i=1$，即包角 $\alpha_1=\alpha_2=180°$）下，单根普通V带所能传递的功率称为单根V带的基本额定功率，用 P_0 表示。常用型号的单根普通V带的 P_0 值见表5-11。

表5-11　单根普通V带所能传递的基本额定功率 P_0　（单位：kW）

带型	小带轮的基准直径 d_d/mm	小带轮的转速 n_1/(r/min)											
		200	400	700	800	950	1200	1450	1600	2000	2400	2800	3200
Y	20	—	—	—	—	0.01	0.02	0.02	0.03	0.03	0.04	0.04	0.05
	31.5	—	—	0.03	0.04	0.04	0.05	0.06	0.06	0.07	0.09	0.10	0.11
	40	—	—	0.04	0.05	0.06	0.07	0.08	0.09	0.11	0.12	0.14	0.15
	50	0.04	0.05	0.06	0.07	0.08	0.09	0.11	0.12	0.14	0.16	0.18	0.20
Z	50	0.04	0.06	0.09	0.10	0.12	0.14	0.16	0.17	0.20	0.22	0.26	0.28
	63	0.05	0.08	0.13	0.15	0.18	0.22	0.25	0.27	0.32	0.37	0.41	0.45
	71	0.06	0.09	0.17	0.20	0.23	0.27	0.30	0.33	0.39	0.46	0.50	0.54
	80	0.10	0.14	0.20	0.22	0.26	0.30	0.35	0.39	0.44	0.50	0.56	0.61
	90	0.10	0.14	0.22	0.24	0.28	0.33	0.36	0.40	0.48	0.54	0.60	0.64
A	75	0.15	0.26	0.40	0.45	0.51	0.60	0.68	0.73	0.84	0.92	1.00	1.04
	90	0.22	0.39	0.61	0.68	0.77	0.93	1.07	1.15	1.34	1.50	1.64	1.75
	100	0.26	0.47	0.74	0.83	0.95	1.14	1.32	1.42	1.66	1.87	2.05	2.19
	112	0.31	0.56	0.90	1.00	1.15	1.39	1.61	1.74	2.04	2.30	2.51	2.68
	125	0.37	0.67	1.07	1.19	1.37	1.66	1.92	2.07	2.44	2.74	2.98	3.16
	160	0.51	0.94	1.51	1.69	1.95	2.36	2.73	2.54	3.42	3.80	4.06	4.19
B	125	0.48	0.84	1.30	1.44	1.64	1.93	2.19	2.33	2.64	2.85	2.96	2.94
	140	0.59	1.05	1.64	1.82	2.08	2.47	2.82	3.00	3.42	3.70	3.85	3.83
	160	0.74	1.32	2.09	2.32	2.66	3.17	3.62	3.86	4.40	4.75	4.89	4.80
	180	0.88	1.59	2.53	2.81	3.22	3.85	4.39	4.68	5.30	5.67	5.76	5.52
	200	1.02	1.85	2.96	3.30	3.77	4.50	5.13	5.46	6.13	6.47	6.43	5.95
	250	0.37	2.50	4.00	4.46	5.10	6.04	6.82	7.20	7.87	7.89	7.14	5.60

（续）

带型	小带轮的基准直径 d_d/mm	小带轮的转速 n_1/(r/min)											
		200	400	700	800	950	1200	1450	1600	2000	2400	2800	3200
C	200	1.39	2.41	3.69	4.07	4.58	5.29	5.84	6.07	6.34	6.02	5.01	3.23
	224	1.70	2.99	4.64	5.12	5.78	6.71	7.45	7.75	8.06	7.57	6.08	3.57
	250	2.03	3.62	5.64	6.23	7.04	8.21	9.04	9.38	9.62	8.75	6.56	2.93
	280	2.42	4.32	6.76	7.52	8.49	9.81	10.72	11.06	11.04	9.50	6.13	—
	315	2.84	5.14	8.09	8.92	10.05	11.53	12.46	12.72	12.14	9.43	4.16	—
	400	3.91	7.06	11.02	12.10	13.48	15.04	15.53	15.24	11.95	4.34	—	—

当实际工作条件与上述特定条件不同时，应对查得的 P_0值加以修正。修正后即得到实际工作条件下单根普通 V 带所能传递的功率，称为许用功率，用［P_0］表示为

$$[P_0]=(P_0+\Delta P_0)K_\alpha K_L \tag{5-33}$$

式中 ΔP_0——单根普通 V 带额定功率的增量，单位为 kW，当传动比 $i>1$ 时，带在大带轮上的弯曲应力较小，故在寿命相同的条件下，可增大传递的功率，即单根 V 带有一功率增量 ΔP_0，ΔP_0 的值见表 5-12；

K_α——包角修正系数，考虑 $\alpha_1\neq180°$时对传动能力的影响，K_α 值见表 5-13；

K_L——带长修正系数，考虑实际带长不等于特定基准长度时对传动能力的影响，K_L 值见表 5-9。

表 5-12 单根普通 V 带额定功率的增量 ΔP_0（单位：kW）

带型	小带轮转速 n_1/(r/min)	传动比 i									
		1.00 ~ 1.01	1.02 ~ 1.04	1.05 ~ 1.08	1.09 ~ 1.12	1.13 ~ 1.18	1.19 ~ 1.24	1.25 ~ 1.34	1.35 ~ 1.51	1.52 ~ 1.99	≥2.0
Z	400	0.00	0.00	0.00	0.00	0.00	0.00	0.00	0.00	0.01	0.01
	730	0.00	0.00	0.00	0.00	0.00	0.00	0.01	0.01	0.01	0.02
	800	0.00	0.00	0.00	0.00	0.01	0.01	0.01	0.01	0.02	0.02
	980	0.00	0.00	0.00	0.01	0.01	0.01	0.01	0.02	0.02	0.02
	1200	0.00	0.00	0.01	0.01	0.01	0.01	0.02	0.02	0.02	0.03
	1460	0.00	0.00	0.01	0.01	0.01	0.02	0.02	0.02	0.02	0.03
	2800	0.00	0.01	0.02	0.02	0.03	0.03	0.03	0.04	0.04	0.04
A	400	0.00	0.01	0.01	0.02	0.02	0.03	0.03	0.04	0.04	0.05
	730	0.00	0.01	0.02	0.03	0.04	0.05	0.06	0.07	0.08	0.09
	800	0.00	0.01	0.02	0.03	0.04	0.05	0.06	0.08	0.09	0.10
	980	0.00	0.01	0.03	0.04	0.05	0.06	0.07	0.08	0.10	0.11
	1200	0.00	0.02	0.03	0.05	0.07	0.08	0.10	0.11	0.13	0.15
	1460	0.00	0.02	0.04	0.06	0.08	0.09	0.11	0.13	0.15	0.17
	2800	0.00	0.04	0.08	0.11	0.15	0.19	0.23	0.26	0.30	0.34
B	400	0.00	0.01	0.03	0.04	0.06	0.07	0.08	0.10	0.11	0.13
	730	0.00	0.02	0.05	0.07	0.10	0.12	0.15	0.17	0.20	0.22
	800	0.00	0.03	0.06	0.08	0.11	0.14	0.17	0.20	0.23	0.25
	980	0.00	0.03	0.07	0.10	0.13	0.17	0.20	0.23	0.26	0.30
	1200	0.00	0.04	0.08	0.13	0.17	0.21	0.25	0.30	0.34	0.38
	1460	0.00	0.05	0.10	0.15	0.20	0.25	0.31	0.36	0.40	0.46
	2800	0.00	0.10	0.20	0.29	0.39	0.49	0.59	0.69	0.79	0.89

（续）

带型	小带轮转速 n_1 /(r/min)	传动比 i									
		1.00 ~ 1.01	1.02 ~ 1.04	1.05 ~ 1.08	1.09 ~ 1.12	1.13 ~ 1.18	1.19 ~ 1.24	1.25 ~ 1.34	1.35 ~ 1.51	1.52 ~ 1.99	≥2.0
C	400	0.00	0.04	0.08	0.12	0.16	0.20	0.23	0.27	0.31	0.35
	730	0.00	0.07	0.14	0.21	0.27	0.34	0.41	0.48	0.55	0.62
	800	0.00	0.08	0.16	0.23	0.31	0.39	0.47	0.55	0.63	0.71
	980	0.00	0.09	0.19	0.27	0.37	0.47	0.56	0.65	0.74	0.83
	1200	0.00	0.12	0.24	0.35	0.47	0.59	0.70	0.82	0.94	1.06
	1460	0.00	0.14	0.28	0.42	0.58	0.71	0.85	0.99	1.14	1.27
	2800	0.00	0.27	0.55	0.82	1.10	1.37	1.64	1.92	2.19	2.47

表 5-13　包角修正系数 K_α

小带轮包角/(°)	180	175	170	165	160	155	150	145	140	135	130	125	120	110	100	90
K_α	1	0.99	0.98	0.96	0.95	0.93	0.92	0.91	0.89	0.88	0.86	0.84	0.82	0.78	0.74	0.69

3. V 带传动的设计计算

（1）原始数据和设计内容　普通 V 带传动设计中，一般情况下给定的原始数据有：

1）V 带的工作用途和工作条件。

2）原动机类型。

3）载荷的性质和传递的功率 P。

4）主、从动带轮的转速 n_1 和 n_2（或传动比 i）。

5）对传动的尺寸要求等。

设计内容主要是：

1）确定 V 带的型号、长度和根数。

2）确定两带轮的中心距。

3）确定带轮基准直径、材料及结构尺寸。

4）计算初拉力和作用在轴上的压力。

5）绘制带轮零件图等。

（2）设计步骤和计算方法

1）确定设计功率 P_d

$$P_d = K_A P \tag{5-34}$$

式中　P——传递的额定功率，单位为 kW；

K_A——工况系数，由表 5-14 查得。

2）选择 V 带型号。根据设计功率 P_d 和小带轮转速 n_1，由图 5-23 选择 V 带型号。当所选取的坐标位置位于图中两种型号的分界线附近时，可先取两种型号分别计算，最后选择较好的一种。

3）确定带轮基准直径 d_{d1} 和 d_{d2}。带轮的基准直径越小，V 带的弯曲应力越大，带的寿命就越短，故带轮直径不宜过小。但若带轮的基准直径过大，又会增大带传动的整体外廓尺寸，使结构不紧凑。所以，小带轮的基准直径应根据实际情况合理选用，应保证小带轮的基准直径不小于表 5-10 中所列最小基准直径，并按表 5-15 中所列标准直径系列值选用。

表 5-14 工况系数 K_A

工况		K_A					
		空、轻载起动			重载起动		
		每天工作小时数/h					
		<10	10~16	>16	<10	10~16	>16
载荷变动很小	液体搅拌机、通风机和鼓风机（$P\leqslant 7.5$kW）、离心式水泵和压缩机、轻载输送机等	1.0	1.1	1.2	1.1	1.2	1.3
载荷变动小	带式输送机（不均匀载荷）、通风机和鼓风机（$P>7.5$kW）、旋转式水泵和压缩机（非离心式）、发电机、金属切削机床、印刷机、旋转筛、锯木机和木工机械等	1.1	1.2	1.3	1.2	1.3	1.4
载荷变动较大	制砖机、斗式提升机、往复式水泵和压缩机、起重机、磨粉机、冲剪机床、橡胶机械、振动筛、纺织机械、重载输送机等	1.2	1.3	1.4	1.4	1.5	1.6
载荷变动很大	破碎机（旋转式、颚式等）、磨碎机（球磨、棒磨、管磨）等	1.3	1.4	1.5	1.5	1.6	1.8

注：1. 空、轻载起动的原动机包括电动机（交流起动、三角起动、直流并励），四缸以上内燃机及装有离心式离合器、液力联轴器的动力机等。

2. 重载起动的原动机有电动机（联机交流起动、直流串励或复励）、四缸以下内燃机等。

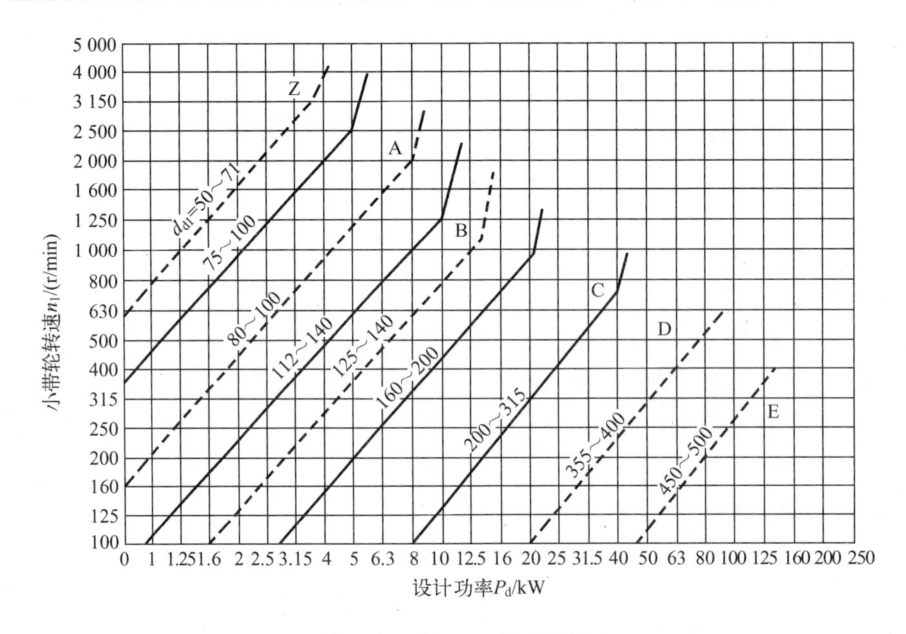

图 5-23 普通 V 带选型图

大带轮的基准直径可按式（5-35）计算，并圆整为带轮基准直径系列值（表 5-15）。仅当传动比要求较精确时，才考虑用滑动率 ε 来计算大带轮直径，这时 d_{d2} 可不按表 5-15 圆整，而按式（5-36）计算。

$$d_{d2}\approx i d_{d1} \tag{5-35}$$

$$d_{d2}=\frac{n_1}{n_2}d_{d1}(1-\varepsilon)\quad(\varepsilon=0.02) \tag{5-36}$$

表 5-15　V 带轮的基准直径系列　（单位：mm）

V 带型号	d_{dmin}	d_d 的范围	基准直径的标准系列
Y	20	20～125	20、22.4、25、28、31.5、35.5、40、45、50、56、80、90、100、112、125
Z	50	50～630	50、56、63、71、75、80、90、100、112、125、132、140、150、160、180、200、224、250、280、315、355、400、500、630
A	75	75～800	75、80、85、90、95、100、106、112、118、125、132、140、150、160、180、200、224、250、280、315、355、400、450、500、560、630、710、800
B	125	125～1 120	125、132、140、150、160、170、180、200、224、250、280、315、355、400、450、500、560、600、630、710、750、800、900、1 000、1 120
C	200	200～2 000	200、212、224、236、250、265、280、300、315、335、355、400、450、500、560、600、630、710、750、800、900、1 000、1 120、1 250、1 400、1 600、2 000
D	355	355～2 000	355、375、400、425、450、475、500、560、600、630、710、750、800、900、1 000、1 060、1 120、1 250、1 400、1 500、1 600、1 800、2 000
E	500	500～2 250	500、530、560、600、630、670、710、800、900、1 000、1 120、1 250、1 400、1 500、1 600、1 800、2 000、2 240、2 500

4）验算带速 v（m/s）

$$v=\frac{\pi d_{d1}n_1}{60\times 1\,000} \tag{5-37}$$

由 $P=\frac{F_t v}{1\,000}$可知，当传递的功率一定时，带速越高，所需有效圆周力 F_t越小，因而 V 带的根数可减少。但带速过高，带的离心力将显著增大，使带与带轮间的摩擦力减小，传动易打滑；同时，带速过高，会使带在单位时间内应力循环次数增加，将降低带的疲劳寿命。若带速过低，则所需有效圆周力大，导致 V 带的根数增多，结构尺寸加大。所以，设计中一般应将带速控制在 5～25m/s 的范围内，V 带传动的最佳带速范围为 10～25m/s。当带速过高（Y、Z、A、B、C 型：$v>25$m/s；D、E 型：$v>30$m/s）时，应重新选择较小的带轮基准直径。

5）确定中心距 a 和 V 带基准长度 L_d。

① 初定中心距 a_0。中心距小则结构紧凑，但传动带较短，包角减小，进而导致带在单位时间内的绕转次数增多，降低了带的使用寿命。中心距过大时，传动带的外廓尺寸较大，速度较高时还易引起带的颤动，从而影响传动带的正常工作。所以设计时应视具体情况综合考虑。如无特殊要求，可按如下经验公式初定中心距，即

$$0.7(d_{d1}+d_{d2})<a_0<2(d_{d1}+d_{d2}) \tag{5-38}$$

② 确定 V 带的基准长度。初定 a_0 后，可根据带传动的几何关系，按式（5-39）初算带的基准长度 L'_d

$$L'_d=2a_0+\frac{\pi}{2}(d_{d2}+d_{d1})+\frac{(d_{d2}-d_{d1})^2}{4a_0} \tag{5-39}$$

然后根据初算的 L'_d 值，由表 5-9 选定相近的基准长度 L_d。

③ 计算实际中心距。由于V带传动的中心距一般是可以调整的，所以可用下式近似计算实际中心距 a 值，即

$$a \approx a_0 + \frac{L_d - L_d'}{2} \tag{5-40}$$

考虑到带需要安装调整和适时张紧，中心距一般应留有调整的余量，其变动范围为

$$\left.\begin{aligned} a_{min} &= a - 0.015L_d \\ a_{max} &= a + 0.03L_d \end{aligned}\right\} \tag{5-41}$$

6）验算小带轮上的包角 α_1。小带轮上的包角 α_1 可按式（5-42）计算

$$\alpha_1 \approx 180° - \frac{d_{d2} - d_{d1}}{a} \times 57.3° \tag{5-42}$$

为了提高带传动的工作能力，一般应保证 $\alpha_1 \geqslant 120°$（特殊情况允许 $\alpha_1 = 90°$）。如 α_1 小于此值，可适当加大中心距 a；若中心距不可调，可加张紧轮。

从式（5-42）可以看出，α_1 也与传动比 i 有关，i 越大，d_{d2} 与 d_{d1} 相差越大，则 α_1 越小。通常为了在中心距不过大的条件下保证包角不致过小，传动比不宜过大。普通V带传动推荐 $i \leqslant 7$（一般 $i = 2 \sim 4$），必要时可到10。

7）确定V带根数 Z。V带根数根据设计功率 P_d 由下式确定

$$Z = \frac{P_d}{[P_0]} = \frac{P_d}{(P_0 + \Delta P_0)K_\alpha K_L} \tag{5-43}$$

式中各符号的意义同前所述。

对式（5-43）中计算出的V带根数 Z 应进行圆整。为使每根V带受力比较均匀，V带根数不宜太多，通常应小于10根，以3～7根为好；否则应改选V带型号，重新进行设计。

8）确定初拉力 F_0。适当的初拉力是保证带传动正常工作的重要因素之一。初拉力过小，则摩擦力小，容易出现打滑；初拉力过大，则会使V带的拉应力增加而降低其寿命，并使轴和轴承的压力增大。单根V带最合适的初拉力可按下式计算

$$F_0 = \frac{500P_d}{vZ}\left(\frac{2.5}{K_\alpha} - 1\right) + mv^2 \tag{5-44}$$

式中各符号的意义同前所述。

由于新带容易松弛，所以对非自动张紧的带传动，安装新带时的初拉力应为上述初拉力计算值的1.5倍。

9）确定作用在轴上的压力 F_Q。传动带作用在轴上的压力称为压轴力，用 F_Q 表示，此力是设计带轮所在的轴与轴承的依据。为简化计算，可忽略带两边的拉力差，近似按两边初拉力的合力来计算，如图5-24所示。

由力的平衡条件得静止时轴上的压力为

$$F_Q = 2ZF_0\cos\frac{\beta}{2} = 2ZF_0\cos\left(\frac{\pi}{2} - \frac{\alpha_1}{2}\right) = 2F_0Z\sin\frac{\alpha_1}{2} \tag{5-45}$$

式中 α_1——小带轮上的包角；

Z——V带根数。

10）V带轮的结构设计。根据传动带的型号和带轮的基准直径，确定带轮的结构类型、材料、结构尺寸，绘制带轮工作图。具体可参考5.3.2节或相关的设计手册。

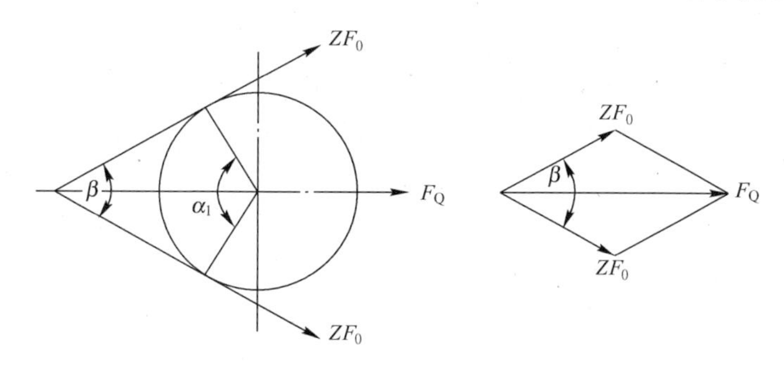

图5-24　轴上的压力 F_Q

4. V带传动的设计过程（见表5-16）

表5-16　V带传动设计过程和步骤

步骤	计算项目	计算内容及说明	计算结果
1	已知条件	根据任务5.2可知，带传动传递的额定功率为 $P_0=3.07\text{kW}$，小带轮的转速为 $n_0=960\text{r/min}$	
2	确定设计功率 P_d	由表5-14查得工作情况系数 $K_A=1.1$，则 $P_d=K_A\times P_0=1.1\times3.07\text{kW}=3.38\text{kW}$	$K_A=1.1$ $P_d=3.38\text{kW}$
3	选取V带型号	根据设计功率 P_d 与小带轮转速 $n_0=960\text{r/min}$，查图5-23，选择A型普通V带	A型普通V带
4	确定带轮基准直径	由表5-10与表5-15，取主动小带轮直径 $d_{d1}=100\text{mm}$ 根据式（5-35），计算从动大带轮直径 $d_{d2}\approx i_{带}\ d_{d1}=2\times100\text{mm}=200\text{mm}$	$d_{d1}=100\text{mm}$ $d_{d2}=200\text{mm}$
5	验算带速	由式（5-37）得 $v=\dfrac{\pi d_{d1}n_0}{60\times1\,000}=\dfrac{\pi\times100\times960}{60\,000}\text{m/s}=5.02\text{m/s}$ 带速在5~25m/s范围内，符合要求	$v=5.02\text{m/s}$ 带速符合要求
6	确定V带的基准长度 L_d 和传动中心距 a	（1）确定V带的基准长度 L_d　由式（5-38）$0.7(d_{d1}+d_{d2})<a_0<2(d_{d1}+d_{d2})$得 $210<a_0<600$ 为使结构紧凑，初定中心距 $a_0=300\text{mm}$ 由式（5-39）$L_d'=2a_0+\dfrac{\pi}{2}(d_{d2}+d_{d1})+\dfrac{(d_{d2}-d_{d1})^2}{4a_0}$得 $L_d'=1\,079.57\text{mm}$ 由表5-9选取带的基准长度，$L_d=1\,120\text{mm}$ （2）确定中心距 a　由式（5-40）$a\approx a_0+\dfrac{L_d-L_d'}{2}$得 $a=320.22\text{mm}$ 根据式（5-41）计算中心距变动范围 最小中心距为：$a_{min}=a-0.015L_d=303.42\text{mm}$ 最大中心距为：$a_{max}=a+0.03L_d=353.82\text{mm}$	$a_0=300\text{mm}$ $L_d=1\,120\text{mm}$ $a=320.22\text{mm}$ $a_{min}=303.42\text{mm}$ $a_{max}=353.82\text{mm}$
7	验算小带轮上的包角 α_1	由式（5-42）$\alpha_1\approx180°-\dfrac{d_{d2}-d_{d1}}{a}\times57.3°$得 $\alpha_1\approx180°-\dfrac{200-100}{320.22}\times57.3°=162.11°>120°$	小带轮包角满足要求

（续）

步骤	计算项目	计算内容及说明	计算结果
8	计算V带根数Z	由表5-11查得单根V带所能传递的额定功率为 $P_0=0.96\text{kW}$（用插值法） 由表5-12查得额定功率增量为 $\Delta P_0\approx 0.11\text{kW}$（用插值法） 由表5-13查得$K_\alpha\approx 0.96$（用插值法） 由表5-9查得$K_L=0.91$ 根据式（5-43）计算V带的根数为 $Z=\dfrac{P_d}{(P_0+\Delta P_0)K_\alpha K_L}=\dfrac{3.38}{(0.96+0.11)\times 0.96\times 0.91}=3.616$ 取V带的根数$Z=4$根	$P_0=0.96\text{kW}$ $\Delta P_0\approx 0.11\text{kW}$ $K_\alpha\approx 0.96$ $K_L=0.91$ $Z=4$根
9	计算初拉力F_0	由表5-8查得每米带长质量为 $m=0.1\text{kg/m}$ 由式(5-44)计算初拉力为 $F_0=\dfrac{500P_d}{vZ}\left(\dfrac{2.5-K_\alpha}{K_\alpha}\right)+mv^2$ $=500\times\dfrac{3.38}{5.02\times 4}\left(\dfrac{2.5-0.96}{0.96}\right)\text{N}+0.1\times 5.02^2\text{N}$ $\approx 137.53\text{N}$	$F_0=137.53\text{N}$
10	计算压轴力F_Q	由式(5-45)计算压轴力为 $F_Q=2F_0Z\sin\dfrac{\alpha_1}{2}$ $=2\times 137.53\times 4\times\sin\dfrac{162.11°}{2}\text{N}$ $\approx 1\,086.86\text{N}$	$F_Q=1\,086.86\text{N}$
11	设计带轮结构，并绘制V带轮的零件图	（1）小带轮结构设计　小带轮结构采用实心式，由任务5.2可知，电动机型号为Y132M1-6，电动机轴径$D=38\text{mm}$，轴伸长$l=80\text{mm}$；由表5-8查得，$e=15\pm 0.3\text{mm}$，$f_{min}=9\text{mm}$，则 轮缘宽：$B=(z-1)e+2f=(4-1)\times 15\text{mm}+2\times 10\text{mm}=65\text{mm}$ 轮毂宽：$L=(1.5\sim 2)D=(1.5\sim 2)\times 38\text{mm}=57\sim 76\text{mm}$ 根据电动机轴伸长$l=80\text{mm}$，取小带轮轮毂宽$L=70\text{mm}$ 其他尺寸参见表5-8与图5-13，或查阅机械设计手册 （2）大带轮结构设计　大带轮结构采用孔板式，其轮缘宽与小带轮相同，轮毂宽可与轴的结构进行同步设计 （3）带轮零件图　小带轮的零件图示例可参看下图，大带轮的零件图略	

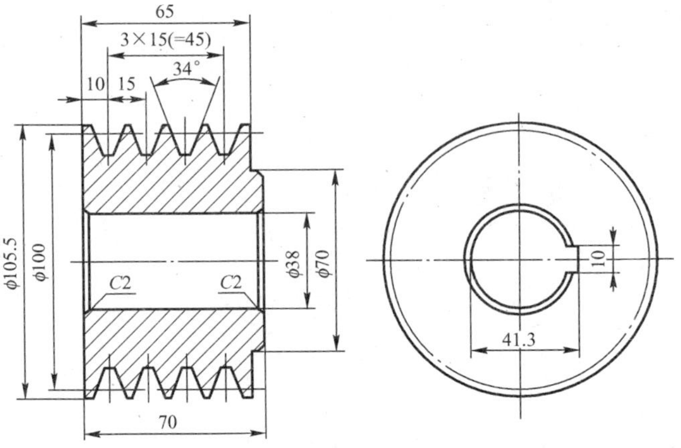

任务实施

任务实施过程见表5-17。

表5-17 设计带传动任务实施过程

步骤	内容	教师活动	学生活动	成果
1	学习带传动的基本理论知识，掌握V带传动的设计步骤及计算方法	布置任务，讲解相关知识，指导学生活动	课外调研，课堂学习讨论，分组完成V带传动设计计算	V带传动设计计算说明书
2	根据任务5.1、5.2中设备的工作环境和工作要求，以及计算的运动和动力参数，合理设计V带传动			

任务5.4 设计减速器

任务描述

减速器是一种封闭在箱体内的，由齿轮、蜗杆、蜗轮等组成的传动装置，它可以用来改变轴的转速、转矩及传动的方向。减速器按传动机构类型的不同可分为齿轮减速器、蜗轮蜗杆减速器等；按传动级数可分为一级、二级、三级减速器等。齿轮减速器结构简单紧凑、使用维修方便、传动效率高，故在工程中应用很广泛。

根据任务5.1拟定的传动方案，本次设计选用一级直齿圆柱齿轮减速器。本任务要求按照任务书中带式输送机的工作要求进行减速器的设计，主要包括齿轮传动设计、轴的结构设计、连接的选用、滚动轴承的选用及润滑与密封的选用等，并初步绘制减速器的零件图，要求设计步骤规范，计算正确，设计说明书书写规范。

相关知识

5.4.1 齿轮传动的设计

直齿圆柱齿轮传动的有关知识已在学习情境4中涉及，此处不再赘述。而斜齿圆柱齿轮是以直齿圆柱齿轮的原理为基础来设计的，因此，下面以与直齿圆柱齿轮对比的方式来介绍斜齿圆柱齿轮。

1. 斜齿圆柱齿轮齿廓曲面的形成及啮合特点

直齿圆柱齿轮齿廓曲面的形成过程如图5-25a所示，当发生面S在基圆柱上做纯滚动时，发生面上与基圆柱素线NN'平行的任一直线KK'的轨迹就形成直齿圆柱齿轮的渐开线齿廓曲面。两齿轮啮合时，齿面的接触线均为平行于齿轮轴线的直线，如图5-25b所示。齿轮传动时，轮齿沿整个齿宽同时进入啮合或脱离啮合，即载荷是沿整个齿宽突然加上或卸去的。因此，直齿圆柱齿轮传动的平稳性较差，噪声和冲击也较大，一般不适用于高速、重载的传动。

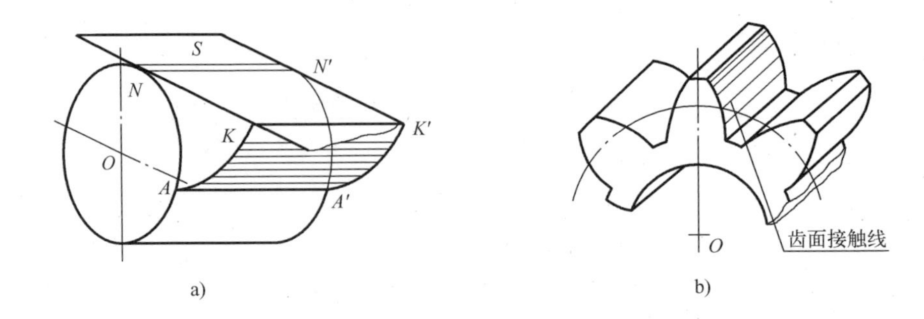

图 5-25 直齿轮齿廓曲面的形成及啮合特点
a）直齿轮齿廓曲面的形成 b）直齿轮齿面瞬时接触线

斜齿圆柱齿轮齿廓曲面的形成原理与直齿圆柱齿轮相似，只是发生面 S 上的直线 KK' 不再与基圆柱素线 NN' 平行，而是与其呈一角度 β_b，如图 5-26a 所示。当发生面 S 在基圆柱上做纯滚动时，该斜线 KK' 在空间所走过的轨迹，即为斜齿轮的渐开线齿廓曲面。该曲面是渐开线螺旋面，直线 KK' 与基圆柱素线 NN' 的夹角 β_b 称为基圆柱上的螺旋角。

两斜齿圆柱齿轮啮合时，齿廓曲面的接触线都是与轴线倾斜的直线，如图 5-26b 所示。齿轮传动时，轮齿沿齿宽是逐渐进入啮合和逐渐退出啮合的。当其齿廓前端面脱离啮合时，齿廓的后端面仍在啮合中，所以斜齿轮的啮合过程比直齿轮长，同时啮合的轮齿对数也比直齿轮多，即重合度较大。因此，斜齿轮传动平稳、承载能力强、冲击和噪声小，适用于高速、大功率的齿轮传动，但斜齿轮传动工作时会产生轴向力。

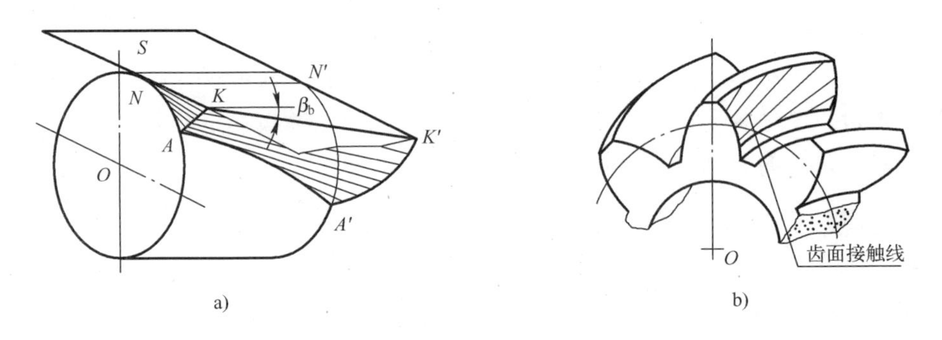

图 5-26 斜齿轮齿廓曲面的形成及啮合特点
a）斜齿轮齿廓曲面的形成 b）斜齿轮齿面瞬时接触线

2. 斜齿圆柱齿轮主要参数和几何尺寸的计算

由于斜齿轮的齿廓为渐开线螺旋面，它在垂直于齿轮轴线的端面（下标以 t 表示）和垂直于齿廓螺旋面的法向（下标以 n 表示）的齿形不同，因此斜齿轮参数有端面和法向之分。加工斜齿轮时，刀具通常是沿着螺旋线方向进刀切削的，故以斜齿轮的法向参数为标准值。在计算斜齿轮的几何尺寸时，必须注意端面和法向参数的换算关系。

（1）螺旋角 β 螺旋线的切线与平行于轴线的素线所夹的锐角称为螺旋角。在斜齿圆柱齿轮各个不同的圆柱面上，其螺旋角是不相同的。

斜齿圆柱齿轮分度圆柱面展开图如图5-27所示，从中可知

$$\tan\beta = \pi d/p_z \tag{5-46}$$

式中　p_z——螺旋线的导程，即螺旋线绕分度圆柱面一周时沿轮轴方向前进的距离。

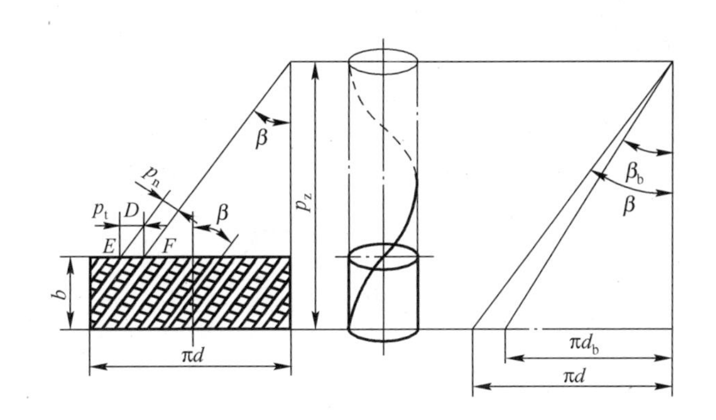

图5-27　斜齿圆柱齿轮分度圆柱面展开图

因为斜齿轮各个圆柱面上的螺旋线的导程相同，所以基圆柱面上的螺旋角 β_b 应为

$$\tan\beta_b = \pi d_b/p_z = \pi\cos\alpha_t d/p_z \tag{5-47}$$

联立式（5-46）、式（5-47）可得

$$\tan\beta_b = \tan\beta\cos\alpha_t \tag{5-48}$$

式中　α_t——斜齿轮的端面压力角。

由式（5-48）可知，$\beta_b < \beta$。由此可进一步推断出圆柱面直径大，螺旋角也大。通常用分度圆柱上的螺旋角 β 进行几何尺寸计算。因螺旋角 β 越大（轮齿越倾斜），传动的平稳性就越好，但轴向力也越大，所以螺旋角 β 应适当选取，一般设计时取 $\beta = 8° \sim 20°$。当用于大功率传动时，为消除轴向力，可采用左右对称的人字齿轮，如图5-28所示，此时螺旋角 β 可以增大到 $25° \sim 40°$。但其加工较困难，精度较低，一般用于重型机械的齿轮传动中。

斜齿轮按其齿廓渐开线螺旋面的旋向不同，可分为右旋和左旋两种，将齿轮轴线置于铅垂位置，螺旋线向右上升的为右旋齿轮，反之为左旋齿轮，如图5-29所示。

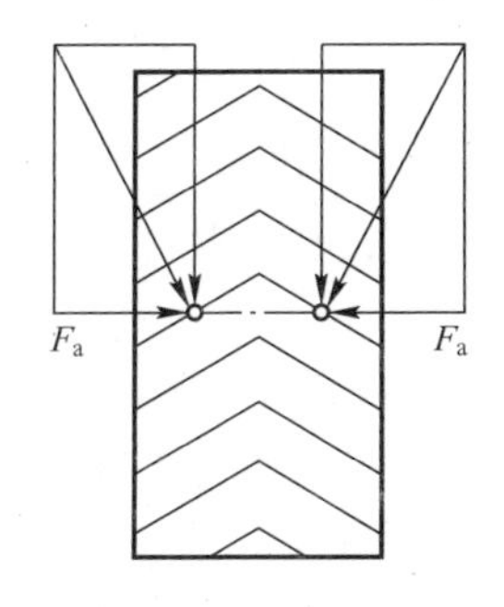

图5-28　人字齿轮的轴向力

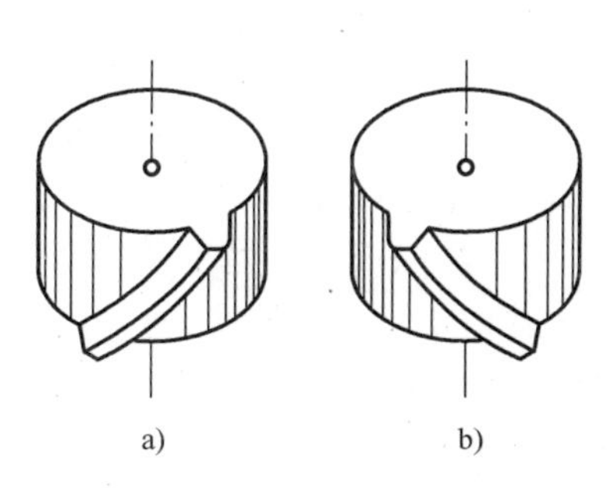

图5-29　斜齿轮轮齿的旋向
a）右旋　b）左旋

(2) 法向模数 m_n、端面模数 m_t 由图5-27可得

$$p_n = p_t \cos\beta \tag{5-49}$$

式中 p_n——法向齿距；

p_t——端面齿距。

因 $p_n = \pi m_n$，$p_t = \pi m_t$，得

$$m_n = m_t \cos\beta \tag{5-50}$$

(3) 压力角 α_n 和 α_t 为便于分析，以斜齿条为例来说明压力角的计算方法。在如图5-30所示的斜齿条中，平面 ABD 为端面，平面 ACE 为法面，$\angle ACB = 90°$。

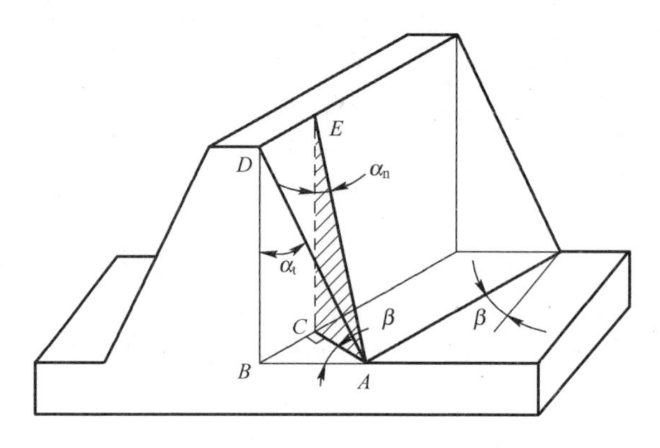

图5-30 斜齿条上的参数

在△ABD、△ACE 及△ABC 中，因 $\tan\alpha_t = AB/BD$，$\tan\alpha_n = AC/CE$，$AC = AB\cos\beta$；又因 $BD = CE$，故得

$$\tan\alpha_n = AC/CE = AB\cos\beta/BD = \tan\alpha_t \cos\beta \tag{5-51}$$

(4) 齿顶高系数 h_{an}^* 和 h_{at}^* 及顶隙系数 c_n^* 和 c_t^* 无论从法向或从端面来看，轮齿的齿顶高都是相同的，顶隙也是相同的，即

$$h_a = h_{an}^* m_n = h_{at}^* m_t, \quad c = c_n^* m_n = c_t^* m_t$$

将式(5-50)代入以上两式得

$$\left.\begin{aligned} h_{an}^* &= \frac{h_{at}^*}{\cos\beta} \\ c_n^* &= \frac{c_t^*}{\cos\beta} \end{aligned}\right\} \tag{5-52}$$

式中 h_{an}^* 和 c_n^*——斜齿轮法向齿顶高系数和顶隙系数，它们是标准值，正常齿制：$h_{an}^* = 1$，$c_n^* = 0.25$；短齿制：$h_{an}^* = 0.8$，$c_n^* = 0.3$。设计、加工和测量斜齿轮时，均以法向为基准。

(5) 标准斜齿轮几何尺寸的计算 由于斜齿圆柱齿轮的端面齿形也是渐开线，故将斜齿轮的端面参数代入直齿圆柱齿轮的几何尺寸计算公式，就可得到斜齿圆柱齿轮相应的几何尺寸计算公式，具体见表5-18。

从表5-18可以看出，斜齿轮传动的中心距与螺旋角 β 有关。当一对斜齿轮的模数、齿数一定时，可以通过改变螺旋角 β 的方法来配凑中心距。但须注意改变螺旋角 β 时，要兼顾考虑轴向力对其他机构的影响。

表 5-18　外啮合标准斜齿圆柱齿轮几何尺寸的计算公式

名　称	符　号	公　式
分度圆直径	d	$d=m_t z=\frac{m_n}{\cos\beta}z$
基圆直径	d_b	$d_b=d\cos\alpha_t$
齿顶高	h_a	$h_a=h_{an}^* m_n$
齿根高	h_f	$h_f=(h_{an}^*+c_n^*)m_n$
全齿高	h	$h=h_a+h_f=(2h_{an}^*+c_n^*)m_n$
齿顶圆直径	d_a	$d_a=d+2h_a$
齿根圆直径	d_f	$d_f=d-2h_f$
中心距	a	$a=\frac{d_1+d_2}{2}=\frac{m_n(z_1+z_2)}{2\cos\beta}$

【例 5-1】 在一对标准斜齿圆柱齿轮传动中，已知传动的中心距 $a=190\text{mm}$，齿数 $z_1=30$、$z_2=60$，法向模数 $m_n=4\text{mm}$。试计算其螺旋角 β、基圆柱直径 d_b、分度圆直径 d 及齿顶圆直径 d_a 的大小。

【解】

$$\cos\beta=\frac{m_n(z_1+z_2)}{2a}=\frac{4\times(30+60)}{2\times190}=0.9474$$

所以

$$\beta=18°40'$$

$$\tan\alpha_t=\frac{\tan\alpha_n}{\cos\beta}=\frac{\tan20°}{\cos18°40'}=0.3842$$

我国规定标准齿轮 $\alpha=20°$。

所以

$$\alpha_t=21°1'$$

$$d_1=\frac{m_n z_1}{\cos\beta}=\frac{4\times30}{0.9474}\text{mm}=126.662\text{mm}$$

$$d_2=\frac{m_n z_2}{\cos\beta}=\frac{4\times60}{0.9474}\text{mm}=253.325\text{mm}$$

$$d_{b1}=d_1\cos\alpha_t=126.662\times0.9335\text{mm}=118.239\text{mm}$$

$$d_{b2}=d_2\cos\alpha_t=253.325\times0.9335\text{mm}=236.479\text{mm}$$

$$d_{a1}=d_1+2h_{an}^*m_n=126.662\text{mm}+8\text{mm}=134.662\text{mm}$$

$$d_{a2}=d_2+2h_{an}^*m_n=253.325\text{mm}+8\text{mm}=261.325\text{mm}$$

3. 斜齿圆柱齿轮传动的正确啮合条件

从端面看，一对渐开线斜齿轮传动就相当于一对渐开线直齿轮传动，又因斜齿轮以法向参数为标准值，故其正确啮合条件可完整地表达为

$$\left.\begin{aligned}\alpha_{n1}&=\alpha_{n2}\\ m_{n1}&=m_{n2}\\ \beta_1&=\pm\beta_2\end{aligned}\right\}\tag{5-53}$$

式中螺旋角 β 的符号为：外啮合时旋向相反，取“-”号；内啮合时旋向相同，取“+”号。

4. 斜齿圆柱齿轮的当量齿数

用仿形法加工斜齿轮时，铣刀是沿螺旋齿槽的方向进给的，所以法向齿廓是选择铣刀的

依据。在计算斜齿轮轮齿的抗弯强度时，因为力作用在法向上，所以也需要知道齿轮的法向齿廓。法向齿廓较复杂，通常采用下述近似方法进行研究。

图 5-31 所示为斜齿轮的分度圆柱，过任一齿齿厚中点 C 作垂直于分度圆柱螺旋线的法向 $n-n$，该法向与分度圆柱的截交线为一椭圆，其长半轴 $a=r/\cos\beta$，短半轴 $b=r$；法向截面齿形即为斜齿轮的法向齿廓。椭圆在 C 点的曲率半径为 ρ。若以 ρ 为分度圆半径，以此斜齿轮的 m_n 为模数、α_n 为标准压力角，作一假想直齿圆柱齿轮，则其齿形与该斜齿轮的法向齿廓很接近。这个假想的直齿圆柱齿轮称为该斜齿轮的当量齿轮，其齿数称为当量齿数，用 z_v 表示

$$z_v=\frac{z}{\cos^3\beta} \tag{5-54}$$

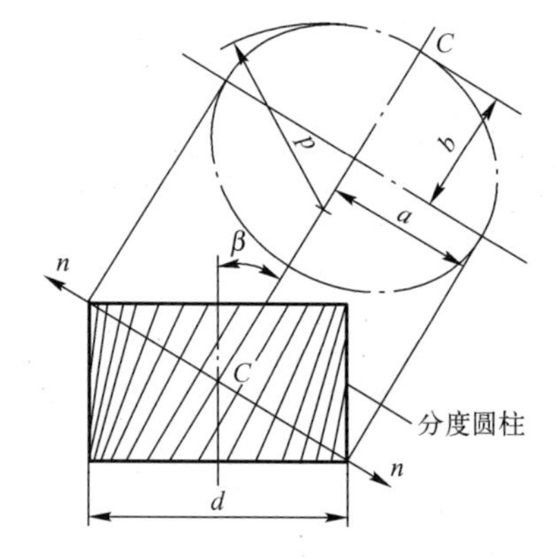

图 5-31 斜齿轮的当量齿轮

当 $\alpha_n=20°$，$z_{vmin}=17$ 时，斜齿轮不发生根切的最少齿数为

$$z_{min}=z_{vmin}\cos^3\beta=17\cos^3\beta \tag{5-55}$$

若螺旋角 $\beta=15°$，则其不发生根切的最少齿数为 $z_{min}=15.3$，取 $z=16$ 即不根切。

由此可知，标准斜齿轮不发生根切的最少齿数比标准直齿轮少，其结构尺寸比直齿轮更紧凑。

5. 斜齿圆柱齿轮的强度计算

（1）轮齿的受力分析 图 5-32a 所示为斜齿圆柱齿轮传动中主动轮的受力分析图。与直齿轮传动一样，对受力作相应的简化，不考虑摩擦，作用于齿廓曲面的法向力 F_{n1} 可分解为三个相互垂直的分力，即圆周力 F_{t1}、径向力 F_{r1} 和轴向力 F_{a1}，其计算公式分别为

$$\left.\begin{aligned}F_{t1}&=\frac{2T_1}{d_1}\\F_{r1}&=F_{t1}\frac{\tan\alpha_n}{\cos\beta}\\F_{a1}&=F_{t1}\tan\beta\end{aligned}\right\} \tag{5-56}$$

式中 T_1——主动小齿轮所传递的转矩，单位为 N · mm；

d_1——主动小齿轮分度圆直径，单位为 mm；

α_n——法向压力角，即标准压力角，通常 $\alpha_n=20°$；

β——分度圆上的螺旋角。

斜齿圆柱齿轮圆周力和径向力方向的判断与直齿轮传动时相同，即主动轮上圆周力的方向与其转动方向相反，从动轮上圆周力的方向与其转动方向相同；两齿轮上径向力的方向分别由作用点指向各自的轮心。

轴向力的方向可用主动轮左、右手定则判断：左旋用左手，右旋用右手，握住主动轮的轴线，四指表示齿轮的旋转方向，拇指的指向即为轴向力的方向，从动轮上的力可根据作用力与反作用力原理来判定。

为简便起见，斜齿轮的受力图通常采用平面画法来表示。以上三对力在平面投影图上的表示方法如图 5-32b 所示。图中，垂直于纸面并由外向里指向纸面的力，用箭尾符号“⊗”

表示；垂直于纸面并由里向外离开纸面的力，用箭头符号“⊙”表示。

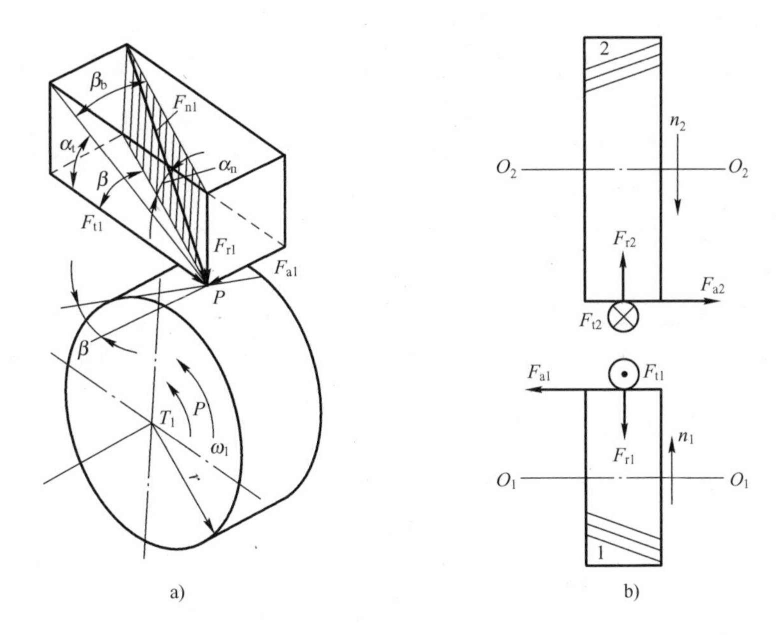

图5-32 斜齿圆柱齿轮的受力分析

（2）强度计算 斜齿圆柱齿轮传动的强度计算方法与直齿圆柱齿轮相似，但由于斜齿轮啮合时齿面接触线的倾斜以及传动重合度增大等因素的影响，使得斜齿轮的接触应力和弯曲应力都有所降低。

1）齿面接触疲劳强度的计算。

校核公式为

$$\sigma_H = 3.17 Z_E \sqrt{\frac{KT_1(\mu \pm 1)}{bd_1^2\mu}} \leqslant [\sigma_H] \tag{5-57}$$

设计公式为

$$d_1 \geqslant \sqrt[3]{\frac{KT_1(\mu \pm 1)}{\psi_d \mu}\left(\frac{3.17Z_E}{[\sigma_H]}\right)^2} \tag{5-58}$$

式（5-57）和式（5-58）中各符号所代表的意义、单位和确定方法均与直齿轮相同。由校核公式可以看出，斜齿轮传动的接触强度要比直齿轮的高。

2）齿根弯曲疲劳强度的计算。

校核公式为

$$\sigma_F = \frac{1.6KT_1\cos\beta}{bm_n^2 z_1} Y_F Y_S \leqslant [\sigma_F] \tag{5-59}$$

设计公式为

$$m_n \geqslant 1.17 \sqrt[3]{\frac{KT_1 \cos^2\beta}{\psi_d z_1^2}\left(\frac{Y_F Y_S}{[\sigma_F]}\right)} \tag{5-60}$$

式中，m_n 为斜齿轮的法向模数，应圆整为标准模数；Y_F、Y_S 应按斜齿轮的当量齿数 z_v 查取，其他参数的意义与直齿圆柱齿轮相同。设计时，应将两齿轮的 $Y_F Y_S/[\sigma_F]$ 值进行比较，取其中较大者代入上式进行计算。

6. 斜齿圆柱齿轮的设计方法和步骤

斜齿圆柱齿轮传动的设计方法和步骤与直齿圆柱齿轮相同。已知条件一般为：齿轮传递的功率 P，转速 n_1、n_2（或传动比 i），工作机和原动机的工作特性；外廓尺寸、中心距限制；寿命、可靠性、维修条件等。设计内容为：确定齿轮传动的主要参数、几何尺寸、齿轮结构和精度等级，最后绘出工作图。

（1）主要参数的选择　有关直齿圆柱齿轮传动参数的选择原则对斜齿圆柱齿轮传动基本适用，但有以下不同。

1）螺旋角 β。螺旋角 β 是斜齿轮的主要参数之一，增大螺旋角 β 可以增大重合度，提高传动平稳性，增大承载能力；但螺旋角过大，会增加轴承负担，使轴系结构复杂，不经济，而且传动效率降低。设计时，一般取 $\beta=8°\sim20°$。对于人字齿轮，因轴向力相互抵消，β 值可取大些。

2）中心距 a。在工程实际中，常用螺旋角 β 配凑中心距。如要求中心距为以0或5结尾的整数，其配凑方法是：先选定 z_1、z_2，初定 β，由强度计算确定 m_n（取标准值），然后按下式计算中心距 a

$$a=\frac{m_n(z_1+z_2)}{2\cos\beta} \tag{5-61}$$

将计算值圆整成要求的中心距，再由式（5-62）重新计算 β，精确到（′）。

$$\beta=\arccos\frac{m_n(z_1+z_2)}{2a} \tag{5-62}$$

（2）设计步骤

1）选择齿轮材料及热处理方法，确定许用应力。

2）确定齿轮传动的精度等级。

3）根据设计准则进行设计计算，并确定齿轮传动的主要参数。

4）计算齿轮的主要几何尺寸。

5）根据设计准则校核齿面接触疲劳强度或齿根弯曲疲劳强度。

6）确定齿轮的结构形式。

7）绘制齿轮工作图。

齿轮传动的设计过程和步骤见表5-19。

表5-19　齿轮传动的设计过程和步骤

步骤	计算项目	计算内容及说明	计算结果
1	已知条件	根据任务5.2的结果，齿轮传动的传动比 $i_{12}=i_{齿}=3.48$，高速轴传递功率为 $P_1=2.95\text{kW}$，高速轴转速为 $n_1=480\text{r/min}$，载荷平稳，空载起动，使用期为10年，小批量生产，两班制工作	
2	选择材料与热处理方法	所设计的齿轮传动属于闭式传动，通常采用软齿面的钢制齿轮。考虑到带式输送机为一般机械，故选用价格便宜、便于制造的材料。查表4-5，小齿轮材料选用45钢，调质处理，硬度取240HBW；大齿轮材料也选用45钢，正火处理，硬度取200HBW。大小齿轮硬度差40HBW，在30~50 HBW之间，较合适	大、小齿轮均选用45钢 小齿轮调质处理 大齿轮正火处理

（续）

步骤	计算项目	计算内容及说明	计算结果
3	选择精度等级	输送机是一般机械，速度不高，故选择8级精度（查表4-11）	8级精度
4	按齿面接触疲劳强度设计	本传动为软齿面闭式传动，故按齿面接触疲劳强度设计，由式（4-16）得 $d_1 \geqslant \sqrt[3]{\frac{KT_1(u+1)}{\psi_d u}\left(\frac{3.52Z_E}{[\sigma_H]}\right)^2}$ （1）载荷系数K　圆周速度不大，精度不高，齿轮关于轴承对称布置，查表4-6，取$K=1.1$ （2）小齿轮传递转矩T_1 $T_1=9.55\times10^6\times\frac{P_1}{n_1}=9.55\times10^6\times\frac{2.95}{480}\text{N}\cdot\text{mm}$ $=58\,692.7\text{N}\cdot\text{mm}$ （3）齿数比 $u=i_{12}=i_{齿}=3.48$（由表5-6设计所得） （4）确定齿轮齿数　初选小齿轮齿数$z_1=25$，则$z_2=i_{12}z_1=3.48\times25=87$，取$z_2=87$。 （5）弹性系数　由表4-7查得弹性系数$Z_E=189.8\sqrt{\text{MPa}}$ （6）齿宽系数　由表4-8取齿宽系数$\psi_d=1$ （7）接触疲劳许用应力$[\sigma_H]$的计算　由式（4-19）得 $[\sigma_H]=\frac{\sigma_{Hlim}}{S_H}Z_N$ 由图4-26查得$\sigma_{Hlim1}=565\text{MPa}$，$\sigma_{Hlim2}=540\text{MPa}$ 应力循环次数N由式（4-20）得 $N=60njL_h$ 按一年250个工作日，每班8h计算，小齿轮的应力循环次数为 $N_1=60n_1jL_h=60\times480\times1\times2\times8\times250\times10=1.152\times10^9$ $N_2=\frac{N_1}{i}=\frac{1.152\times10^9}{3.48}=3.33\times10^8$ 由图4-27中曲线1得，$Z_{N1}=1.0$，$Z_{N2}=1.1$ 由表4-10取安全系数$S_H=1$，则 $[\sigma_{H1}]=\frac{\sigma_{Hlim1}Z_{N1}}{S_H}=\frac{565\times1}{1}\text{MPa}=565\text{MPa}$ $[\sigma_{H2}]=\frac{\sigma_{Hlim2}Z_{N2}}{S_H}=\frac{540\times1.1}{1}\text{MPa}=594\text{MPa}$ 取$[\sigma_H]=565\text{MPa}$ （8）小齿轮分度圆直径d_1 $d_1\geqslant\sqrt[3]{\frac{KT_1(u+1)}{\psi_d u}\left(\frac{3.52Z_E}{[\sigma_H]}\right)^2}$ $=\sqrt[3]{\frac{1.1\times58\,692.7\times(3.48+1)}{1\times3.48}\left(\frac{3.52\times189.8}{565}\right)^2}\text{mm}$ $\approx48.8\text{mm}$ 由$m=\frac{d_1}{z_1}=\frac{48.8}{25}\text{mm}=1.952\text{mm}$ 查表4-2，取$m=2\text{mm}$	$z_1=25$ $z_2=87$ $d_1\geqslant48.8\text{mm}$ $m=2\text{mm}$

（续）

步骤	计算项目	计算内容及说明	计算结果
5	计算主要几何尺寸	（1）分度圆直径 $$d_1=z_1m=25\times2\text{mm}=50\text{mm}$$ $$d_2=z_2m=87\times2\text{mm}=174\text{mm}$$ （2）中心距 a $$a=\frac{1}{2}(d_1+d_2)=\frac{1}{2}(50+174)\text{mm}=112\text{mm}$$ （3）齿宽 b $$b=\psi_d d_1=1\times50=50\text{mm}$$ 取 $b_2=50\text{mm}$，则 $b_1=b_2+5=55\text{mm}$	$d_1=50\text{mm}$ $d_2=174\text{mm}$ $a=112\text{mm}$ $b_1=55\text{mm}$ $b_2=50\text{mm}$
6	验算圆周速度	圆周速度的计算公式为 $$v=\frac{\pi d_1 n_1}{60\times1\,000}=\frac{3.14\times50\times480}{60\times1\,000}\text{m/s}=1.256\text{m/s}$$ $v<5\text{m/s}$，由表4-11可知，宜选择8级精度	8级精度
7	校核齿根弯曲疲劳强度	齿根弯曲疲劳强度公式为 $$\sigma_F=\frac{2KT_1}{bd_1m}Y_FY_S\leqslant[\sigma_F]$$ 式中 K、T_1、m、d_1 值同前 （1）齿宽 $b=b_2=50\text{mm}$ （2）由表4-9查得，齿形系数 $Y_{F1}=2.62$，$Y_{F2}=2.206$ （3）由表4-9查得，应力修正系数 $Y_{S1}=1.59$，$Y_{S2}=1.777$ （4）齿根弯曲疲劳许用应力 $[\sigma_F]$ 由式（4-21）得 $$[\sigma_F]=\frac{\sigma_{Flim}}{S_F}Y_N$$ 由图4-28查得，$\sigma_{Flim1}=200\text{MPa}$，$\sigma_{Flim2}=180\text{MPa}$ 由表4-10查得，$S_F=1.3$ 由图4-29查得，$Y_{N1}=Y_{N2}=1$，则 $$[\sigma_{F1}]=\frac{\sigma_{Flim1}}{S_F}Y_{N1}=\frac{200}{1.3}\times1\text{MPa}=153.85\text{MPa}$$ $$[\sigma_{F2}]=\frac{\sigma_{Flim2}}{S_F}Y_{N2}=\frac{180}{1.3}\times1\text{MPa}=138.46\text{MPa}$$ （5）校核计算 $$\sigma_{F1}=\frac{2KT_1}{bd_1m}Y_{F1}Y_{S1}=\frac{2\times1.1\times58\,692.7}{50\times50\times2}\times2.62\times1.59\text{MPa}$$ $$=107.58\text{MPa}<[\sigma_{F1}]$$ $$\sigma_{F2}=\sigma_{F1}\frac{Y_{F2}Y_{S2}}{Y_{F1}Y_{S1}}=107.58\times\frac{2.206\times1.777}{2.62\times1.59}\text{MPa}$$ $$=101.23\text{MPa}<[\sigma_{F2}]$$	齿根弯曲疲劳强度足够

（续）

步骤	计算项目	计算内容及说明	计算结果
8	计算齿轮传动其他几何尺寸	（1）齿顶高 $h_a = h_a^* m = 1 \times 2\text{mm} = 2\text{mm}$ （2）齿根高 $h_f = (h_a^* + c^*) m = (1 + 0.25) \times 2\text{mm} = 2.5\text{mm}$ （3）全齿高 $h = h_a + h_f = (2 + 2.5)\text{mm} = 4.5\text{mm}$ （4）顶隙 $c = c^* m = 0.25 \times 2\text{mm} = 0.5\text{mm}$ （5）齿顶圆直径 $d_{a1} = d_1 + 2h_a = (50 + 2 \times 2)\text{mm} = 54\text{mm}$ $d_{a2} = d_2 + 2h_a = (174 + 2 \times 2)\text{mm} = 178\text{mm}$ （6）齿根圆直径 $d_{f1} = d_1 - 2h_f = (50 - 2 \times 2.5)\text{mm} = 45\text{mm}$ $d_{f2} = d_2 - 2h_f = (174 - 2 \times 2.5)\text{mm} = 169\text{mm}$	$h_a = 2\text{mm}$ $h_f = 2.5\text{mm}$ $h = 4.5\text{mm}$ $c = 0.5\text{mm}$ $d_{a1} = 54\text{mm}$ $d_{a2} = 178\text{mm}$ $d_{f1} = 45\text{mm}$ $d_{f2} = 169\text{mm}$
9	计算齿轮作用力（为后续轴的设计、键的选择及轴承的选择提供数据）	（1）小齿轮1上的作用力 1）圆周力为 $F_{t1} = \frac{2T_1}{d_1} = \frac{2 \times 58\,692.7}{50}\text{N} = 2\,347.71\text{N}$ 其方向与力作用点圆周速度的方向相反 2）径向力为 $F_{r1} = F_{t1}\tan\alpha = (2\,347.71 \times \tan20°)\text{N} = 854.50\text{N}$ 其方向由力的作用点指向小齿轮1的转动中心 （2）大齿轮2上的作用力　从动轮2上各个作用力与主动轮1上相应力的大小相等，作用方向相反	$F_{t1} = 2\,347.71\text{N}$ $F_{r1} = 854.50\text{N}$
10	设计齿轮结构，并绘制齿轮零件图	（1）小齿轮结构设计　小齿轮齿顶圆直径 $d_{a1} = 54\text{mm}$，尺寸比较小，所以将小齿轮与轴做成一体。小齿轮零件图须待轴的设计完成后才能绘制 （2）大齿轮结构设计　大齿轮齿顶圆直径 $d_{a2} = 178\text{mm} > 160\text{mm}$，所以采用腹板式结构，如图5-33所示	

5.4.2　轴的结构设计

对轴的结构进行设计主要包括：根据轴的承载情况和工作条件以及轴上零件的安装和定位要求，确定轴的合理外形和全部结构尺寸，包括确定轴段数、各个轴段的直径和长度及工艺结构等。

设计过程中的要求如下：

1）轴应便于加工，轴上零件应便于装拆和调整。

2）轴和轴上零件应准确定位，各零件牢固可靠地相对固定。

3）轴的受力合理，尽量减少应力集中。

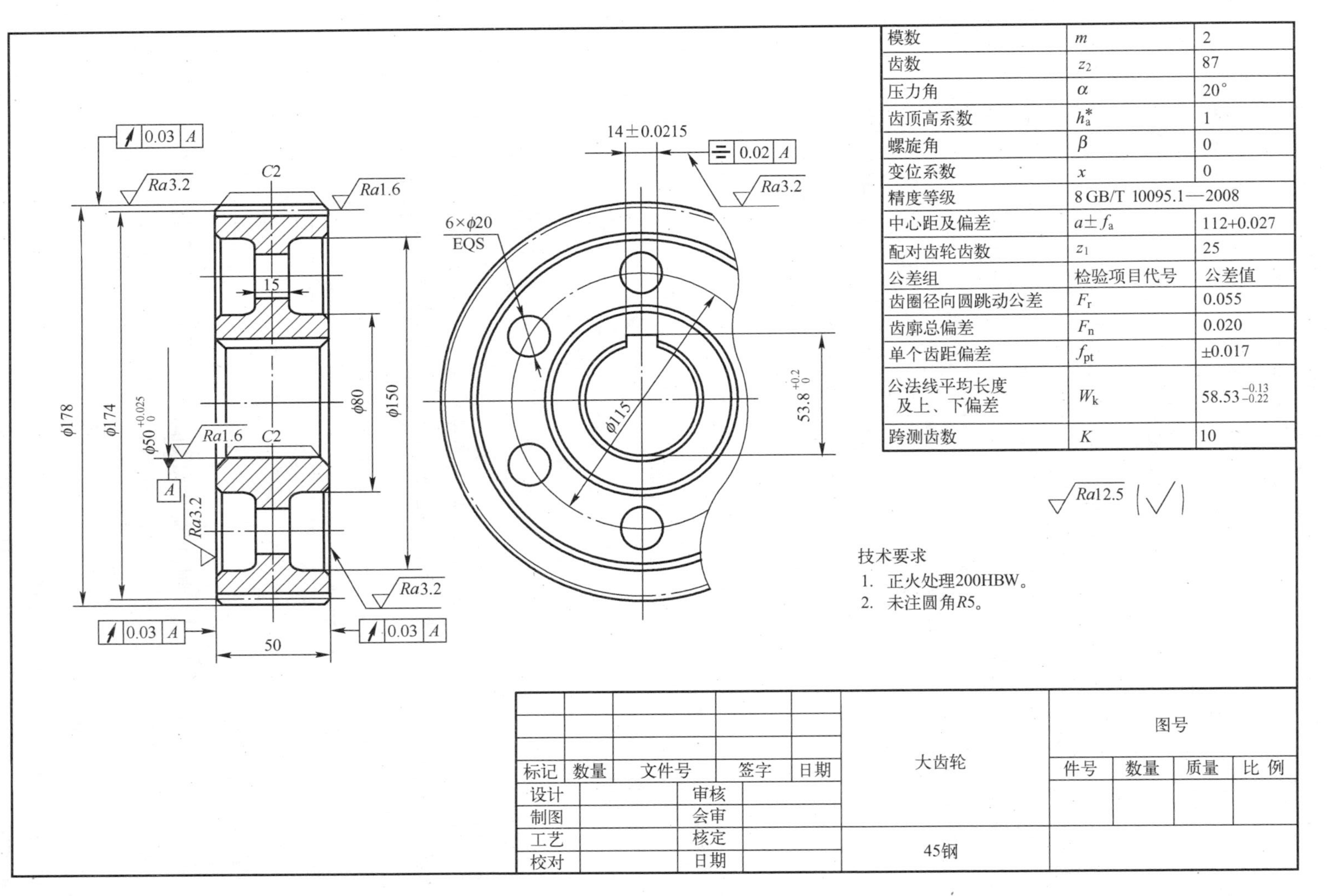

图 5-33 圆柱齿轮工件图示例

1. 轴的结构组成

为方便轴上零件的装拆和固定，常将轴做成阶梯形。阶梯轴通常由轴头、轴颈、轴肩、轴环、轴端，以及不装任何零件的轴段等部分组成，如图5-34所示。

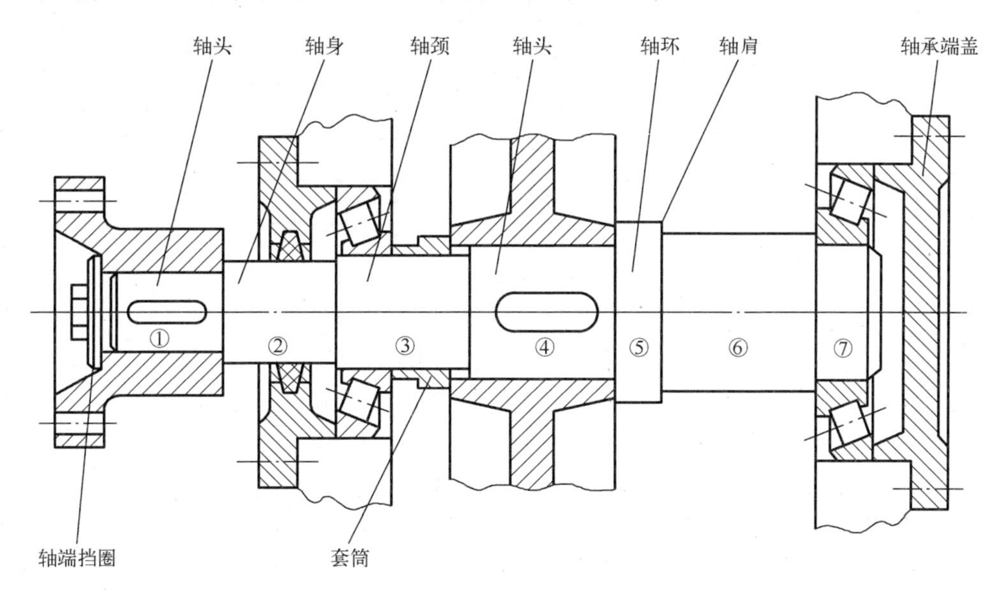

图5-34　轴的结构及各部分的名称

轴与轴上回转零件的轮毂（如齿轮和联轴器等）配合处的轴段称为轴头；与轴承配合处的轴段称为轴颈；连接轴头和轴颈的轴段称为轴身；轴的两端称为轴端；阶梯轴上中间高两边低，且轴向尺寸较小的轴段称为轴环，轴环可以起定位作用；阶梯轴上截面变化的台阶处称为轴肩。

轴肩根据其所起的作用不同，分为定位轴肩和非定位轴肩（非定位轴肩也称过渡轴肩）两类。如图5-34所示轴段①和②、④和⑤、⑥和⑦交界处的轴肩为定位轴肩，起定位作用；如图5-34所示轴段②和③、③和④、⑤和⑥交界处的轴肩为过渡轴肩，其作用是便于轴上零件的装拆，或为避免应力集中而设置的工艺轴肩。

2. 轴的结构设计方法

（1）拟定轴上零件的装配方案　拟定轴上零件的装配方案是指确定轴上零件的装配方向、顺序和相互关系，它是进行轴的结构设计的前提，决定着轴的基本形式。原则上，轴的结构越简单越合理，装配越简单、方便越合理。

如图5-34所示的装配方案，其上零件的安装顺序是：齿轮、套筒、左端轴承、轴承端盖、半联轴器，从轴的左端向右依次安装，右端轴承、轴承端盖从轴的右端向左依次安装。这样就对各轴段的粗细顺序和结构形式作了初步安排。

轴上零件的装配方案不同，则轴的结构形状也不相同。如图5-35所示为圆柱－圆锥齿轮二级减速器示意图，该减速器的输出轴有两种装配方案，如图5-36a、图5-36b所示。通过分析比较，发现方案二较方案一增加了一个用于轴向定位的长套筒，使机器的零件增多，质量增大，加工工艺变复杂，故不如方案一合理。所以在进行轴的设计时，一般都要拟定几种装配方案，然后对其进行分析比较，择优选择。

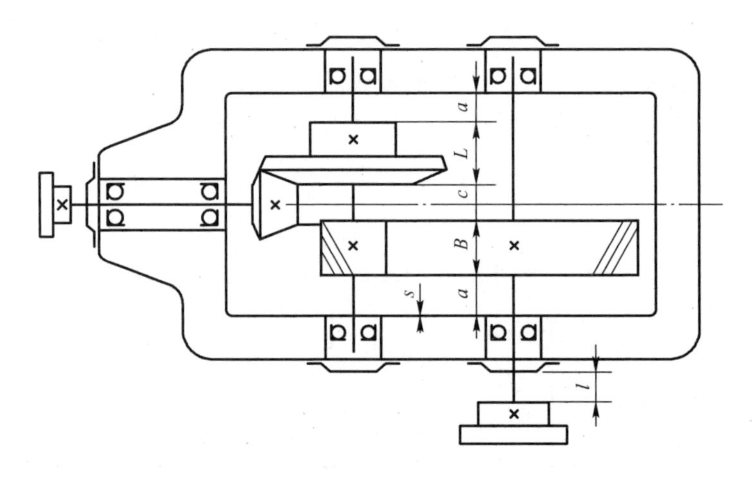

图 5-35 圆柱 – 圆锥齿轮二级减速器示意图

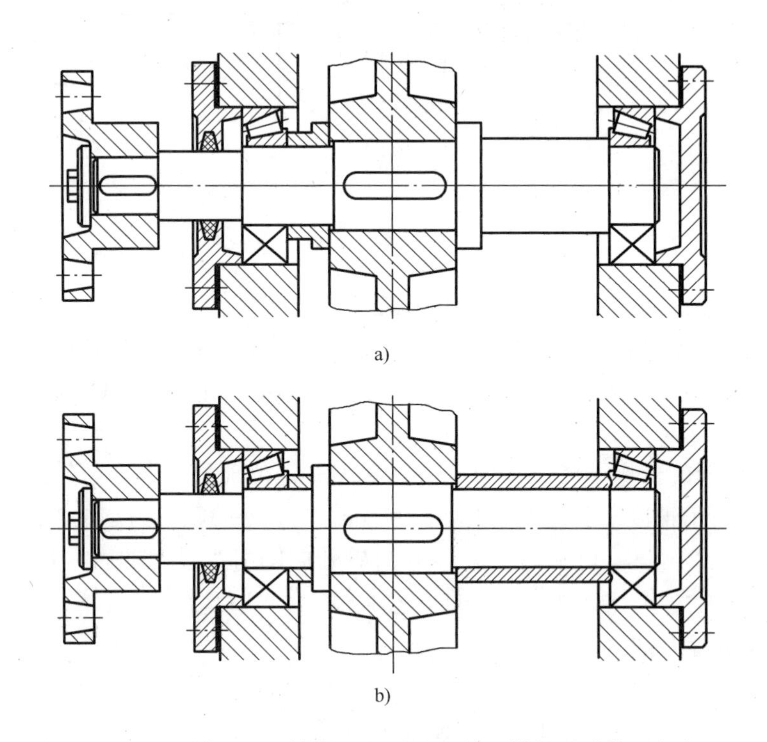
a)
b)

图 5-36 圆柱 – 圆锥齿轮二级减速器输出轴的两种装配方案
a）方案一 b）方案二

（2）轴上零件的定位和固定 轴上零件的定位是为了保证传动件在轴上有准确的安装位置，固定则是为了保证轴上零件在运转中保持原位不变。作为轴的具体结构，有时既起定位作用又起固定作用。

1）轴上零件的轴向定位与固定。常用的轴向定位和固定方法有：轴肩（轴环）、圆螺母（止动垫片）、套筒、弹性挡圈、紧定螺钉、轴端挡圈等。

① 轴肩和轴环定位。用轴肩和轴环定位方便、可靠，承受轴向力大，但因分界面直径变化，会引起应力集中，所以应在分界面处车制圆角，以减少应力集中，如图 5-37 所示。

为使轴上零件紧靠定位面，轴肩（或轴环）的圆角半径 r 应小于配合零件的圆角半径 R 或倒角 C，轴肩和轴环高度 h 应比 R 或 C 稍大，通常取 $h=(0.07\sim0.1)d$（d 为与零件配合处的轴段直径）。轴环的宽度可取为 $b\approx1.4h$。

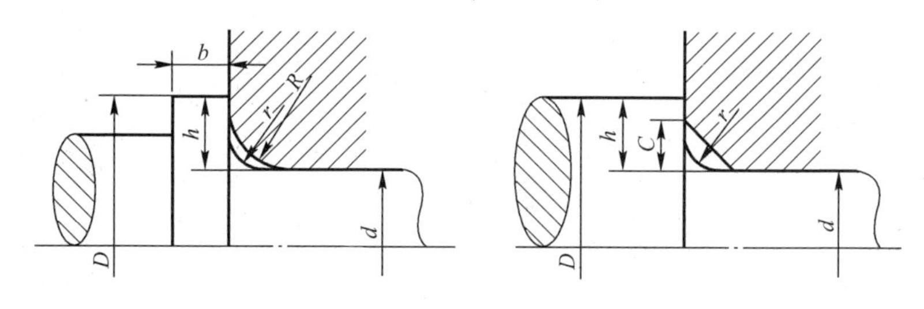

图 5-37　轴肩和轴环

应该注意，滚动轴承的定位轴肩（图 5-34 中轴段⑥和⑦交界处的轴肩）高度必须低于轴承内圈高度，以便于拆卸轴承，具体可查手册中轴承的安装尺寸。非定位轴肩的高度没有严格的规定，一般取 1～2mm，圆角半径 $r\leqslant(D-d)/2$。

零件配合表面处的圆角半径和倒角尺寸可参见表 5-20。

表 5-20　零件配合表面处圆角半径和倒角尺寸

轴径 d	>10～18	>18～30	>30～50	>50～80	>80～120
r	1	1.5	2	2.5	3
R 或 C	1.6	2.0	3.0	4.0	5.0

② 套筒与圆螺母定位。在工程实际中，轴上的零件一般均应做双向固定。例如，用轴肩或轴环固定零件时，还应使用其他零件来防止零件向另一方向移动。当轴上相邻两个零件之间的距离 L 不大时，可使用套筒进行另一方向的轴向固定，如图 5-38 所示。用套筒定位可以简化轴的结构，但增加了质量，故不宜用于高速轴。

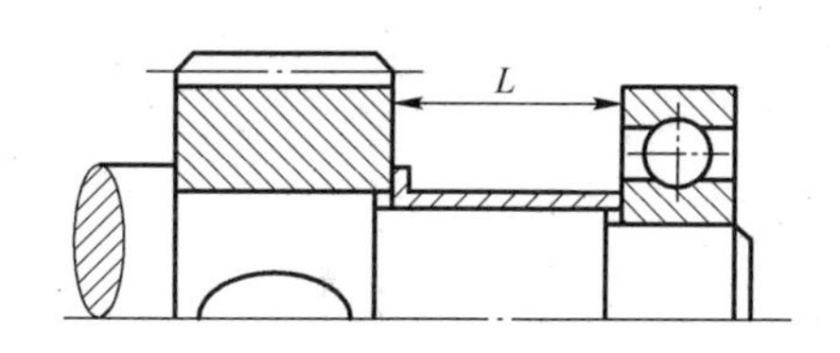

图 5-38　套筒定位

当无法采用套筒或两个零件之间的距离 L 较大时，可使用圆螺母作为另一方向的轴向固定，如图 5-39 所示。用圆螺母定位装拆方便，固定可靠，能承受较大的轴向力，可避免使用过长的套筒，以减小质量。但轴上须切削螺纹、退刀槽和纵向槽，应力集中较大。因此，圆螺母常用于轴端零件的固定，为了不过分削弱轴的强度，一般用细牙螺纹并加防松装置。

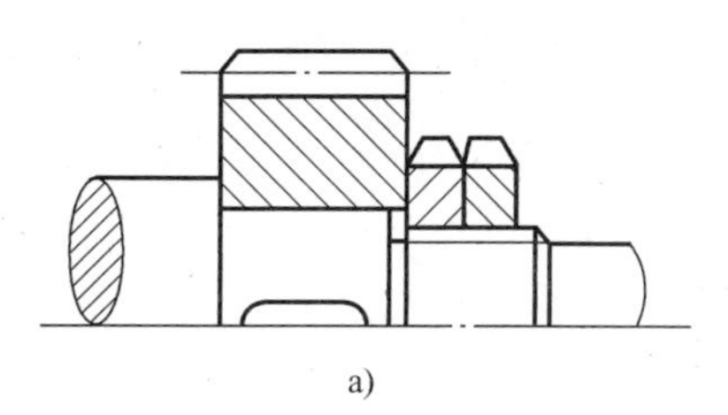

a)

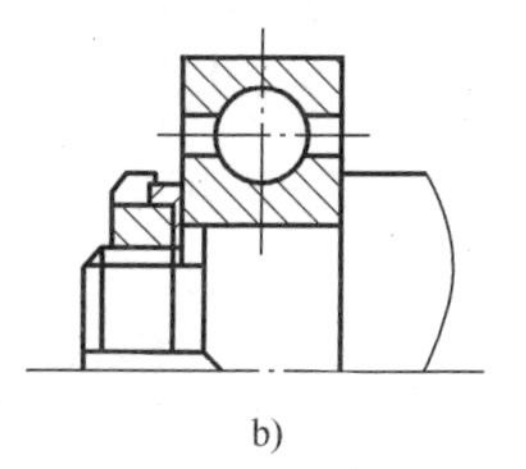

b)

图 5-39　圆螺母定位

a）双圆螺母　b）圆螺母与止动垫圈

③ 轴端挡圈定位。如图5-40所示，轴端挡圈定位适用于轴端零件的轴向固定，其装拆较方便，可承受剧烈振动和冲击载荷。轴端挡圈与圆锥面结合起来使用，能消除轴与轮毂孔之间的径向间隙，特别适用于轴上零件与轴的同轴度要求较高的场合，并可实现双向轴向定位。

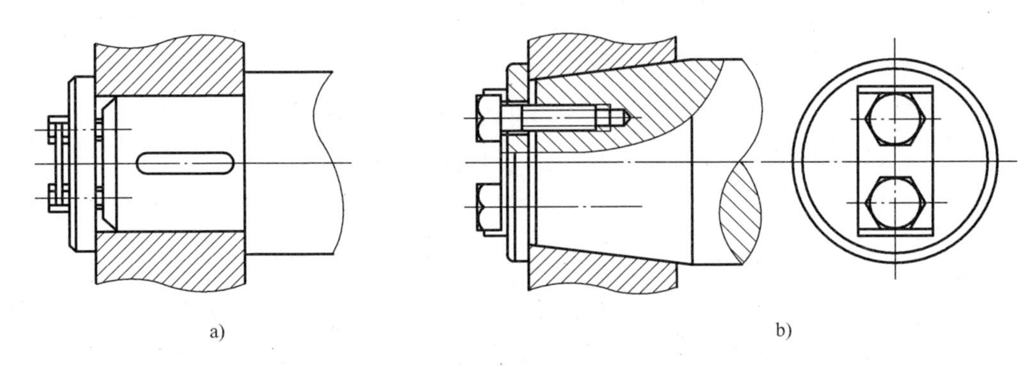

图5-40 轴端挡圈定位

a）轴端挡圈 b）轴端挡圈与圆锥面

④ 弹性挡圈和紧定螺钉定位。弹性挡圈结构简单紧凑，只能承受很小的轴向力，常用于固定滚动轴承等的轴向定位，如图5-41所示。紧定螺钉适用于轴向力很小，转速低的场合，如图5-42所示。

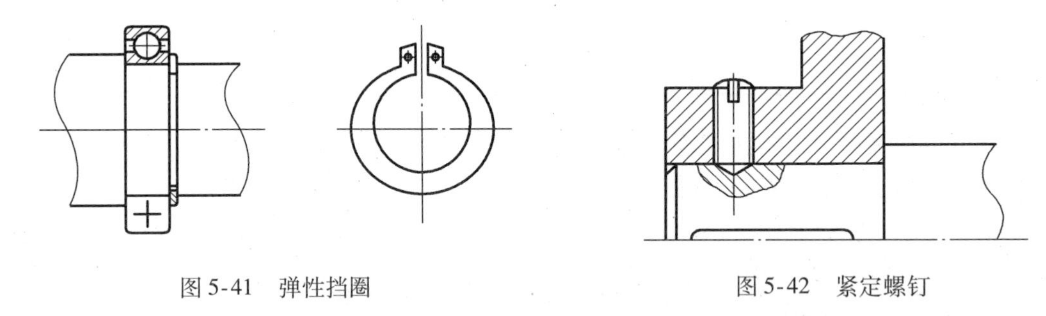

图5-41 弹性挡圈　　　　图5-42 紧定螺钉

需要注意，采用套筒、圆螺母、轴端挡圈做轴向固定时，应使安装零件的轴段比零件轮毂宽度短2~3mm，以确保套筒、圆螺母或轴端挡圈能紧靠零件端面。

2）轴上零件的周向固定。为了传递运动和转矩，防止轴上零件与轴做相对转动，轴和轴上零件必须可靠地沿周向固定。常用的周向固定方法有：键联接、花键联接、销联接和过盈配合等，如图5-43所示，其中以键联接应用最广。

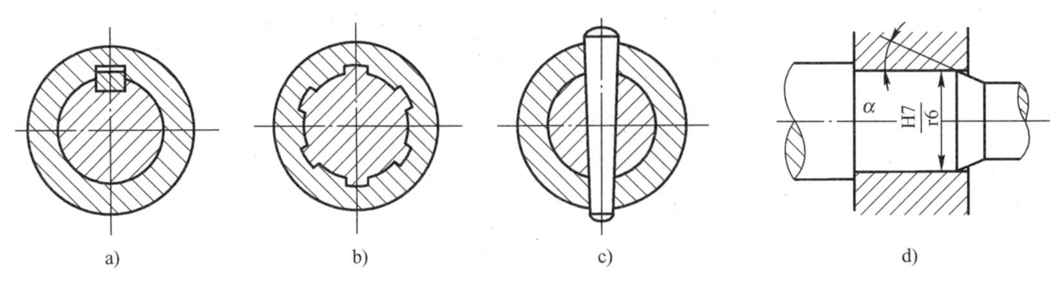

图5-43 轴上零件的周向固定

a）键联接 b）花键联接 c）销联接 d）过盈配合

安装滚动轴承的轴颈与轴承间采用过盈配合实现周向固定；减速器中的齿轮与轴常同时采用过盈配合和普通型平键联接，以实现周向固定；联轴器（链轮、蜗轮）与轴之间的周向固定，多采用平键联接；带轮与轴之间的周向固定可采用平键联接或楔键联接；若传动件与轴之间采用两个平键还不能满足传动要求，则应采用花键联接。

① 平键联接用于传递转矩较大、对中性要求一般的场合，其使用最为广泛。

② 花键联接用于传递转矩大、对中性要求高，或零件在轴上移动时要求导向性良好的场合。

③ 过盈配合结构简单、对中性好、对轴的强度削弱小并兼有轴向固定作用，但对配合面的加工精度要求高，装拆也不方便，承载能力取决于过盈量的大小，所以多用于转矩较小、不便开键槽或要求零件与轴对中性较高的场合。过盈配合不适用于重载和经常装拆的场合。

此外，当载荷不大时，可采用圆锥销和紧定螺钉联接，能同时起到周向固定和轴向固定的作用。

（3）轴的结构工艺性　轴的结构工艺性包括加工工艺性和装拆工艺性两个方面。从加工的角度看，轴的工艺性有以下要求：

1）当某一轴段需磨削加工或车制螺纹时，应留有砂轮越程槽（图5-44）或退刀槽（图5-45）。

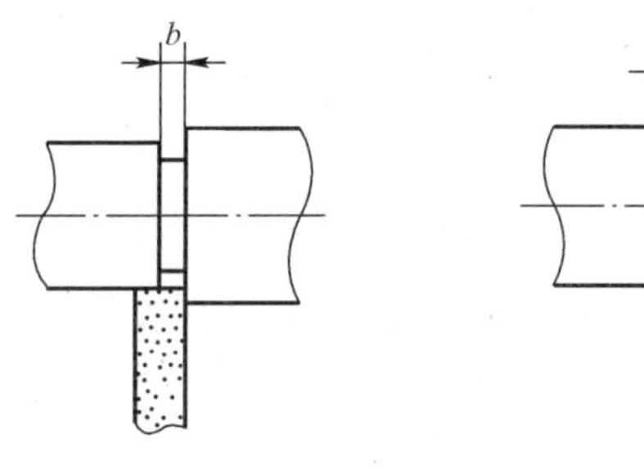

图5-44　砂轮越程槽　　　图5-45　螺纹退刀槽

2）当不同轴段均有键槽时，应将其布置在同一素线上（图5-46），以便于装夹和铣削。

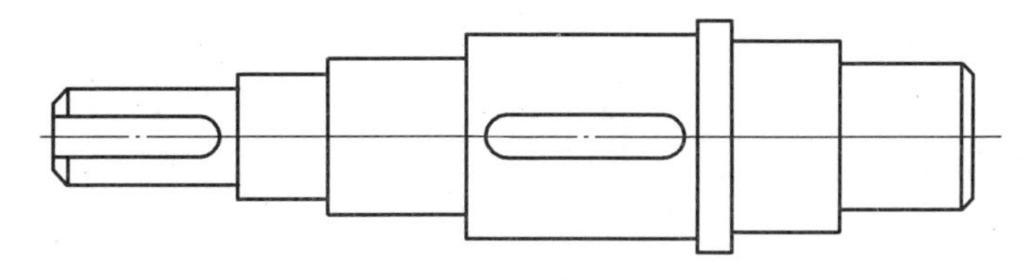

图5-46　键槽的布置

3）轴的形状要力求简单，阶梯轴的级数应尽可能少，轴上各段的键槽、圆角半径、倒角、中心孔等的尺寸应尽可能统一，以利于加工和检验。

从装配的角度看，其工艺性有以下几点要求：

1）轴端应有倒角，如图5-47所示，以免装配时把轴上零件的孔壁擦伤。

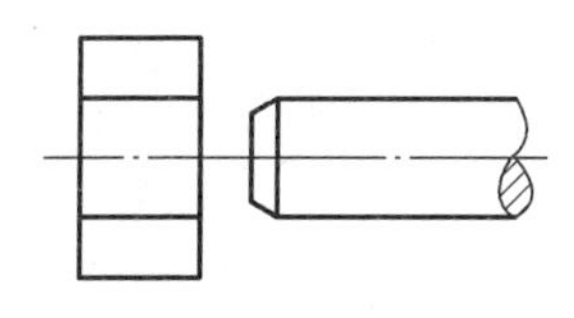

图5-47　轴端倒角

2）对于阶梯轴，常设计成两端小、中间大的形状，以便于零件从两端装拆。

3）轴的结构设计应使各零件在装配时尽量不接触其他零件的配合表面，轴肩高度不能妨碍零件的拆卸。

（4）各轴段直径和长度的确定　零件在轴上的定位和装拆方案确定后，轴的形状便大体确定了。

1）确定各轴段的直径大小。

① 按轴的扭转强度条件初步估算轴径，将其作为轴的最小直径 d_{min}，再按轴上零件的装配方案和定位要求，从 d_{min} 开始逐一确定各段直径。

② 轴颈处的直径必须按照滚动轴承标准规定的内孔直径选取。

③ 滚动轴承定位轴肩处的直径必须按照滚动轴承标准规定选取。

④ 标准件（如联轴器、密封装置等）的轴径应按标准件的标准内径选取。

⑤ 对于有配合要求的轴段（如安装带轮、齿轮等），其直径应取标准直径系列值。

⑥ 对于无配合要求的轴段，其直径要圆整。

2）确定各轴段的长度。

① 确定各轴段长度时，应尽可能使结构紧凑，同时要保证零件所需的装配或调整空间。

② 轴的各段长度主要是根据各零件与轴配合部分的轴向尺寸和相邻零件间必要的空隙来确定的。

③ 为了保证轴向定位可靠，与齿轮和联轴器等零件相配合的轴段长度一般应比轮毂长度短 2 ~ 3mm。

（5）提高轴强度的措施

1）改进轴的结构，降低应力集中。

① 轴截面尺寸改变处会造成应力集中，因此，阶梯轴中相邻轴段的直径不宜相差太大，轴径变化处的过渡圆角半径不宜过小。

② 应尽量避免在轴上开横孔、凹槽和加工螺纹，必要时可采用减载槽、中间环或凹切圆角等结构（图 5-48），采用这些方法还可以避免轴在热处理时产生淬火裂纹的危险。

③ 平键键槽用圆盘铣刀加工较指状铣刀加工的应力集中小。

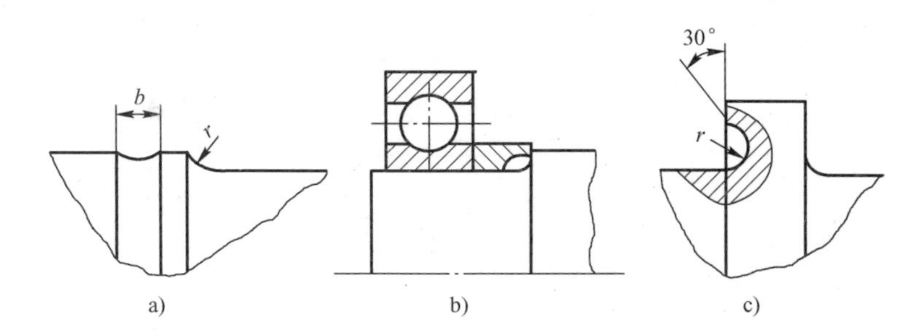

图 5-48　减少圆角处应力集中的结构

a）减载槽　b）中间环　c）凹切圆角

2）改善轴的受载情况。

① 为了减少轴所承受的弯矩，传动件应尽量靠近轴承，并尽可能不要采用悬臂支承形式，尽量缩短支承跨距及悬臂长度。

② 当动力需用两个或两个以上的轮输出时，应将输入轮布置在输出轮的中间，这样可

以减小轴的转矩。如图5-49a所示的轴，轴上作用的最大转矩为 T_1+T_2，如果把输入轮布置在两输出轮之间，如图5-49b所示，则轴所受的最大转矩将由 T_1+T_2 降低到 T_1。

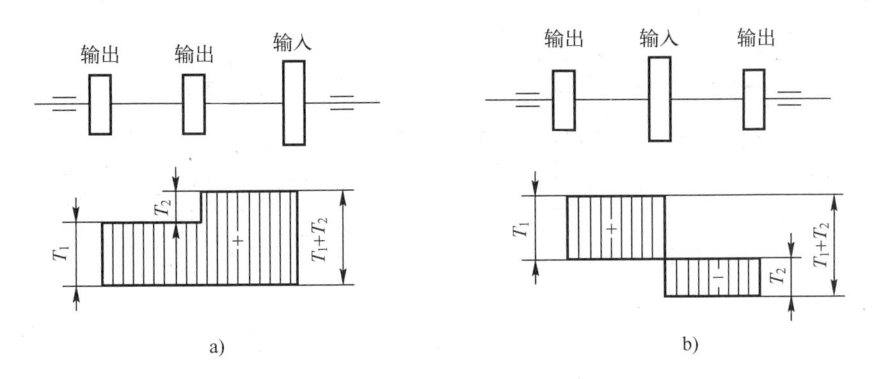

图5-49　轴上零件的两种布置方案

③ 改造轴上零件的结构，也可以减少轴上的载荷。如图5-50a所示，卷筒的轮毂很长，轴的弯矩较大，如把轮毂分成两段（图5-50b），则不仅可以减小轴的弯矩，提高轴的强度和刚度，而且能得到良好的轴孔配合。

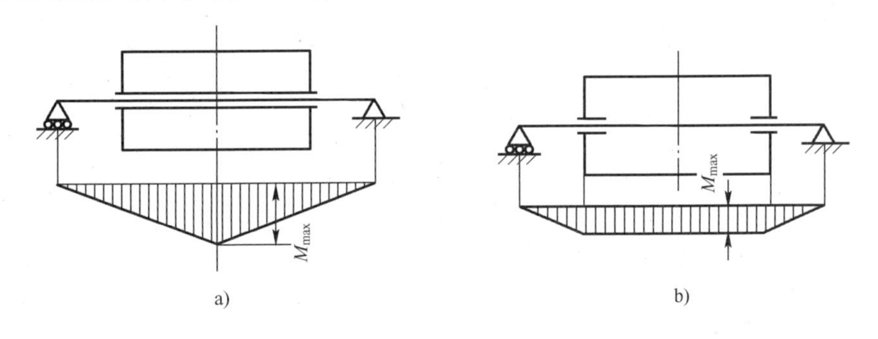

图5-50　轴上载荷的合理分布

3）改进轴的表面质量，提高轴的疲劳强度。提高轴的表面质量，降低表面粗糙度值，对轴表面采用碾压、喷丸等强化处理，均可提高轴的疲劳强度。

【例5-2】 图5-51a所示为用滚动轴承支承的转轴轴系结构图，现要求分析图上的结构错误并予以改正。

【解】 此轴系有以下几方面的错误结构：

1）转动件与静止件接触。图中①处轴承左端盖与轴接触，图中②处轴与右轴承外圈相接触。

2）轴上零件未定位和固定。图中③处轴承左端盖未顶住左轴承外圈；图中④处套筒未与左轴承内圈相接触；图中⑤所在轴段太长，不能保证齿轮可靠地实现轴向固定；图中⑦处的联轴器未打通，不能对轴进行轴向固定。

3）结构工艺性不合理。图中⑥所在轴段的精加工面过长，不便于装拆左轴承；图中②处的轴肩过高，无法拆卸右轴承。

改正后的结构如图5-51b所示。

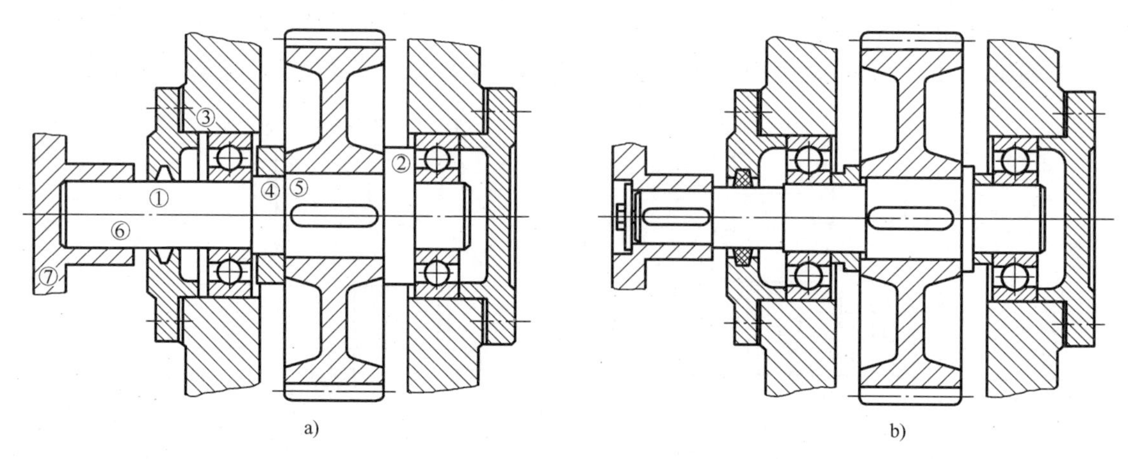

图 5-51　轴系结构改错

a）原图　b）改正图

3. 轴的强度计算

足够的强度是保证轴能正常工作的一个最基本的条件。轴的强度应根据轴的受力情况，采用相应的计算方法。下面介绍常用的强度计算方法。

（1）按扭转强度计算　这种计算方法适用于只受转矩的传动轴或主要受转矩的不太重要的轴的强度计算。在作轴的结构设计时，通常用这种方法初步估算轴径。对于圆截面的实心轴，其强度条件为

$$\tau=\frac{T}{W_T}=\frac{T}{0.2d^3}\leqslant[\tau] \tag{5-63}$$

则得设计公式为

$$d\geqslant\sqrt[3]{\frac{T}{0.2[\tau]}}=\sqrt[3]{\frac{9.55\times10^6}{0.2[\tau]}}\times\sqrt[3]{\frac{P}{n}}=C\sqrt[3]{\frac{P}{n}} \tag{5-64}$$

式中　T——轴所传递的转矩，单位为 N · mm；

W_T——轴的抗扭截面系数，单位为 mm^3；

d——轴的估算直径，单位为 mm；

P——轴所传递的功率，单位为 kW；

n——轴的转速，单位为 r/min；

τ——轴的切应力，单位为 MPa；

$[\tau]$——轴的许用切应力，单位为 MPa，其值见表 5-21；

C——由轴的材料和受载情况所决定的系数，其值见表 5-21。

表 5-21　常用材料的 [τ] 值和 C 值

轴的材料	Q235A、20 钢	35 钢	45 钢	40Cr、35SiMn
[τ]/MPa	15 ~ 25	20 ~ 35	25 ~ 45	35 ~ 55
C	126 ~ 149	112 ~ 135	103 ~ 126	97 ~ 112

注：当作用在轴上的弯矩比传递的转矩小或只传递转矩时，C 取较小值，[τ] 取较大值；否则相反。

对既承受弯矩又传递转矩的转轴，还要考虑弯矩对轴强度的影响。开始设计时，因弯矩尚无法计算，故用降低 [τ] 值的办法来补偿弯矩对轴的影响，按式（5-64）计算出轴的最

小直径 d_{min}，再按结构需要设计其他各段直径。

若计算的轴段上有键槽，则直径应适当增大。有一个键槽时，轴径增大3% ~5%；如同一轴段上有两个键槽，则轴径应增大7% ~10%，然后按表5-22圆整成标准直径。若该轴段上安装有标准零件（如联轴器），则轴径与标准件孔径应一致。

表5-22　标准直径系列（摘自GB/T 2822—2005）　　（单位：mm）

10	12	14	16	18	20	22	24	25	26	28
30	32	34	36	38	40	42	45	48	50	53
56	60	63	67	71	75	80	85	90	95	100

（2）按弯扭组合强度计算　在估算出轴的最小直径 d_{min} 并依次完成轴的结构设计后，轴上零件的位置便随之确定，外加载荷和支反力作用点也相应确定，此时便可绘出轴的受力简图，按弯扭组合强度对轴进行校核。只有满足强度条件，轴的结构设计才算成功；若不满足强度条件，则轴的结构设计还需进行修改。

对于一般钢制的轴，可用第三强度理论进行强度计算。强度条件为

$$\sigma_e = \frac{M_e}{W} = \frac{\sqrt{M^2 + (\alpha T)^2}}{0.1d^3} \leqslant [\sigma_{-1b}] \tag{5-65}$$

式中　σ_e——当量弯曲应力，单位为MPa；

M_e——当量弯矩，$M_e = \sqrt{M^2 + (\alpha T)^2}$，单位为N·mm；

W——危险截面的抗弯截面系数，单位为mm^3；

M——危险截面的弯矩，单位为N·mm；

T——危险截面的转矩，单位为N·mm；

α——考虑弯曲应力与扭转切应力循环特性的不同而引入的修正系数。

通常弯曲应力为对称循环变应力，而扭转切应力随工作情况的变化而不同。对于单向连续转动的轴，可认为转矩为一定值，取 $\alpha = [\sigma_{-1b}]/[\sigma_{+1b}] \approx 0.3$；对于频繁起动的轴，可认为转矩为脉动循环，取 $\alpha = [\sigma_{-1b}]/[\sigma_{+1b}] \approx 0.6$；对于双向转动的轴，扭转切应力也为对称循环变应力，取 $\alpha = 1$。其中 $[\sigma_{-1b}]$、$[\sigma_{0b}]$、$[\sigma_{+1b}]$ 分别为对称循环、脉动循环及静应力状态下的许用弯曲应力，其值见表5-23。

表5-23　轴的许用弯曲应力　　（单位：MPa）

材　料	抗拉强度 R_m	$[\sigma_{+1b}]$	$[\sigma_{0b}]$	$[\sigma_{-1b}]$
碳素钢	400	130	70	40
	500	170	75	45
	600	200	95	55
	700	230	110	65
合金钢	800	270	130	75
	900	300	140	80
	1000	330	150	90
铸钢	400	100	50	30
	500	120	70	40

按弯扭组合强度计算轴的步骤如下：

1）绘出轴的空间力系图，将轴上各作用力分解为水平面分力和垂直面分力。

2）绘出轴的水平面受力图，计算水平面上的支点反力和弯矩，并绘出水平面上的弯矩（M_H）图。

3）绘出轴的垂直面受力图，计算垂直面上的支点反力和弯矩，并绘出垂直面上的弯矩（M_V）图。

4）计算合成弯矩 $M=\sqrt{M_H^2+M_V^2}$，并绘出合成弯矩图。

5）计算转矩 T，并绘出转矩图。

6）计算当量弯矩 $M_e=\sqrt{M^2+(\alpha T)^2}$，并绘出当量弯矩图。

7）校核危险截面的强度。

4. 轴的设计步骤

通常轴的设计步骤为：

1）明确轴上零件的数量和种类，拟定零件的装配方案，形成轴的结构雏形。

2）根据轴的工作条件选择轴的材料和热处理方法，确定许用应力。

3）按扭转强度估算轴的最小直径。

4）进行轴的结构设计，并绘制轴的结构草图，内容包括：

① 根据工作要求，确定轴上零件的布置方案和固定方式。

② 根据轴上零件的安装顺序及相互关系，确定各轴段的直径和长度。

③ 根据有关设计手册，确定轴的结构细节，如圆角、倒角、退刀槽等的尺寸。

5）按弯扭组合强度进行校核，若危险截面的强度不够，则必须重新修改轴的结构。

6）修改轴的结构后须再次进行校核计算，如此反复交替地进行校核和修改，直到设计出较为合理的轴的结构为止。

7）绘制轴的零件工作图。

需要指出的是：在轴的设计计算过程中，轴与其他相关零件的设计计算往往相互联系、影响，因此必须结合进行；一般情况下设计转轴时，只需进行弯扭组合强度校核，不必进行轴的刚度、振动稳定性等的校核；对刚度有要求的轴（如机床主轴等）应进行刚度校核，高速转动的轴应进行振动稳定性校核，重要场合的轴应采用疲劳强度校核方法进行轴的强度校核，具体方法可查阅机械设计方面的相关资料。

5. 轴的设计计算过程

轴的设计计算应与轴上齿轮和带轮轮毂孔内径及宽度、滚动轴承的选择、键的选择和验算、半联轴器的选择同步进行。高速轴和低速轴的设计方法和步骤分别见表5-24和表5-25。

表5-24　高速轴的设计方法和步骤

步骤	计算项目	计算内容及说明	计算结果
1	已知条件	由任务5.2的结果可知，高速轴传递的功率为 $P_1=2.95\text{kW}$，转速为 $n_1=480\text{r/min}$ 根据5.4.1节，小齿轮分度圆直径 $d_1=50\text{mm}$，齿宽 $b_1=55\text{mm}$，$a=112\text{mm}$，转矩 $T_1=58\,692.7\text{N}\cdot\text{mm}$	

（续）

步骤	计算项目	计算内容及说明	计算结果
2	选择轴的材料，确定许用应力	由已知条件可知，此减速器传递功率为中小功率，对材料无特殊要求，故选用45钢，并经调质处理 查表4-14得：抗拉强度 $R_m = 650\text{MPa}$，由表5-23查得轴的许用弯曲应力 $[\sigma_{-1b}] = 60\text{MPa}$（用插值法）	45钢，调质处理 $R_m = 650\text{MPa}$ $[\sigma_{-1b}] = 60\text{MPa}$
3	按扭转强度估算轴的最小直径	由表5-21查得 $C = 103 \sim 126$，取 $C = 115$，按照式（5-64）得 $d \geqslant C\sqrt[3]{\frac{P}{n}} = 115 \times \sqrt[3]{\frac{2.95}{480}}\text{mm} = 21.065\text{mm}$ 因高速轴外伸端安装大带轮，需要开键槽，故轴径应增大5%，则 $d \geqslant 22.12\text{mm}$ 取 $d_{min} = 23\text{mm}$	$d_{min} = 23\text{mm}$
4	确定齿轮和轴承的润滑方式	计算齿轮圆周速度 $v = \frac{\pi d_1 n_1}{60 \times 1000} = \frac{3.14 \times 50 \times 480}{60 \times 1000}\text{m/s} = 1.256\text{m/s} < 2\text{m/s}$ 故齿轮采用油浴润滑，轴承采用脂润滑。为防止减速器中机油浸入轴承中，采用挡油环对轴承进行内密封	齿轮：油浴润滑 轴承：脂润滑
5	设计轴的结构	（1）确定轴上零件的装配方案和定位、固定方式　为方便轴系部件的拆卸，减速器的箱体采用剖分式结构。参考一般减速器的结构，对于单级直齿圆柱齿轮减速器，可将齿轮布置在箱体的中部，对称于两轴承。由齿轮传动设计可知，小齿轮与轴做成一体，不需进行轴向固定。左、右端轴承均用轴套和过渡配合（H7/k6）固定内套圈；输入端的大带轮用轴肩做轴向固定，平键做周向固定。轴的定位则由两端的轴承端盖单面轴向固定轴承的外套圈来实现（因该减速器发热小，轴不长，故轴承采用两端固定方式），如下图所示。然后按轴上零件的装配顺序，从 d_{min} 处（即轴段①）开始设计 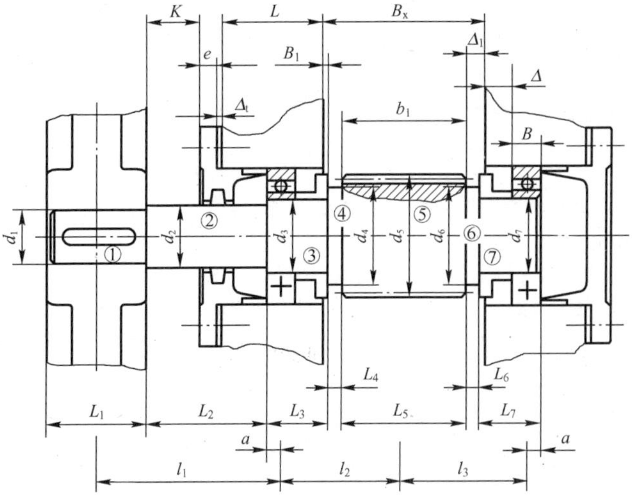	

（续）

步骤	计算项目	计算内容及说明	计算结果
5	设计轴的结构	（2）确定各轴段的直径 1）轴段①的直径。轴段①上安装大带轮，所以轴段①的直径应与大带轮轮毂的孔径相同，由表5-22标准直径系列及前面估算的最小直径 $d_{min}=23mm$，初定轴段①的轴径 $d_1=25mm$ 2）轴段②的直径。考虑带轮的轴向固定及密封圈的尺寸，带轮用轴肩定位，轴肩高度为 $h=(0.07\sim0.1)d_1=(0.07\sim0.1)\times25mm=1.75\sim2.5mm$ 所以轴段②的轴径为 $d_2=d_1+2\times(1.75\sim2.5)=28.5\sim30mm$ 该处轴的圆周速度为 $v_{d_2}=\frac{\pi d_{d2}n_1}{60\times1000}=\frac{3.14\times30\times480}{60\times1000}m/s$ $=0.75m/s<3m/s$ 所以可选用毡圈油封。由附表F-3，选取毡圈30，则轴段②的直径取标准值 $d_2=30mm$ 3）轴段③和轴段⑦的直径。轴段③和轴段⑦安装滚动轴承，考虑齿轮只受圆周力和径向力，所以两端采用球轴承。初选轴承型号为6207，由附表E-1查得轴承内径 $d=35mm$，外径 $D=72mm$，宽度 $B=17mm$，内圈定位轴肩直径 $d_a=42mm$，外圈定位凸肩内径 $D_a=65mm$，故取 $d_3=d_7=35mm$（两轴承同型号） 4）轴段④和轴段⑥的直径。该轴段间接为轴承定位，所以可取与轴承内圈定位轴肩直径相等的数值，即 $d_4=d_6=42mm$ 5）轴段⑤的直径。轴段⑤上安装小齿轮，为便于安装，d_5应略大于d_4，可初定 $d_5=45mm$，而由5.4.1中计算结果可知，小齿轮的齿根圆直径$d_{f1}=45mm$，即齿根圆直径与齿轮内孔直径相等，故该轴只能设计成齿轮轴（与任务5.4.1中设计结果相符），所以 $d_5=d_{a1}=54mm$ （3）确定各轴段的长度 1）轴段①的长度。带轮轮毂的宽度为 $L_1'=(1.5\sim2)d_1=(1.5\sim2)\times25mm=37.5\sim50mm$ 取为50mm，则轴段①的长度应略小于轮毂孔宽度，取 $L_1=48mm$ 2）轴段③和轴段⑦的长度。因轴段②的长度涉及的因素较多，所以先计算轴段③和轴段⑦这两段的长度 由步骤4的计算可知，轴承采用脂润滑，需要挡油环，取挡油环端面到箱体内壁距离 $B_1=2mm$；为补偿箱体的铸造误差和安装挡油环，靠近箱体内壁的轴承端面至箱体内壁的距离取 $\Delta=14mm$，则 $L_3=L_7=B+\Delta+B_1=(17+14+2)mm=33mm$ 3）轴段②的长度。轴段②的长度 L_2 除与轴上零件有关外，还与减速器箱体等的设计有关 由附表J-1可知，箱座壁厚由公式 $\delta=0.025a+1\geqslant8$ 计算，取 $\delta=8$；箱盖壁厚由公式 $\delta_1=0.02a+1\geqslant8$，取 $\delta_1=8mm$ 由中心距 $a=112mm$ 查附表J-1，可确定地脚螺栓直径 d_f 为M16，轴承旁联接螺栓直径 d_1 为M12，相应地取 $c_1=18mm$，$c_2=16mm$。箱盖与箱座联接螺栓直径 d_2 为M10，轴承端盖联接螺栓直径 d_3 为M8。由附表D-1取轴承端盖联接螺栓GB/T 5782 M8×25。由附表J-3可计算轴承端盖厚 $e=1.2\times d_{端螺}=1.2\times8mm=9.6mm$，取 $e=10mm$。则轴承座宽度为	$d_1=25mm$ $d_2=30mm$ 轴承型号为6207 $d_3=d_7=35mm$ $d_4=d_6=42mm$ $d_5=54mm$ $L_1=48mm$ $L_3=L_7=33mm$

（续）

步骤	计算项目	计算内容及说明	计算结果
5	设计轴的结构	$L \geqslant \delta + c_1 + c_2 + (5 \sim 8) = [8 + 18 + 16 + (5 \sim 8)]\text{mm} = 47 \sim 50\text{mm}$ 取 $L = 50\text{mm}$，取轴承端盖与轴承座间的调整垫片厚度为 $\Delta_t = 2\text{mm}$；为了在不拆卸带轮的条件下，方便装拆轴承端盖联接螺栓，取带轮凸缘端面至轴承端盖表面的距离为 $K = 28\text{mm}$。带轮采用腹板式，螺栓的拆装空间足够，则有 $L_2 = L + \Delta_t + e + K - \Delta - B = (50 + 2 + 10 + 28 - 14 - 17)\text{mm} = 59\text{mm}$ 4）轴段④和轴段⑥的长度。为保证齿轮端面与箱体内壁不相碰，齿轮两端面与箱体内壁间应留有一定的间距，取该间距为 $\Delta_1 = 10\text{mm}$，则轴段④和⑥的长度为 $L_4 = L_6 = \Delta_1 - B_1 = (10 - 2)\text{mm} = 8\text{mm}$ 5）轴段⑤的长度。该轴设计成齿轮轴，所以 $L_5 = b_1 = 55\text{mm}$ 6）箱体内壁之间的距离 $B_x = 2\Delta_1 + b_1 = (2 \times 10 + 55)\text{mm} = 75\text{mm}$ 7）力作用点间的距离。轴承力作用点距轴承外端面距离为 $a = \frac{B}{2} = \frac{17}{2}\text{mm} = 8.5\text{mm}$ 则 $l_1 = \frac{50}{2} + L_2 + a = (25 + 59 + 8.5)\text{mm} = 92.5\text{mm}$ $l_2 = L_3 + L_4 + \frac{L_5}{2} - a = (33 + 8 + \frac{55}{2} - 8.5)\text{mm} = 60\text{mm}$ $l_3 = l_2 = 60\text{mm}$ 所以轴承中心间的跨距为120mm 8）绘制轴的结构，标注相应尺寸，如下图所示 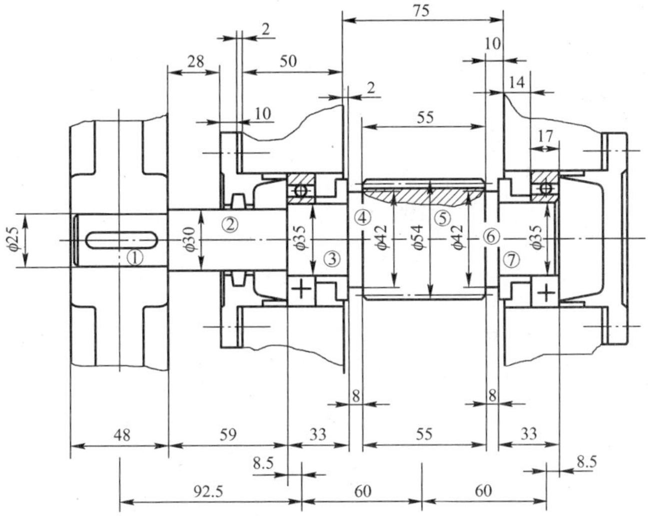	$L_2 = 59\text{mm}$ $L_4 = L_6 = 8\text{mm}$ $L_5 = 55\text{mm}$ $B_x = 75\text{mm}$ $l_1 = 92.5\text{mm}$ $l_3 = l_2 = 60\text{mm}$
6	计算主动齿轮的受力	根据5.4.1节可知，主动齿轮的受力为 圆周力 $F_{t1} = 2\,347.71\text{N}$ 径向力 $F_{r1} = 854.50\text{N}$ 转矩 $T_1 = 58\,692.7\text{N} \cdot \text{mm}$	$F_{t1} = 2\,347.71\text{N}$ $F_{r1} = 854.50\text{N}$ $T_1 = 58\,692.7\text{N} \cdot \text{mm}$

（续）

步骤	计算项目	计算内容及说明	计算结果
7	按弯扭组合强度条件进行轴的强度校核	（1）绘制轴的受力简图　如下图a所示 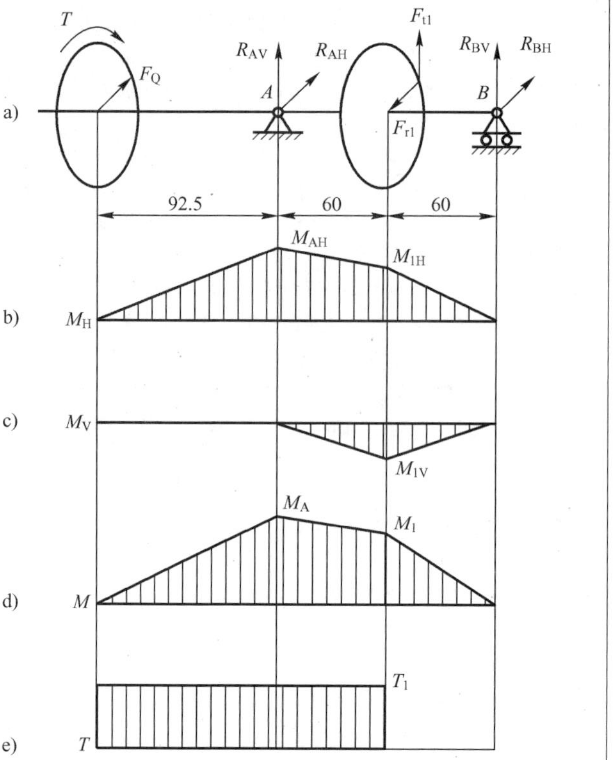	
		（2）计算支承反力　由任务5.3带传动设计结果，可知传动带作用在轴上的压轴力为 $F_Q = 1\,086.86\text{N}$	$F_Q = 1\,086.86\text{N}$
		在水平平面上，根据力矩平衡定理可得 $R_{AH} = \dfrac{-F_Q \times (92.5+60+60) + F_{r1} \times 60}{60+60}$ $= \dfrac{-1\,086.86 \times 212.5 + 854.50 \times 60}{120}\text{N} = -1\,497.40\text{N}$	$R_{AH} = -1\,497.40\text{N}$
		上式中的负号表示与图中所示力的方向相反，以下同 $R_{BH} = -F_Q - R_{AH} + F_{r1} = (-1\,086.86 + 1\,497.40 + 854.50)\text{N}$ $= 1\,265.04\text{N}$	$R_{BH} = 1\,265.04\ \text{N}$
		在垂直平面上 $R_{AV} = R_{BV} = \dfrac{-F_{t1}}{2} = \dfrac{-2\,347.71}{2}\text{N} = -1\,173.86\text{N}$	$R_{AV} = -1\,173.86\ \text{N}$ $R_{BV} = -1\,173.86\ \text{N}$
		则轴承A的总支承反力为 $R_A = \sqrt{R_{AH}^2 + R_{AV}^2} = \sqrt{1\,497.40^2 + (-1\,173.86)^2}\text{N}$ $= 1\,902.67\text{N}$	$R_A = 1\,902.67\ \text{N}$
		则轴承B的总支承反力为 $R_B = \sqrt{R_{BH}^2 + R_{BV}^2} = \sqrt{1\,265.04^2 + (-1\,173.86)^2}\text{N}$ $= 1\,725.77\text{N}$	$R_B = 1\,725.77\ \text{N}$

（续）

步骤	计算项目	计算内容及说明	计算结果
7	按弯扭组合强度条件进行轴的强度校核	（3）绘制弯矩图 1）绘制水平平面弯矩图，如上图b所示 $M_{AH}=F_Q\times l_1=1\,086.86\times92.5\text{N}\cdot\text{mm}=100\,534.55\text{N}\cdot\text{mm}$ $M_{1H}=R_{BH}\times l_3=1\,265.04\times60\text{N}\cdot\text{mm}=75\,902.4\text{N}\cdot\text{mm}$ 2）绘制垂直平面弯矩图，如上图c所示 $M_{1V}=R_{AV}\times l_2=-1\,173.86\times60\text{N}\cdot\text{mm}=-70\,431.6\text{N}\cdot\text{mm}$ 3）绘制合成弯矩图，如上图d所示 $M_A=M_{AH}=100\,534.55\text{N}\cdot\text{mm}$ $M_1=\sqrt{M_{1H}^2+M_{1V}^2}=\sqrt{75\,902.4^2+(-70\,431.6)^2}\text{N}\cdot\text{mm}$ $=103\,546.05\text{N}\cdot\text{mm}$ 4）绘制转矩图，如上图e所示 $T_1=58\,692.7\text{N}\cdot\text{mm}$ 5）计算当量弯矩。由以上图可知，齿轮轴中间截面与A点处的截面弯矩较大，而轴径尺寸较齿轮轴中间截面尺寸小得多，故A点处截面为危险截面。因带式输送机单向运转，转矩为脉动循环，所以取修正系数$\alpha=0.6$ 则A点处截面的当量弯矩为 $M_{eA}=\sqrt{M_A^2+(\alpha T_1)^2}=\sqrt{100\,534.55^2+(0.6\times58\,692.7)^2}\text{N}\cdot\text{mm}$ $=106\,523.87\text{N}\cdot\text{mm}$ （4）校核危险截面A的强度　由式（5-65）得 $\sigma_{eA}=\dfrac{M_{eA}}{W}=\dfrac{\sqrt{M_A^2+(\alpha T_1)^2}}{0.1d_3^3}=\dfrac{106\,523.87}{0.1\times35^3}\text{MPa}$ $=24.85\text{MPa}<[\sigma_{-1b}]=60\text{MPa}$ 轴的强度足够。如果所选轴承和键联接等经后续计算后确认寿命和强度均能满足，则该轴的结构设计无需修改	$M_A=100\,534.55\text{N}\cdot\text{mm}$ $M_1=103\,546.05\text{N}\cdot\text{mm}$ 此轴安全可用
8	绘制轴的零件工作图	略	

表5-25　低速轴的设计方法和步骤

步骤	计算项目	计算内容及说明	计算结果
1	已知条件	根据任务5.2，低速轴传递的功率为$P_2=2.83\text{kW}$，转速$n_2=137.93\text{r/min}$，转矩$T_2=195\,940\text{N}\cdot\text{mm}$ 根据5.4.1节，大齿轮分度圆直径$d_2=174\text{mm}$，齿宽$b_2=50\text{mm}$，中心距$a=112\text{mm}$	
2	选择轴的材料，确定许用应力	由已知条件可知，此减速器传递功率为中小功率，对材料无特殊要求，故低速轴也选用45钢，并经调质处理 查表4-14得：抗拉强度$R_m=650\text{MPa}$ 查表5-23得：许用弯曲应力$[\sigma_{-1b}]=60\text{MPa}$	45钢，调质处理 $R_m=650\text{MPa}$ $[\sigma_{-1b}]=60\text{MPa}$

（续）

步骤	计 算 项 目	计算内容及说明	计 算 结 果
3	按扭转强度估算轴的最小直径	由表5-21查得 $C=103\sim126$，取 $C=115$，按照公式（5-64）得 $d\geqslant C\sqrt[3]{\dfrac{P}{n}}=115\times\sqrt[3]{\dfrac{2.83}{137.93}}\text{mm}=31.48\text{mm}$ 因低速轴外伸端上安装联轴器，需要开键槽，故轴径应增大5%，则 $d\geqslant33.05\text{mm}$ 取 $d_{min}=35\text{mm}$	$d_{min}=35\text{mm}$
4	初选联轴器	（1）确定计算转矩　取 $K_A=1.5$，则计算转矩为 $T_C=K_AT_2=1.5\times195\,940\text{N}\cdot\text{mm}=293\,910\text{N}\cdot\text{mm}$ （2）选择联轴器　由附表G-4，选弹性柱销联轴器LX2，J型轴孔，轴孔尺寸为 $\phi35\text{mm}\times60\text{mm}$	弹性柱销联轴器LX2
5	确定齿轮和轴承的润滑方式	计算齿轮圆周速度 $v=\dfrac{\pi d_2n_2}{60\times1000}=\dfrac{3.14\times174\times137.93}{60\times1000}\text{m/s}=1.256\text{m/s}<2\text{m/s}$ 故齿轮采用油浴润滑，轴承采用脂润滑。为防止减速器中机油浸入轴承，采用挡油环对轴承进行内密封	齿轮：油浴润滑 轴承：脂润滑
6	设计轴的结构	（1）确定轴上零件的装配方案和定位、固定方式　对于单级直齿圆柱齿轮减速器，可将齿轮布置在箱体中央，对称于两轴承，如下图所示。齿轮左面由轴肩定位，右面用套筒轴向固定，平键做周向固定。左、右端轴承均用轴套和过渡配合（H7/k6）固定内套圈；输出端的联轴器用轴肩做轴向固定，平键做周向固定。轴的定位则由两端的轴承端盖单面轴向固定轴承的外套圈来实现（因该减速器发热小，轴不长，故轴承采用两端固定方式）。然后可按轴上零件的装配顺序，从 d_{min} 处（轴段①）开始设计 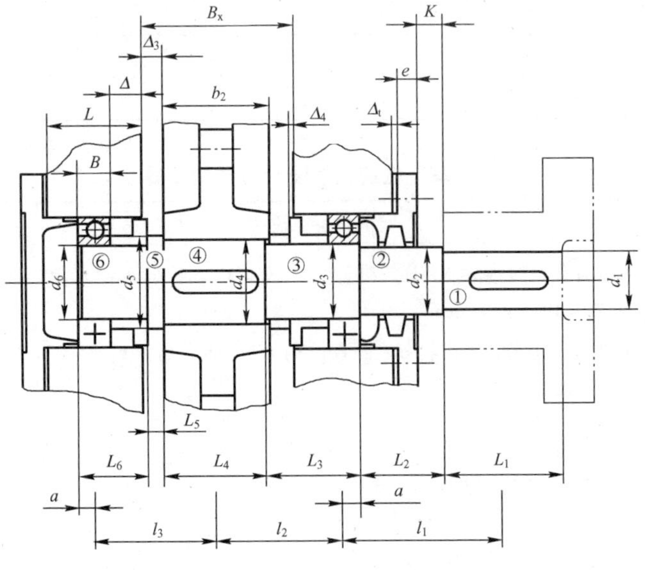	

（续）

步骤	计算项目	计算内容及说明	计算结果
6	设计轴的结构	（2）确定各轴段的直径 1）轴段①的直径。轴段①上安装联轴器，所以轴段①的直径应与联轴器轮毂的孔径相同，由联轴器轴孔尺寸 $\phi35\text{mm}\times60\text{mm}$，可初定轴段①的轴径 $d_1=35\text{mm}$ 2）轴段②的直径。需考虑联轴器的轴向固定及密封圈的尺寸两个因素。联轴器用轴肩定位，轴肩高度为 $h=(0.07\sim0.1)d_1=(0.07\sim0.1)\times35\text{mm}=2.45\sim3.5\text{mm}$ 则轴段②的轴径为 $d_2=d_1+2\times(2.45\sim3.5)\text{mm}=39.9\sim42\text{mm}$ 该处轴的圆周速度为 $v_{d_2}=\dfrac{\pi d_{d2}n_2}{60\times1000}=\dfrac{3.14\times42\times137.93}{60\times1000}\text{m/s}$ $=0.30\text{m/s}<3\text{m/s}$ 所以可选用毡圈油封。由附表 F-3，选取毡圈 40，则轴段②的直径取标准值 $d_2=40\text{mm}$ 3）轴段③和轴段⑥的直径。轴段③和轴段⑥安装滚动轴承，考虑齿轮只受圆周力和径向力，所以两端采用球轴承。初选轴承型号为 6209，由附表 E-1 查得轴承内径 $d=45\text{mm}$，外径 $D=85\text{mm}$，宽度 $B=19\text{mm}$，内圈定位轴肩直径 $d_a=52\text{mm}$，外圈定位凸肩内径 $D_a=78\text{mm}$，故取 $d_3=d_6=45\text{mm}$（两轴承同型号） 4）轴段④的直径。轴段④上安装大齿轮，为便于安装，d_4应略大于 d_3，可初定 $d_4=50\text{mm}$ 5）轴段⑤的直径。该轴段为大齿轮提供定位作用，定位轴肩高度为 $h=(0.07\sim0.1)d_4=(0.07\sim0.1)\times50\text{mm}=3.5\sim5\text{mm}$ 则轴段⑤的轴径为 $d_5=d_4+2\times(3.5\sim5)\text{mm}=57\sim60\text{mm}$ 取 $d_5=60\text{mm}$ （3）确定各轴段的长度 1）轴段①的长度。联轴器轮毂的宽度为 60mm，轴段①的长度应略小于轮毂孔宽度，取 $L_1=58\text{mm}$ 2）轴段④的长度。大齿轮左端采用轴肩定位，右端采用套筒固定。为使套筒端面能够紧靠到齿轮端面，轴段④的长度应比轮毂略短，取大齿轮轮毂的宽度等于齿轮宽度，由于 $b_2=50\text{mm}$，故取 $L_4=48\text{mm}$ 3）轴段⑤的长度。大齿轮端面距箱体内壁距离为 $\Delta_3=(B_x-b_2)/2=(75-50)/2\text{mm}=12.5\text{mm}$ 取挡油环端面到箱体内壁距离为 $\Delta_4=2.5\text{mm}$ 则轴段⑤的长度为 $L_5=\Delta_3-\Delta_4=(12.5-2.5)\text{mm}=10\text{mm}$ 4）轴段②的长度。轴段②的长度除与轴上零件有关外，还与轴承座宽度及轴承端盖等零件有关	$d_1=35\text{mm}$ $d_2=40\text{mm}$ 轴承型号为 6209 $d_3=d_6=45\text{mm}$ $d_4=50\text{mm}$ $d_5=60\text{mm}$ $L_1=58\text{mm}$ $L_4=48\text{mm}$ $L_5=10\text{mm}$

（续）

<table>
<tr><th>步骤</th><th>计算项目</th><th>计算内容及说明</th><th>计算结果</th></tr>
<tr><td>6</td><td>设计轴的结构</td><td>轴承座宽度 L、轴承靠近箱体内壁的端面距箱体内壁距离 Δ、端盖与轴承座间的调整垫片厚度 Δ_t、轴承端盖厚 e、轴承端盖的联接螺栓均与高速轴相同。为避免轴承端盖螺栓的拆装与联轴器轮毂外径发生干涉，端盖外端面与联轴器轮毂端面的距离取 $K=13\text{mm}$，则轴段②的长度为
$L_2=L+\Delta_t+e+K-B-\Delta$
$=(50+2+10+13-19-14)\text{mm}=42\text{mm}$
5）轴段③的长度
$L_3=b_2-L_4+\Delta_3+\Delta+B$
$=(50-48+12.5+14+19)\text{mm}=47.5\text{mm}$
圆整，取 $L_3=47\text{mm}$
6）轴段⑥的长度
$L_6=B+\Delta+\Delta_4=(19+14+2.5)\text{mm}=35.5\text{mm}$
圆整，取 $L_6=35\text{mm}$
7）力作用点间的距离。轴承力作用点距轴承外端面距离为
$a=\frac{B}{2}=\frac{19}{2}\text{mm}=9.5\text{mm}$
则 $l_1=\frac{60}{2}+L_2+a=(30+42+9.5)\text{mm}=81.5\text{mm}$
$l_2=L_3+L_4-\frac{b_2}{2}-a=\left(47+48-\frac{50}{2}-9.5\right)=60.5\text{mm}$
$l_3=l_2=60.5\text{mm}$
所以轴承中心间的跨距为 121mm
8）绘制轴的结构，标注相应尺寸，如下图所示 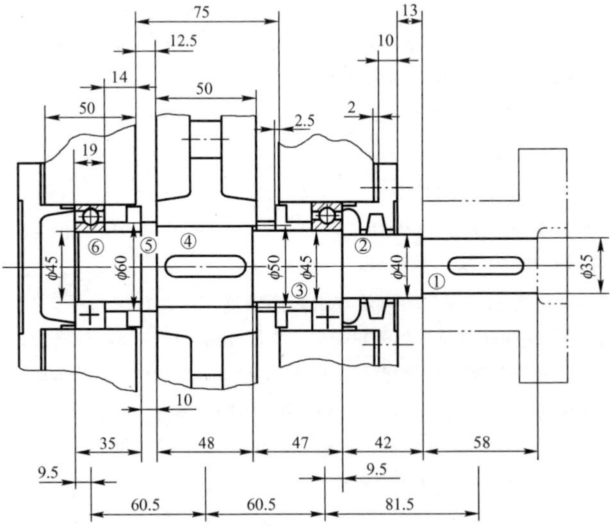</td><td>$L_2=42\text{mm}$
$L_3=47\text{mm}$
$L_6=35\text{mm}$
$l_1=81.5\text{mm}$
$l_3=l_2=60.5\text{mm}$</td></tr>
<tr><td>7</td><td>计算从动齿轮的受力</td><td>根据 5.4.1 计算可知，从动齿轮的受力为
圆周力 $F_{t2}=2\,347.71\text{N}$
径向力 $F_{r2}=854.50\text{N}$
转矩 $T_2=195\,940\text{N}\cdot\text{mm}$</td><td>$F_{t2}=2\,347.71\text{N}$
$F_{r2}=854.50\text{N}$
$T_2=195\,940\text{N}\cdot\text{mm}$</td></tr>
</table>

（续）

步骤	计算项目	计算内容及说明	计算结果
8	按弯扭组合强度条件进行轴的强度校核	（1）绘制轴的受力简图，如下图 a 所示 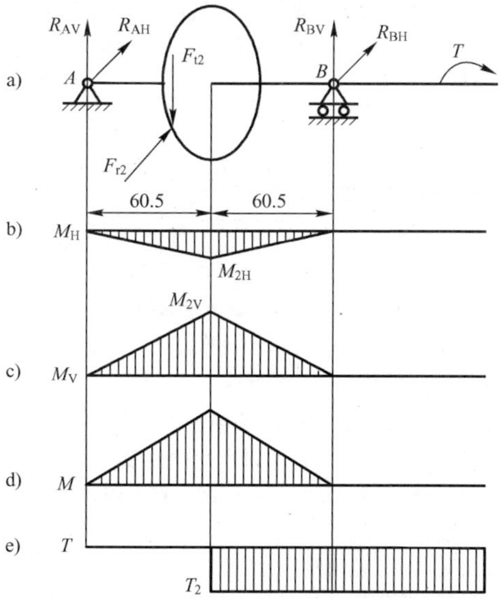 （2）计算支承反力　在水平平面上，根据力矩平衡定理可得 $R_{AH}=R_{BH}=-\dfrac{F_{r2}\times l_2}{l_2+l_3}$ $=-\dfrac{854.5\times60.5}{60.5+60.5}\text{N}=-427.25\text{N}$ 上式中的负号表示与图中所示力的方向相反，以下同 在垂直平面上为 $R_{AV}=R_{BV}=\dfrac{F_{t2}\times l_2}{l_2+l_3}$ $=\dfrac{2\,347.71\times60.5}{60.5+60.5}\text{N}=1\,173.86\text{N}$ 则轴承 A 的总支承反力为 $R_A=\sqrt{R_{AH}^2+R_{AV}^2}=\sqrt{(-427.25)^2+1\,173.86^2}\text{N}$ $=1\,249.20\text{N}$ 轴承 B 的总支承反力为 $R_B=R_A=1\,249.20\text{N}$ (3)绘制弯矩图 1）绘制水平平面弯矩图,如上图 b 所示 $M_{2H}=R_{AH}\times l_3=-427.25\times60.5\text{N}\cdot\text{mm}=-25\,848.63\text{N}\cdot\text{mm}$ 2）绘制垂直平面弯矩图,如上图 c 所示 $M_{2V}=R_{AV}\times l_3=1\,173.86\times60.5\text{N}\cdot\text{mm}=71\,018.53\text{N}\cdot\text{mm}$ 3）绘制合成弯矩图,如上图 d 所示 $M_2=\sqrt{M_{2H}^2+M_{2V}^2}=\sqrt{(-25\,848.63)^2+71\,018.53^2}\text{N}\cdot\text{mm}$ $=75\,576.34\text{N}\cdot\text{mm}$ 4）绘制转矩图，如上图 e 所示 $T_2=-195\,940\text{N}\cdot\text{mm}$	$R_{AH}=-427.25\text{N}$ $R_{BH}=-427.25\text{N}$ $R_{AV}=1\,173.86\text{N}$ $R_{BV}=1\,173.86\text{N}$ $R_A=1\,249.20\text{N}$ $R_B=1\,249.20\text{N}$ $M_2=75\,576.34\text{N}\cdot\text{mm}$

（续）

步骤	计算项目	计算内容及说明	计算结果
8	按弯扭组合强度条件进行轴的强度校核	5）计算当量弯矩。由以上图可知，齿轮中间所在轴截面处弯矩最大，同时截面还作用有转矩，因此此截面为危险截面。又因为带式输送机为单向运转，转矩为脉动循环，所以取修正系数 $\alpha=0.6$ 则此截面当量弯矩为 $M_{e2}=\sqrt{M_2^2+(\alpha T_2)^2}=\sqrt{75\,576.34^2+(0.6\times195\,940)^2}\text{N}\cdot\text{mm}$ $=139\,760.79\text{N}\cdot\text{mm}$ （4）校核危险截面的强度　由式（5-65）得 $\sigma_{e2}=\dfrac{M_{e2}}{W}=\dfrac{\sqrt{M_2^2+(\alpha T_2)^2}}{0.1d_4^3}=\dfrac{139\,760.79}{0.1\times50^3}\text{MPa}$ $=11.18\text{MPa}<[\sigma_{-1b}]=60\text{MPa}$ 所以轴的强度足够。如所选轴承和键等经后续计算后确认寿命和强度均能满足，则该轴的结构设计无需修改	此轴安全可用
9	绘制轴的零件工作图	减速器低速轴（即输出轴）的零件图如图5-52所示 1）轴上各轴段直径的尺寸公差。对配合轴段直径（如轴承、齿轮、联轴器等）可根据配合性质决定；对非配合轴段轴径（如 d_2 及 d_5 两段直径），为未注公差 2）各轴段长度尺寸公差通常均为未注公差 3）为保证主要工作轴段的同轴度及配合轴段的圆柱度，一般用易于测量的圆柱度和径向圆跳动两项几何公差综合表示	

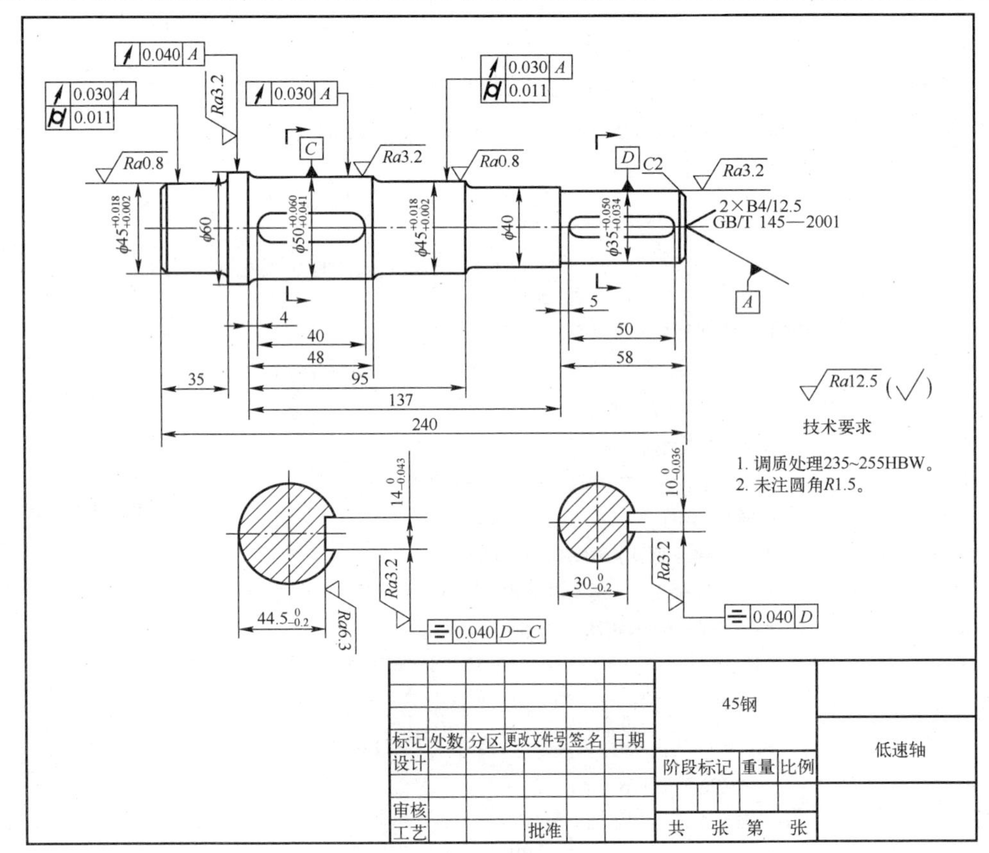

图5-52　低速轴零件图

5.4.3 连接的选用

连接是将两个或两个以上的零件组合成一体的结构。由于制造、安装、维修及运输的需要，工业上广泛采用各种不同形式的连接。常用的连接形式有螺纹联接、键联接、销联接、铆接、焊接和胶接等。另外，还可利用联轴器、离合器等进行连接。

连接按是否可拆，分为可拆连接和不可拆连接两类。可拆连接允许多次装拆，不会破坏或损伤连接中的任何一个零件，如键联接、螺纹联接和销联接等；不可拆连接在拆卸时，至少要破坏或损伤连接中的一个零件，如焊接、铆接、粘接等。

可拆连接按被连接件之间在工作时是否具有相对运动，又可分为动连接和静连接两种。导向平键联接就属于动连接；而螺纹联接、普通型平键联接、销联接和过盈配合则属于静连接。螺纹联接相关知识已在学习情境3中涉及，本任务主要介绍键联接、销联接和联轴器。

1. 键联接

(1) 键联接的类型及应用　键联接在机械中的应用极为广泛，通过键联接可实现轴与轮毂之间的周向固定，同时可传递运动和转矩。有的键联接还能实现轴上零件的轴向固定或轴向滑动的导向。

键联接按键的形状可分为平键联接、半圆键联接、楔键联接及切向键联接等；按装配方式的不同可分为松键联接（平键联接和半圆键联接）和紧键联接（楔键联接和切向键联接）两类。

1）平键联接。如图5-53所示，平键的横截面为矩形，其工作面为两侧面，键的上表面与轮毂键槽底面之间留有间隙。工作时靠键与键槽侧面的挤压来传递转矩，故定心性较好。平键联接因其结构简单、装拆方便、对中性较好而得到广泛的应用。平键联接不能用来传递轴向力，因而对轴上零件不能起到轴向固定的作用。

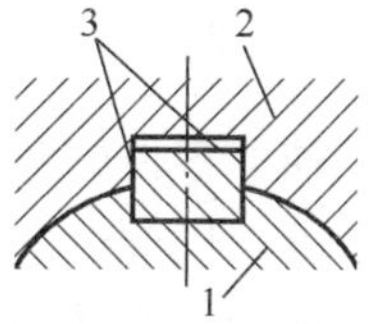

图5-53　平键联接的剖面结构
1—轴　2—轮毂　3—工作面

根据用途的不同，平键又可分为普通型平键、导向平键和滑键三种。普通型平键用于静连接，导向平键和滑键用于动连接。

① 普通型平键。图5-54所示为普通型平键联接的结构形式，按其端部形状不同可分为

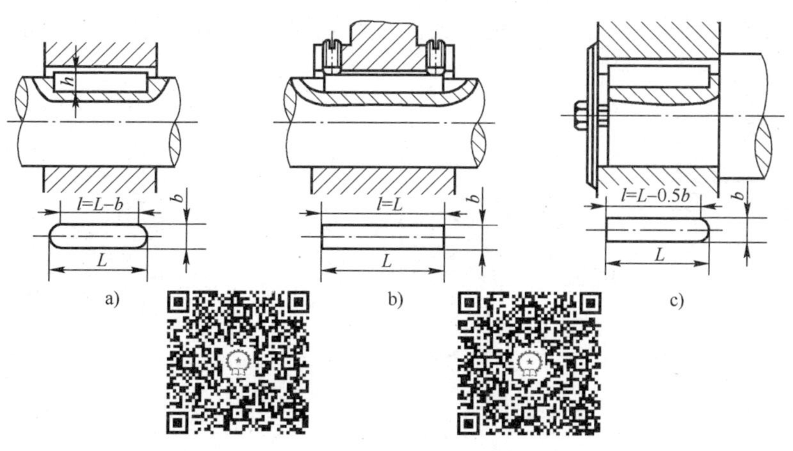

图5-54　普通型平键联接
a）圆头（A型）　b）方头（B型）　c）单圆头（C型）

圆头（A 型）、方头（B 型）和单圆头（C 型）三种。圆头平键（图 5-54a）所对应的轴上键槽用指状铣刀在立式铣床上加工，键在键槽中的轴向固定良好，但键槽端部的应力集中较大；方头平键（图 5-54b）所对应的轴上键槽用盘状铣刀在卧式铣床上加工，键槽端部的应力集中较小，但键的轴向定位不好，为防止键的轴向窜动可用紧定螺钉进行固定；单圆头平键（图 5-54c）常用于轴端与轴上零件的联接。

② 导向平键和滑键。当工作要求轮毂类零件在轴上做轴向滑移时，可采用导向平键或滑键联接，如图 5-55 所示。

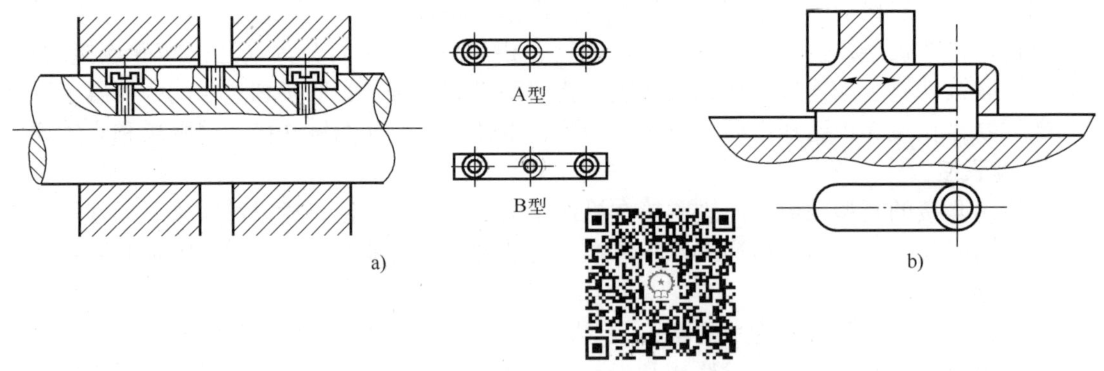

图 5-55 导向平键联接和滑键联接

a）导向平键联接 b）滑键联接（键槽已截短）

如果轴上零件的滑移距离较小，可采用导向平键联接。导向平键（图 5-55a）是加长的普通型平键，用螺钉固定在轴上的键槽中，键的中部设有起键螺孔，以便拆卸，键的长度应大于轮毂长度与移动距离之和。这种键能实现轴上零件的轴向移动，常用于变速箱中的滑移齿轮。当轴上零件滑移距离较大时，所需导向平键将很长，不易制造，这时可采用滑键（图 5-55b）。滑键联接是将键固定在轮毂上，与轮毂一起在轴的键槽中滑移。这样，只需在轴上铣出较长的键槽，而键可做得较短。

2）半圆键联接。半圆键用于轴和轮毂之间的静连接，键呈半圆形，其工作情况与平键相同，也是以两侧面为其工作面，如图 5-56 所示。轴上键槽用与键的宽度和直径均相同的盘状铣刀加工，因而键能在轴的键槽中摆动来适应轮毂键槽底面的斜度。这种键联接的优点是工艺性好、装配方便；缺点是轴上键槽较深，对轴的强度削弱较大，故一般用于轻载荷和锥形轴端的联接。

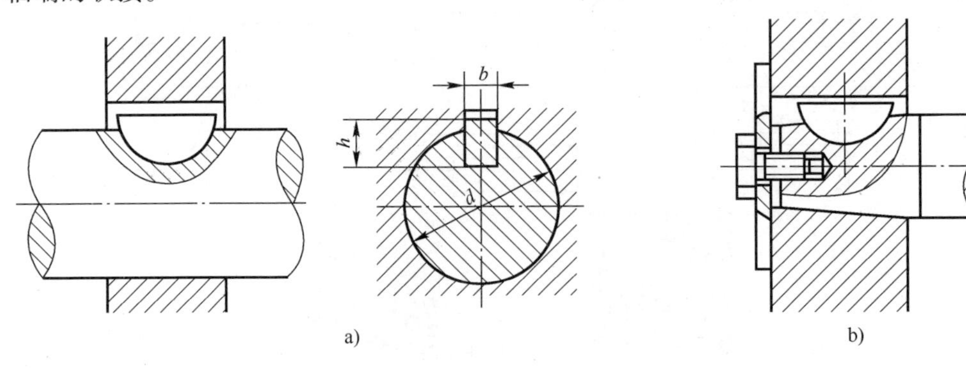

图 5-56 半圆键联接

a）半圆键联接结构 b）锥形轴端

3）楔键联接。如图5-57所示，楔键联接用于静连接，键的上、下表面为工作面，键的上表面和轮毂键槽底面均有1∶100的斜度。键楔入键槽后靠工作面间的摩擦力传递转矩，同时可承受单方向的轴向载荷，楔键的两个侧面与键槽不接触。

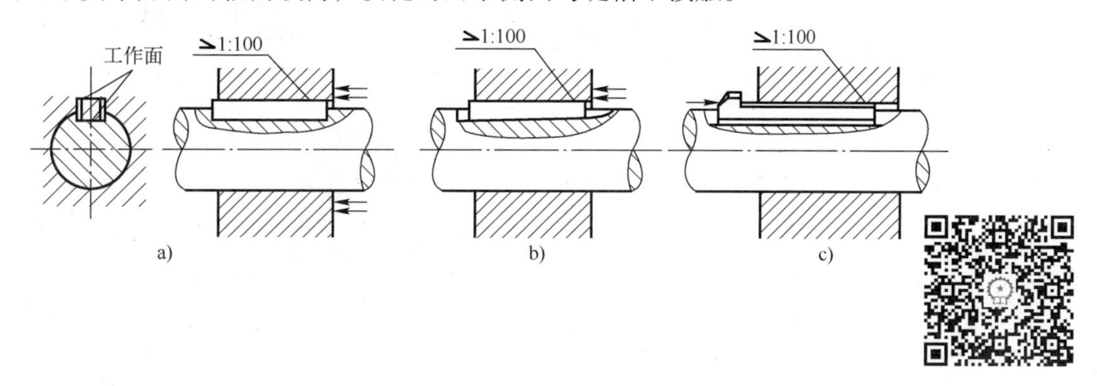

图5-57　楔键联接
a）A型普通楔键　b）B型普通楔键　c）钩头楔键

楔键分普通楔键和钩头楔键两种，普通楔键又分圆头（A型）、方头（B型）和单圆头（C型）三种形式。装配时，对A型普通楔键（图5-57a）要先将键放入键槽中，然后打紧轮毂；对B型普通楔键和钩头楔键（图5-57b、图5-57c），则先将轮毂装到轴上适当的位置，然后将键装入并打紧。这种装配方式用于轴端联接时很方便，如用于轴的中部，轴上键槽的长度应大于键长的2倍，否则将无法装配到位。钩头楔键的钩头供拆卸所用，安装在轴端时，为安全起见应加防护罩。

楔键联接由于楔紧作用使轴与轮毂的间隙偏向一侧，破坏了轴与轮毂的对中性，而且在高速、变载荷作用下易松动，所以主要用于低速、轻载和对中性要求不高的场合。楔键联接因结构简单，轮毂的轴向固定不需要其他零件，所以在农业机械、建筑机械中使用较多。

4）切向键联接。如图5-58所示，切向键用于静连接，是由两个斜度为1∶100的楔键拼合而成的。装配时，两键分别自轮毂两端打入，装配后两键以其斜面相互贴合，共同沿轴的切线方向楔紧。切向键的工作面是两键拼合后的上、下平行表面，工作时主要靠工作面上的挤压力来传递转矩。单个切向键只能传递单向转矩，双向转矩的传递需要两个切向键，且两个键应互呈120°~135°排列（图5-58b）。切向键的承载能力很大，但装配后轴和毂的对中性差，而且键槽对轴的削弱较大，故常用于低速、重载、定心精度要求不高、轴的直径大于100mm的场合，如大型机械和矿山机械的轴毂联接。

（2）平键联接的设计

1）平键联接的类型选择。选择键联接的类型时主要应考虑以下因素：需要传递的转矩大小；载荷性质；转速高低；对中性要求；是否要求轴向固定；轴上零件是否需要滑移及滑移的距离；键在轴上的安装位置等。

2）平键联接的尺寸选择。键已标准化，其尺寸选择主要是选择键的横截面尺寸（宽度b、高度h）和长度尺寸L。由表5-26可知，这些尺寸是根据轴径d的大小从标准中选取的。键的长度L一般应略小于轮毂的长度，通常小5~10mm，并按表中提供的长度系列标准值进行圆整。导向平键的长度按轮毂的长度及其滑移距离确定。

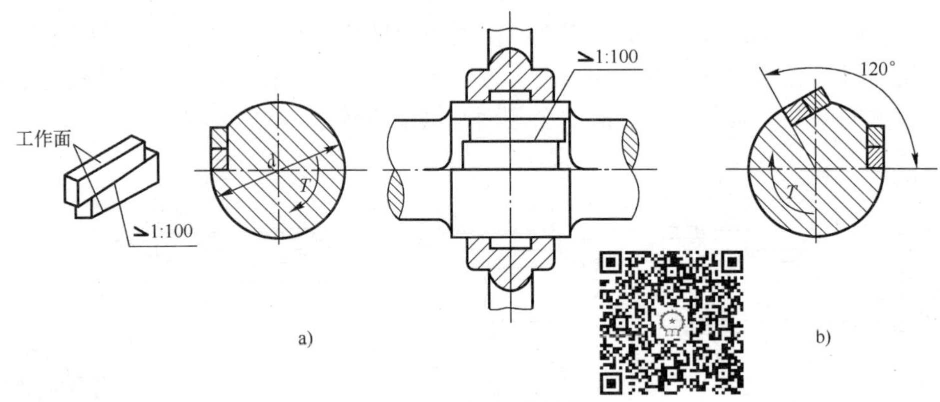

图 5-58 切向键联接

键联接和键槽尺寸也可由表 5-26 查取。

表 5-26 平键联接和键槽的尺寸（摘自 GB/T 1095—2003、GB/T 1096—2003）

（单位：mm）

轴	键	键槽											
		宽度 b						深度				半径 r	
		基本尺寸 b	极限偏差					轴 t		毂 t_1			
			松连接		正常连接		紧密连接						
公称直径 d	键尺寸 $b \times h$		轴 H9	毂 D10	轴 N9	毂 JS9	轴和毂 P9	基本尺寸	极限偏差	基本尺寸	极限偏差	最小	最大
6～8	2×2	2	+0.025 0	+0.060 +0.020	-0.004 -0.029	±0.0125	-0.006 -0.031	1.2	+0.1 0	1.0	+0.1 0	0.08	0.16
>8～10	3×3	3						1.8		1.4			
>10～12	4×4	4	+0.030 0	+0.078 +0.030	0 -0.030	±0.015	-0.012 -0.042	2.5		1.8			
>12～17	5×5	5						3.0		2.3		0.16	0.25
>17～22	6×6	6						3.5		2.8			
>22～30	8×7	8	+0.036 0	+0.098 +0.040	0 -0.036	±0.018	-0.015 -0.051	4.0	+0.2 0	3.3	+0.2 0		
>30～38	10×8	10						5.0		3.3		0.25	0.40
>38～44	12×8	12	+0.043 0	+0.120 +0.050	0 -0.043	±0.0215	-0.018 -0.061	5.0		3.3			
>44～50	14×9	14						5.5		3.8			
>50～58	16×10	16						6.0		4.3			
>58～65	18×11	18						7.0		4.4			
>65～75	20×12	20	+0.052 0	+0.149 +0.065	0 -0.052	±0.026	-0.022 -0.074	7.5		4.9		0.40	0.60
>75～85	22×14	22						9.0		5.4			
>85～95	25×14	25						9.0		5.4			
>95～110	28×16	28						10.0		6.4			
键长系列	6，8，10，12，14，16，18，20，22，25，28，32，36，40，45，50，56，63，70，80，90，100，110，125，140，160，180，200，250，280，320，360												

3）平键联接的强度校核。平键联接工作时的受力情况如图 5-59 所示。平键联接的失效形式有如下两种：对普通型平键，其失效形式为键、轴、轮毂三者中强度较弱的工作表面被

压溃；对导向平键和滑键，其失效形式为工作表面过度磨损。除非有严重过载，一般不会出现键的剪断。因此，对于普通型平键联接，通常只需进行挤压强度校核计算；对于导向平键和滑键，通常只需进行耐磨性计算。

假定载荷在键的工作面上均匀分布，则普通型平键联接的强度条件为

$$\sigma_p = \frac{4T}{dhl} \leqslant [\sigma_p] \tag{5-66}$$

导向平键和滑键联接的强度条件为

$$p = \frac{4T}{dhl} \leqslant [p] \tag{5-67}$$

式中 T——传递的转矩，单位为 N · mm；

d——轴的直径，单位为 mm；

h——键与轮毂的接触高度，单位为 mm；

l——键的工作长度，单位为 mm；

$[\sigma_p]$——键、轴、轮毂三者材料的最小许用挤压应力，单位为 MPa，见表 5-27；

$[p]$——键、轴、轮毂三者材料的最小许用压力，单位为 MPa，见表 5-27。

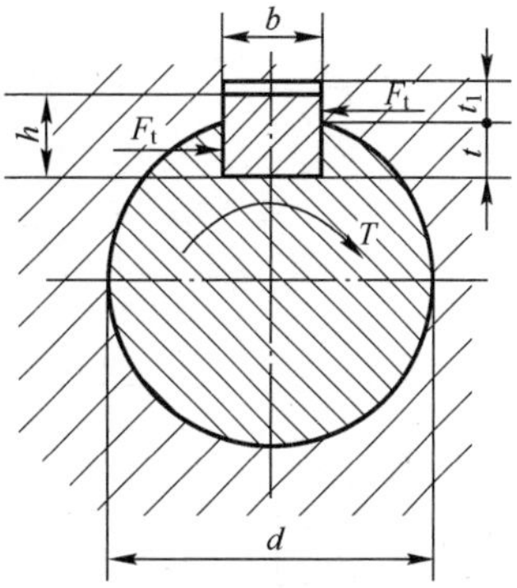

图 5-59 平键联接受力情况

表 5-27 键联接的许用挤压应力、许用压力 （单位：MPa）

许用值	连接的工作方式	键或毂、轴的材料	载荷性质		
			静载荷	轻微冲击	冲击
$[\sigma_p]$	静连接	钢	120～150	100～120	60～90
		铸铁	70～80	50～60	30～45
$[p]$	动连接	钢	50	40	30

注：如与键有相对滑动的被联接件表面经过淬火，则动连接的许用压力 $[p]$ 可提高 2～3 倍。

若校核键的强度不够，可采取下列措施：

① 适当增加键和轮毂的长度，但键长不应超过 2.5d，以防挤压应力沿键长分布不均匀。

② 采用双键且间隔 180°对称布置，考虑载荷分布的不均匀性，验算时按 1.5 个键来计算。但是半圆键不能对称布置，以免对轴削弱太大，可沿轴上的同一素线并排布置。

③ 如轴的结构允许，可加大轴径重新选择较大尺寸的键；如轴的强度允许，可采用非标准键，增加键的工作高度。

4）平键联接的公差配合。平键联接的配合尺寸是键宽和键槽宽 b，具体配合分为三类：松连接、正常连接和紧密连接（可查表 5-26）。其中松连接主要用于导向平键，以满足轮毂在轴上的轴向移动；正常连接用于键在轴上及轮毂中均固定，且承受载荷不大的场合；紧密连接用于键在轴上及轮毂中均需牢固定位，承受重载荷、冲击载荷或传递双向转矩的场合。

平键联接中的轴槽深度 t 和轮毂槽深度 t_1 属于非配合尺寸，由表 5-26 可查出它们的极限偏差。图 5-60 所示是以直径为 45mm 的轴毂为例绘制的普通型平键联接（正常连接）键槽尺寸和偏差图。

2. 销联接

销按用途可分为定位销、联接销和安全销三种。定位销主要用来固定零件之间的相对位置（图 5-61a），它是组合加工和装配时的重要辅助零件；联接销主要用于轴毂间或其他零件间的联接（图 5-61b），并可以传递不大的载荷或转矩；安全销可作为安全装置中的过载

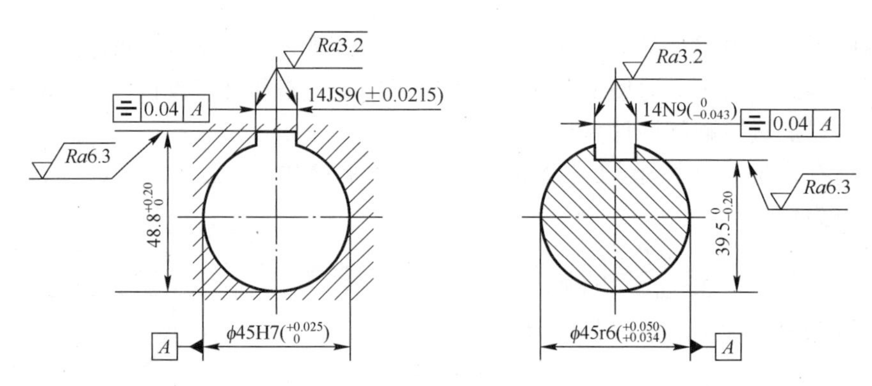

图 5-60 键槽尺寸及其偏差

剪断元件，起过载保护作用（图 5-61c）。

定位销一般不受载荷或只受很小的载荷，不需作强度校核计算，其直径可按结构确定，数目不少于两个，销装入每一被联接件的长度约为销直径的 1 ~2 倍。联接销能传递较小的载荷，其尺寸可根据联接的结构特点按经验或规范确定，必要时再按抗剪和挤压强度条件进行校核计算。安全销的直径应按销的抗剪强度计算，当过载 20% ~30% 时即应被剪断。销的常用材料为 35 钢和 45 钢。

销按形状可分为圆锥销、圆柱销和异形销三类。圆锥销（图 5-61a）常用的锥度为 1∶50，小端直径为标准值，装配方便，定位可靠，多次装拆不会影响其定位精度；圆柱销（图 5-61b）利用过盈配合固定，多次装拆会降低其定位精度和可靠性；异形销种类很多，其中开口销（图 5-61d）较为常用，其工作可靠，拆卸方便，可与销轴（铰链连接中使用）配用，也常用于螺纹联接的防松装置中。

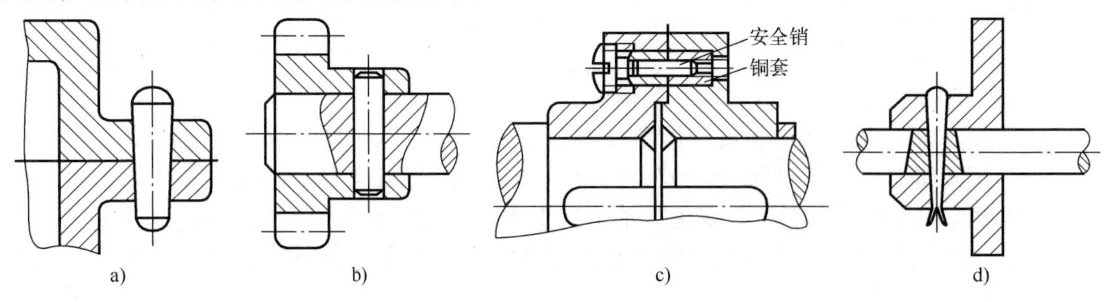

图 5-61 销联接
a）定位销（圆锥销） b）联接销（圆柱销） c）安全销 d）开口销

3. 联轴器

联轴器和离合器是机器中常见的机械部件，用于联接两轴，使之一起回转并传递运动和转矩。联轴器只有在机器停下后，用拆卸的方法才能将两轴联接或分离；离合器可以在机器运转时将两轴联接或分离，以便进行变速和换向等，如图 5-62 所示。

联轴器和离合器种类很多，大多已标准化。本任务主要介绍联轴器。

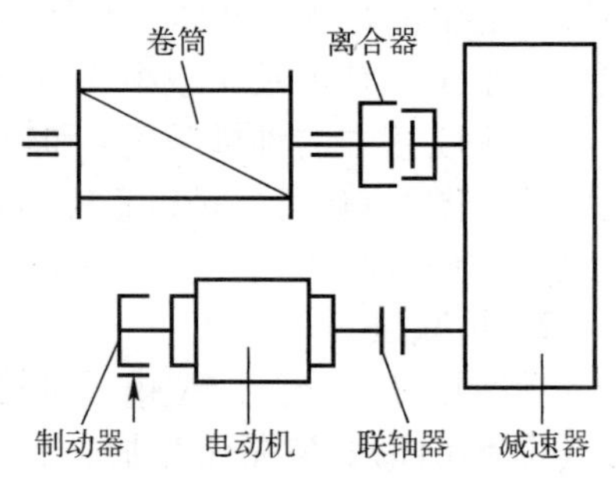

图 5-62 联轴器和离合器工作示意图

（1）联轴器的分类　联轴器所联接的两根轴属于不同机械，由于制造和安装误差、受载变形、温度变化和机座下沉等原因，可能产生轴线的径向、轴向、角度或综合位移，如图5-63所示。因而，要求联轴器在传递转矩的同时，还应具有一定范围的补偿位移、缓冲吸振的能力。

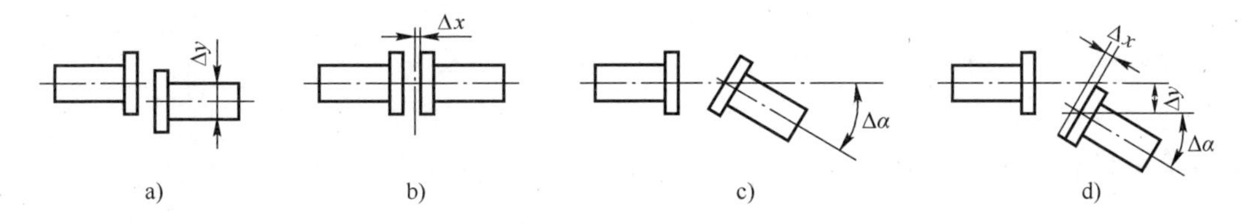

图5-63　联轴器所联接两轴的位移形式

a）径向位移 Δy　b）轴向位移 Δx　c）角度位移 $\Delta\alpha$　d）综合位移 Δx、Δy、$\Delta\alpha$

联轴器按性能可分为刚性联轴器和挠性联轴器两大类。其中，刚性联轴器按有无位移补偿能力，又可分为固定式和可移式两种类型。固定式刚性联轴器不能补偿两轴的相对位移，可移式刚性联轴器能补偿两轴间的相对位移。挠性联轴器包含有弹性元件和无弹性元件两类，弹性元件又有金属弹性元件和非金属弹性元件之分。有弹性元件挠性联轴器除了能补偿两轴间的相对位移外，还具有吸收振动和缓和冲击的能力。常用联轴器的分类及型号见表5-28。

表5-28　常用联轴器的分类及型号

分　类		型　号
刚性联轴器	固定式	凸缘联轴器
		套筒联轴器
		夹壳联轴器
挠性联轴器	无弹性元件	齿式联轴器
		链条联轴器
		万向联轴器
		滑块联轴器
	金属弹性元件	簧片联轴器
		蛇形弹簧联轴器
		螺旋弹簧联轴器
		膜片联轴器
	非金属弹性元件	弹性套柱销联轴器
		弹性柱销联轴器
		梅花形弹性联轴器
		轮胎联轴器

（2）常用联轴器

1）固定式刚性联轴器。固定式刚性联轴器结构简单，制造方便，承载能力大，成本低，但没有补偿轴线偏移的能力，适用于载荷平稳、两轴对中良好的场合。

① 凸缘联轴器。如图5-64所示，凸缘联轴器由两个带有凸缘的半联轴器1、3和一组

螺栓2组成。这种联轴器有两种对中方式：一种是采用普通螺栓联接，靠凸榫对中，如图5-64所示上半部；另一种是通过铰制孔用螺栓对中，如图5-64所示下半部。前者制造成本低，但装拆时轴需做轴向移动；后者传递转矩大，且拆装方便，装拆时轴不必做轴向移动。

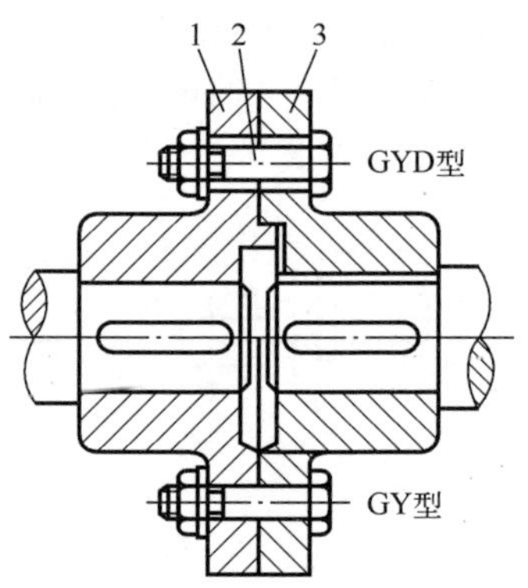

图5-64　凸缘联轴器
1、3—半联轴器　2—螺栓

凸缘联轴器的主要特点是结构简单、制造方便、成本低、传递的转矩较大，但对两轴的对中性要求较高。故适用于刚性大、载荷平稳和低速大转矩的场合，是应用最广的一种刚性联轴器。

② 套筒联轴器。如图5-65所示，套筒联轴器是利用套筒和联接零件（键或销）将两轴联接起来的。其特点是结构简单、径向尺寸小、制造容易，装拆时须做轴向移动。可用于低速、轻载、工作平稳、两轴严格对中、起动频繁的传动中。

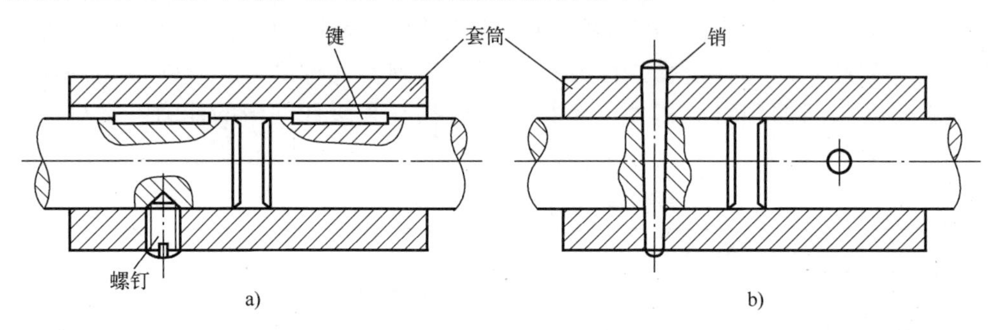

图5-65　套筒联轴器
a）键联接　b）销联接

③ 夹壳联轴器。如图5-66所示，夹壳联轴器由两个轴向剖分的夹壳组成，利用螺栓组夹紧两个夹壳将两轴联接在一起，靠摩擦力传递转矩。这种联轴器在装拆时不用移动轴，故使用起来很方便，但无补偿性能，常用于低速、载荷平稳的场合。

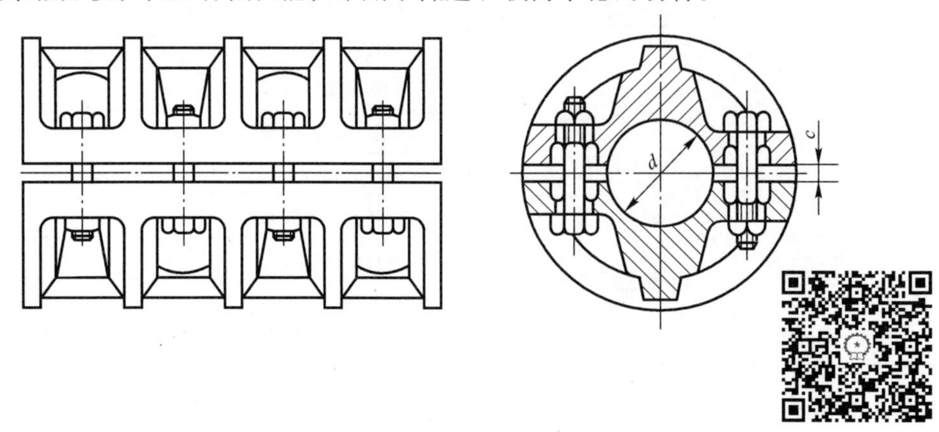

图5-66　夹壳联轴器

2）无弹性元件的挠性联轴器。无弹性元件的挠性联轴器是由可进行相对移动的刚性件组成的，用联接元件间的相对滑动来补偿两轴间的相对偏位移。因其无弹性元件，故不能缓冲减振。

① 滑块联轴器。如图 5-67 所示，滑块联轴器由两个在端面上开有一字凹槽的半联轴器 1、3 和一个带有十字凸榫的中间滑块 2 组成，利用凸榫与凹槽相互嵌合并做相对移动来补偿径向偏移和角位移。滑块联轴器的特点是结构简单、径向尺寸小，但转动时滑块会产生很大的离心力，故其工作转速不宜过大，适用于两轴径向偏移较大、转矩较大的低速无冲击的场合。

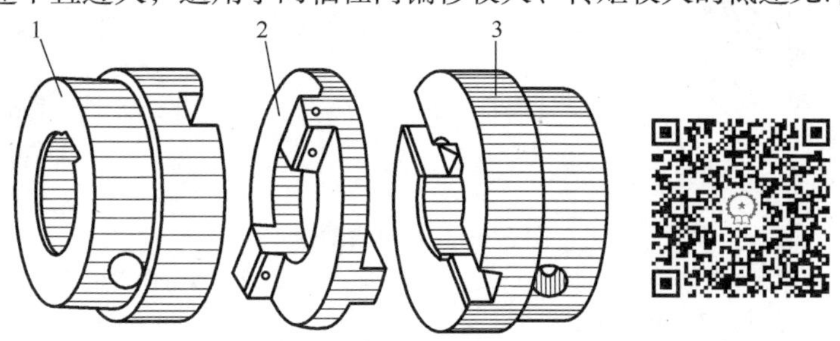

图 5-67 滑块联轴器

1、3—半联轴器 2—滑块

② 齿式联轴器。如图 5-68 所示，齿式联轴器由两个带外齿的半联轴器 2、4 和两个具有内齿的外壳 1、3 组成。安装时两半联轴器分别与主、从动轴相联接，两外壳则用螺栓联接在一起，利用内、外齿啮合以实现两轴的联接。为补偿两轴的综合偏移，轮齿做成鼓形，且具有较大的侧隙和顶隙。齿式联轴器的特点是结构紧凑、传递转矩大、具有良好的补偿综合偏移能力，但制造困难、成本较高。齿式联轴器应用广泛，适用于高速、重载、起动频繁和经常正反转的场合。

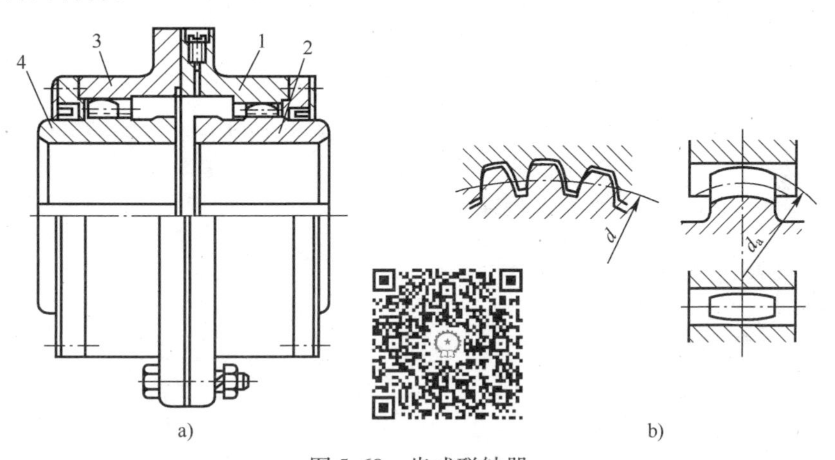

图 5-68 齿式联轴器

1、3—外壳 2、4—半联轴器

③ 万向联轴器。如图 5-69a 所示，万向联轴器由两个固定在轴端的叉形接头 1、3 和一个十字销轴 2 组成。由于叉形接头和十字销轴之间构成转动副，因而允许两轴之间有较大的角偏移，角偏移可达 35°~45°。

对于单万向联轴器（图 5-69a），即使主动轴的角速度 ω_1 为常数，从动轴的角速度 ω_3 也是周期性变化的，从而引起附加动载荷，使传动不平稳。为使 $\omega_1=\omega_3$，可将万向联轴器成对使用（即双万向联轴器，如图5-69b所示），并使主、从动轴与中间轴的轴线共面，中间轴两端的叉形零件共面，且主、从动轴与中间轴的夹角相等，即 $\alpha_1=\alpha_3$。

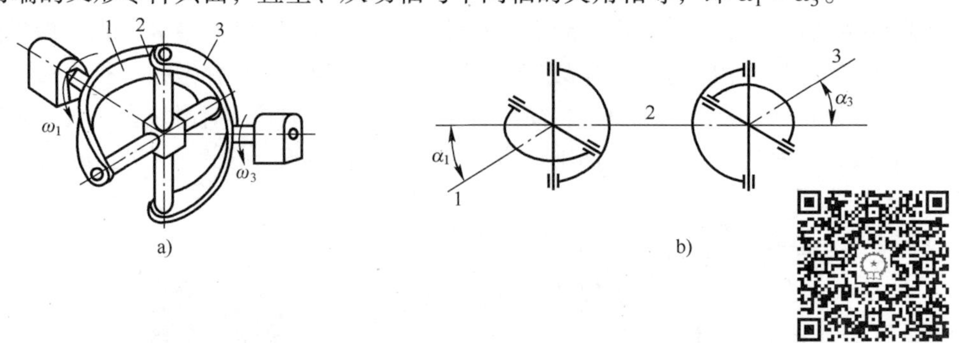

图5-69 万向联轴器

a）单万向联轴器　　b）双万向联轴器

1、3—叉形接头 2—十字销轴　　1—主动轴 2—中间轴 3—从动轴

万向联轴器因有较大的角度补偿能力，结构紧凑，传动效率高，故在汽车、拖拉机、机床、起重机、轧钢机等各种类型的机械中应用广泛。

3）弹性联轴器。弹性联轴器具有补偿轴线偏移的能力，适用于载荷和转速有变化及两轴线有偏移的场合。

① 弹性套柱销联轴器。如图5-70所示，弹性套柱销联轴器分别由两半联轴器1和4、弹性套3和柱销2组成。其构造与凸缘联轴器相似，所不同的是用带有弹性套的柱销代替了螺栓，工作时用弹性套传递转矩。因此，可利用弹性套的变形补偿两轴间的偏移，并缓冲吸振。弹性套柱销联轴器的特点是结构简单、装拆方便、更换容易，但弹性套易磨损、寿命较短，适用于起动频繁或经常正反转的中、小功率的传动。为便于更换弹性套，要留有装拆柱销的空间尺寸 A，还要防止油类与弹性套接触。

② 弹性柱销联轴器。如图5-71所示，弹性柱销联轴器与弹性套柱销联轴器很相似，是利用尼龙柱销2将两半联轴器1和3联接在一起，挡板4是为了防止柱销滑出而设置的。弹性柱销联轴器比弹性套柱销联轴器传递转矩的能力更大，结构更简单，耐用性更好，故适用于起动及换向频繁、转矩较大的中、低速轴的联接。

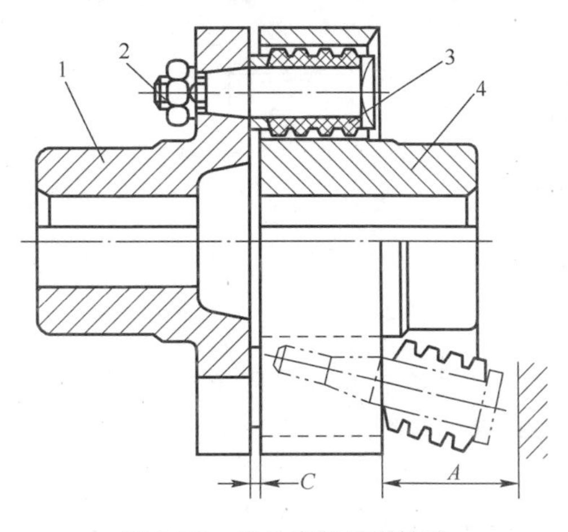

图5-70 弹性套柱销联轴器

1、4—半联轴器 2—柱销 3—弹性套

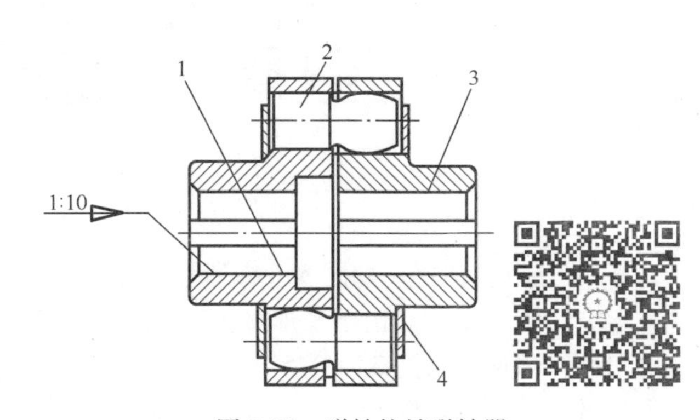

图5-71 弹性柱销联轴器

1、3—半联轴器 2—尼龙柱销 4—挡板

（3）联轴器的选用　常用的联轴器多数已标准化和系列化，一般不需要重新设计。在选择联轴器时，可先依据机器的工作条件选定合适的类型，然后由计算转矩、轴的转速和轴端直径，从标准中选择所需的型号和尺寸。必要时，还应对其中的某些零件进行强度验算。

计算转矩 T_c 时，应考虑机器起动时的惯性力、机器在工作中承受过载和受到可能的冲击等因素，可按下式确定

$$T_c = K_A T \tag{5-68}$$

式中　T——名义工作转矩，单位为 N·mm；

K_A——工作情况系数，其值见表5-29。

表5-29　工作情况系数 K_A

工　作　机	原　动　机			
	电动机、汽轮机	单缸内燃机	双缸内燃机	四缸内燃机
转矩变化很小的机械，如发电机、小型通风机、小型离心泵	1.3	2.2	1.8	1.5
转矩变化较小的机械，如透平压缩机、木工机械、运输机	1.5	2.4	2.0	1.7
转矩变化中等的机械，如搅拌机、增压器、有飞轮的压缩机	1.7	2.6	2.2	1.9
转矩变化和冲击载荷中等的机械，如织布机、水泥搅拌机、拖拉机	1.9	2.8	2.4	2.1
转矩变化和冲击载荷较大的机械，如挖掘机、碎石机、造纸机械	2.3	3.2	2.8	2.5
转矩变化和冲击载荷大的机械，如压延机、起重机、重型轧机	3.1	4.0	3.6	3.3

4. 键联接与联轴器的选用设计过程

键联接与联轴器的选用设计过程分别见表5-30和表5-31。

表5-30　键联接的选用设计过程和步骤

步骤	计算项目	计算内容及说明	计算结果
1	已知条件	根据5.4.2可知 1）高速轴轴段①上安装大带轮，大带轮与轴段间的周向固定采用键联接，$d_1 = 25$mm 2）低速轴轴段①上安装联轴器，联轴器与轴段间采用键联接，$d_1 = 35$mm 3）大齿轮与低速轴轴段④间也采用键联接，$d_4 = 50$mm 4）高速轴传递转矩 $T_1 = 58\ 692.7$N·mm，低速轴传递转矩 $T_2 = 195\ 940$N·mm	
2	选择键的类型及尺寸	为保证轴毂对中，以上三种键均选用A型普通型平键，根据轴的直径查表5-26得键的尺寸 1）大带轮与高速轴轴段①间　$b = 8$mm，$h = 7$mm，由轮毂宽度和键的标准长度系列，选择 $L = 40$mm，键的型号标记为GB/T 1096　键 8×7×40 2）联轴器与低速轴轴段①间　$b = 10$mm，$h = 8$mm，由轮毂宽度和键的标准长度系列，选择 $L = 50$mm，键的型号标记为GB/T 1096 键 10×8×50 3）大齿轮与低速轴轴段④间　$b = 14$mm，$h = 9$mm，由轮毂宽度和键的标准长度系列，选择 $L = 40$mm，键的型号标记为GB/T 1096　键 14×9×40	A型普通型平键

（续）

步骤	计算项目	计算内容及说明	计算结果
3	校核键联接的强度	1）大带轮处键联接的挤压应力为 $\sigma_{p1}=\frac{4T_1}{d_1hl_1}=\frac{4\times 58\,692.7}{25\times 7\times(40-8)}\text{MPa}=41.92\text{MPa}$ 取键、轴及带轮的材料均为钢，由表5-27查得 $[\sigma_p]=120\sim150\text{MPa}$，$\sigma_{p1}<[\sigma_p]$，强度足够 2）大齿轮处键联接的挤压应力为 $\sigma_{p2}=\frac{4T_2}{d_4hl_2}=\frac{4\times 195\,940}{50\times 9\times(40-14)}\text{MPa}=66.99\text{MPa}$ 取键、轴及齿轮的材料均为钢，由表5-27查得 $[\sigma_p]=120\sim150\text{MPa}$，$\sigma_{p2}<[\sigma_p]$，强度足够 3）联轴器处键联接的挤压应力为 $\sigma_{p3}=\frac{4T_2}{d_1hl_3}=\frac{4\times 195\,940}{35\times 8\times(50-10)}\text{MPa}=69.98\text{MPa}$ 取键、轴及联轴器的材料均为钢，故强度也足够	键联接强度足够

表5-31 联轴器的选用设计过程和步骤

步骤	计算项目	计算内容及说明	计算结果
1	选择类型	联轴器的选择已在5.4.2中涉及，这里详述设计选用过程 为补偿联轴器所联接两轴的安装误差、隔离振动与冲击，选用弹性柱销联轴器	弹性柱销联轴器
2	确定计算转矩	由表5-29取$K_A=1.5$，则计算转矩为 $T_C=K_AT_2=1.5\times 195\,940\text{N}\cdot\text{mm}=293\,910\text{N}\cdot\text{mm}$	$T_C=293\,910\text{N}\cdot\text{mm}$
3	选择型号	由附表G-4，查得LX2型弹性柱销联轴器的公称转矩为560N·m，许用转速为6 300r/min，轴孔直径范围为20～35mm 结合伸出段轴径，取联轴器轴孔直径为35mm，轴孔长度60mm，J型轴孔，A型键，所以联轴器标记为LX2 JA35×60 GB/T 5014—2017	LX2 JA35×60 GB/T 5014—2017

5.4.4 滚动轴承的选用

1. 滚动轴承的类型及特点

中国制造——高铁轴承

滚动轴承按其结构特点的不同主要有以下两种分类方法：

（1）按滚动体形状的不同分类　可分为球轴承和滚子轴承两大类。球轴承的滚动体为球，它与内、外圈滚道之间为点接触；滚子轴承的滚动体为圆柱形、圆锥形等滚子，它与滚道表面为线接触。因此在相同外廓尺寸条件下，球轴承摩擦小，高速性能好，允许的极限转速高，但滚子轴承比球轴承的承载能力要高，抗冲击性能也要好。

（2）按承受载荷方向或公称接触角的不同分类　可分为向心轴承和推力轴承两大类。公称接触角是指滚动体与套圈接触处的法线方向与轴承径向平面（垂直于轴承轴心线的平面）之间的夹角，以α表示（图5-72）。α反映了轴承承受轴向载荷的能力。α越大，轴承承受轴向载荷的能力也越大。

1）向心轴承。主要用于承受径向载荷的轴承，又可分为径向接触轴承（$\alpha=0°$）和角

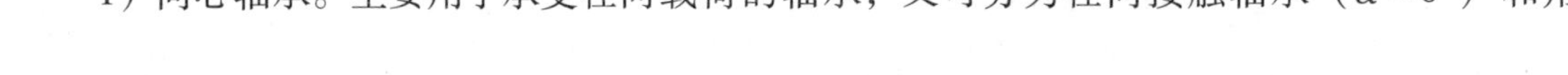

接触向心轴承（0°<α≤45°）。径向接触轴承主要承受径向载荷，角接触向心轴承可同时承受径向和轴向载荷。

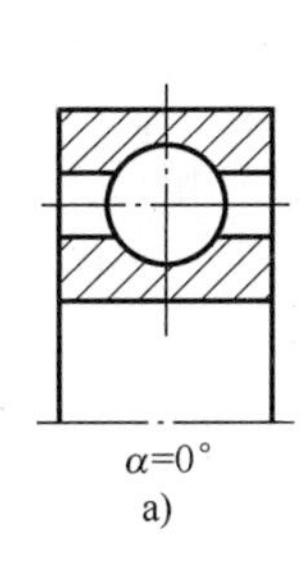

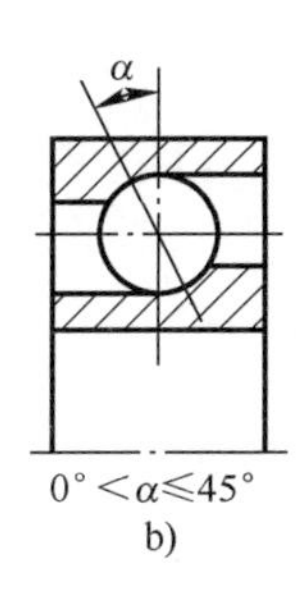

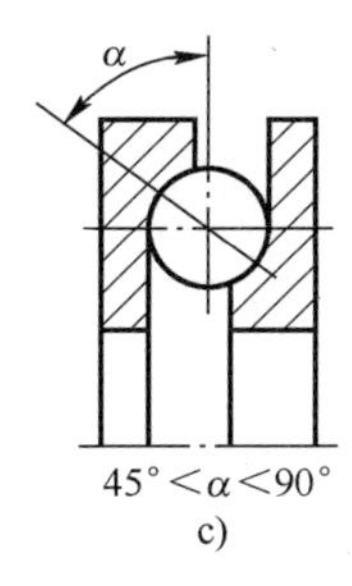

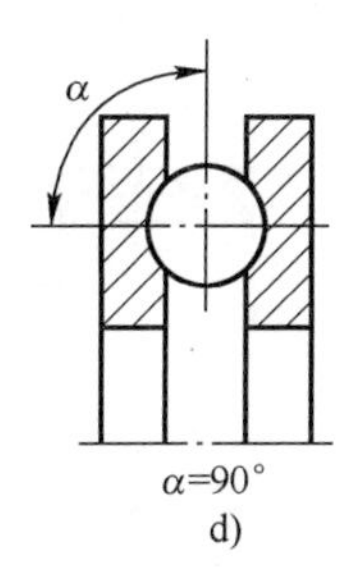

图 5-72　滚动轴承的公称接触角

2）推力轴承。主要用于承受轴向载荷的轴承，又可分为轴向接触轴承（$\alpha=90°$）和角接触推力轴承（45°<α<90°）。轴向接触轴承只能承受轴向负荷，角接触推力轴承可同时承受轴向载荷和不大的径向载荷。

常用滚动轴承的类型、主要性能及特点见表 5-32。

表 5-32　常用滚动轴承的类型、主要性能及特点

轴承类型	类型代号	简　图	承载方向	主要性能及应用	标准编号
双列角接触球轴承	0		F_r；F_a　F_a	具有相当于一对角接触球轴承背靠背安装的特性	GB/T 296—2015
调心球轴承	1		F_r；F_a　F_a	主要承受径向载荷，也可以承受较小的轴向载荷；能自动调心，允许角偏差<2°~3°。适用于多支点传动轴、刚性较小的轴以及难以对中的轴	GB/T 281—2013
调心滚子轴承	2		F_r；F_a　F_a	与调心球轴承特性基本相同，允许角偏差<1°~2.5°，承载能力比前者大。常用于其他种类轴承不能胜任的重载情况，如轧钢机、大功率减速器、吊车车轮等	GB/T 288—2021
推力调心滚子轴承	2		F_r；F_a	主要承受轴向载荷，承载能力比推力球轴承大得多，并能承受一定的径向载荷；能自动调心，允许角偏差<2°~3°；极限转速较推力球轴承高。适用于重型机床、大型立式电动机轴的支承等	GB/T 5859—2008
圆锥滚子轴承	3		F_r；F_a	可同时承受径向载荷和单向轴向载荷，承载能力高；内、外圆可以分离，轴向和径向间隙容易调整。常用于斜齿轮轴、锥齿轮轴和蜗杆减速器轴及机床主轴的支承等；允许角偏差2′，一般成对使用	GB/T 297—2015

（续）

轴承类型	类型代号	简　图	承载方向	主要性能及应用	标准编号
双列深沟球轴承	4		F_r F_a F_a	除了具有深沟球轴承的特性，还具有承受更大双向载荷、更大刚性的特性，可用于比深沟球轴承要求更高的场合	GB/T 296—2015
推力球轴承	5		F_a	只能承受轴向载荷，51000 用于承受单向轴向载荷；52000 用于承受双向轴向载荷。不宜在高速下工作，常用于起重机吊钩、蜗杆轴和立式车床主轴的支承等	GB/T 301—2015
双向推力球轴承	5		F_a F_a		
深沟球轴承	6		F_r F_a F_a	主要承受径向载荷，也能承受一定的轴向载荷；极限转速较高，当量摩擦因数最小；高转速时可用来承受不大的纯轴向载荷；允许角偏差<2′~10′；承受冲击能力差。适用于刚性较大的轴，常用于机床齿轮箱、小功率电动机等	GB/T 276—2013
角接触球轴承	7		F_r F_a	可承受径向和单向轴向载荷；接触角 α 越大，承受轴向载荷的能力也越大，通常应成对使用；高速时，用它代替推力球轴承较好。适用于刚性较大、跨距较小的轴，如斜齿轮减速器和蜗杆减速器中轴的支承等，允许角偏差<2′~10′	GB/T 292—2007
推力圆柱滚子轴承	8		F_a	只能承受单向轴向载荷，承载能力比推力球轴承大得多，不允许有角偏差，常用于承受轴向载荷大而又不需调心的场合	GB/T 4663—2017
圆柱滚子轴承（外圈无挡边）	N		F_r	内、外圈可以分离，内、外圈允许少量轴向移动，允许角偏差很小（<2′~4′）；能承受较大的冲击载荷；承载能力比深沟球轴承大。适用于刚性较大、对中良好的轴，常用于大功率电动机、人字齿轮减速器	GB/T 283—2021

2. 滚动轴承的代号

滚动轴承的类型很多，各类轴承又有不同的结构、尺寸和公差等级等。为便于组织生产、设计和选用，国家标准 GB/T 272—2015 规定了滚动轴承代号的表示方法。滚动轴承代号由前置代号、基本代号和后置代号构成，其代表内容和排列顺序见表 5-33。

表 5-33 滚动轴承代号的构成

<table>
<tr><td rowspan="2">前置代号</td><td colspan="5">基本代号</td><td colspan="8" rowspan="2">后置代号</td></tr>
<tr><td>五</td><td>四</td><td>三</td><td>二</td><td>一</td></tr>
<tr><td rowspan="2">成套轴承分部件</td><td rowspan="2">轴承类型</td><td colspan="2">尺寸系列代号</td><td colspan="2" rowspan="2">轴承内径</td><td rowspan="2">内部结构</td><td rowspan="2">密封与防尘及套圈变形</td><td rowspan="2">保持架及材料</td><td rowspan="2">轴承材料</td><td rowspan="2">公差等级</td><td rowspan="2">游隙</td><td rowspan="2">配置</td><td rowspan="2">其他</td></tr>
<tr><td>宽度或高度系列</td><td>直径系列</td></tr>
</table>

（1）基本代号　基本代号表示轴承的基本类型、结构和尺寸，是轴承代号的基础。基本代号由轴承类型代号、尺寸系列代号及内径代号三部分构成。

1）类型代号。由基本代号右起第五位阿拉伯数字（以下简称数字）或大写拉丁字母（简称字母）表示，个别情况下可以省略，见表 5-34。

表 5-34 滚动轴承的类型代号

轴承类型	代号	轴承类型	代号
双列角接触球轴承	0	深沟球轴承	6
调心球轴承	1	角接触球轴承	7
调心滚子轴承	2	推力圆柱滚子轴承	8
推力调心滚子轴承			
圆锥滚子轴承	3	圆柱滚子轴承	N
双列深沟球轴承	4	外球面球轴承	U
推力球轴承	5	四点接触球轴承	QJ

2）尺寸系列代号。由轴承的宽（高）度系列代号和直径系列代号组合而成，分别由基本代号右起第四位和第三位数字表示。

直径系列表示同一类型、相同内径的轴承在外径和宽度上的变化系列，其代号见表 5-35。图 5-73 所示为不同直径系列深沟球轴承的外径和宽度对比。

表 5-35 直径系列代号

<table>
<tr><td rowspan="2">直径系列</td><td colspan="6">向心轴承</td><td colspan="5">推力轴承</td></tr>
<tr><td>超特轻</td><td>超轻</td><td>特轻</td><td>轻</td><td>中</td><td>重</td><td>超轻</td><td>特轻</td><td>轻</td><td>中</td><td>重</td></tr>
<tr><td>代号</td><td>7</td><td>8、9</td><td>0、1</td><td>2</td><td>3</td><td>4</td><td>0</td><td>1</td><td>2</td><td>3</td><td>4</td></tr>
</table>

宽（高）度系列是指向心轴承或推力轴承的结构、内径和外径都相同，而宽（高）度为一系列不同尺寸。当宽度系列为 0 系列时，一般可省略不标注，但调心轴承和圆锥滚子轴承代号中不可省略。其代号见表 5-36。图 5-74 所示为不同宽度系列深沟球轴承的宽度对比。

表 5-36 宽（高）度系列代号

宽（高）度系列	向心轴承					推力轴承		
	特窄	窄	正常	宽	特宽	特低	低	正常
代号	8	0	1	2	3、4、5、6	7	9	1、2

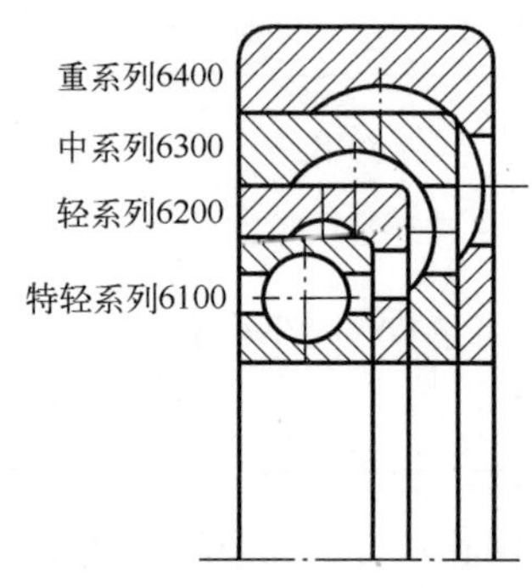

图 5-73 直径系列对比

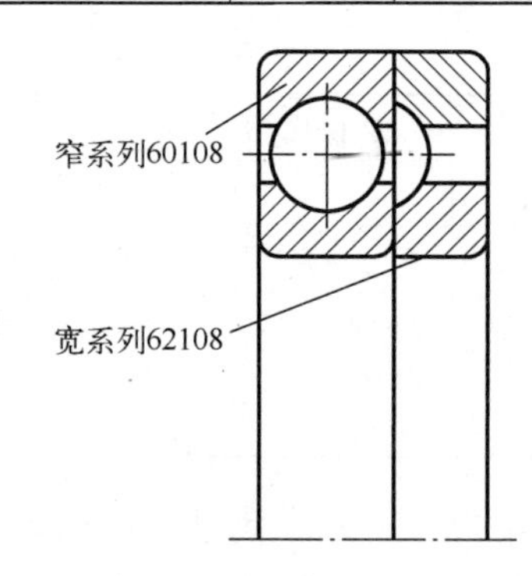

图 5-74 宽度系列对比

3）内径代号。由基本代号右起第一、二位数字表示。内径 $d=10\sim480$mm 的轴承内径表示方法见表 5-37（其他尺寸的轴承内径需查阅有关手册和标准）。

表 5-37 内径代号

内 径 代 号	00	01	02	03	04 ~96
轴承公称内径/mm	10	12	15	17	内径代号数 ×5

（2）前置代号　前置代号在基本代号的左面，用字母表示，用以说明成套轴承分部件的特点，一般轴承无需作此说明，则前置代号可以省略。

（3）后置代号　后置代号用字母或字母加数字表示，置于基本代号的右边，并与基本代号空半个汉字的距离或用符号“/”、“—”分隔。常见的轴承内部结构代号见表 5-38，公差等级代号见表 5-39。

表 5-38 内部结构代号

代　　号	含　　义	示　　例
C	角接触球轴承，公称接触角 $\alpha=15°$	7005 C
	调心滚子轴承，C 型	23122 C
AC	角接触球轴承，公称接触角 $\alpha=25°$	7210 AC
B	角接触球轴承，公称接触角 $\alpha=40°$	7210 B
	圆锥滚子轴承，接触角加大	32310 B
E	加强型（即内部结构设计改进，增大轴承承载能力）	NU 207 E

表 5-39 公差等级代号

代　　号	含　　义	示　　例
/P0	公差等级符合标准规定的 0 级（代号中省略不标）	6203
/P6	公差等级符合标准规定的 6 级	6203/P6

（续）

代　号	含　义	示　例
/P6x	公差等级符合标准规定的6x级	30210/P6x
/P5	公差等级符合标准规定的5级	6203/P5
/P4	公差等级符合标准规定的4级	6203/P4
/P2	公差等级符合标准规定的2级	6203/P2

注：1. 公差等级中0级最低，向下依次增高，2级最高。

2. 6x级仅用于圆锥滚子轴承，0级在轴承代号中不标出。

【例5-3】 试说明轴承代号6205、51410/P6的含义。

【解】

1）6205：6—轴承类型代号，表示为深沟球轴承；2—尺寸系列代号，表示直径系列为2，宽度系列为0（省略）；05—内径代号，表示轴承公称内径为25mm；公差等级为0级（代号P0省略）。

2）51410/P6：5—轴承类型代号，表示为推力球轴承；14—尺寸系列代号，表示直径系列为4、高度系列为1；10—内径代号，表示轴承公称内径为50mm；/P6—公差等级代号，表示轴承公差等级为6级。

3. 滚动轴承类型的选择

滚动轴承的类型有很多，各类滚动轴承均有不同的特性。因此选择滚动轴承类型时，必须依据各类轴承的特性，并综合考虑轴承的具体工作条件和使用要求合理地进行选择，一般应考虑如下因素。

（1）载荷条件　轴承所受载荷的大小、方向和性质是选择轴承类型的主要依据。

1）载荷大小和性质。载荷较大、有冲击时应优先选用线接触的滚子轴承，反之，载荷较小及较平稳时应优先选用点接触的球轴承。

2）载荷方向。当轴承受纯径向载荷时，应选用向心轴承（如60000、N0000、NU0000型）；受纯轴向载荷时，应选用推力轴承（如50000型）；同时承受径向和轴向载荷时，应选用角接触轴承；当轴向载荷比径向载荷大很多时，常用推力轴承和深沟球轴承的组合结构。应当注意：推力轴承不能承受径向载荷，圆柱滚子轴承不能承受轴向载荷。

（2）转速条件　在一般转速下，转速的高低对类型选择没有太大影响，只有当转速较高时，才会有比较显著的影响。选择轴承类型时，应注意其允许的极限转速 $n_{\lim}$，一般应保证轴承在低于极限转速条件下工作。

当转速较高、载荷不大，而旋转精度要求较高时，宜选用球轴承（如60000、70000型）。推力轴承的极限转速很低，所以当工作转速较高而轴向载荷较小时，可用角接触球轴承或深沟球轴承代替推力轴承。对于高速回转的轴承，为减小滚动体施加于外圈滚道的离心力，宜选用外径和滚动体较小的轴承；当转速较低、载荷较大或有冲击载荷时，宜选用滚子轴承（如N0000、20000型）。

（3）调心性能　对支点跨距较大而刚性差的轴、多支点轴或弯曲变形较大的轴，为适应轴的变形，应选用允许内、外圈轴线有较大相对偏斜的调心轴承（如10000、20000型）。在使用调心轴承的轴上，一般不宜再使用其他类型的轴承，以免受其影响而失去调心作用。

(4) 装拆性能 当轴承座没有剖分面而必须沿轴向装拆轴承时，应优先选用内、外圈可分离的轴承（如 N0000、30000 型）。当轴承安装在长轴上时，为了便于装拆，可选用带内锥孔的轴承。

(5) 允许的空间 轴承尺寸系列的选择，除要考虑载荷外，还要考虑轴承安装部位的空间。当轴向空间受到限制时，宜选用窄或特窄的轴承；当径向空间受到限制时，宜选用滚动体较小的轴承；当要求径向尺寸小而径向载荷又很大时，可选用滚针轴承。

(6) 经济性 轴承的选择还应考虑经济性。一般情况下，球轴承的价格低于滚子轴承。同尺寸、同公差等级的轴承中，深沟球轴承的价格最低。对于同型号的轴承，其公差等级越高价格也越高。例如，同型号、不同公差等级的深沟球轴承的价格比约为：P0∶P6∶P5∶P4∶P2≈1∶1.5∶2∶7∶10。所以，在满足使用要求的前提下，应优先选用价格低廉、公差等级低的球轴承。对于一般的机械传动装置，选用 P0 级公差的轴承就可以满足要求。

4. 滚动轴承的选择计算

(1) 滚动轴承的受载情况分析 滚动轴承在受到中心轴向载荷 F_a 作用时，可认为载荷由各滚动体平均分担；当受到径向载荷 F_r 作用时（以深沟球轴承为例，如图 5-75 所示），各滚动体的受力情况就不同了，处于最低位置的滚动体受到的载荷最大。由理论分析知，受载荷最大的滚动体所受的载荷为 $F_0 \approx (5/z)\ F_r$，式中 z 为滚动体的数目。

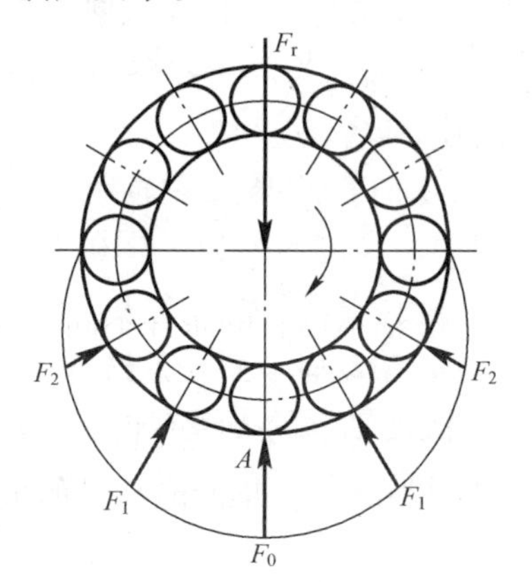

图 5-75 滚动轴承的受载情况分析

随着轴承内圈相对于外圈的转动，滚动体也随着转动，于是内、外圈与滚动体的接触点位置不断发生变化，滚道与滚动体接触表面上某点的接触应力也随着进行周期性的变化，滚动体与旋转套圈（设为内圈）受周期性变化的脉动循环接触应力作用，固定套圈上 A 点受最大的稳定脉动循环接触应力作用。

(2) 滚动轴承的失效形式和计算准则

1) 滚动轴承的失效形式。滚动轴承的失效形式主要有三种：疲劳点蚀、塑性变形和磨损。

① 疲劳点蚀。滚动轴承在运转过程中，相对于径向载荷方向不同方位处的载荷大小是不同的，所以内圈、外圈、滚动体和滚道的表面会产生脉动循环变化的接触应力。工作一段时间后，各元件接触表面就可能发生疲劳点蚀，从而使轴承产生振动、噪声和发热现象，最后导致轴承失效而不能正常工作。疲劳点蚀是滚动轴承的主要失效形式，轴承的设计计算就是针对这种失效形式展开的。

② 塑性变形。在过大的静载荷或冲击载荷作用下，会使内、外圈滚道与滚动体的接触处产生过量的塑性变形，形成不均匀凹坑，从而导致轴承失效。塑性变形发生后，增加了轴承的摩擦力矩、振动和噪声，降低了旋转精度，因此，对于这种工况下的轴承须进行静强度计算。此类失效多发生于转速很低（$n \leqslant 10$r/min）的轴承或摆动轴承。

③ 磨损。在多尘、润滑不良条件下工作的滚动轴承，虽然采用密封装置，滚动体与内、外圈仍有可能产生磨粒磨损。轴承在高速运转时还会产生胶合磨损。为防止和减轻磨损，应限制轴承的工作转速，并采取良好的润滑和密封措施。

除上述失效形式外，还可能出现内外圈断裂、滚动体破碎、保持架磨损、锈蚀等其他失效形式，这些主要是由安装和使用不当引起的，都是可以防止的。

2）滚动轴承的计算准则。针对上述主要失效形式，滚动轴承的计算准则如下：

① 寿命计算。对于一般转速（$10\text{r/min} < n < n_{\lim}$）的滚动轴承，疲劳点蚀是其主要失效形式，因而主要进行寿命计算，必要时再进行静强度校核。

② 静强度计算。对于低速（$n \leqslant 1\text{r/min}$）重载或大冲击条件下工作的轴承，其局部塑性变形是其主要失效形式，因而主要是进行静强度计算。

③ 校核极限转速。对于高速轴承，除疲劳点蚀外，发热以至胶合磨损也是其主要失效形式，因而除需进行寿命计算外，还应校核其极限转速 $n_{\lim}$。

（3）滚动轴承的寿命计算

1）轴承的寿命。轴承工作时，在任一元件的材料首次出现疲劳点蚀前，内、外圈相对转过的总转数或在一定转速下工作的小时数，称为轴承的寿命。

2）基本额定寿命。同型号的一批轴承，由于材料、加工、热处理、装配质量等不可能完全相同，即使在同样条件下工作，各轴承的寿命也是不相同的，相差多的可达数十倍，所以在国家标准中规定以基本额定寿命作为计算依据。基本额定寿命是指一批相同的轴承，在相同条件下运转时，其中有90%的轴承没有发生疲劳点蚀前的总转数，或在一定转速下的总工作小时数，用符号 L_{10} 或 L_h 表示。需要说明的是：

① 轴承运转的条件不同，如受力大小不同，则其基本额定寿命值也不同。

② 一个轴承在基本额定寿命期内正常工作的概率为90%，失效率为10%。

3）基本额定动载荷。基本额定动载荷是指工作温度在100℃以下、基本额定寿命为 $L_{10}=10^6$r时，轴承所能承受的最大载荷，用符号 C 表示。对于向心轴承，基本额定动载荷是指纯径向载荷，称为径向基本额定动载荷，用 C_r 表示；对于推力轴承，基本额定动载荷是指纯轴向载荷，称为轴向基本额定动载荷，用 C_a 表示。各类轴承的基本额定动载荷值可在轴承标准中查到。

4）当量动载荷。滚动轴承的基本额定动载荷 C 是在一定的试验条件下确定的，如前所述，对向心轴承是指承受纯径向载荷，对推力轴承是指承受纯轴向载荷。如果作用在轴上的实际载荷既有径向载荷又有轴向载荷，则必须将实际载荷折算成与上述试验条件相当的载荷，即当量动载荷。在该载荷的作用下，轴承的寿命与实际载荷作用下轴承的寿命相同。当量动载荷用符号 P 表示，其计算公式为

$$P=f_p(XF_r+YF_a) \tag{5-69}$$

式中 f_p——载荷系数，是考虑工作中的冲击和振动会使轴承寿命降低而引入的系数，见表5-40；

F_r——轴承所受的径向载荷，单位为N；

F_a——轴承所受的轴向载荷，单位为N；

X、Y——径向动载荷系数和轴向动载荷系数，其值见表5-41。

表5-40 载荷系数 f_p

载荷性质	机器举例	f_p
无冲击或轻微冲击	电动机、汽轮机、通风机、水泵、空调机	1.0～1.2
中等冲击	车辆、机床、起重机、冶金设备、内燃机、减速器	1.2～1.8
强烈冲击	破碎机、轧钢机、石油钻机、振动筛	1.8～3.0

表 5-41　径向动载荷系数 X 和轴向动载荷系数 Y

轴承类型		F_a/C_{0r}	e	单列轴承				双列轴承（或成对安装单列轴承）			
				$F_a/F_r \leqslant e$		$F_a/F_r > e$		$F_a/F_r \leqslant e$		$F_a/F_r > e$	
名称				X	Y	X	Y	X	Y	X	Y
调心球轴承		—	$1.5\tan\alpha$					1	$0.42\cot\alpha$	0.65	$0.65\cot\alpha$
调心滚子轴承		—	$1.5\tan\alpha$					1	$0.45\cot\alpha$	0.67	$0.65\cot\alpha$
圆锥滚子轴承		—	$1.5\tan\alpha$	1	0	0.4	$0.4\cot\alpha$	1	$0.45\cot\alpha$	0.67	$0.67\cot\alpha$
深沟球轴承		0.014	0.19	1	0	0.56	2.3	1	0	0.56	2.3
		0.028	0.22				1.99				1.99
		0.056	0.26				1.71				1.71
		0.084	0.28				1.55				1.55
		0.11	0.30				1.45				1.45
		0.17	0.34				1.31				1.31
		0.28	0.38				1.15				1.15
		0.42	0.42				1.04				1.04
		0.56	0.44				1.00				1.00
角接触球轴承	$\alpha=15°$	0.015	0.38	1	0	0.44	1.47	1	1.65	0.72	2.39
		0.029	0.40				1.40		1.57		2.28
		0.058	0.43				1.30		1.46		2.11
		0.087	0.46				1.23		1.38		2.00
		0.12	0.47				1.19		1.34		1.93
		0.17	0.50				1.12		1.26		1.82
		0.29	0.55				1.02		1.14		1.66
		0.44	0.56				1.00		1.12		1.63
		0.58	0.56				1.00		1.12		1.63
	$\alpha=25°$	—	0.68	1	0	0.41	0.87	1	0.92	0.67	1.41

注：1. C_{0r} 为径向基本额定静载荷，可由轴承标准查出。
2. e 为判别轴向载荷 F_a 对当量动载荷 P 影响程度的参数。

5）滚动轴承的寿命计算。滚动轴承的基本额定寿命与承受的载荷有关，大量试验证明，滚动轴承的基本额定寿命 L_h 与基本额定动载荷 C、当量动载荷 P 之间的关系为

$$L_h = \frac{10^6}{60n}\left(\frac{f_T C}{P}\right)^{\varepsilon} \geqslant [L_h] \tag{5-70}$$

或

$$C \geqslant C' = \frac{P}{f_T}\left(\frac{60n[L_h]}{10^6}\right)^{\frac{1}{\varepsilon}} \tag{5-71}$$

式中　L_h——轴承基本额定寿命，单位为 h；

f_T——温度系数，是考虑轴承工作温度对 C 的影响而引入的修正系数，见表 5-42；

C——基本额定动载荷，单位为 N；

n——轴承的工作转速，单位为 r/min；

P——当量动载荷，单位为N；

ε——轴承寿命指数，球轴承 $\varepsilon=3$，滚子轴承 $\varepsilon=10/3$；

C'——所需轴承的基本额定动载荷，单位为N；

$[L_h]$——轴承的预期使用寿命，设计时如果不知道轴承的预期寿命值，可根据表5-43的参考值确定。

表5-42　温度系数 f_T

轴承的工作温度/℃	≤100	125	150	200	250	300
温度系数 f_T	1	0.95	0.90	0.80	0.70	0.60

表5-43　滚动轴承预期使用寿命的参考值

机器类型	预期寿命/h
不经常使用的仪器或设备，如闸门开闭装置等	300～3 000
短期或间断使用的机械，中断使用不致引起严重后果，如手动机械等	3 000～8 000
间断使用的机械，中断使用后果严重，如发动机辅助设备、流水作业线自动传动装置、升降机、车间吊车、不经常使用的机床等	8 000～12 000
每日工作8h的机械（利用率不高），如一般的齿轮传动、某些固定电动机等	12 000～20 000
每日工作8h的机械（利用率较高），如金属切削机床、连续使用的起重机、木材加工机械等	20 000～30 000
连续工作24h的机械，如矿山升降机、泵、电动机等	40 000～60 000
连续工作24h的机械，中断使用后果严重，如纤维生产或造纸设备、发电站主发电机、矿井水泵、船舶螺旋桨等	100 000～200 000

6）角接触轴承的轴向载荷计算。

① 角接触轴承的内部轴向力。由于角接触轴承存在着接触角 α，所以载荷作用中心不在轴承宽度的中点，而与轴心线交于 O 点，如图5-76所示。当受到径向载荷 F_r 作用时，作用在承载区内第 i 个滚动体上的法向力 F_i 可分解为径向分力 F_{ri} 和轴向分力 F_{si}。各滚动体上所受轴向分力的总和即为轴承的内部轴向力 F_s，其大小可按表5-44求得，方向沿轴线由轴承外圈的宽边指向窄边。

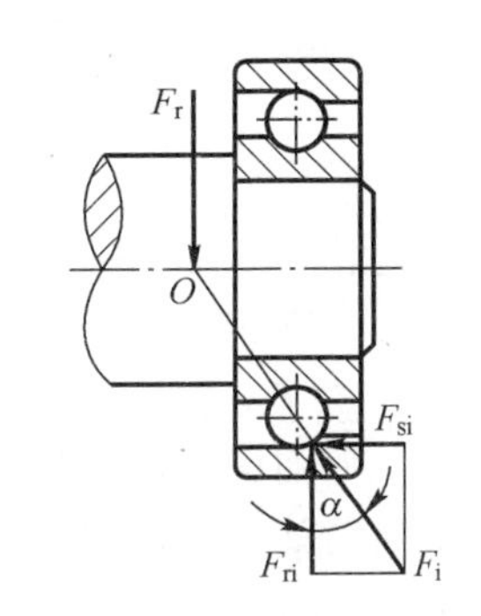

图5-76　角接触轴承中的内部轴向力分析

表5-44　角接触轴承的内部轴向力 F_s

圆锥滚子轴承	角接触球轴承		
	70000C（$\alpha=15°$）	70000AC（$\alpha=25°$）	70000B（$\alpha=40°$）
$F_s=F_r$（$2Y$）	$F_s=eF_r$	$F_s=0.68F_r$	$F_s=1.14F_r$

注：表中的 e 值查表5-41确定。

② 角接触轴承轴向载荷 F_a 的计算。由以上分析可知，角接触轴承由于结构的原因，即使只受径向载荷 F_r 的作用，其内部也会产生一个轴向分力 F_s。为使轴承的内部轴向力得到

平衡，以免轴窜动，通常这种轴承须成对使用，并将两个轴承对称安装。图 5-77 所示为角接触轴承常见的两种安装方式，图 5-77a 所示为外圈窄边相对安装，称为正装或面对面安装，实际支点偏向两支点内侧；图 5-77b 所示为两外圈宽边相对安装，称为反装或背靠背安装，实际支点偏向两支点的外侧。

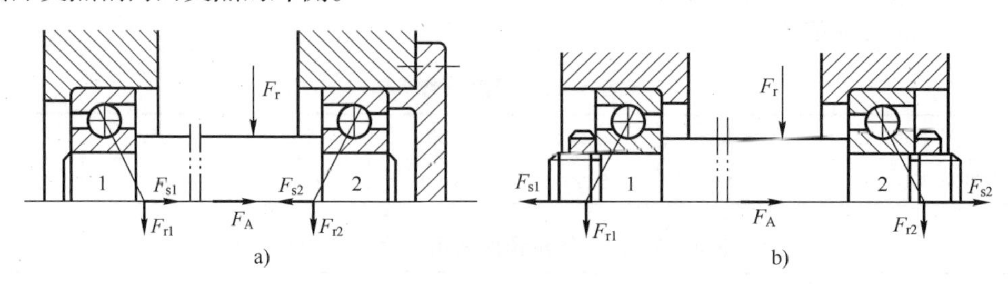

图 5-77　角接触轴承的两种安装方式

a）正装（面对面）　b）反装（背靠背）

下面以如图 5-77a 所示的角接触轴承支承的轴系为例，分析轴线方向的受力情况。将图 5-77a抽象成为如图 5-78a 所示的受力简图，F_{a1}和 F_{a2}为两个角接触轴承所受的轴向载荷，作用在轴承外圈宽边的端面上，其方向沿轴线由宽边指向窄边。F_A称为轴向外载荷，是轴上除 F_a之外的轴向外力的合力。在轴线方向，轴系在 F_A、F_{a1}和 F_{a2}的作用下处于平衡状态。由于 F_A已知，而 F_{a1}和 F_{a2}是待求的未知量，属于超静定问题，故引入求解角接触轴承轴向载荷 F_a的方法如下：

a. 先计算出轴上的轴向外载荷 F_A的大小及两支点处轴承的内部轴向力 F_{s1}和 F_{s2}的大小，并在计算简图中绘出这三个力，如图 5-78b 所示。

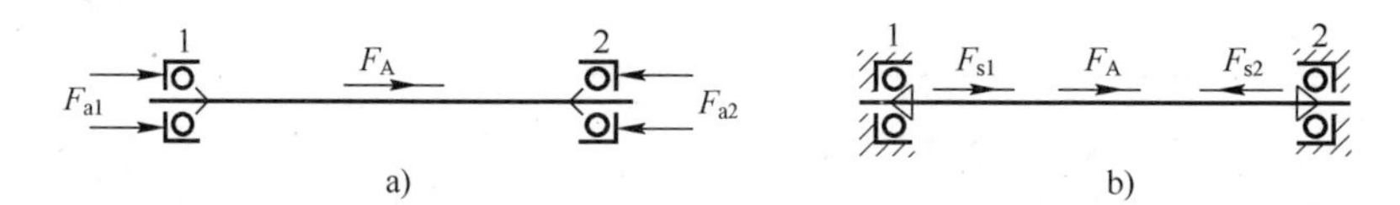

图 5-78　轴向力示意图

b. 将轴向外载荷 F_A及与其同向的内部轴向力相加，取其和与另一反向的内部轴向力比较大小。若 $F_{s1}+F_A \geqslant F_{s2}$，根据轴承及轴系的结构，外圈固定不动，轴与固定在一起的内圈有右移趋势，则轴承 2 被压紧，轴承 1 被放松；若 $F_{s1}+F_A < F_{s2}$，根据轴承及轴系的结构，外圈固定不动，轴与固定在一起的内圈有左移趋势，则轴承 1 被压紧，轴承 2 被放松。

c. 放松端轴承的轴向载荷等于本身的内部轴向力。

d. 压紧端轴承的轴向载荷等于除去其本身的内部轴向力后，其余各轴向力的代数和。

7）滚动轴承的静强度计算。滚动轴承的静载荷是指轴承内、外圈之间相对转速为零或接近零时作用在轴承上的载荷。为了限制滚动轴承在过大静载荷或冲击载荷的作用下产生塑性变形，有时还需按静载荷进行校核（即静强度计算）。滚动轴承的静载荷计算可查阅《机械设计手册》。

5. 滚动轴承的组合设计

滚动轴承与支承它的轴和轴承座（机体）等周围零件之间的整体关系称为轴承的组合。为保证滚动轴承正常工作，除了要合理地选择轴承类型和尺寸外，还应正确、合理地进行轴承的组合设计，综合考虑轴承的轴向位置固定、轴承与其他零件的配合、轴承的调整与装拆及润滑和密封等一系列问题。

（1）滚动轴承的轴向固定　滚动轴承的轴向固定是指轴承内圈与轴、外圈与轴承座孔之间的轴向固定。固定方法的选择取决于轴承所受载荷的大小、方向与性质，以及轴承的类型和轴承在轴上的位置等。

1）轴承内圈的轴向固定。轴承内圈的一端常用轴肩定位固定，另一端则采用合适的定位固定方式，常用方法见表5-45。

表5-45　轴承内圈的轴向固定方式

序　号	固定方式	简　图	结构特点
1	弹性挡圈和轴肩固定		结构简单，装拆方便，轴向尺寸小，可承受不大的双向轴向载荷，一般用于游动支承处
2	轴端挡圈和轴肩固定		适用于直径较大，轴端不宜切削螺纹的场合，可在较高转速下承受较大的轴向载荷
3	圆螺母和止动垫圈与轴肩固定		结构简单，装拆方便，适用于轴向载荷大、转速高的场合
4	开口圆锥紧定套、圆螺母和止动垫圈固定		装拆方便，可调整轴承的轴向位置和径向游隙。用于不便加工轴肩的光轴，以及轴向载荷不大，转速不高的场合

2）轴承外圈的轴向固定。轴承外圈轴向固定的常用方法见表5-46。

表 5-46 轴承外圈的轴向固定方式

序号	固定方式	简图	结构特点
1	轴承端盖固定	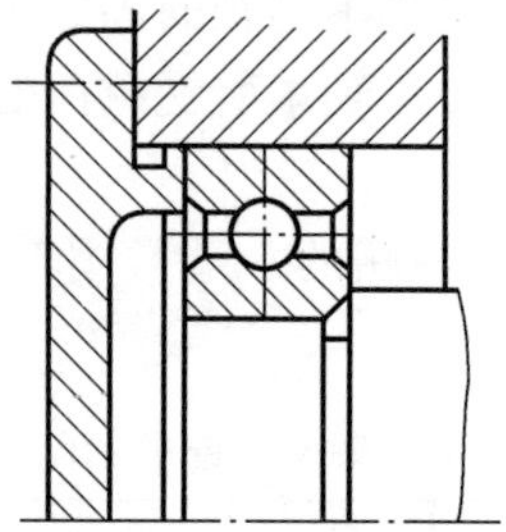	结构简单，紧固可靠，调整方便，主要用于两端固定支承结构或承受单向轴向载荷的场合
2	轴承座挡肩固定	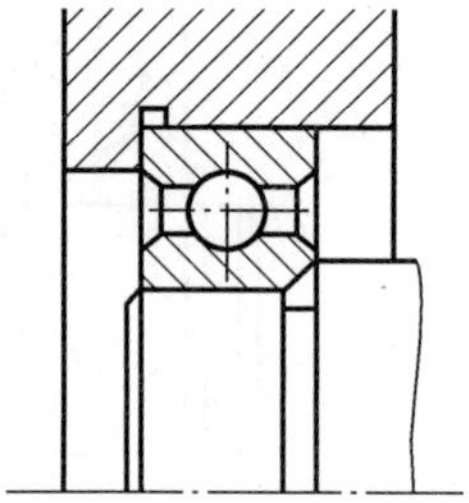	结构简单，紧固可靠，缺点是轴承座加工较为复杂
3	孔用弹性挡圈和机座挡肩固定	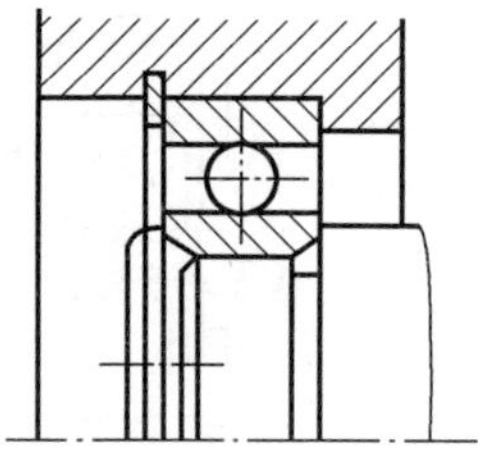	结构简单，装拆方便，占用空间小，多用于向心轴承
4	套筒挡肩固定	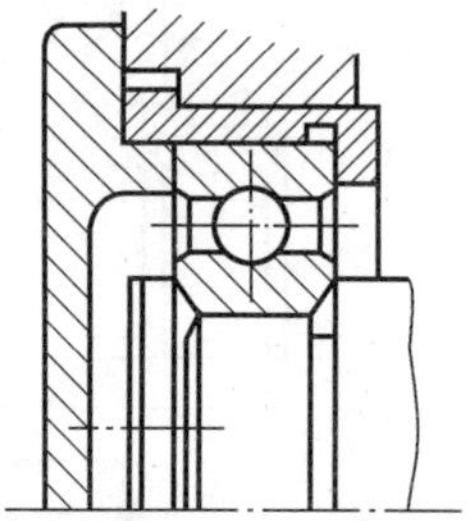	结构简单，机座可加工成通孔，但增加了一个加工精度要求较高的套筒零件
5	调节杯固定	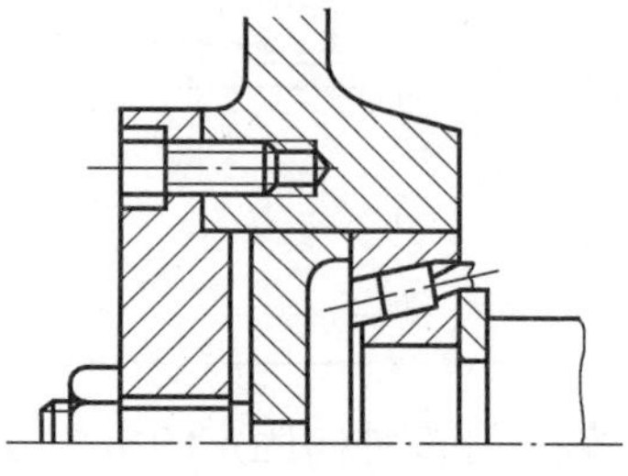	便于调节游隙，适用于角接触轴承的轴向固定和调节

(2) 轴系的轴向固定　在机器中，轴和轴上零件的位置是靠轴承来固定的。为使轴、轴承和轴上零件相对于机架有准确的工作位置，并能承受轴向载荷和补偿因工作温度升高而引起的轴热胀伸长，轴系必须有可靠的轴向固定措施。常用的轴系轴向固定方式有以下三种：

1) 两端单向固定。如图5-79所示，利用轴肩顶住内圈，端盖压住外圈，两端支承的轴承各限制一个方向的轴向移动，合在一起就限制了轴的双向移动，这种固定方式称为两端单向固定。这种结构形式简单，适用于工作温度变化不大的短轴（跨距≤350mm）。为了防止轴承因轴的受热伸长而被卡死，在轴承盖与外圈端面之间应预留一定的热补偿间隙。对于深沟球轴承（图5-79b），预留间隙为$C=0.2\sim0.3$mm；对于角接触球轴承（图5-79a的下半部）或圆锥滚子轴承，轴的伸长量只能由轴承的游隙来补偿，即在安装时应使轴承内部留有轴向间隙，但间隙不宜过大，否则会影响轴承的正常工作。

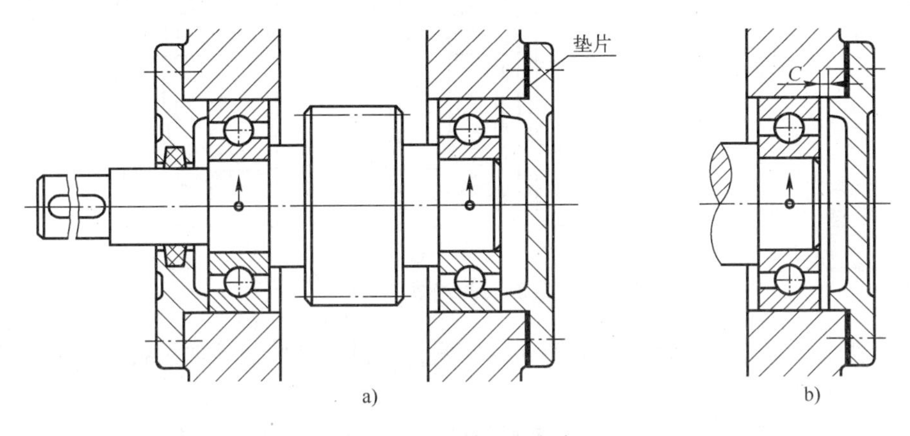

图5-79　两端单向固定支承

2) 一端双向固定、一端游动。如图5-80所示，左端为固定支承，轴承的内、外圈两侧均固定，从而限制了轴的双向移动；右端为游动支承，轴承的内圈做双向固定，外圈两侧都不固定，外圈端面与轴承盖端面之间留有间隙（约为3~8mm），当轴伸长或缩短时，轴承可随之进行轴向自由移动。这种固定方式结构比较复杂，不能承受轴向载荷，但工作稳定性好，适用于工作温度变化较大的长轴（跨距>350mm）。

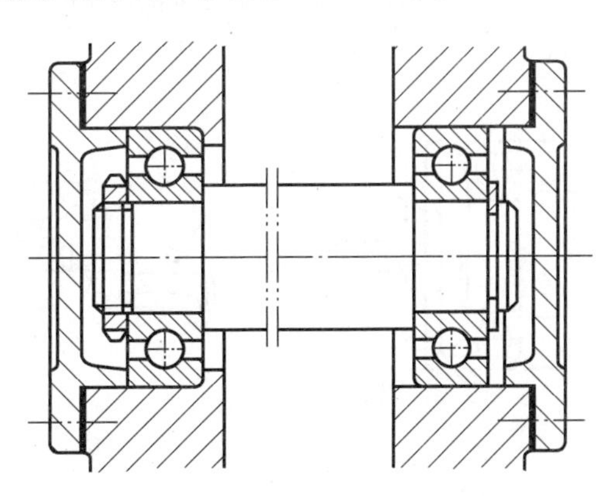

图5-80　一端双向固定、一端游动支承

3）两端游动。在如图5-81所示的人字齿轮传动中，小齿轮轴两端均为游动支承，而大齿轮轴的支承结构采用了两端固定结构。当大齿轮轴的轴向位置固定后，由于人字齿轮的啮合作用，小齿轮轴上的人字齿轮可自动调位，使两轮轮齿均匀接触。如果小齿轮轴的轴向位置也固定，将会发生干涉以至卡死。

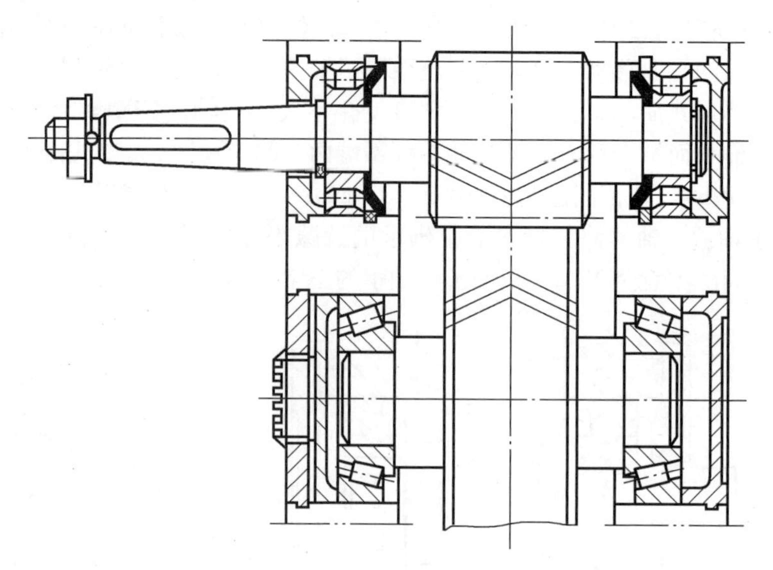

图5-81 两端游动支承

（3）滚动轴承组合的调整 滚动轴承组合调整的目的是使滚动轴承获得合理的游隙，使轴上零件处于准确的工作位置。

1）轴承轴向间隙的调整。轴承轴向间隙的大小对轴承寿命、摩擦力矩、旋转精度、温升和噪声都有很大影响，因此安装时应将轴向间隙调整好。调整方式主要有以下几种：

① 调整垫片。如图5-82a所示，通过增减轴承端盖与机座之间的垫片厚度进行调整，调整垫片由一组钢片组成。

② 调节螺钉。如图5-82b所示，利用轴承端盖上的螺钉1调节可调压盖3的轴向位置进行调整，调整后用螺母2锁紧防松。

③ 调整环。如图5-82c所示，通过增减轴承端盖与轴承端面间的调整环厚度进行调整。这种方式适用于嵌入式轴承端盖。

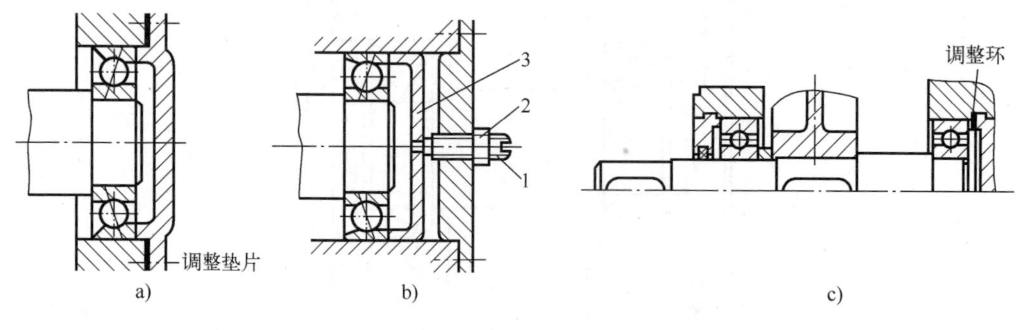

图5-82 轴承轴向间隙的调整

2）轴承组合位置的调整。某些场合要求轴上零件具有准确的工作位置。例如：锥齿轮传动要求两锥齿轮的节锥顶点重合，这样才能保证正确啮合；蜗杆传动要求蜗轮的中间平面通过蜗杆的轴线等。这种情况下，就需要采用组合位置的调整措施。

图 5-83 所示为锥齿轮轴承组合位置调整的示例。松开螺钉 3，通过改变套杯 4 与机座间垫片 1 的厚度来调整锥齿轮的轴向位置，轴承端盖和套杯之间的垫片 2 用来调整轴承的间隙。

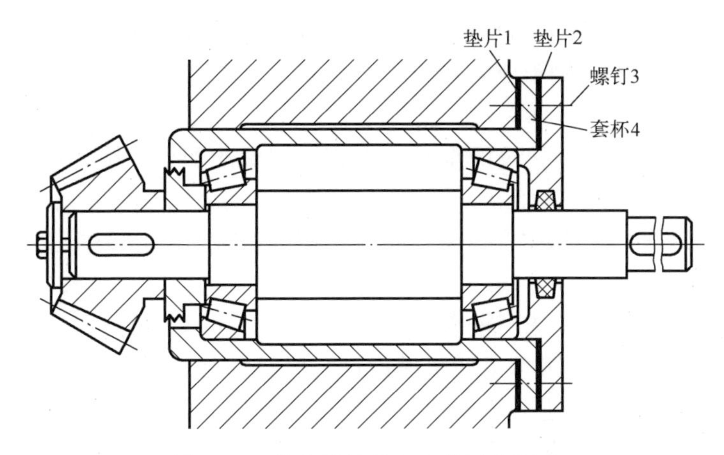

图 5-83　锥齿轮轴承组合位置的调整

（4）滚动轴承的预紧　滚动轴承的预紧是指安装轴承时，预先使滚动体与内、外套圈间保持一定的初始压紧力（即预紧力），以消除轴承中的轴向游隙，并在滚动体与内、外圈接触处产生弹性预变形。预紧可以减小载荷作用下轴承的实际变形量，从而提高轴承的刚度和旋转精度。预紧力的大小要根据轴承的载荷、使用条件来决定：预紧力太小，将达不到增加轴承刚性的目的；预紧力太大，则会使轴承中的摩擦增加，温度升高，影响轴承寿命。实际工作中，预紧力大小的调整主要凭经验或试验来确定。

常用的预紧方法有：磨窄套圈并加预紧力，在套圈间加金属垫片并加预紧力，在两轴承间加入不等厚的套筒控制预紧力等，如图 5-84 所示。

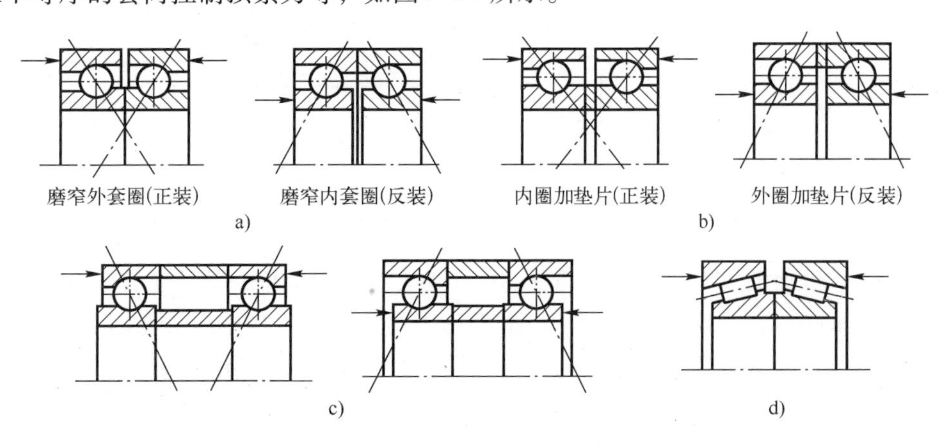

图 5-84　滚动轴承的预紧

a）磨窄套圈并加预紧力　b）套圈间加金属垫片并加预紧力

c）轴承间加入不等厚的套筒控制预紧力　d）圆锥滚子轴承的轴向预紧

(5) 滚动轴承的配合　滚动轴承的配合是指轴承内圈与轴颈、轴承外圈与轴承座孔的配合。由于滚动轴承是标准件，故内圈与轴颈的配合采用基孔制，外圈与轴承座孔的配合采用基轴制。

设计时，应根据轴承的类型与尺寸，工作载荷的大小、方向与性质及转速的高低和使用条件等因素来确定配合的松紧程度。可参考以下几个原则进行选择：

1) 当外载荷方向不变时，转动套圈应比固定套圈的配合紧一些。工作时，通常内圈随轴一起转动，外圈不转动，故内圈与轴颈之间常取具有过盈的过渡配合，常用的轴颈公差为j6、k6、m6、n6、r6；外圈与轴承座孔配合应松一些，常用的轴承座孔公差为G7、H7、J7、K7、M7。

2) 高速、重载、冲击振动比较严重时，应选用较紧的配合；旋转精度要求高的轴承配合也要紧一些。

3) 做游动支承的轴承外圈与轴承座孔间应采用间隙配合，但不能过松，以免发生相对转动。

4) 轴承与空心轴的配合应选用较紧的配合。

滚动轴承配合的具体选择可参考《机械设计手册》。

(6) 滚动轴承的装拆　在进行滚动轴承的组合设计时，必须考虑轴承的装拆问题，而且要保证不因装拆而损坏轴承或其他零部件。装拆时，作用力应直接加在轴承内、外圈的端面上，不能通过滚动体或保持架进行传递。

1) 滚动轴承的安装

① 冷压法。适用于过盈量不大的滚动轴承的安装。常用专用压套在压力机上压装轴承的内、外圈，如图5-85所示。对于中、小型轴承的安装，可用锤子与简单的辅助套筒轻轻、均匀地敲击套圈而装入。

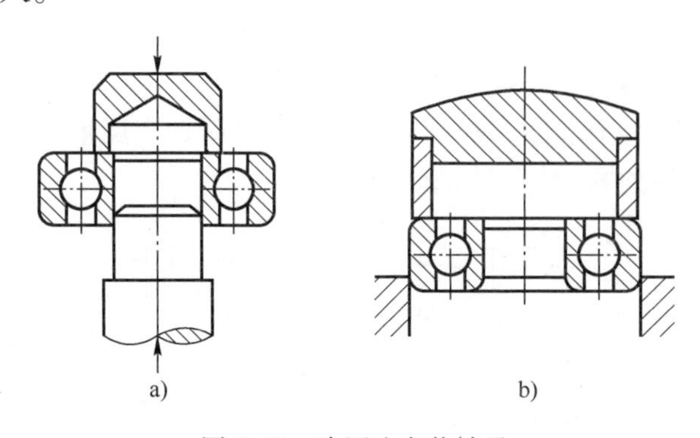

图5-85　冷压法安装轴承

② 温差法。将轴承放在油池中加热至80~100℃，然后取出套装在轴颈上。

2) 滚动轴承的拆卸。拆卸轴承时，应借助压力机或其他专用的拆卸工具，如图5-86所示。对于配合较松的小型轴承，也可使用锤子与铜棒从背面沿轴承内圈四周将轴承轻轻敲出。

为了便于拆卸轴承，轴上定位轴肩的高度应小于轴承内圈的高度，或在轴肩上开设拆卸槽以便放入拆卸工具的钩头。同理，轴承座孔的结构也应留出足够的拆卸高度和必要的拆卸空间，或在壳体上制出供拆卸用的螺纹孔，如图5-87所示。

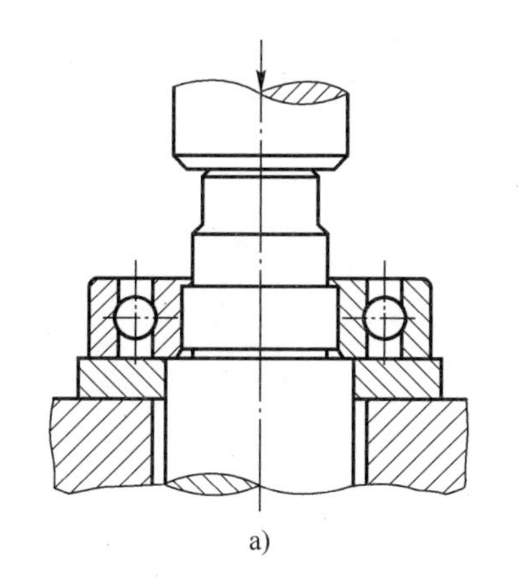

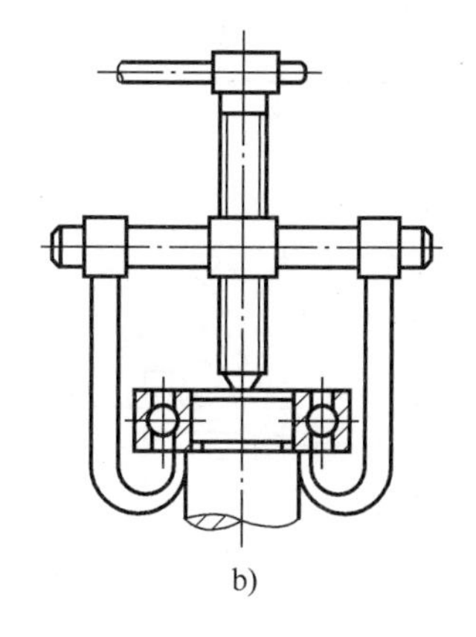

图 5-86 轴承内圈的拆卸

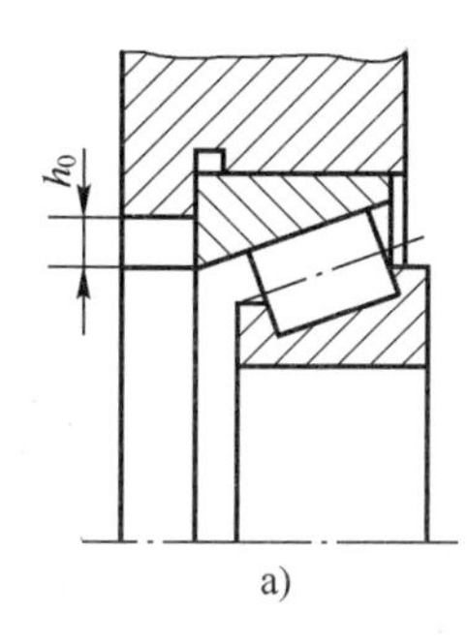

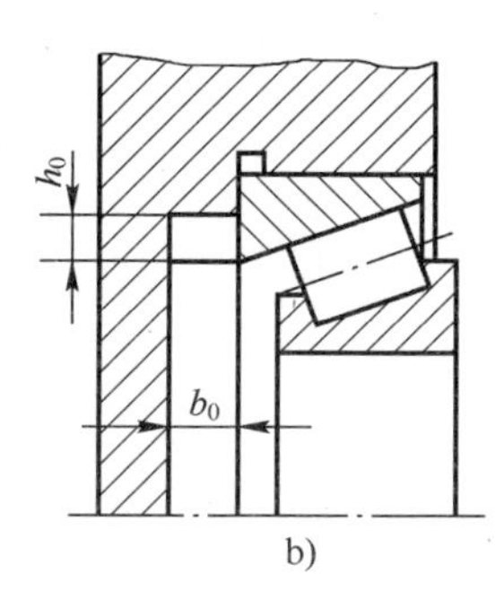

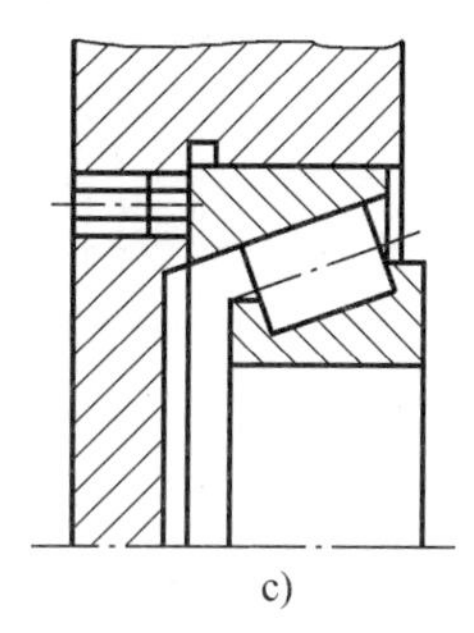

图 5-87 轴承外圈的拆卸

（7）滚动轴承的润滑与密封

1）滚动轴承的润滑。滚动轴承润滑的主要目的是降低摩擦阻力，减轻磨损，同时起到冷却、吸振、缓蚀和减小噪声的作用。

滚动轴承常用的润滑剂有润滑脂和润滑油两种。润滑剂和润滑方式的选择可根据速度因数 dn 的值来确定（d 为轴承内径，单位为 mm；n 为轴承的转速，单位为 r/min），dn 值间接反映了轴颈的圆周速度。通常，当 $dn<(1.5\sim2)\times10^5\text{mm}\cdot\text{r/min}$ 时，可采用脂润滑或黏度较高的油润滑；超过这一范围时宜采用油润滑。

① 脂润滑。最常用的滚动轴承润滑剂为润滑脂。它的优点是油膜强度高，承载能力强，缓冲和吸振能力好，黏附力强，可以防水，不易流失，便于密封；缺点是黏度大，高速时发热严重。滚动轴承的装脂量一般不超过轴承内部空隙的 1/3 ~ 2/3，以免因润滑脂过多而引起轴承发热，影响轴承正常工作。

② 油润滑。轴承在高速或高温条件下工作时，宜采用油润滑。它的优点是摩擦阻力小，润滑可靠，能散热，但需要有较复杂的密封装置和供油设备。当采用浸油润滑或飞溅润滑时，注意油面高度不要超过轴承最下方滚动体的中心，否则搅油能量损失较大，容易引起轴承过热，影响轴承正常工作。高速时，则应采用滴油或油雾润滑。

2）滚动轴承的密封。滚动轴承密封的目的一是防止润滑剂流失；二是防止外界灰尘、水分及其他杂物进入轴承。密封方法可分为接触式密封和非接触式密封两大类。前者用于速度不高的场合，后者多用于高速轴承。各种密封装置的结构和特点见表 5-47。

表 5-47 各种密封装置的结构和特点

密封类型		图例	特点	应用范围
接触式密封	毛毡圈密封	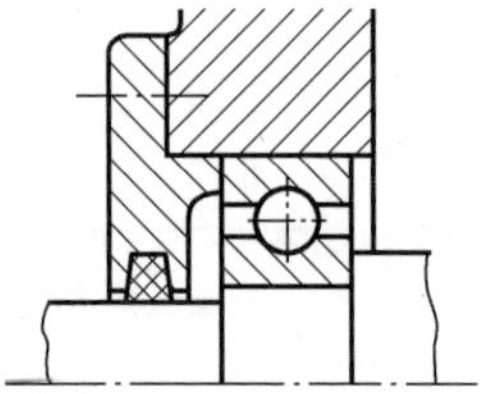	矩形剖面的毛毡圈安装于轴承盖的梯形槽内，对轴产生一定的压力而起到密封作用	脂润滑。适用于环境清洁，轴颈圆周速度 $v<4\mathrm{m/s}$，工作温度不超过 90℃的场合
	密封圈密封	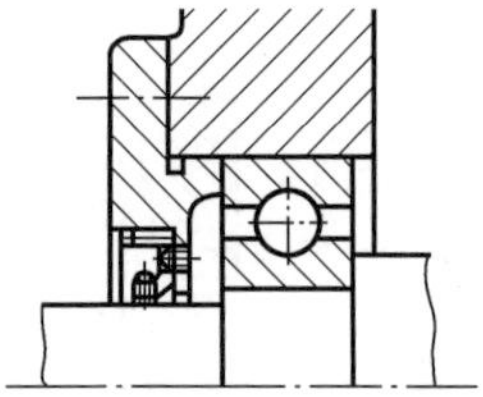	该密封圈为标准件，由皮革、塑料或耐油橡胶制成，分有金属骨架和无金属骨架两种结构。密封唇朝向轴承可防漏油，背向轴承可防尘	脂润滑或油润滑。适用于轴颈圆周速度 $v<7\mathrm{m/s}$，工作温度不超过 100℃的场合
非接触式密封	油沟密封	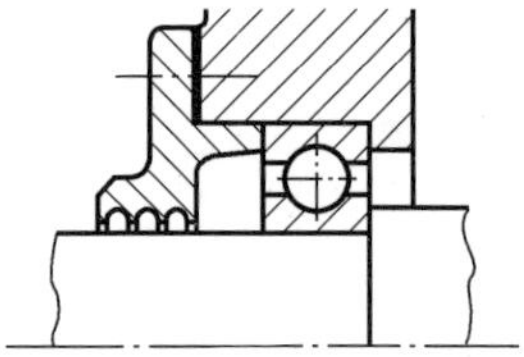	依靠轴和轴承盖间的环形微小间隙密封，间隙越小越长，效果越好，间隙取 0.1～0.3mm	脂润滑。用于干燥、清洁的环境
	迷宫式密封	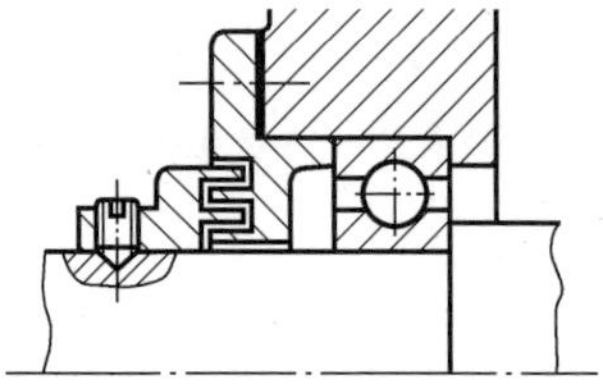	这种密封的迷宫（曲路）由轴套和端盖之间的径向间隙和轴向间隙组成。间隙中填充润滑油或润滑脂 迷宫形间隙更长，因而密封效果更好	脂润滑或油润滑。工作温度低于密封用润滑脂的滴点时密封效果可靠。适用于较脏的工作环境

6. 滚动轴承的选用设计过程

高速轴和低速轴上滚动轴承的选用设计过程和步骤分别见表 5-48 和表 5-49。

表 5-48 高速轴上滚动轴承的选用设计过程和步骤

步骤	计算项目	计算内容及说明	计算结果
1	已知条件	根据 5.4.2 可知：高速轴轴段③和轴段⑦安装滚动轴承，考虑齿轮只受圆周力和径向力，所以两端采用球轴承。初选轴承型号为 6207	

（续）

步骤	计算项目	计算内容及说明	计算结果
2	计算当量动载荷	由附表E-1查6207轴承得：$C = C_r = 25\,500N$ 高速轴轴承受力如下图所示。对于减速器，由表5-40取载荷系数$f_p = 1.2$。因轴承不受轴向力，所以轴承A、B的当量动载荷为 $P_A = f_p R_A = 1.2 \times 1\,902.67N = 2\,283.20N$ $P_B = f_p R_B = 1.2 \times 1\,725.77N = 2\,070.92N$ R_A R_B 上式中，R_A、R_B值见表5-24	$P_A = 2\,283.20N$ $P_B = 2\,070.92N$
3	验算轴承寿命	因$P_A > P_B$，且两轴承型号相同，故只需验算轴承A的寿命，$P = P_A$。轴承在100℃以下工作，由表5-42查得温度系数$f_T = 1$，则 $L_h = \frac{10^6}{60n}\left(\frac{f_T C}{P}\right)^3 = \frac{10^6}{60 \times 480}\left(\frac{1 \times 25\,500}{2\,283.20}\right)^3 h = 48\,372.24h$ 上式中，n值见表5-6。减速器预期寿命为 $L_h' = 2 \times 8 \times 250 \times 10h = 40\,000h$ $L_h > L_h'$，故轴承寿命足够	轴承寿命足够

表5-49　低速轴上滚动轴承的选用设计过程和步骤

步骤	计算项目	计算内容及说明	计算结果
1	已知条件	根据5.4.2结果可知：低速轴段③和轴段⑥安装滚动轴承，考虑齿轮只受圆周力和径向力，所以两端采用球轴承。初选轴承型号为6209	
2	计算当量动载荷	由附表E-1查6209轴承得：$C = C_r = 31\,500N$ 低速轴轴承受力如下图所示。由表5-40取载荷系数$f_p = 1.2$。因轴承不受轴向力，所以轴承A、B的当量动载荷为 $P_A = P_B = f_p R_A = 1.2 \times 1\,249.20N = 1\,499.04N$ R_A R_B 上式中，R_A、R_B值见表5-25	$P_A = P_B = 1\,499.04N$
3	验算轴承寿命	轴承在100℃以下工作，由表5-42查得温度系数$f_T = 1$，则 $L_h = \frac{10^6}{60n}\left(\frac{f_T C}{P}\right)^3 = \frac{10^6}{60 \times 137.93}\left(\frac{1 \times 31\,500}{1\,499.04}\right)^3 h$ $= 1\,121\,197.21h$ 上式中，n值见表5-6 因$L_h > L_h'$，故轴承寿命足够	轴承寿命足够

任务5.5　减速器装配图设计及设计说明书整理

任务描述

减速器装配图表达了减速器的设计构思、工作原理和装配关系，也表达了各零件间的相互位置、尺寸及结构形状。它是绘制零件工作图的基础，也是对减速器部件进行组装、调试、检验及维护的技术依据。本任务主要讲述减速器装配图的设计，并在前面各任务的设计基础上整理和编写设计计算说明书。要求：装配图的结构合理，视图表达正确，线条清晰，尺寸标注完整，技术要求标注合适，图面干净；设计计算说明书内容完整，论述清楚，计算正确，文字精练，书写工整。

相关知识

5.5.1　减速器装配图设计

装配图的设计过程较复杂，要综合考虑工作要求、材料、强度、刚度、加工、装拆、调整、润滑和维护等多方面因素。往往采用边计算、边画图、边修改的方法，逐步完善和细化，直至趋于合理后完成装配图。鉴于上述原因，为了保证装配图的设计质量，初次设计时应先绘制装配草图（或用细线在图纸上轻画装配草图），经过设计过程中的不断修改完善，检查无误后，再在图纸上重新绘制正式的装配图（或在细线装配草图上加深）。

减速器装配图的设计过程可按以下步骤进行：

1）装配图设计前的准备。

2）初步绘制装配草图。

3）减速器轴系零部件的设计与计算。

4）减速器箱体和附件的设计。

5）完成装配图。

减速器装配图设计的各个步骤不是绝对分开的，会有交叉和反复。在进行某些零件设计时，可能随时会对前面已完成的设计做必要的修改。

1. 装配图设计前的准备

开始绘制减速器装配草图前应做好以下准备工作。

（1）确定减速器的结构设计方案

1）通过阅读有关资料，看实物、模型、录像或装拆实际减速器等，熟悉减速器的结构，明确所设计的减速器包含哪些零部件以及它们之间的关系和位置，做到对设计内容心中有数。

2）确定减速器箱体的结构方案（剖分式或整体式）。通常齿轮减速器箱体都采用沿齿轮轴线水平剖分式的结构，详见附录J。

3）确定减速器输入轴、输出轴及轴上零件的固定方式、轴的结构、轴承的类型、润滑与密封方案、轴承盖的结构（凸缘式或嵌入式）及传动零件的结构等。

（2）准备原始数据　检查和汇总已计算完成的有关绘制装配草图所必需的技术数据：

1）电动机的型号、电动机输出轴的轴径、轴伸长度、中心高等。

2）联轴器的型号、半联轴器毂孔直径、毂孔长度及有关安装尺寸要求。

3）各传动零件的主要尺寸参数，如齿轮传动的中心距、分度圆直径、齿顶圆直径、齿宽、带轮的几何尺寸等。

4）初选滚动轴承类型及轴的支承形式（两端固定或一端固定一端游动等）。

（3）选定图纸幅面、绘图比例，合理布置图面　装配图应用A1或A0图纸绘制，绘图比例根据图纸幅面大小与减速器齿轮传动中心距确定，尽量采用1:1或1:2的比例。

减速器装配图通常用三个视图并辅以必要的局部视图来表达，同时还应考虑标题栏、明细栏、零件序号、尺寸标注、技术条件等所需的图面位置，如图5-88所示。开始绘图前，可根据传动装置的运动简图和由计算得到的减速器中心距及内部齿轮的直径，估计减速器的外廓尺寸，合理布置三个主要视图，视图的大小可按表5-50进行估算。

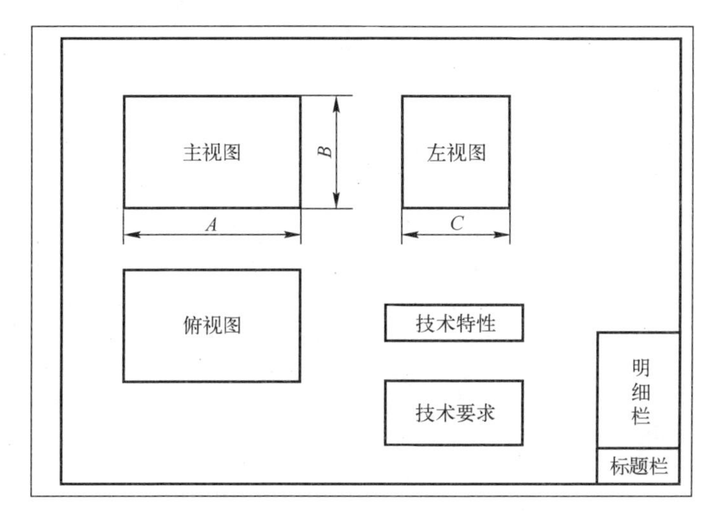

图5-88　减速器图面布置参考图

表5-50　视图大小估算表

	A	B	C
一级圆柱齿轮减速器	$3a$	$2a$	$2a$
二级圆柱齿轮减速器	$4a$	$2a$	$2a$
圆锥－圆柱齿轮减速器	$4a$	$2a$	$2a$
一级蜗杆减速器	$2a$	$3a$	$2a$

注：a为传动中心距。对于二级传动，a为低速级的中心距。

2. 装配草图的绘制

（1）确定齿轮位置和箱体内壁线　设计圆柱齿轮减速器装配图时，一般从主视图和俯视图开始。先在主视图和俯视图位置绘出齿轮的中心线，再根据齿轮直径和齿宽绘出齿轮轮廓的位置。为保证全齿宽啮合并降低安装要求，通常使小齿轮较大齿轮宽5～10mm。如果是单级传动，先从高速级小齿轮画起；如果是两级传动，先在俯视图上画出中间轴上的两齿轮。

为避免因箱体铸造误差使齿轮与箱体间的距离过小而造成运动干涉，应在大齿轮齿顶圆至箱体内壁之间、齿轮端面至箱体内壁之间分别留有适当间隙 Δ_1 和 Δ_2（$\Delta_1 \geqslant 1.2\delta_1$，$\Delta_2 \geqslant \delta_1$），如图 5-89 所示。高速级小齿轮一侧的箱体内壁线还要考虑其他条件才能确定，故暂不画出。减速器各零件之间的位置尺寸可参见附录。

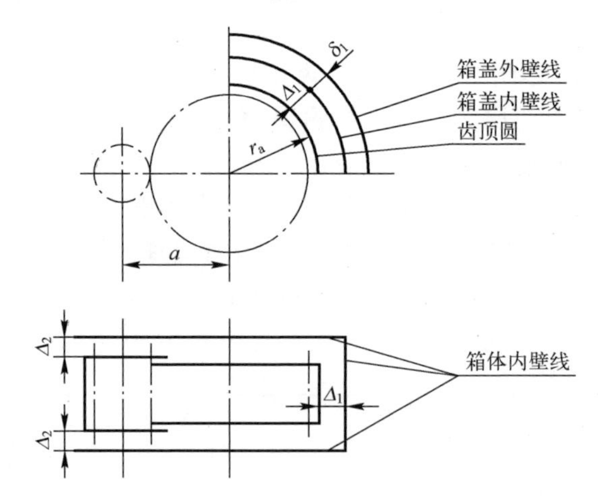

图 5-89　单级传动齿轮轮廓与箱体内壁

（2）确定箱体轴承座孔端面位置　轴承座孔的宽度 L 取决于轴承旁联接螺栓 Md_1（d_1 查附表 J-1 可得）所要求的扳手空间尺寸 C_1 和 C_2，如图 5-90 所示。一般要求轴承座孔的宽度 $L \geqslant \delta + C_1 + C_2 + (5 \sim 10)$mm，其中 δ 为箱座壁厚，C_1、C_2 可由附表 J-2 查得，5 ~ 10mm 为轴承座端面凸出箱体外表面的距离，以便进行轴承座端面的加工。求出轴承座两端面间的距离 L 后，即可画出箱体轴承座孔的外端面线。

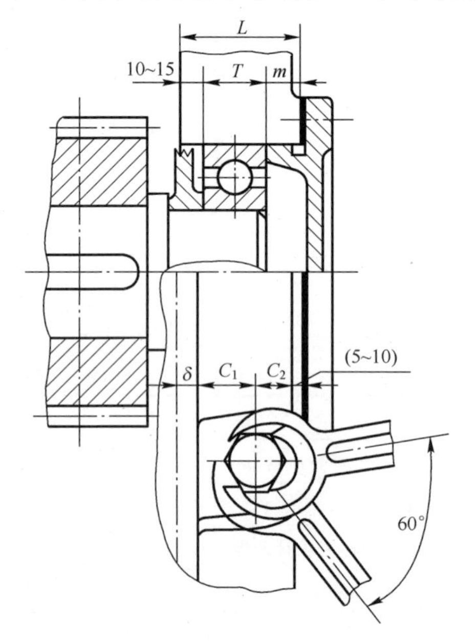

图 5-90　轴承座孔端面位置的确定

（3）减速器轴系零部件的设计与计算

1）初步估算轴径（详见 5.4.2 节）。

2）轴的结构设计（详见 5.4.2 节）。

3）校核轴、轴承和键联接（详见 5.4.2 节、5.4.3 节和 5.4.4 节）。

4）齿轮的结构设计（详见 5.4.1 节）。

5）滚动轴承的组合设计。

① 轴的支承结构形式和轴系的轴向固定（详见 5.4.4 节）。

② 轴承盖的结构。轴承盖有凸缘式和嵌入式两种。凸缘式轴承盖用螺钉固定在箱体上，调整轴系位置或轴系间隙时不需打开箱盖，密封性也比较好。凸缘式轴承盖的结构尺寸见附表 J-3。嵌入式轴承盖不用螺栓联接，结构简单，但密封性差，且利用垫片调整轴向间隙时要开启箱盖。在轴承盖中设置 O 形密封圈能提高其密封性能，适用于油润滑。嵌入式轴承盖的结构尺寸见附表 J-4。

③ 滚动轴承的润滑（详见 5.4.4 节）。

④ 轴外伸端的密封（详见5.4.4节）。

按照上述设计内容和方法，即可完成减速器各轴系零件的结构设计和轴承组合的结构设计。在图5-89的基础上完善减速器装配草图，图5-91所示为完成轴系设计后单级圆柱齿轮减速器的俯视图装配草图。

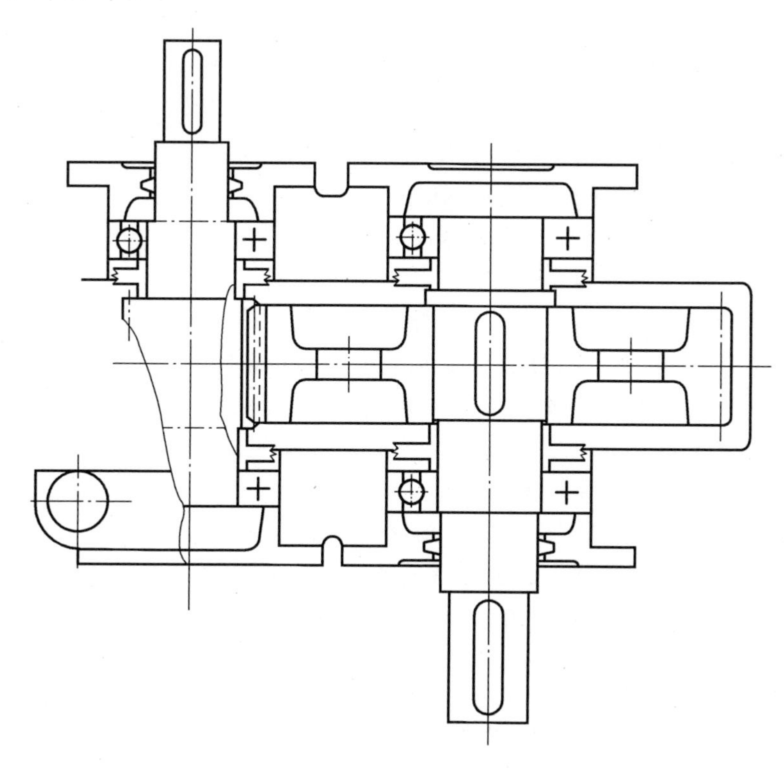

图5-91　单级圆柱齿轮减速器俯视图草图

3. 减速器箱体和附件的设计

（1）箱体结构的设计　箱体起着支承轴系和保证传动件正常运转的重要作用。在已确定箱体结构形式（如剖分式）、箱体毛坯制造方法（如铸造箱体）以及前面装配草图设计的基础上，即可全面进行箱体结构的设计。

1）箱座高度的确定。对于传动件采用浸油润滑的减速器，一般要求齿轮转动时不得搅起沉积在油池底部的污物。这就需保证大齿轮齿顶圆到油池底面的距离 $H_1>30\sim50\text{mm}$，如图5-92所示。因此，箱座的高度可以确定为

$$H\geq(d_{a2}/2)+(30\sim50)\text{mm}+\delta+(3\sim5)\text{mm}$$

式中　d_{a2}——大齿轮齿顶圆直径，单位为mm；

δ——箱座底面至箱底内壁的距离（即箱座底板厚），单位为mm。

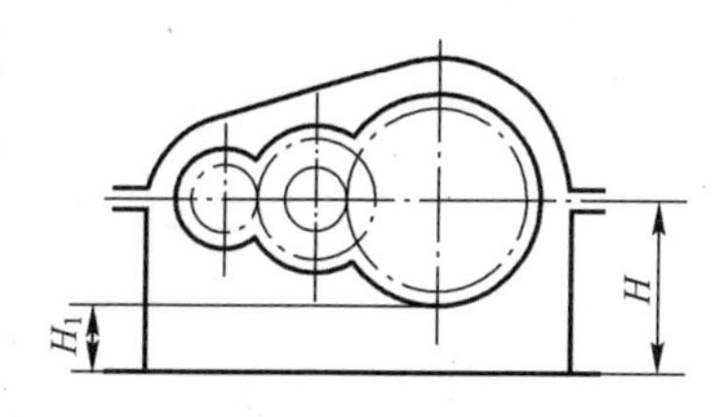

图5-92　箱座高度的确定

将其值圆整为整数，然后再验算油池容积是否能容纳按功率所需要的油量，如果不能，可适当加高箱座的高度。

传动件的浸油深度，对于圆柱齿轮减速器，最少应为一个齿高；对于锥齿轮，应为0.5～1个齿宽，但都不得小于10mm。对于多级传动中的低速级大齿轮，浸油深度不得超过

其分度圆半径的1/3；对于下置式蜗杆减速器，其油面高度不得超过支承蜗杆的滚动轴承最低滚动体的中心。

为保证润滑及散热的需要，减速器内应有足够的油量。对于单级减速器，每传递1kW功率所需的油量约为$[V]=0.35\sim0.7$L（低黏度油取较小值，高黏度油取较大值）。多级减速器需油量按级数成比例增加。根据油面线位置和箱体的有关尺寸，可算出实际装油量V。若计算时发现$V<[V]$，则应将箱体底面线下移，增加箱座高度。

2）轴承旁螺栓凸台的设计。为增大剖分式箱体轴承座的刚度，轴承座两侧的联接螺栓应尽量靠近，但应避免与轴承盖联接螺钉及箱体剖分面上的回油沟发生干涉，通常使两联接螺栓的中心距$S\approx D_2$（D_2为轴承盖外径），如图5-93所示。

为提高联接刚度，在轴承座旁联接螺栓处应做出凸台，如图5-93所示。螺栓凸台高度h与扳手空间的尺寸有关，$h=0.4D_2$。参考附表J-1和附表J-2确定螺栓直径和C_1、C_2，根据C_1的值，用作图法可确定凸台的高度h。由于减速器上各轴承盖的外径不等，为便于制造，应将箱体上各轴承座旁螺栓凸台设计为相同高度，并以最大轴承盖直径D_2所确定的高度为准。凸台侧面的斜度通常取1∶20。

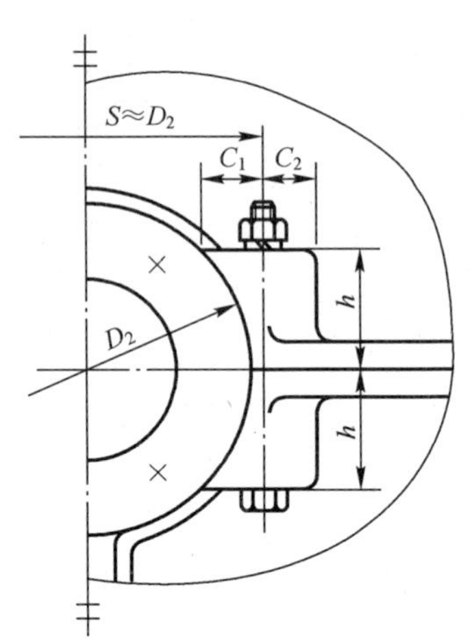

图5-93 轴承座旁螺栓凸台高度的设计

3）加强肋板设置。为提高轴承座附近箱体的刚度，可在平壁式箱体上适当设置加强肋板，肋板厚度可参阅附表J-1。

4）箱盖圆弧半径的确定。对于铸造箱体，箱盖顶部一般为圆弧形。在大齿轮一侧，可以轴心为圆心、以$R=d_{a2}/2+\Delta_1+\delta_1$为半径画圆弧，作为箱盖顶部的部分轮廓。一般情况下，大齿轮轴承旁螺栓的凸台均在此圆弧的内侧。而在小齿轮一侧，用上述方法取半径画出的圆弧，往往会使小齿轮轴承旁螺栓的凸台超出圆弧。最好使小齿轮轴承旁螺栓的凸台在圆弧以内，这时圆弧半径R应大于R'（R'为小齿轮轴心到凸台处的距离），图5-94a所示为以R为半径画出的小齿轮处箱盖的部分轮廓；也有小齿轮轴承旁螺栓的凸台在圆弧以外的结构，如图5-94b所示。

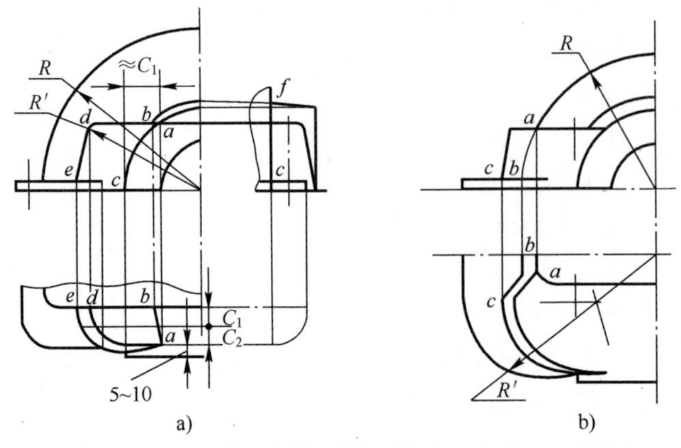

图5-94 小齿轮一侧箱盖圆弧的确定和凸台三视图

当主视图上小齿轮箱盖的结构确定后，将有关部分投射到俯视图上，便可画出箱体内壁、外壁及凸缘等结构。

5）箱体凸缘及联接螺栓的布置。为保证箱盖与箱座的联接刚度，箱盖与箱座联接凸缘应有较大的厚度 b_1 和 b，而箱底座底面凸缘的宽度 B 应超过箱座的内壁，以利于支承，如图 5-95所示。

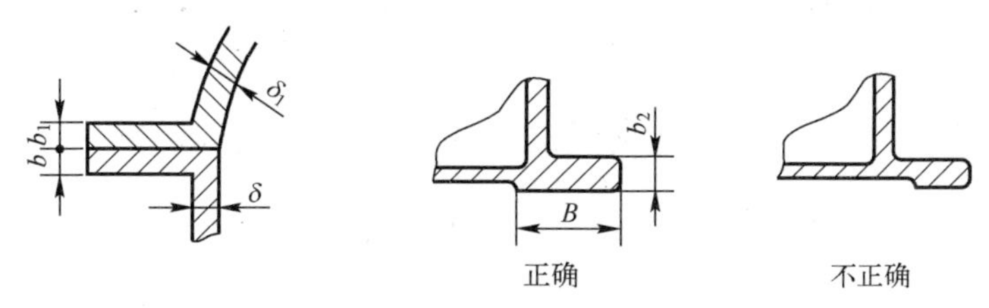

图 5-95　箱体联接凸缘及底座凸缘

$b_1=1.5\delta_1$　$b=1.5\delta$　$b_2=2.5\delta$

布置箱体凸缘联接螺栓时，应尽量使其均匀对称，并注意不要与吊耳、吊钩和定位销等发生干涉。为保证箱盖与箱座接合的紧密性，螺栓间距不宜过大。通常对于中小型减速器，其间距取 100 ~ 150mm；对于大型减速器，取 150 ~ 200mm。

6）回油沟的形式和尺寸。当利用箱内传动件飞溅起来的油润滑轴承时，通常在箱座联接凸缘面上开设回油沟，使飞溅到箱盖内壁上的油经回油沟进入轴承，如图 5-96 所示。回油沟的形状及尺寸如图 5-97 所示。回油沟可以铸造，也可铣制而成。铣制油沟由于加工方便、油流动阻力小，故应用较多。设计时应注意，回油沟的位置要有利于使箱盖斜口处的油进入，并经轴承端盖上的十字形缺口流入轴承。此外，回油沟不应与联接螺钉的孔相通。

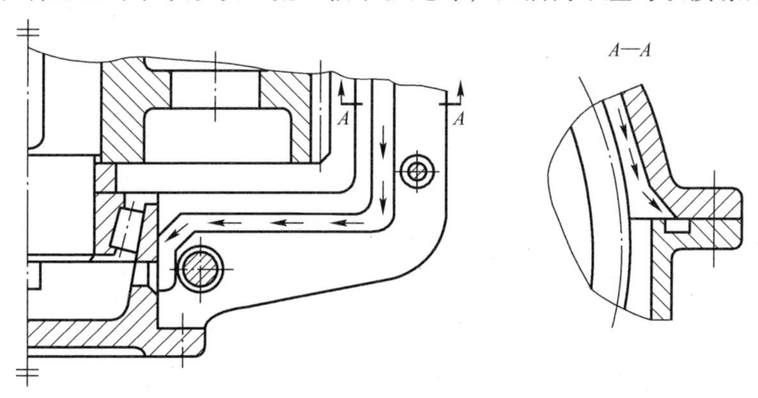

图 5-96　飞溅润滑的油沟

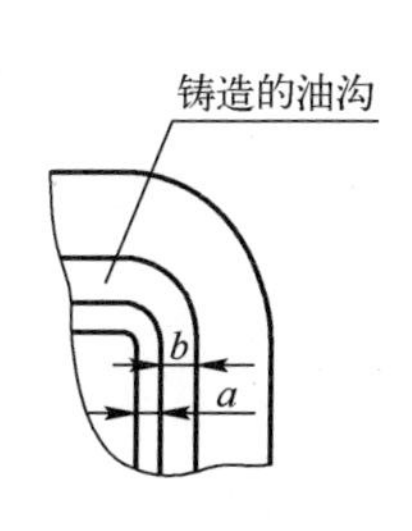

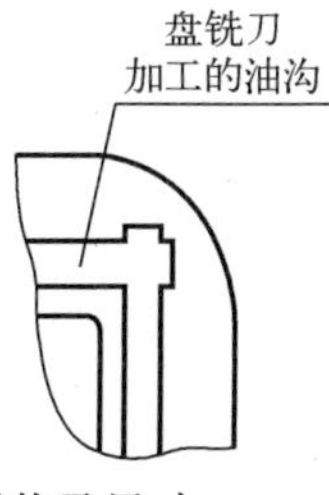

油沟尺寸

a　b　c

图 5-97　回油沟的形状及尺寸

$a=5\sim8$mm（铸造）　$b=6\sim10$mm

$a=3\sim5$mm（机械加工）　$c=3\sim5$mm

（2）减速器附件的设计

1）视孔和视孔盖。视孔应设在箱盖顶部，以便于观察传动零件啮合区的位置，其尺寸以手能伸入箱体进行检查操作为宜。视孔处应设计凸台以便于加工。视孔盖可用螺钉紧固在凸台上，并应考虑密封，如图 5-98 所示。视孔盖的结构和尺寸可参考附表 J-8，也可自行设计。

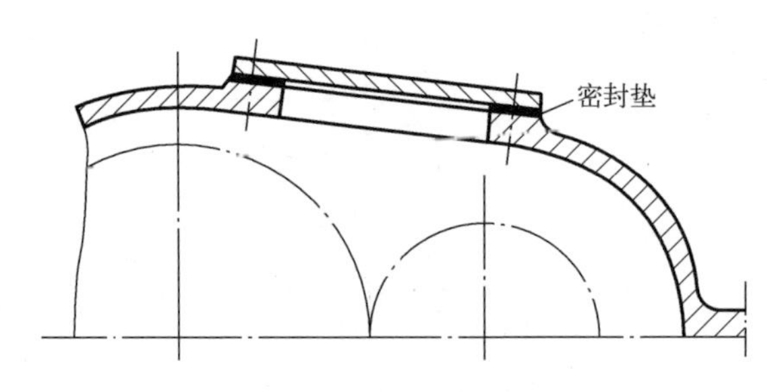

图 5-98 视孔和视孔盖

2）通气器。通气器设置在箱盖顶部或视孔盖上。较完善的通气器内部制成一定曲路，并设置金属网。选择通气器类型时，应考虑其对环境的适应性，其规格尺寸应与减速器大小相适应。常见通气器的结构和尺寸见附表 J-6 和附表 J-7。

3）油面指示器。油面指示器应设置在便于观察且油面较稳定的部位，如低速轴附近。常用的油面指示器为油标尺，其结构和尺寸见附表 J-9。

油标尺一般安装在箱体侧面，设计时应注意油标尺的安置高度和倾斜度，若太低或倾斜度太大，箱内油容易溢出；若太高或倾斜度太小，则油标将难以拔出，插孔也难以加工（图 5-99）。油标尺座凸台的画法如图 5-100 所示。

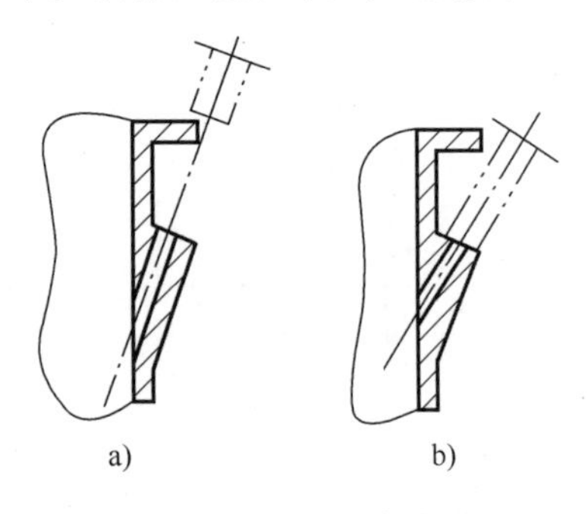

图 5-99 油标尺的倾斜位置
a）不正确 b）正确

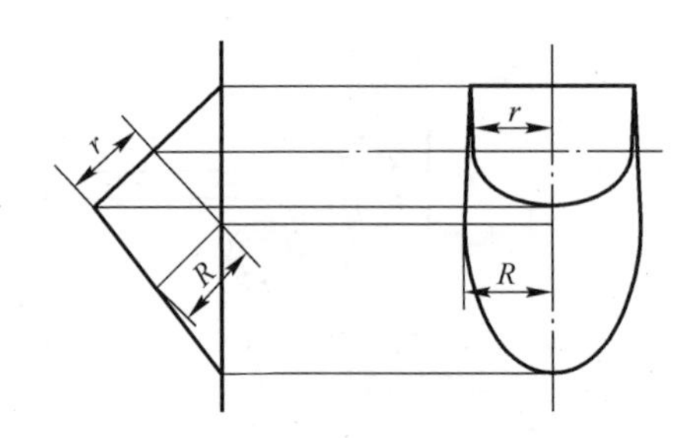

图 5-100 油标尺座凸台的画法

4）放油螺塞。为在换油时便于将污油和清洗剂排放干净，放油孔应设置在油池的最低处，平时用螺塞堵住（图 5-101）。采用圆柱螺塞时，箱座上装螺塞处应设置凸台，并加封油圈，以防润滑油泄漏。放油螺塞的结构和尺寸见附表 J-10。

5）定位销。为保证每次拆装箱盖时，仍保持轴承座孔制造加工时的精度，应在精加工轴承孔前，在箱盖与箱座的联接凸缘上配装圆锥定位销（图 5-102）。定位销为标准件，其直径可取箱体联接螺栓直径的 80%，长度应稍大于上、下箱体联接凸缘的总厚度，以利于装拆。

6）启盖螺钉。启盖螺钉设置在箱盖联接凸缘上，其螺纹有效长度应大于箱盖凸缘厚度，

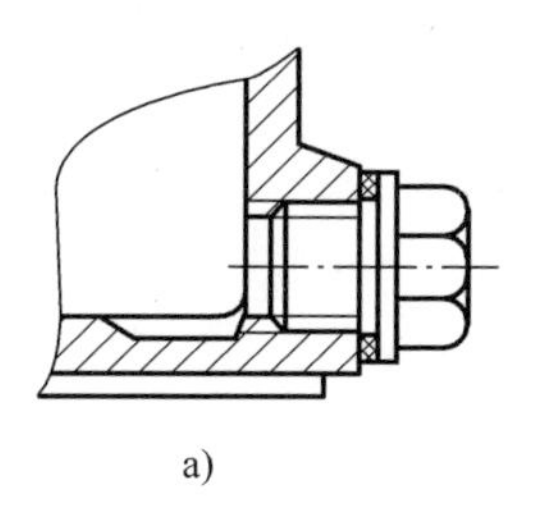
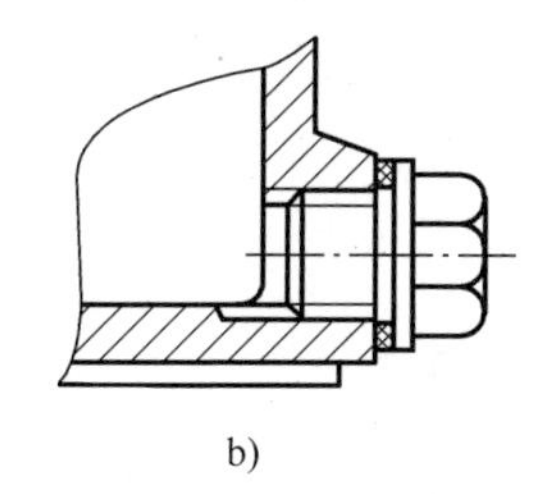
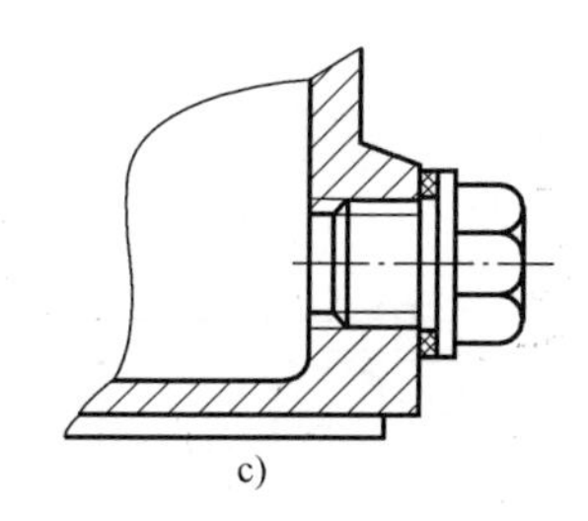

a)　　b)　　c)

图 5-101　放油螺塞及其位置

a）正确　b）正确（有半边孔攻丝，工艺性较差）　c）不正确

钉杆端部要做成圆柱形，加工成大倒角或半圆形，以免损伤螺纹（图 5-103）。启盖螺钉直径可与凸缘联接螺栓的直径相同，这样必要时可用凸缘联接螺栓旋入螺纹孔顶起箱盖。

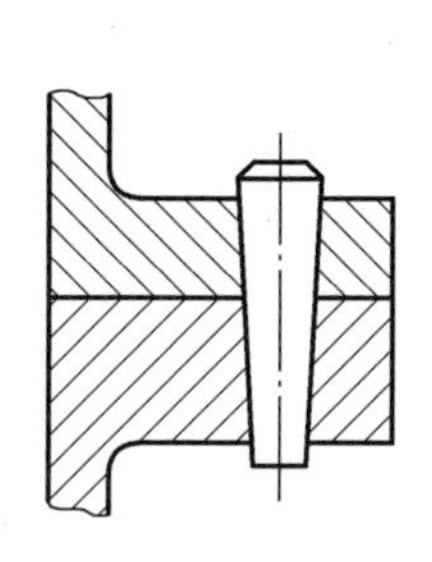

图 5-102　定位销

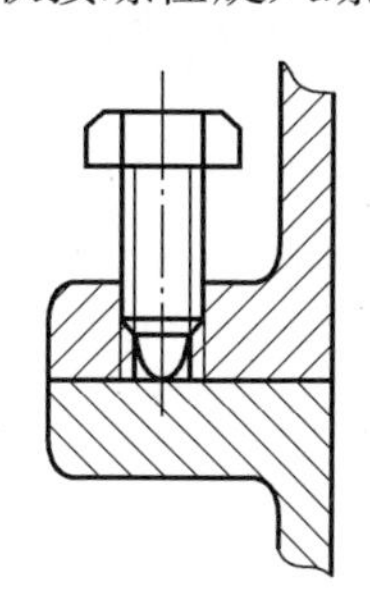

图 5-103　启盖螺钉

7）起吊装置。减速器起吊装置有吊环螺钉、吊耳、吊钩和箱座吊钩等。吊环螺钉为标准件，可按起吊重量进行选择，其结构尺寸见附表 J-12。为保证起吊安全，吊环螺钉应完全拧入螺孔。箱盖安装吊环螺钉处应设置凸台，以使吊环螺钉孔有足够的深度。箱盖吊耳、吊钩和箱座吊钩的结构尺寸见附表 J-11，设计时可根据具体条件进行适当修改。

箱体及其附件设计完成后，减速器的装配草图就画好了，如图 5-104 所示。

4. 装配草图的检查

（1）总体布置方面　检查装配草图与传动方案简图是否一致，轴伸端的位置和结构尺寸是否符合设计要求，箱外零件是否符合传动方案的要求。

（2）计算方面　检查传动件、轴、轴承及箱体等主要零件是否满足强度、刚度等要求，计算结果（如齿轮中心距、传动件与轴的尺寸、轴承型号与跨距等）是否与草图一致。

（3）轴系结构方面　检查传动件、轴、轴承及轴上其他零件的结构是否合理，定位、固定、调整、装拆、润滑和密封是否合理。

（4）箱体结构与附件方面　检查箱体的结构和加工工艺性是否合理，附件的结构布置是否合理。

（5）绘图规范方面　检查视图的选择、表达方法是否合理，投影是否正确，是否符合机械制图国家标准的规定等。

通过检查，对装配草图进行认真修改，使其完善到能作装配图的程度。

5. 完成装配图

（1）标注必要的尺寸　减速器装配图上主要应标注以下四种尺寸：

1）最大外形尺寸。减速器的总长、总宽和总高。

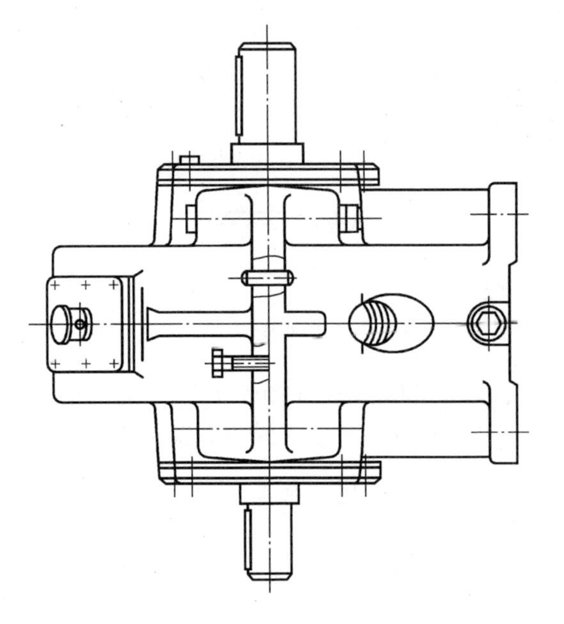

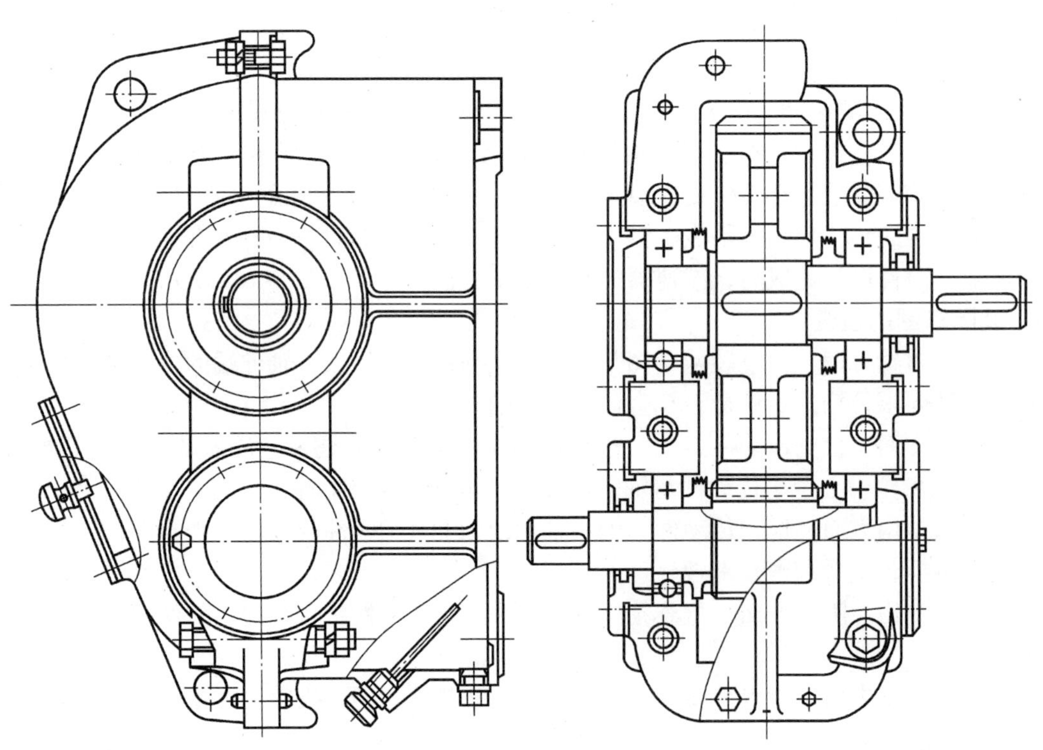

图5-104　单级圆柱齿轮减速器装配草图

2）特性尺寸。传动零件的中心距及偏差。

3）安装尺寸。箱座底面尺寸（包括底座的长、宽、厚）、地脚螺栓孔中心的定位尺寸及其之间的中心距、地脚螺栓孔的直径与个数、减速器的中心高、轴外伸端配合轴段的长度和直径。

4）主要零件的配合尺寸。减速器内各零件之间装配关系的尺寸。对于影响运转性能和传动精度的零件，其配合处都应标出尺寸、配合性质和标准公差等级，如轴与传动零件、轴承、联轴器的配合尺寸，轴承与轴承座孔的配合尺寸等。表5-51列出了减速器主要零件之间的荐用配合，供设计时参考。

表5-51　减速器主要零件的荐用配合

配合零件	推荐配合	装拆方法
大中型减速器的低速级齿轮（蜗轮）与轴的配合，轮缘与轮芯的配合	$\frac{H7}{r6}$、$\frac{H7}{s6}$	用压力机或温差法（中等压力的配合，小过盈配合）
一般齿轮、蜗轮、带轮、联轴器与轴的配合	$\frac{H7}{r6}$	用压力机（中等压力的配合）
要求对中性良好及很少装拆的齿轮、蜗轮、联轴器与轴的配合	$\frac{H7}{n6}$	用压力机（较紧的过渡配合）
小锥齿轮及较常装拆的齿轮、联轴器与轴的配合	$\frac{H7}{m6}$、$\frac{H7}{k6}$	锤子打入（过渡配合）
滚动轴承内孔与轴的配合（内圈旋转）	j6（轻负荷），k6、m6（中等负荷）	用压力机（实际为过盈配合）
滚动轴承外圈与箱体孔的配合（外圈不转）	H7，H6（精度要求高时）	木槌或徒手装拆
轴承套杯与箱体孔的配合	$\frac{H7}{js6}$、$\frac{H7}{h6}$	木槌或徒手装拆

(2）注明减速器的技术特性　应在装配工作图的适当位置列表写明减速器的技术特性，对二级斜齿圆柱齿轮减速器，其具体内容及格式见表5-52。

表5-52　减速器的技术特性

输入功率/kW	输入转速/(r/min)	效率 η	总传动比 i	传动特性							
				第一级				第二级			
				m	z_2/z_1	β	标准公差等级	m	z_2/z_1	β	标准公差等级

注：一级减速器可删去相应的部分。

(3）编写技术要求　装配工作图上应用文字说明有关装配、调整、润滑、密封、检验、维护等方面的技术要求。正确制定技术要求有助于保证减速器的工作性能，一般减速器的技术要求通常包括以下几方面的内容：

1）对零件的要求。装配前所有零件均应清除铁屑并用煤油或汽油清洗，箱体内不许有任何杂物存在，箱体内壁应涂上缓蚀涂料。

2）对润滑剂的要求。应注明传动零件及轴承所用润滑剂的牌号、用量、补充和更换的时间。

3）对密封的要求。箱体剖分面及轴外伸段密封处均不允许漏油，箱体剖分面上不允许使用任何垫片，但允许涂刷密封胶或水玻璃。

4）对传动侧隙和接触斑点的要求。应写明对传动侧隙和接触斑点的要求，作为装配时检查的依据。对于多级传动，当各级传动的侧隙和接触斑点要求不同时，应分别在技术要求中注明。

5）对安装调整的要求。两端固定支承的轴承，若采用不可调游隙的轴承（如深沟球轴承），应注明轴承盖与轴承外圈端面之间需保留的轴向间隙（一般为0.25～0.4mm）；若采用可调游隙的轴承（如圆锥滚子轴承和角接触球轴承），则应在技术条件中标出轴承游隙的数值。

6）其他要求。必要时可对减速器试验、外观、包装、运输等提出要求。

（4）对全部零件进行编号　在装配图上应对所有零件进行编号，不能遗漏，也不能重复，图中完全相同的零件只编一个序号。独立的组件（如滚动轴承、通气器、油标等）可作为一个零件编号；装配关系清楚的零件组（如螺栓、螺母和垫圈），可采用公共指引线标注（图5-105）。标准件和非标准件可统一编号，也可分别编号。编号应按顺时针或逆时针方向依次排列整齐，编号引线不能相交，并尽量不与剖面线平行。编号数字的高度应比图中所注尺寸数字的高度大一号。

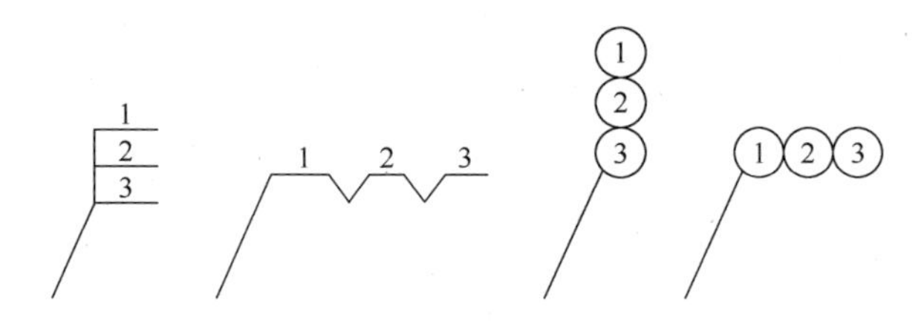

图5-105　公共指引线编号方法

（5）编制零件明细栏及标题栏　明细栏是减速器所有零件的详细目录，对每一个编号的零件都应在明细栏内列出，并注明每个零件的材料和件数。对于标准件，则须按照规定标记完整地写出零件名称、件数、材料、规格及标准代号。标题栏用来说明减速器的名称、图号、比例、质量和件数等，置于图纸的右下角。

明细栏和标题栏的格式可参照机械制图相关标准。

（6）检查装配工作图　装配图完成后，应再仔细地进行一次检查。检查的内容主要有以下几项：

1）视图的数量是否足够，是否能够清楚地表达减速器的结构和装配关系。

2）尺寸标注是否正确，各处配合与精度的选择是否适当。

3）零件编号是否齐全，标题栏和明细栏是否符合要求，有无遗漏或多余。

4）技术要求和技术特性是否完善、正确。

5）图样、数字和文字是否符合机械制图国家标准。

完成以上工作后，即可得到一张完整的装配工作图，如图5-106所示。

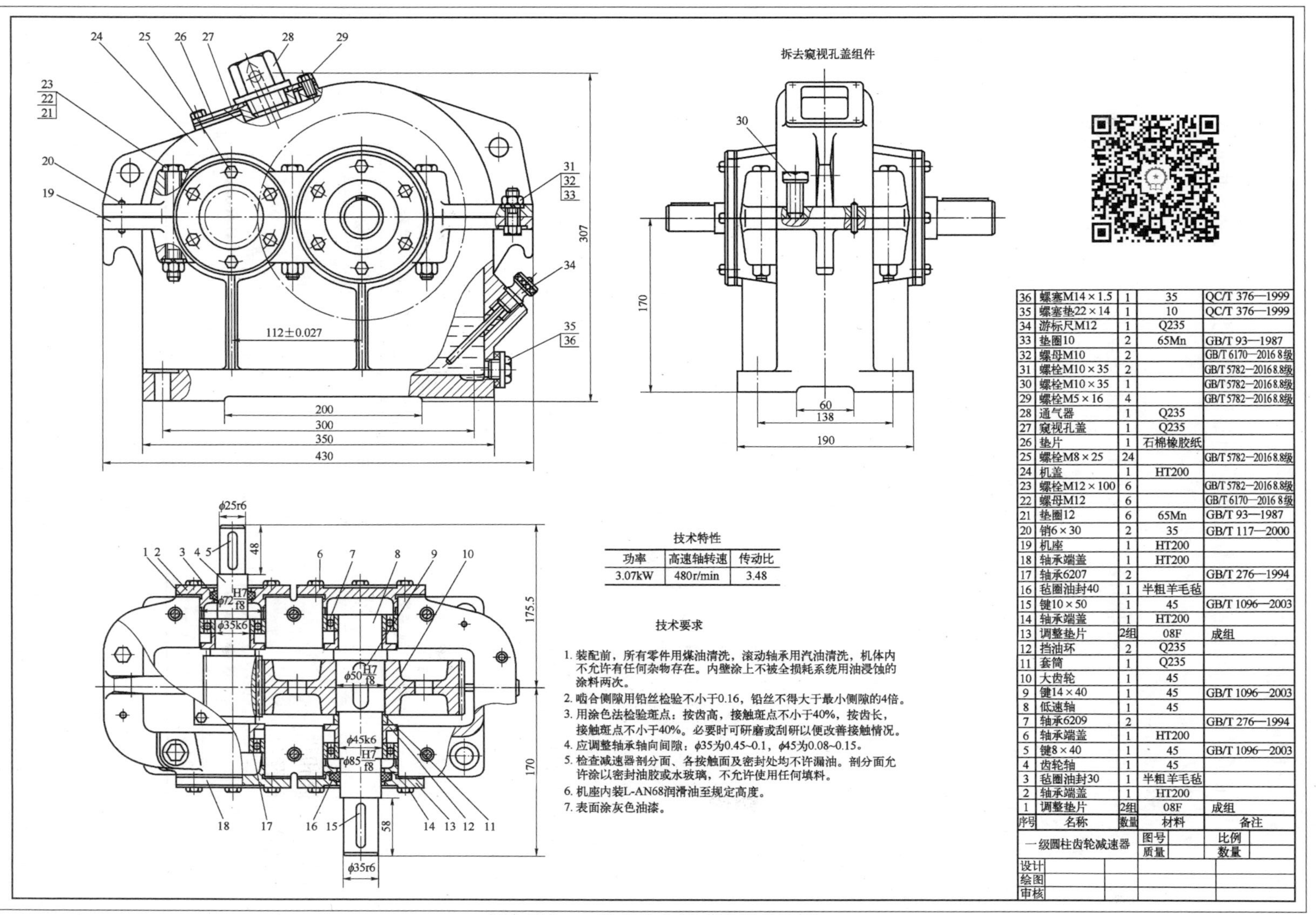

技术特性

功率	高速轴转速	传动比
3.07kW	480r/min	3.48

序号	名称	数量	材料	备注
36	螺塞M14×1.5	1	35	QC/T 376—1999
35	螺塞垫22×14	1	10	QC/T 376—1999
34	游标尺M12	1	Q235	
33	垫圈10	2	65Mn	GB/T 93—1987
32	螺母M10	2		GB/T 6170—2016 8级
31	螺栓M10×35	2		GB/T 5782—2016 8.8级
30	螺栓M10×35	1		GB/T 5782—2016 8.8级
29	螺栓M5×16	4		GB/T 5782—2016 8.8级
28	通气器	1	Q235	
27	窥视孔盖	1	Q235	
26	垫片	1	石棉橡胶纸	
25	螺栓M8×25	24		GB/T 5782—2016 8.8级
24	机盖	1	HT200	
23	螺栓M12×100	6		GB/T 5782—2016 8.8级
22	螺母M12	6		GB/T 6170—2016 8级
21	垫圈12	6	65Mn	GB/T 93—1987
20	销6×30	2	35	GB/T 117—2000
19	机座	1	HT200	
18	轴承端盖	1	HT200	
17	轴承6207	2		GB/T 276—1994
16	毡圈油封40	1	半粗羊毛毡	
15	键10×50	1	45	GB/T 1096—2003
14	轴承端盖	1	HT200	
13	调整垫片	2组	08F	成组
12	挡油环	2	Q235	
11	套筒	1	Q235	
10	大齿轮	1	45	
9	键14×40	1	45	GB/T 1096—2003
8	低速轴	1	45	
7	轴承6209	2		GB/T 276—1994
6	轴承端盖	1	HT200	
5	键8×40	1	45	GB/T 1096—2003
4	齿轮轴	1	45	
3	毡圈油封30	1	半粗羊毛毡	
2	轴承端盖	1	HT200	
1	调整垫片	2组	08F	成组

一级圆柱齿轮减速器	图号		比例	
	质量		数量	
设计				
绘图				
审核				

图5-106　一级圆柱齿轮减速器装配图

5.5.2 编写整理设计说明书

设计说明书是结构设计的理论依据，是整个设计计算的整理和总结，也是审核设计合理与否的重要技术文件之一。

1. 设计说明书的内容

设计说明书的内容针对不同的设计课题而定，机械传动装置设计类课题的说明书大致包括以下内容：

1）目录（标题、页码）。

2）设计任务书。

3）传动方案的分析与拟定（简要说明、附传动方案简图）。

4）电动机的选择计算。

5）传动装置运动及动力参数的选择和计算。

6）传动零件的设计计算。

7）轴的设计计算。

8）键联接的选择及计算。

9）滚动轴承的选择及计算。

10）联轴器的选择。

11）润滑方式、润滑油牌号及密封装置的选择。

12）设计小结（简要说明对本项设计任务的体会、设计的优缺点及改进意见等）。

13）参考资料（资料编号、作者、书名、出版单位、出版年月）。

2. 设计说明书的格式

设计说明书封面格式与书写格式可参考学习情境3中的相关介绍。

任务实施

任务实施过程见表5-53。

表5-53 减速器装配图设计及设计说明书整理任务实施过程

步 骤	内 容	教师活动	学生活动	成 果
1	学习减速器装配图设计的有关知识，掌握减速器装配图的绘制方法	布置任务，演示引导，指导学生活动	课外调研，课堂学习讨论，完成减速器装配图的设计，结合前面完成任务，整理编写设计说明书	1. 减速器装配图 2. 设计计算说明书
2	整理设计说明书			

思考训练题

5-1 试述带式输送机的结构与工作原理。

5-2 传动装置的主要作用是什么？

5-3 减速器的主要类型有哪些？它们各有什么特点？

5-4 各种机械传动形式有哪些特点？其适用范围怎样？带传动和链传动应布置在何处？

5-5 如何确定所需要的电动机工作功率？

5-6 合理分配传动比有什么意义？分配传动比时要注意哪些问题？

5-7 带传动的类型有哪些？它们各有什么特点？

5-8 影响带轮摩擦因数大小的因素有哪些？

5-9 带传动工作时，带截面上产生哪些应力？是如何分布的？

5-10 带传动产生弹性滑动和打滑的原因是什么？对带传动分别有何影响？是否可以避免？

5-11 带传动的主要失效形式是什么？设计准则是什么？

5-12 设计带传动所需的原始数据主要有哪些？设计内容主要是哪些？

5-13 在V带传动设计过程中，为什么要校验带速和包角？

5-14 带传动中带为何要张紧？

5-15 Y系列异步电动机通过V带传动驱动离心水泵，载荷平稳，电动机功率 $P=22\text{kW}$，转速 $n_1=1\,460\text{r/min}$，离心式水泵的转速 $n_2=970\text{r/min}$，两班工作制。试设计该V带传动。

5-16 螺旋角的大小对斜齿轮传动的承载能力有何影响？

5-17 斜齿圆柱齿轮传动的正确啮合条件是什么？

5-18 什么是斜齿轮的当量齿轮？如何得到当量齿轮？

5-19 斜齿轮的强度计算和直齿轮的强度计算有何区别？

5-20 有一对标准斜齿圆柱齿轮传动，已知 $z_1=25$，$z_2=100$，$m_n=4\text{mm}$，$\alpha=20°$，$\beta=15°$，正常齿制。试计算这对斜齿轮的主要几何尺寸。

5-21 齿轮传动设计的内容包括哪些？

5-22 拆装减速器的齿轮轴，指出轴结构各部分的名称及作用，并说明轴上的零件是如何安装、定位和固定的。

5-23 轴的结构设计应考虑哪几方面的问题？

5-24 轴上零件的轴向固定方法有哪些？周向固定方法有哪些？

5-25 提高轴强度的措施有哪些？

5-26 轴的设计步骤是什么？

5-27 指出如图5-107所示轴的结构有哪些错误，简要说明原因，并画出改后的轴结构图。

图5-107 输出轴结构

5-28 A型、B型、C型三种普通型平键各有何特点?

5-29 试画出并比较普通型平键、半圆键和楔键的剖面示意图，并指出各自的工作面。

5-30 如果普通型平键联接经校核强度不够，可采用哪些措施来解决?

5-31 普通型平键的截面尺寸和长度如何确定?

5-32 销按照用途可分成哪几类? 分别用在什么场合?

5-33 联轴器与离合器的功用是什么? 两者有何区别?

5-34 什么是刚性联轴器? 什么是挠性联轴器? 两者有何区别?

5-35 挠性联轴器是如何补偿两轴的位移的?

5-36 滚动轴承的主要类型有哪些? 各有什么特点?

5-37 说明下列滚动轴承代号的含义及其适用场合：6206、30209/P6x、7207AC/P5、N2312/P4。

5-38 选择滚动轴承类型时应考虑哪些因素?

5-39 滚动轴承的主要失效形式有哪些?

5-40 进行滚动轴承的组合设计时应考虑哪些问题?

5-41 滚动轴承的安装方法有哪几种? 说明其特点及应用。

5-42 在机器设计中，装配图的作用是什么?

5-43 绘制装配图之前应做哪些准备?

5-44 箱座的高度一般如何确定? 它同保证良好的润滑和散热有何关系?

5-45 视孔、通气器、油面指示器和放油螺塞的作用各是什么?

5-46 装配图应标注哪些尺寸?

5-47 在装配图中编写技术要求的作用是什么? 其内容应包含哪些方面?

5-48 在对零件进行编号、填写明细栏和标题栏时，应注意哪些问题?

5-49 设计带式输送机传动装置。使用一级直齿或斜齿圆柱齿轮减速器；工作条件：连续单向运转，载荷平稳，空载起动，室内工作，小批量生产，运输带速的允许误差为±5%；设计数据见表5-54。

表5-54 带式输送机传动装置原始设计数据

参数	题号							
	1	2	3	4	5	6	7	8
输送带的工作拉力 F/N	1 100	1 150	1 200	1 250	1 300	1 300	1 400	1 450
输送带的工作速度 v/(m/s)	1.5	1.6	1.7	1.8	1.9	1.8	1.9	1.9
卷筒直径 D /mm	250	260	270	280	290	270	280	290
工作时间	两班制 8年	两班制 7年	三班制 8年	两班制 6年	两班制 10年	单班制 10年	两班制 9年	三班制 6年

设计任务：减速器装配图1张；零件图2~3张；设计说明书1份。

附　　录

附录 A　常用数据与一般标准

附表 A-1　常用材料的密度

材料名称	密度/(g/cm^3)	材料名称	密度/(g/cm^3)	材料名称	密度/(g/cm^3)
碳钢	7.8～7.85	轧制磷青铜	8.8	有机玻璃	1.18～1.19
铸钢	7.8	铝镍合金	2.7	尼龙 6	1.13～1.14
合金钢	7.9	锡基轴承合金	7.34～7.75	尼龙 66	1.14～1.15
镍铬钢	7.9	铅基轴承合金	9.33～10.67	尼龙 1010	1.04～1.06
灰铸铁	7.0	硅钢片	7.55～7.8	橡胶夹布传动带	0.8～1.2
铸造黄铜	8.62	纯橡胶	0.93	酚醛层压板	1.3～1.45
锡青铜	8.7～8.9	皮革	0.4～1.2	木材（含水 15%）	0.4～0.75
无锡青铜	7.5～8.2	聚氯乙烯	1.35～1.40	混凝土	1.8～2.45

附表 A-2　图纸幅面、图样比例

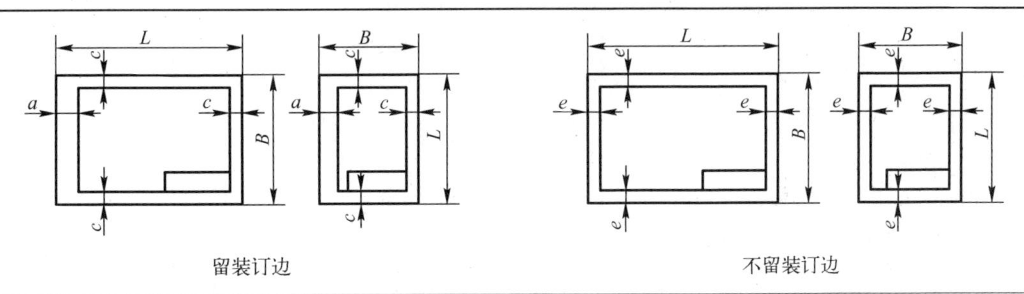

<table>
<tr><th colspan="7">图纸幅面（GB/T 14689—2008 摘录）mm</th><th colspan="3">图样比例（GB/T 14690—1993）</th></tr>
<tr><th colspan="5">基本幅面（第一选择）</th><th colspan="2">加长幅面（第二选择）</th><th>原值比例</th><th>缩小比例</th><th>放大比例</th></tr>
<tr><td>幅面代号</td><td>$B\times L$</td><td>a</td><td>c</td><td>e</td><td>幅面代号</td><td>$B\times L$</td><td rowspan="6">1:1</td><td>1:2　$1:2\times10^n$
1:5　$1:5\times10^n$
1:10　$1:1\times10^n$</td><td>5:1　$5\times10^n:1$
2:1　$2\times10^n:1$
10:1　$1\times10^n:1$</td></tr>
<tr><td>A0</td><td>841×1 189</td><td rowspan="5">25</td><td rowspan="3">10</td><td rowspan="2">10</td><td>A3×3</td><td>420×891</td><td rowspan="5">必要时允许选取
1:1.5　$1:1.5\times10^n$
1:2.5　$1:2.5\times10^n$
1:3　$1:3\times10^n$
1:4　$1:4\times10^n$
1:6　$1:6\times10^n$</td><td rowspan="5">必要时允许选取
4:1　$4\times10^n:1$
2.5:1　$2.5\times10^n:1$</td></tr>
<tr><td>A1</td><td>594×841</td><td>A3×4</td><td>420×1 189</td></tr>
<tr><td>A2</td><td>420×594</td><td rowspan="3">10</td><td>A4×3</td><td>297×630</td></tr>
<tr><td>A3</td><td>297×420</td><td rowspan="2">5</td><td>A4×4</td><td>297×841</td></tr>
<tr><td>A4</td><td>210×297</td><td>A4×5</td><td>297×1 051</td></tr>
</table>

注：1. 加长幅面的图框尺寸，按比所选用的基本幅面大一号的图框尺寸确定。例如，A3×4 的图框尺寸按 A2 的图框尺寸确定，即 e 为 10（或 c 为 10）mm。

2. 加长幅面（第三选择）的尺寸见 GB/T 14689—2008。

3. n 为正整数。

附表 A-3 标准尺寸（直径、长度、高度等）（GB/T 2822—2005 摘录） （单位：mm）

R			R′			R			R′			R			R′		
R10	R20	R40	R′10	R′20	R′40	R10	R20	R40	R′10	R′20	R′40	R10	R20	R40	R′10	R′20	R′40
2.50	2.50		2.5	2.5				42.5			42	315	315	315	320	320	320
	2.80			2.8			45.0	45.0		45	45			335			340
3.15	3.15		3.0	3.0				47.5			48		355	355		360	360
	3.55			3.5		50.0	50.0	50.0	50	50	50			375			380
4.00	4.00		4.0	4.0				53.0			53	400	400	400	400	400	400
	4.50			4.5			56.0	56.0		56	56			425			420
5.00	5.00		5.0	5.0				60.0			60		450	450		450	450
	5.60			5.5		63.0	63.0	63.0	63	63	63			475			480
6.30	6.30		6.0	6.0				67.0			67	500	500	500	500	500	500
	7.10			7.0			71.0	71.0		71	71			530			530
8.00	8.00		8.0	8.0				75.0			75		560	560		560	560
	9.00			9.0		80.0	80.0	80.0	80	80	80			600			600
10.0	10.0		10.0	10.0				85.0			85	630	630	630	630	630	630
	11.2			11			90.0	90.0		90	90			670			670
12.5	12.5	12.5	12	12	12			95.0			95		710	710		710	710
		13.2			13	100	100	100	100	100	100			750			750
	14.0	14.0		14	14			106			105	800	800	800	800	800	800
		15.0			15		112	112		110	110			850			850
16.0	16.0	16.0	16	16	16			118			120		900	900		900	900
		17.0			17	125	125	125	125	125	125			950			950
	18.0	18.0		18	18			132			130	1 000	1 000	1 000	1 000	1 000	1 000
		19.0			19		140	140		140	140			1 060			
20.0	20.0	20.0	20	20	20			150			150		1 120	1 120			
		21.2			21	160	160	160	160	160	160			1 180			
	22.4	22.4		22	22			170			170	1 250	1 250	1 250			
		23.6			24		180	180		180	180			1 320			
25.0	25.0	25.0	25	25	25			190			190		1 400	1 400			
		26.5			26	200	200	200	200	200	200			1 500			
	28.0	28.0		28	28			212			210	1 600	1 600	1 600			
		30.0			30		224	224		220	220			1 700			
31.5	31.5	31.5	32	32	32			236			240		1 800	1 800			
		33.5			34	250	250	250	250	250	250			1 900			
	35.5	35.5		36	36			265			260						
		37.5			38		280	280		280	280						
40.0	40.0	40.0	40	40	40			300			300						

注：1. 选择标准尺寸系列及单个尺寸时，应首先在优先数系 *R* 系列中选用标准尺寸，选用顺序为 *R*10、*R*20、*R*40。如果必须将数值圆整，可在相应的 *R′*系列中选用标准尺寸。

2. 本标准适用于机械制造业中有互换性或系列化要求的主要尺寸，其他结构尺寸也应尽量采用。对于由主要尺寸导出的因变量尺寸和工艺上工序间的尺寸，不受本标准限制。对已有专用标准规定的尺寸，可按专用标准选用。

附录B 常用金属材料

附表 B-1 钢的常用热处理方法及应用

名称	说明	应用
退火	退火是将钢件加热到适当温度，保温一定时间，然后缓慢冷却的热处理工艺（一般用炉冷）	用来降低钢件的硬度，以利于切削加工；消除内应力，以防止钢件变形与开裂；细化晶粒，改善组织，为零件的最终热处理做好准备
正火	正火是将钢件加热到 A_3（或 A_{cm}）以上 30 ~ 50 ℃，保温适当时间后，在空气中冷却得到珠光体类组织的热处理工艺。其冷却速度比退火快	用来处理低碳和中碳结构钢材以及渗碳零件，使其组织细化，增加强度及韧度，减小内应力，改善切削加工性能
淬火	淬火是将钢件加热到 A_3（亚共析钢）或 A_1（共析钢和过共析钢）以上 30 ~ 50℃，保温一定时间，然后放入水、盐水或油中（个别材料在空气中）急剧冷却，使其得到高硬度的热处理工艺	用来提高钢的硬度和强度极限。但淬火时会引起内应力，使钢变脆，所以淬火后必须回火
回火	回火是将淬火钢加热到 A_1 以下某一温度，保温一定时间，然后冷却至室温的热处理工艺	用来消除淬火后的脆性和内应力，提高钢的塑性和冲击韧性
调质	淬火和高温回火的复合热处理	用来使钢获得强度、硬度、塑性和韧性都较好的综合力学性能，很多重要零件是经过调质处理的
表面淬火	仅对零件表层进行淬火。使零件表层具有高的硬度和耐磨性，而心部保持原有的塑性和韧性	常用来处理轮齿的表面
时效	将钢加热至 120 ~ 150℃左右，保温较长时间后，随炉或取出在空气中缓慢冷却	用来消除或减小淬火后微观应力，防止变形和开裂，稳定工件形状及尺寸，消除机械加工等所产生的残留应力
渗碳	将工件置于渗碳介质中，加热并保温，使碳原子渗入工件表面的工艺。一般渗碳层可达 0.5 ~ 2mm。低碳钢经渗碳淬火后，表层硬度可达 58 ~ 64HRC	用来提高钢的耐磨性能、表面硬度、抗拉强度及疲劳强度。适用于低碳、中碳（w_C < 0.4%）结构钢的中小型零件和大型的重负荷、受冲击、耐磨的零件
渗氮	将工件置于一定温度下，使活性氮原子渗入工件表层的一种化学热处理工艺。工件的表层硬度可高达 1 000 ~ 1 200HV	用来提高工件表层的硬度、耐磨性、耐蚀性和疲劳强度。但氮化层薄（一般为 0.1 ~ 0.5mm）而脆，不宜承受集中的重载荷，所以渗氮主要用于处理各种高速传动的精密齿轮、高精度机床主轴及重要的阀门等

附表 B-2 灰铸铁件（GB/T 9439—2010 摘录）

牌 号	铸件壁厚/mm		最小抗拉强度 R_m(min)/MPa	布氏硬度 HBW	应用举例
	大于	小于等于			
HT100	5	40	100	≤170	盖、外罩、油盘、手轮、手把、支架等
HT150	5	10	150	125～205	端盖、汽轮泵体、轴承座、阀壳、管子及管路附件、手轮、一般机床底座、床身及其他复杂零件、滑座、工作台等
	10	20			
	20	40			
	40	80			
HT200	5	10	200	150～230	气缸、齿轮、底架、箱体、飞轮、齿条、衬筒、一般机床铸有导轨的床身及中等压力（8MPa以下）液压缸、液压泵和阀的壳体等
	10	20			
	20	40			
	40	80			
HT250	5	10	250	180～250	阀壳、液压缸、气缸、联轴器、箱体、齿轮、齿轮箱外壳、飞轮、衬筒、凸轮、轴承座等
	10	20			
	20	40			
	40	80			
HT300	10	20	300	200～275	齿轮、凸轮、车床卡盘、剪床、压力机的机身、导板、转塔自动车床及其他重负荷机床铸有导轨的床身、高压液压缸、液压泵和滑阀的壳体等
	20	40			
	40	80			
HT350	10	20	350	220～290	
	20	40			
	40	80			

注：灰铸铁的硬度（HBW）和抗拉强度（R_m）之间的关系由经验式计算：HBW = RH×(100 + 0.44R_m)。RH 为相对硬度，一般取 0.80～1.20。

附表 B-3 普通碳素结构钢（GB/T 700—2006 摘录）

牌号	力学性能								应用举例
	屈服强度 R_{eH}/MPa						抗拉强度 R_m/MPa	伸长率 A（%）不小于	
	材料厚度（直径）/mm								
	≤16	>16～40	>40～60	>60～100	>100～150	>150～200			
	最 小 值								
Q215	215	205	195	185	175	165	335～450	31	普通金属构件，拉杆、心轴、垫圈、凸轮等
Q235	235	225	215	215	195	185	375～500	26	普通金属构件，吊钩、拉杆、套、螺栓、螺母、楔、盖、焊接件等
Q275	275	265	255	245	225	215	410～540	22	轴、轴销、螺栓等强度较高零件

注：断后伸长率为材料厚度（或直径）≤16mm 时的性能，按 R_{eH} 栏尺寸分段，每一段的 A% 值应降低一个值。

附表 B-4　优质碳素结构钢（GB/T 699—2015 摘录）

牌号	推荐热处理/℃			试样毛坯尺寸/mm	力学性能					钢材交货状态硬度 HBW 10/3000		应用举例
					抗拉强度 R_m	屈服强度 R_{eH}	伸长率 A	断面收缩率 Z	冲击吸收功 A_{KV}			
					MPa		(%)		J	不大于		
	正火	淬火	回火		不小于					未热处理钢	退火钢	
08F	930			25	295	175	35	60		131		用于需要塑性好的零件，如管子、垫片、垫圈；心部强度要求不高的渗碳和碳氮共渗零件，如套筒、短轴、挡块、支架、靠模、离合器盘等
10	930			25	335	205	31	55		137		用于制造拉杆、卡头、钢管垫片、垫圈、铆钉；这种钢无回火脆性，焊接性好，用来制造焊接零件
15	920			25	375	225	27	55		143		用于受力不大、韧性要求较高的零件，渗碳零件，紧固件，冲模锻件及不需要热处理的低负荷零件，如螺栓、螺钉、拉条、法兰盘及化工储器、蒸汽锅炉等
20	910			25	410	245	25	55		156		用于不承受很大应力而要求，有很大韧性的机械零件，如杠杆、轴套、螺钉、起重钩等；也用于制造压力 <6MPa、温度 <450℃，在非腐蚀介质中使用的零件，如管子、导管等；还可用于表面硬度高而心部强度要求不大的渗碳零件
25	900	870	600	25	450	275	23	50	71	170		用于制造焊接设备，以及经锻造、热冲压和机械加工的不承受高应力的零件，如轴、辊子、连接器、垫圈、螺栓、螺钉及螺母等
35	870	850	600	25	530	315	20	45	55	197		用于制造曲轴、转轴、轴销、杠杆、连杆、横梁、链轮、圆盘、套筒钩环、垫圈、螺钉、螺母等。这种钢多在正火和调质状态下使用，一般不做焊接
40	860	840	600	25	570	335	19	45	47	217	187	用于制造辊子、轴、曲柄销、活塞杆、圆盘等
45	850	840	600	25	600	355	16	40	39	229	197	用于制造齿轮、齿条、链条、轴、键、销、汽轮机的叶轮、压缩机及泵的零件、轧辊等；可代替渗碳钢做齿轮、轴、活塞销等，但要经高频或火焰表面淬火
50	830	830	600	25	630	375	14	40	31	241	207	用于制造齿轮、拉杆、轧辊、轴、圆盘等
55	820	820	600	25	645	380	13	35		255	217	用于制造齿轮、连杆、轮缘、扁弹簧及轧辊等

（续）

牌号	推荐热处理/℃			试样毛坯尺寸/mm	力学性能					钢材交货状态硬度 HBW 10/3000		应用举例
	正火	淬火	回火		抗拉强度 R_m	屈服强度 R_{eH}	伸长率 A	断面收缩率 Z	冲击吸收功 A_{KV}			
					MPa		(%)		J	不大于		
					不小于					未热处理钢	退火钢	
60	810			25	675	400	12	35		255	229	用于制造轧辊、轴、轮箍、弹簧、弹簧垫圈、离合器、凸轮、钢绳等
20Mn	910			25	450	275	24	50		197		用于制造凸轮轴、齿轮、联轴器、铰链、拖杆等
30Mn	880	860	600	25	540	315	20	45	63	217	187	用于制造螺栓、螺母、螺钉、杠杆及制动踏板等
40Mn	860	840	600	25	590	355	17	45	47	229	207	用于制造承受疲劳负荷的零件，如轴、万向联轴器、曲轴、连杆及在高应力下工作的螺栓、螺母等
50Mn	830	830	600	25	645	390	13	40	31	255	217	用于制造耐磨性要求很高、在高负荷作用下的热处理零件，如齿轮、齿轮轴、摩擦盘、凸轮和截面在80mm以下的心轴等
60Mn	810			25	695	410	11	35		269	229	适于制造弹簧、弹簧垫圈、弹簧环、弹簧片及冷拔钢丝（≤7mm）和发条等

注：表中所列正火推荐保温时间不少于30min，空冷；淬火推荐保温时间不少于30min，水冷；回火推荐保温时间不少于1h。

附录C　螺纹

附表C-1　普通螺纹的基本尺寸（GB/T 196—2003摘录）　　（单位：mm）

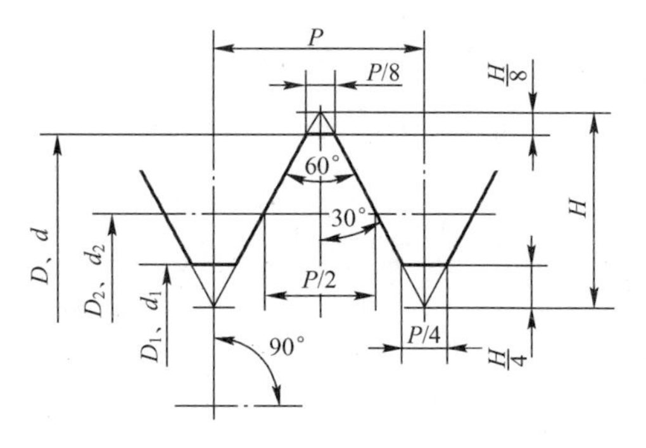

$H=0.866P$

$d_2=d-0.6495P$

$d_1=d-1.0825P$

D、d—内、外螺纹大径（公称直径）

D_2、d_2—内、外螺纹中径

D_1、d_1—内、外螺纹小径

P—螺距

H—原始三角形高度

标记示例：

M20－6H（公称直径为20mm的粗牙右旋内螺纹，中径和大径的公差带均为6H）

M20－6g（公称直径为20mm的粗牙右旋外螺纹，中径和大径的公差带均为6g）

M20－6H/6g（上述规格的螺纹副）

M20×2－5g6g－S－LH（公称直径为20mm、螺距为2mm的细牙左旋外螺纹，中径、大径的公差带分别为5g、6g，短旋合长度）

（续）

公称直径 D、d 第一系列	公称直径 D、d 第二系列	螺距 P	中径 D_2、d_2	小径 D_1、d_1
3		**0.5**	2.675	2.459
		0.35	2.773	2.621
	3.5	(**0.6**)	3.110	2.850
		0.35	3.273	3.121
4		**0.7**	3.545	3.242
		0.5	3.675	3.459
	4.5	(**0.75**)	4.013	3.688
		0.5	4.175	3.959
5		**0.8**	4.480	4.134
		0.5	4.675	4.459
6		**1**	5.350	4.917
		0.75	5.513	5.188
	7	**1**	6.350	5.917
		0.75	6.513	6.188
8		**1.25**	7.188	6.647
		1	7.350	6.917
		0.75	7.513	7.188
10		**1.5**	9.026	8.376
		1.25	9.188	8.647
		1	9.350	8.917
		0.75	9.513	9.188
12		**1.75**	10.863	10.106
		1.5	11.026	10.376
		1.25	11.188	10.647
		1	11.350	10.917
	14	**2**	12.701	11.835
		1.5	13.026	12.376
		1.25	13.188	12.647
		1	13.350	12.917
16		**2**	14.701	13.835
		1.5	15.026	14.376
		1	15.350	14.917
	18	**2.5**	16.376	15.294
		2	16.701	15.835
		1.5	17.026	16.376
		1	17.350	16.917
20		**2.5**	18.376	17.294
		2	18.701	17.835
		1.5	19.026	18.376
		1	19.350	18.917
	22	**2.5**	20.376	19.294
		2	20.701	19.835
		1.5	21.026	20.376
		1	21.350	20.917
24		**3**	22.051	20.752
		2	22.701	21.835
		1.5	23.026	22.376
		1	23.350	22.917
	27	**3**	25.051	23.752
		2	25.701	24.835
		1.5	26.026	25.376
		1	26.350	25.917
30		**3.5**	27.727	26.211
		3	28.051	26.752
		2	28.701	27.835
		1.5	29.026	28.376
		1	29.350	28.917
	33	**3.5**	30.727	29.211
		3	31.051	29.752
		2	31.701	30.835
		1.5	32.026	31.376
36		**4**	33.402	31.670
		3	34.051	32.752
		2	34.701	33.835
		1.5	35.026	34.376
	39	**4**	36.402	34.670
		3	37.051	35.752
		2	37.701	36.835
		1.5	38.026	37.376
42		**4.5**	39.077	37.129
		4	39.402	37.670
		3	40.051	38.752
		2	40.701	39.835
		1.5	41.026	40.376
	45	**4.5**	42.077	40.129
		4	42.402	40.670
		3	43.051	41.752
		2	43.701	42.835
		1.5	44.026	43.376
48		**5**	44.752	42.587
		4	45.402	43.670
		3	46.051	44.752
		2	46.701	45.835
		1.5	47.026	46.376
	52	**5**	48.752	46.587
		4	49.402	47.670
		3	50.051	48.752
		2	50.701	49.835
		1.5	51.026	50.376
56		**5.5**	52.428	50.046
		4	53.402	51.670
		3	54.051	52.752
		2	54.701	53.835
		1.5	55.026	54.376
	60	**5.5**	56.428	54.046
		4	57.402	55.670
		3	58.051	56.752
		2	58.701	57.835
		1.5	59.026	58.376
64		**6**	60.103	57.505
		4	61.402	59.670
		3	62.051	60.752
		2	62.701	61.835
		1.5	63.026	62.376

注：1. "螺距 P" 栏中第一个数值（黑体字）为粗牙螺距，其余为细牙螺距。

2. 优先选用第一系列，其次第二系列，第三系列（表中未列出）尽可能不用。

3. 括号内尺寸尽可能不用。

附表 C-2 普通螺纹旋合长度（GB/T 197—2018 摘录） （单位：mm）

基本大径 D、d		螺距 P	旋合长度			
			S	N		L
>	≤		≤	>	≤	>
2.8	5.6	0.35	1	1	3	3
		0.5	1.5	1.5	4.5	4.5
		0.6	1.7	1.7	5	5
		0.7	2	2	6	6
		0.75	2.2	2.2	6.7	6.7
		0.8	2.5	2.5	7.5	7.5
5.6	11.2	0.75	2.4	2.4	7.1	7.1
		1	3	3	9	9
		1.25	4	4	12	12
		1.5	5	5	15	15
11.2	22.4	1	3.8	3.8	11	11
		1.25	4.5	4.5	13	13
		1.5	5.6	5.6	16	16
		1.75	6	6	18	18
		2	8	8	24	24
		2.5	10	10	30	30
22.4	45	1	4	4	12	12

基本大径 D、d		螺距 P	旋合长度			
			S	N		L
>	≤		≤	>	≤	>
22.4	45	1.5	6.3	6.3	19	19
		2	8.5	8.5	25	25
		3	12	12	36	36
		3.5	15	15	45	45
		4	18	18	53	53
		4.5	21	21	63	63
45	90	1.5	7.5	7.5	22	22
		2	9.5	9.5	28	28
		3	15	15	45	45
		4	19	19	56	56
		5	24	24	71	71
		5.5	28	28	85	85
		6	32	32	95	95
90	180	2	12	12	36	36
		3	18	18	53	53
		4	24	14	71	71
		6	36	36	106	106
		8	45	45	132	132

注：S—短旋合长度；N—中等旋合长度；L—长旋合长度。

附表 C-3 梯形螺纹设计牙型尺寸（GB/T 5796.1—2022 摘录） （单位：mm）

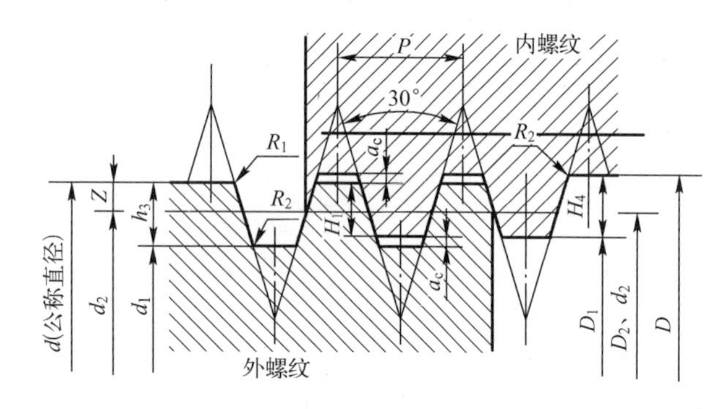

标记示例：

Tr40×7－7H（梯形内螺纹，公称直径 d＝40mm，螺距 P＝7mm，精度等级 7H）

Tr40×14(P7)LH－7e（多线左旋梯形外螺纹，公称直径 d＝40mm，导程＝14mm，螺距 P＝7mm，精度等级 7e）

Tr40×7－7H/7e（梯形螺旋副，公称直径 d＝40mm，螺距 P＝7mm，内螺纹精度等级 7H，外螺纹精度等级 7e）

螺距 P	a_c	$H_4=h_3$	R_{1max}	R_{2max}
1.5	0.15	0.9	0.075	0.15
2	0.25	1.25	0.125	0.25
3		1.75		
4		2.25		
5		2.75		
6	0.5	3.5	0.25	0.5
7		4		
8		4.5		

螺距 P	a_c	$H_4=h_3$	R_{1max}	R_{2max}
9	0.5	5	0.25	0.5
10		5.5		
12		6.5		
14	1	8	0.5	1
16		9		
18		10		
20		11		
22		12		

螺距 P	a_c	$H_4=h_3$	R_{1max}	R_{2max}
24	1	13	0.5	1
28		15		
32		17		
36		19		
40		21		
44		23		

附表 C-4　梯形螺纹直径与螺矩系列（GB/T 5796.2—2022 摘录）　（单位：mm）

公称直径 d 第一系列	公称直径 d 第二系列	螺距 P	公称直径 d 第一系列	公称直径 d 第二系列	螺距 P	公称直径 d 第一系列	公称直径 d 第二系列	螺距 P
8		1.5*	28	26	8, 5*, 3	52	50	12, 8*, 3
10	9	2*, 1.5		30	10, 6*, 3		55	14, 9*, 3
	11	3, 2*	32		10, 6*, 3	60		14, 9*, 3
12		3*, 2	36	34		70	65	16, 10*, 4
	14	3*, 2		38	10, 7*, 3	80	75	16, 10*, 4
16	18	4*, 2	40	42			85	18, 12*, 4
20		4*, 2	44		12, 7*, 3	90	95	18, 12*, 4
24	22	8, 5*, 3	48	46	12, 8*, 3	100		20, 12*, 4

公称直径 d 第一系列	公称直径 d 第二系列	螺距 P
	110	20, 12*, 4
120	130	22, 14*, 6
140		24, 14*, 6
	150	24, 16*, 6
160		28, 16*, 6
	170	28, 16*, 6
180		28, 18*, 8
	190	32, 18*, 8

注：优先选用第一系列的直径，带 * 者为对应直径优先选用的螺距。

附表 C-5　梯形螺纹公称尺寸（GB/T 5796.3—2022 摘录）　（单位：mm）

螺距 P	外螺纹小径 d_1	内、外螺纹中径 D_2、d_2	内螺纹大径 D	内螺纹小径 D_1	螺距 P	外螺纹小径 d_1	内、外螺纹中径 D_2、d_2	内螺纹大径 D	内螺纹小径 D_1
1.5	$d-1.8$	$d-0.75$	$d+0.3$	$d-1.5$	8	$d-9$	$d-4$	$d+1$	$d-8$
2	$d-2.5$	$d-1$	$d+0.5$	$d-2$	9	$d-10$	$d-4.5$	$d+1$	$d-9$
3	$d-3.5$	$d-1.5$	$d+0.5$	$d-3$	10	$d-11$	$d-5$	$d+1$	$d-10$
4	$d-4.5$	$d-2$	$d+0.5$	$d-4$	12	$d-13$	$d-6$	$d+1$	$d-12$
5	$d-5.5$	$d-2.5$	$d+0.5$	$d-5$	14	$d-16$	$d-7$	$d+2$	$d-14$
6	$d-7$	$d-3$	$d+1$	$d-6$	16	$d-18$	$d-8$	$d+2$	$d-16$
7	$d-8$	$d-3.5$	$d+1$	$d-7$	18	$d-20$	$d-9$	$d+2$	$d-18$

注：1. d——公称直径（即外螺纹大径）。

2. 表中所列的数值是按下式计算的：$d_1=d-P-2a_c$；$D_2=d_2=d-0.5P$；$D=d+2a_c$；$D_1=d-P$。其中，a_c 与 P 的对应关系请参照附表 C-3。

附录 D　螺纹联接件

附表 D-1　六角头螺栓（A 和 B 级）（GB/T 5782—2016 摘录）、
六角头全螺纹螺栓（A 和 B 级）（GB/T 5783—2016 摘录）　　（单位：mm）

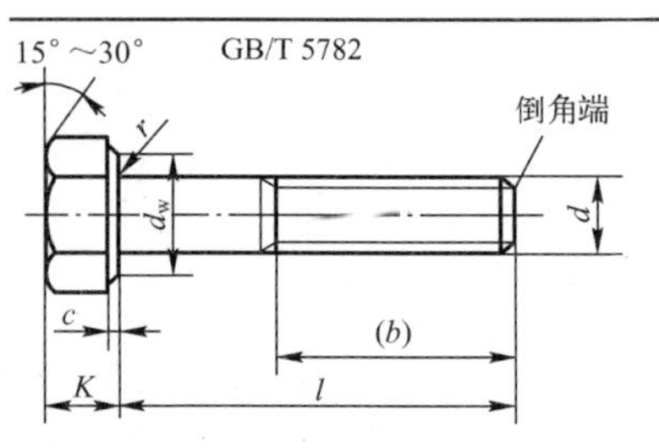

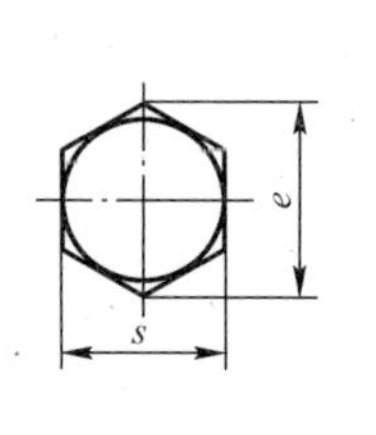

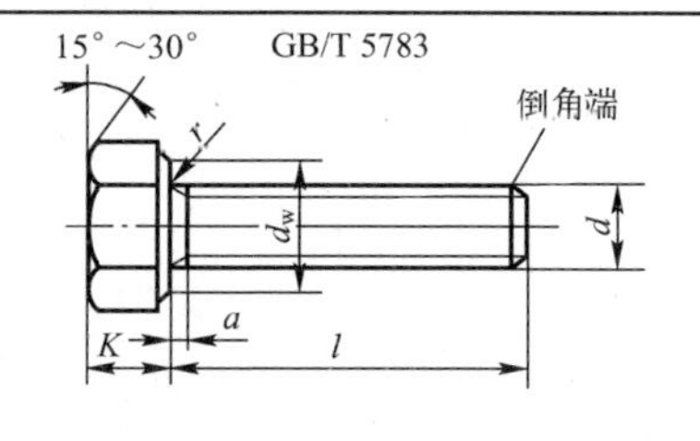

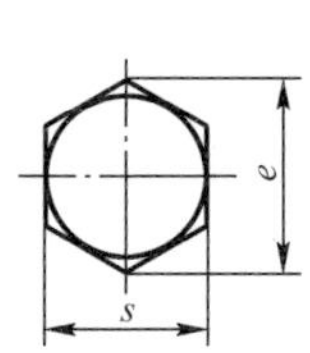

标记示例：

螺纹规格 d = M12，公称长度 l = 80mm，性能等级为 8.8 级，表面氧化，A 级的六角头螺栓的标记为

螺栓　GB/T 5782　M12 × 80

标记示例：

螺纹规格 d = M12，公称长度 l = 80mm，性能等级为 8.8 级，表面氧化，A 级的六角头螺栓的标记为

螺栓　GB/T 5783　M12 × 80

螺纹规格 d			M3	M4	M5	M6	M8	M10	M12	(M14)	M16	(M18)	M20	(M22)	M24	(M27)	M30	M36
b（参考）	l < 125		12	14	16	18	22	26	30	34	38	42	46	50	54	60	66	
	125 ≤ l ≤ 200		18	20	22	24	28	32	36	40	44	48	52	56	60	66	72	84
	l > 200		31	33	35	37	41	45	49	53	57	61	65	69	73	79	85	97
a	max		1.5	2.1	2.4	3	4	4.5	5.3	6	6	7.5	7.5	7.5	9	9	10.5	12
c	max		0.4	0.4	0.5	0.5	0.6	0.6	0.6	0.6	0.8	0.8	0.8	0.8	0.8	0.8	0.8	0.8
	min		0.15	0.15	0.15	0.15	0.15	0.15	0.15	0.15	0.20	0.20	0.20	0.20	0.20	0.20	0.20	0.20
d_w	min	A	4.57	5.88	6.88	8.88	11.63	14.63	16.63	19.64	22.49	25.34	28.19	31.71	33.61	—	—	—
		B	4.45	5.74	6.74	8.74	11.47	14.47	16.47	19.15	22	24.85	27.7	31.35	38.25	38	42.75	51.11
e	min	A	6.01	7.66	8.79	11.05	14.38	17.77	20.03	23.36	26.75	30.14	33.53	37.72	39.98	—	—	—
		B	5.88	7.50	8.63	10.89	14.20	17.59	19.85	22.78	26.17	29.56	32.95	37.29	39.55	45.2	50.85	60.79
K	公称		2	2.8	3.5	4	5.3	6.4	7.5	8.8	10	11.5	12.5	14	15	17	18.7	22.5
r	min		0.1	0.2	0.2	0.25	0.4	0.4	0.6	0.6	0.6	0.6	0.8	0.8	0.8	1	1	1
s	公称 = max		5.5	7	8	10	13	16	18	21	24	27	30	34	36	41	46	55
l 范围			20 ~ 30	25 ~ 40	25 ~ 50	30 ~ 60	40 ~ 80	45 ~ 100	50 ~ 120	60 ~ 140	65 ~ 100	70 ~ 180	80 ~ 200	90 ~ 220	90 ~ 240	100 ~ 260	110 ~ 300	140 ~ 360
l 范围（全螺线）			6 ~ 30	8 ~ 40	10 ~ 50	12 ~ 60	16 ~ 80	20 ~ 100	25 ~ 120	30 ~ 140	30 ~ 150	35 ~ 150	40 ~ 150	45 ~ 150	50 ~ 150	55 ~ 200	60 ~ 200	70 ~ 200
l 系列			6，8，10，12，16，20 ~ 70（5 进位），80 ~ 160（10 进位），180 ~ 360（20 进位）															

技术条件	材料	性能等级	螺纹公差	公差产品等级	表面处理
	钢	8.8	6g	A 级用于 d≤24 和 l≤10d 或 l≤150 B 级用于 d > 24 和 l > 10d 或 l > 150	氧化或镀锌钝化

注：1. A、B 为产品等级，A 级最精确、C 级最不精确。C 级产品详见 GB/T 5780—2016、GB/T 5781—2016。
2. l 系列中，M14 中的 55、65，M18 和 M20 中的 65，全螺纹中的 55、65 等规格尽量不采用。
3. 括号内为第二系列螺纹直径规格，尽量不采用。

附表 D-2　六角头铰制孔用螺栓（A 和 B 级）（GB/T 27—2013 摘录）（单位：mm）

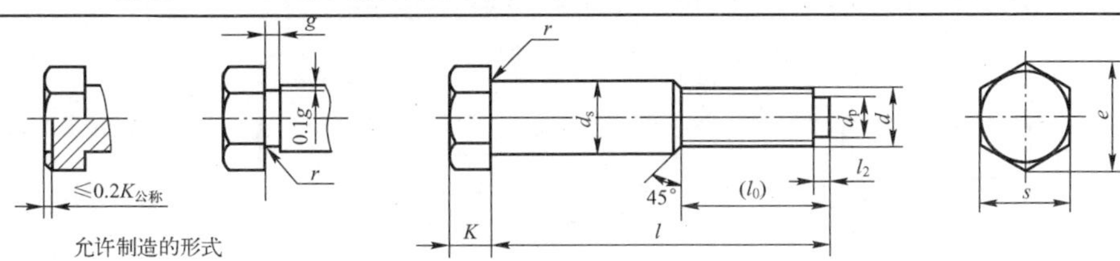

允许制造的形式

标记示例：

螺纹规格 d = M12，d_s 尺寸按附表 D-2 规定，公称长度 l = 80mm，性能等级为 8.8 级，表面氧化处理，A 级六角头铰制孔用螺栓的标记为

螺栓　GB/T 27　M12 × 80

d_s 按 m6 制造时应标记为

螺栓　GB 27　M12 × m6 × 80

螺纹规格 d		M6	M8	M10	M12	(M14)	M16	(M18)	M20	(M22)	M24	(M27)	M30	M36
d_s (h9)	max	7	9	11	13	15	17	19	21	23	25	28	32	38
s	max	10	13	16	18	21	24	27	30	34	36	41	46	55
K	公称	4	5	6	7	8	9	10	11	12	13	15	17	20
r	min	0.25	0.4	0.4	0.6	0.6	0.6	0.6	0.8	0.8	0.8	1	1	1
d_p		4	5.5	7	8.5	10	12	13	15	17	18	21	23	28
l_2		1.5		2		3			4			5		6
e_{min}	A	11.05	14.38	17.77	20.03	23.35	26.75	30.14	33.53	37.72	39.98	—	—	—
	B	10.89	14.20	17.59	19.85	22.78	26.17	29.56	32.95	37.39	39.55	45.2	50.85	60.79
g		2.5				3.5					5			
l_0		12	15	18	22	25	28	30	32	35	38	42	50	55
l 范围		25 ~ 65	25 ~ 80	30 ~ 120	35 ~ 180	40 ~ 180	45 ~ 200	50 ~ 200	55 ~ 200	60 ~ 200	65 ~ 200	75 ~ 200	80 ~ 230	90~300
l 系列		25，(28)，30，(32)，35，(38)，40，45，50，(55)，60，(65)，70，(75)，80，(85)，90，(95)，100 ~ 260（10 进位），280，300												

注：1. 尽可能不采用括号内的规格。
2. 根据使用要求，螺杆上无螺纹部分的杆径（d_s）允许按 m6、u8 制造。

附表 D-3　地脚螺栓（GB/T 799—2020 摘录）　（单位：mm）

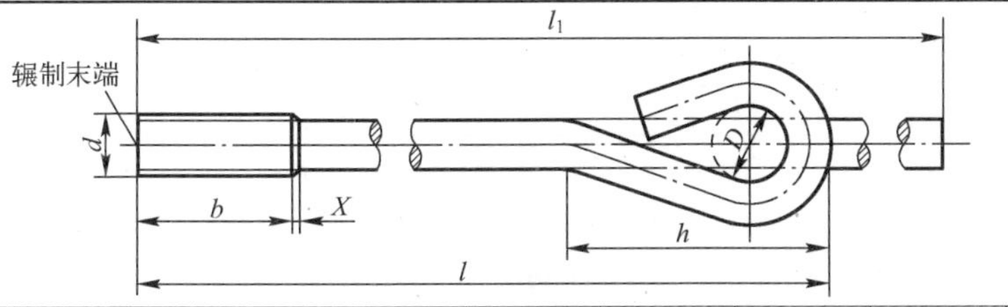

标记示例：

d = 20mm、l = 400mm 性能等级为 3.6 级、不经表面处理的地脚螺栓的标记为

螺栓　GB 799　M20 × 400

螺纹规格 d		M6	M8	M10	M12	M16	M20	M24	M30	M36	M42
b	max	27	31	36	40	50	58	68	80	94	106
	min	24	28	32	36	44	52	60	72	84	96
X	max	2.5	3.2	3.8	4.2	5	6.3	7.5	8.8	10	11.3
D		10	10	15	20	20	30	30	45	60	60
h		41	46	65	82	93	127	139	192	244	261
l_1		l + 37	l + 37	l + 53	l + 72	l + 72	l + 110	l + 110	l + 165	l + 217	l + 217
l 范围		80 ~ 160	120 ~ 220	160 ~ 300	160 ~ 400	220 ~ 500	300 ~ 630	300 ~ 800	400 ~ 1000	500 ~ 1000	630~ 1250
l 系列		80，120，160，220，300，400，500，630，800，1000，1250									
技术条件		材料		性能等级			螺纹公差	产品等级	表面处理		
		钢		d <39，3.6 级；d >39，按协议			8g	C	1. 不经处理；2. 氧化；3. 镀锌钝化		

附表 D-4 双头螺柱（GB/T 897～899—1988 摘录） （单位：mm）

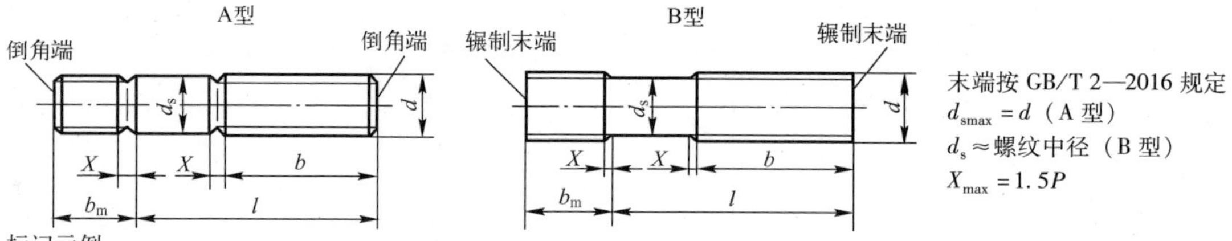

末端按 GB/T 2—2016 规定
$d_{smax}=d$（A 型）
$d_s\approx$螺纹中径（B 型）
$X_{max}=1.5P$

标记示例：

两端均为粗牙普通螺纹，$d=10$mm、$l=50$mm、性能等级为 4.8 级、不经表面处理、B 型、$b_m=1.25d$ 的双头螺柱的标记为

螺柱 GB 898 M10×50

旋入机体一端为粗牙普通螺纹，旋螺母一端为螺距 $P=1$mm 的细牙普通螺纹，$d=10$mm、$l=50$mm、性能等级为 4.8 级、不经表面处理、A 型、$b_m=1.25d$ 的双头螺柱的标记为

螺柱 GB 898 AM10－M10×1×50

旋入机体一端为过渡配合螺纹的第一种配合，旋螺母一端为粗牙普通螺纹，$d=10$mm、$l=50$mm、性能等级为 8.8 级、镀锌钝化、B 型、$b_m=1.25d$ 的双头螺柱的标记为

螺柱 GB 898 GM10－M10×50－8.8－Zn·D

螺纹规格 d		M5	M6	M8	M10	M12	(M14)	M16
b_m（公称）	$b_m=d$	5	6	8	10	12	14	16
	$b_m=1.25d$	6	8	10	12	15	18	20
	$b_m=1.5d$	8	10	12	15	18	21	24
$\frac{l（公称）}{b}$		$\frac{16\sim22}{10}$	$\frac{20\sim22}{10}$	$\frac{20\sim22}{12}$	$\frac{25\sim28}{14}$	$\frac{25\sim30}{16}$	$\frac{30\sim35}{18}$	$\frac{30\sim38}{20}$
		$\frac{25\sim50}{16}$	$\frac{25\sim30}{14}$	$\frac{25\sim30}{16}$	$\frac{30\sim38}{16}$	$\frac{32\sim40}{20}$	$\frac{38\sim45}{25}$	$\frac{40\sim55}{30}$
			$\frac{32\sim75}{18}$	$\frac{32\sim90}{22}$	$\frac{40\sim120}{26}$	$\frac{45\sim120}{30}$	$\frac{50\sim120}{34}$	$\frac{50\sim120}{38}$
					$\frac{130}{32}$	$\frac{130\sim180}{36}$	$\frac{130\sim180}{40}$	$\frac{130\sim200}{44}$
螺纹规格 d		(M18)	M20	(M22)	(M24)	(M27)	(M30)	M36
b_m（公称）	$b_m=d$	18	20	22	24	27	30	36
	$b_m=1.25d$	22	25	28	30	35	38	45
	$b_m=1.5d$	27	30	33	36	40	45	54
$\frac{l（公称）}{b}$		$\frac{35\sim40}{22}$	$\frac{35\sim40}{25}$	$\frac{40\sim45}{30}$	$\frac{45\sim50}{30}$	$\frac{50\sim60}{35}$	$\frac{60\sim65}{40}$	$\frac{65\sim75}{45}$
		$\frac{45\sim60}{35}$	$\frac{45\sim65}{35}$	$\frac{50\sim70}{40}$	$\frac{55\sim75}{45}$	$\frac{65\sim85}{50}$	$\frac{70\sim90}{50}$	$\frac{80\sim110}{60}$
		$\frac{65\sim120}{42}$	$\frac{70\sim120}{46}$	$\frac{75\sim120}{50}$	$\frac{80\sim120}{54}$	$\frac{90\sim120}{60}$	$\frac{95\sim120}{66}$	$\frac{120}{78}$
		$\frac{130\sim200}{48}$	$\frac{130\sim200}{52}$	$\frac{130\sim200}{56}$	$\frac{130\sim200}{60}$	$\frac{130\sim200}{66}$	$\frac{130\sim200}{72}$	$\frac{130\sim200}{84}$
							$\frac{210\sim250}{85}$	$\frac{210\sim300}{97}$
公称长度 l 的系列		16，(18)，20，(22)，25，(28)，30，(32)，35，(38)，40，45，50，(55)，60，(65)，70，(75)，80，(85)，90，(95)，100～260（10 进位），280，300						

注：1. 尽可能不采用括号内的规格。GB/T 897—1988 中的 M24、M30 为括号内的规格。

2. GB/T 898—1988 为商品紧固件品种，应优先选用。

3. 当 $b-b_m\leqslant5$mm 时，旋螺母一端应制成倒圆端。

附表 D-5　内六角圆柱头螺钉（GB/T 70.1—2008 摘录）　（单位：mm）

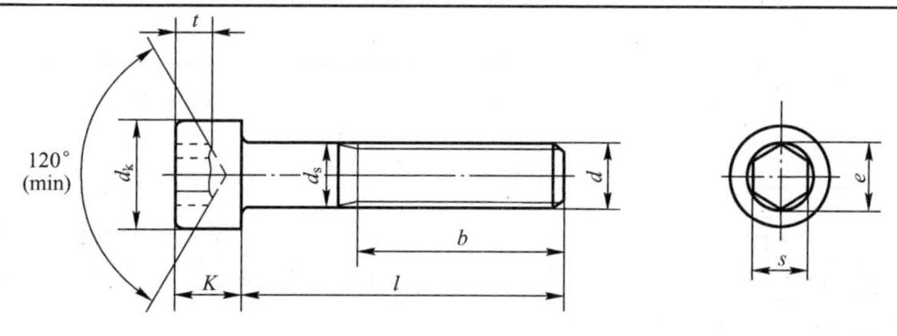

标记示例：

螺纹规格 d = M8、公称长度 l = 20mm、性能等级为 8.8 级、表面氧化的 A 级内六角圆柱头螺钉的标记为

螺钉　GB/T 70.1　M8 × 20

螺纹规格 d	M5	M6	M8	M10	M12	M16	M20	M24	M30	M36
b（参考）	22	24	28	32	36	44	52	60	72	84
d_k（max）	8.5	10	13	16	18	24	30	36	45	54
e（min）	4.583	5.723	6.683	9.149	11.429	15.996	19.437	21.734	25.154	30.854
K（max）	5	6	8	10	12	16	20	24	30	36
s（公称）	4	5	6	8	10	14	17	19	22	27
t（min）	2.5	3	4	5	6	8	10	12	15.5	19
l 范围（公称）	8 ~ 50	10 ~ 60	12 ~ 80	16 ~ 100	20 ~ 120	25 ~ 160	30 ~ 200	40 ~ 200	45 ~ 200	55 ~ 200
制成全螺纹时 $l \leqslant$	25	30	35	40	50	60	70	80	100	100
l 系列（公称）	8，10，12，16，20 ~ 50（5 进位），（55），60，（65），70 ~ 160（10 进位），180，200									
技术条件	材料	性能等级		螺纹公差		产品等级		表面处理		
	钢	8.8，10.9，12.9		12.9 级为 5g 或 6g，其他等级为 6g		A		氧化		

注：括号内规格尽可能不采用。

附表 D-6　紧定螺钉　（单位：mm）

开槽锥端紧定螺钉（GB/T 71—2018）开槽平端紧定螺钉（GB/T 73—2017）开槽长圆柱端紧定螺钉（GB/T 75—2018）

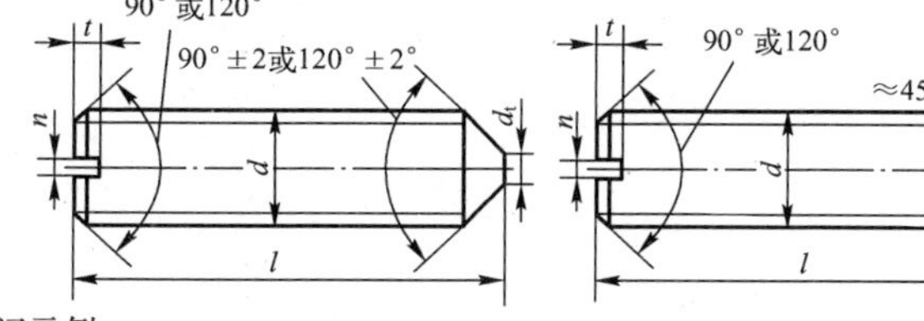

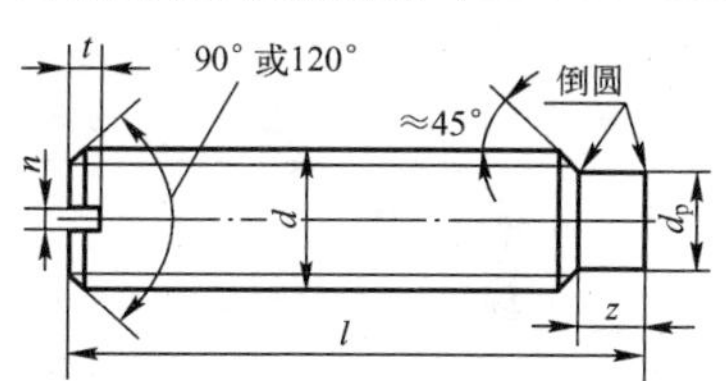

标记示例：

螺纹规格 d = M5、公称长度 l = 12mm、性能等级为 14H 级，表面氧化的开槽锥端紧定螺钉的标记为

螺钉　GB/T 71　M5 × 12

相同规格的另外两种螺钉的标记分别为

螺钉　GB/T 73　M5 × 12；螺钉　GB/T 75　M5 × 12

螺纹规格 d	螺距 P	n（公称）	t（max）	d_t（max）	d_p（max）	z（max）	长度 l		制成 120°的短螺钉 l		l 系列（公称）
							GB/T 71—2018、GB/T 75—2018	GB/T 73—2017	GB/T 73—2017	GB/T 75—2018	
M4	0.7	0.6	1.42	0.4	2.5	2.25	6 ~ 20	5 ~ 20	4	6	4，5，6，8，10，12，16，20，25，30，35，40，45，50，60
M5	0.8	0.8	1.63	0.5	3.5	2.75	8 ~ 25	6 ~ 25	5	8	
M6	1	1	2	1.5	4	3.25	8 ~ 30	8 ~ 30	6	8.10	
M8	1.25	1.2	2.5	2	5.5	4.3	10 ~ 40	8 ~ 40	6	10（14）	
M10	1.5	1.6	3	2.5	7	5.3	12 ~ 50	10 ~ 50	8	12.16	
技术条件	材料			性能等级			螺纹公差		公差产品等级	表面处理	
	钢			14H、22H			6g		A	氧化或镀锌钝化	

附表 D-7　开槽盘头螺钉（GB/T 67—2016 摘录）、开槽沉头螺钉（GB/T 68—2016 摘录）

（单位：mm）

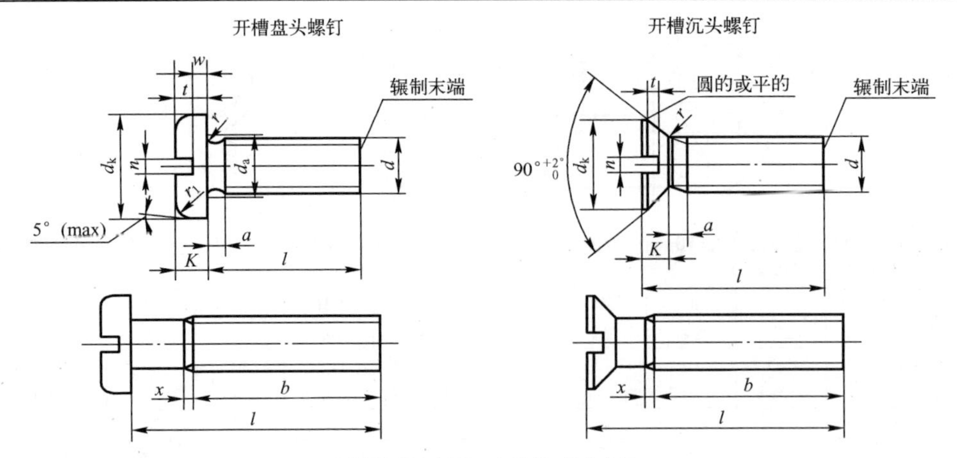

无螺纹部分杆径≈中径或=螺纹大径

标记示例：

螺纹规格 d = M5、公称长度 l = 20、性能等级为 4.8 级、不经表面处理的 A 级开槽盘头螺钉（或开槽沉头螺钉）的标记为：

螺钉　GB/T 67　M5 × 20（或 GB/T 68　M5 × 20）

	螺纹规格 d		M1.6	M2	M2.5	M3	M4	M5	M6	M8	M10
	螺距 P		0.35	0.4	0.45	0.5	0.7	0.8	1	1.25	1.5
	a	max	0.7	0.8	0.9	1	1.4	1.6	2	2.5	3
	b	min	25	25	25	25	38	38	38	38	38
	n	公称	0.4	0.5	0.6	0.8	1.2	1.2	1.6	2	2.5
	x	max	0.9	1	1.1	1.25	1.75	2	2.5	3.2	3.8
开槽盘头螺钉	d_k	公称 = max	3.2	4	5	5.6	8	9.5	12	16	20
	d_a	max	2	2.6	3.1	3.6	4.7	5.7	6.8	9.2	11.2
	K	公称 = max	1	1.3	1.5	1.8	2.4	3	3.6	4.8	6
	r	min	0.1	0.1	0.1	0.1	0.2	0.2	0.25	0.4	0.4
	r_1	参考	0.5	0.6	0.8	0.9	1.2	1.5	1.8	2.4	3
	t	min	0.35	0.5	0.6	0.7	1	1.2	1.4	1.9	2.4
	w	min	0.3	0.4	0.5	0.7	1	1.2	1.4	1.9	2.4
	l 商品规格范围		2 ~ 16	2.5 ~ 20	3 ~ 25	4 ~ 30	5 ~ 40	6 ~ 50	8 ~ 60	10 ~ 80	12 ~ 80
开槽沉头螺钉	d_k	公称 = max	3	3.8	4.7	5.5	8.4	9.3	11.3	15.8	18.3
	K	公称 = max	1	1.2	1.5	1.65	2.7	2.7	3.3	4.65	5
	r	max	0.4	0.5	0.6	0.8	1	1.3	1.5	2	2.5
	t	min	0.32	0.4	0.5	0.6	1	1.1	1.2	1.8	2
	l 商品规格范围		2.5 ~ 16	3 ~ 20	4 ~ 25	5 ~ 30	6 ~ 40	8 ~ 50	8 ~ 60	10 ~ 80	12 ~ 80
	公称长度 l 的系列		2，2.5，3，4，5，6，8，10，12，（14），16，20 ~ 80（5 进位）								

技术条件	材料	性能等级	螺纹公差	公差产品等级	表面处理
	钢	4.8、5.8	6g	A	不经处理

注：1. 公称长度 l 中的（14）、（55）、（65）、（75）等规格尽可能不采用。

2. 对开槽盘头螺钉，当 $d \leqslant$ M3、$l \leqslant 30$mm 或 $d \geqslant$ M4，$l \leqslant 40$mm 时，制出全螺纹（$b = l - a$）；对开槽沉头螺钉，当 $d \leqslant$ M3、$l \leqslant 30$mm 或 $d \geqslant$ M4、$l \leqslant 45$mm 时，制出全螺纹[$b = l - (K + a)$]。

附表 D-8　十字槽盘头螺钉（GB/T 818—2016 摘录）、**十字槽沉头螺钉**（GB/T 819. 1—2016 摘录）

（单位：mm）

十字槽盘头螺钉

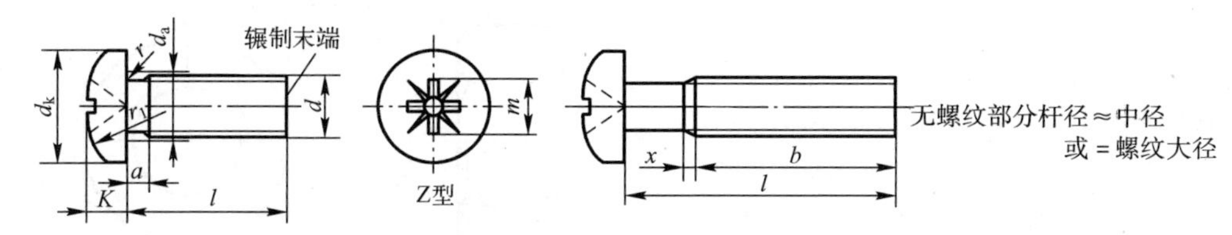

十字槽沉头螺钉

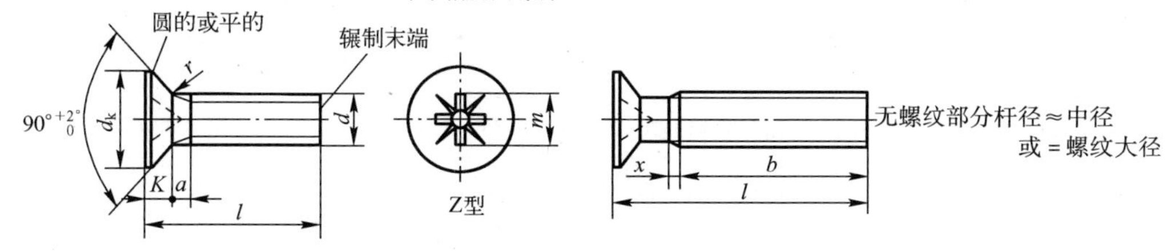

标记示例：

螺纹规格 d = M5、公称长度 l = 20mm、性能等级为 4. 8 级、不经表面处理的 A 级十字槽盘头螺钉（或十字槽沉头螺钉）的标记为

螺钉　GB/T 818　M5 × 20（或 GB/T 819. 1　M5 × 20）

螺纹规格 d			M1. 6	M2	M2. 5	M3	M4	M5	M6	M8	M10
螺距 P			0. 35	0. 4	0. 45	0. 5	0. 7	0. 8	1	1. 25	1. 5
a		max	0. 7	0. 8	0. 9	1	1. 4	1. 6	2	2. 5	3
b		min	25	25	25	25	38	38	38	38	38
x		max	0. 9	1	1. 1	1. 25	1. 75	2	2. 5	3. 2	3. 8
十字槽盘头螺钉	d_a	max	2	2. 6	3. 1	3. 6	4. 7	5. 7	6. 8	9. 2	11. 2
	d_k	公称 = max	3. 2	4	5	5. 6	8	9. 5	12	16	20
	K	公称 = max	1. 3	1. 6	2. 1	2. 4	3. 1	3. 7	4. 6	6	7. 5
	r	min	0. 1	0. 1	0. 1	0. 1	0. 2	0. 2	0. 25	0. 4	0. 4
	r_1	≈	2. 5	3. 2	4	5	6. 5	8	10	13	16
	m	参考	1. 6	2. 1	2. 6	2. 8	4. 3	4. 7	6. 7	8. 8	9. 9
	l 商品规格范围		3 ~ 16	3 ~ 20	3 ~ 25	4 ~ 30	5 ~ 40	6 ~ 45	8 ~ 60	10 ~ 60	12 ~ 60
十字槽沉头螺钉	d_k	公称 = max	3	3. 8	4. 7	5. 5	8. 4	9. 3	11. 3	15. 8	18. 3
	K	公称 = max	1	1. 2	1. 5	1. 65	2. 7	2. 7	3. 3	4. 65	5
	r	max	0. 4	0. 5	0. 6	0. 8	1	1. 3	1. 5	2	2. 5
	m	参考	1. 6	1. 9	2. 8	3	4. 4	4. 9	6. 6	8. 8	9. 8
	l 商品规格范围		3 ~ 16	3 ~ 20	3 ~ 25	4 ~ 30	5 ~ 40	6 ~ 50	8 ~ 60	10 ~ 60	12 ~ 60
公称长度 l 的系列			3，4，5，6，8，10，12，（14），16，20 ~ 60（5 进位）								

技术条件	材料	性能等级	螺纹公差	公差产品等级	表面处理
	钢	4. 8	6g	A	不经处理

注：1. 公称长度 l 中的（14）、（55）等规格尽可能不采用。

2. 对十字槽盘头螺钉，d≤M3、l≤25mm 或 d≥M4、l≤40mm 时，制出全螺纹（$b = l - a$）；对十字槽沉头螺钉，d≤M3、l≤30mm 或 d≥M4、l≤45mm 时，制出全螺纹[$b = l - (K + a)$]。

附表 D-9 六角螺母（GB/T 41—2016、GB/T 6170—2015 摘录） （单位：mm）

六角螺母—C 级（GB/T 41—2016）
1 型六角螺母—A 和 B 级（GB/T 6170—2015）

标记示例：

螺纹规格 D = M12、性能等级为 5 级、不经表面处理、C 级的六角螺母为

螺母 GB/T 41 M12

螺纹规格 D = M12、性能等级为 8 级、不经表面处理、A 级的 1 型六角螺母为

螺母 GB/T 6170 M12

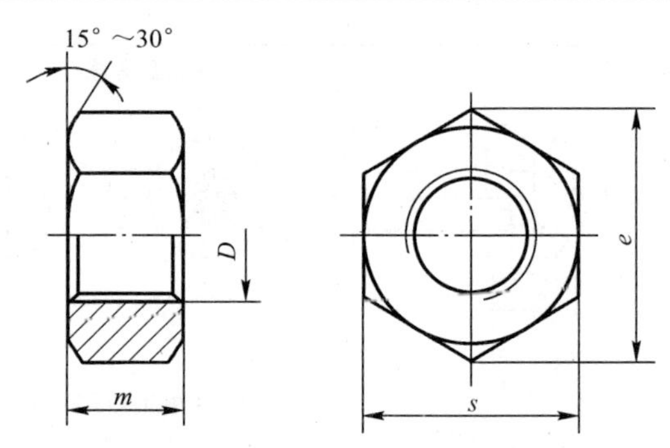

螺纹规格 D		M3	M4	M5	M6	M8	M10	M12	M16	M20	M24	M30	M36	M42
e(min)	GB/T 41—2016	—	—	8.63	10.89	14.20	17.59	19.85	26.17	32.95	39.55	50.85	60.79	71.3
	GB/T 6170—2015	6.01	7.66	8.79	11.05	14.38	17.77	20.03	26.75	32.95	39.55	50.85	60.79	71.3
s（公称 = max）	GB/T 41—2016	—	—	8	10	13	16	18	24	30	36	46	55	65
	GB/T 6170—2015	5.5	7	8	10	13	16	18	24	30	36	46	55	65
m（max）	GB/T 41—2016	—	—	5.6	6.4	7.9	9.5	12.2	15.9	19	22.3	26.4	31.9	34.9
	GB/T 6170—2015	2.4	3.2	4.7	5.2	6.8	8.4	10.8	14.8	18	21.5	25.6	31	34

注：A 级用于 $D \leqslant 16$mm；B 级用于 $D > 16$mm。产品等级 A、B 由公差取值决定，A 级公差数值小。材料为钢的螺母：GB/T 6170—2015 的性能等级有 6、8、10 级，其中 8 级为常用；GB/T 41—2016 的性能等级为 4 级和 5 级。这两类螺母的螺纹规格为 M5 ~ M64。

附表 D-10 圆螺母和小圆螺母（GB/T 812—1988、GB/T 810—1988 摘录）

（单位：mm）

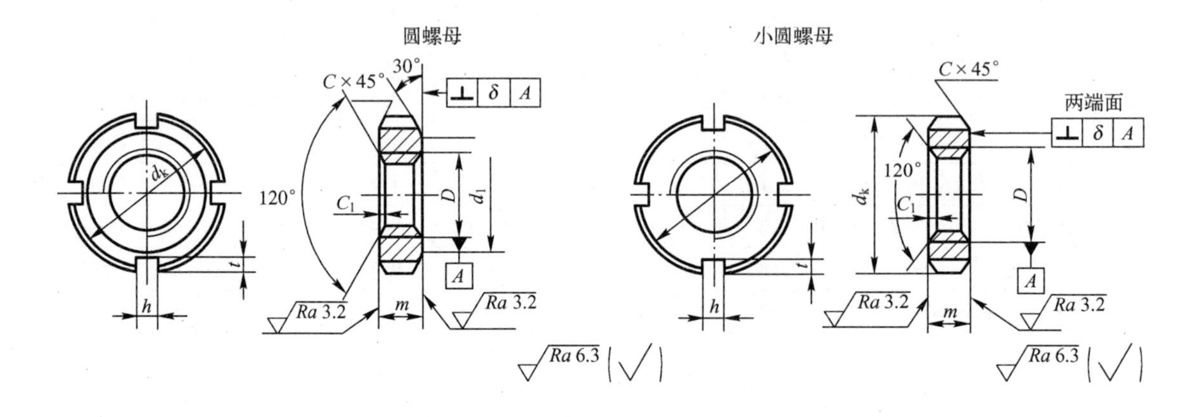

标记示例：

螺纹规格 D = M16 × 1.5、材料为 45 钢、槽或全部热处理硬度 35 ~ 45 HRC、表面氧化的圆螺母和小圆螺母为

螺母 GB/T 812 M16 × 1.5

螺母 GB/T 810 M16 × 1.5

（续）

<table>
<tr><th colspan="10">圆螺母（GB/T 812—1988）</th></tr>
<tr><th rowspan="2">螺纹规格 $D\times P$</th><th rowspan="2">d_k</th><th rowspan="2">d_1</th><th rowspan="2">m</th><th colspan="2">h</th><th colspan="2">t</th><th rowspan="2">C</th><th rowspan="2">C_1</th></tr>
<tr><th>max</th><th>min</th><th>max</th><th>min</th></tr>
<tr><td>M10×1</td><td>22</td><td>16</td><td rowspan="6">8</td><td rowspan="3">4.3</td><td rowspan="3">4</td><td rowspan="3">2.6</td><td rowspan="3">2</td><td rowspan="7">0.5</td><td rowspan="22">0.5</td></tr>
<tr><td>M12×1.25</td><td>25</td><td>19</td></tr>
<tr><td>M14×1.5</td><td>28</td><td>20</td></tr>
<tr><td>M16×1.5</td><td>30</td><td>22</td><td rowspan="8">5.3</td><td rowspan="8">5</td><td rowspan="8">3.1</td><td rowspan="8">2.5</td></tr>
<tr><td>M18×1.5</td><td>32</td><td>24</td></tr>
<tr><td>M20×1.5</td><td>35</td><td>27</td></tr>
<tr><td>M22×1.5</td><td>38</td><td>30</td><td rowspan="12">10</td></tr>
<tr><td>M24×1.5</td><td rowspan="2">42</td><td rowspan="2">34</td><td rowspan="7">1</td></tr>
<tr><td>M25×1.5*</td></tr>
<tr><td>M27×1.5</td><td>45</td><td>37</td></tr>
<tr><td>M30×1.5</td><td>48</td><td>40</td></tr>
<tr><td>M33×1.5</td><td rowspan="2">52</td><td rowspan="2">43</td><td rowspan="7">6.3</td><td rowspan="7">6</td><td rowspan="7">3.6</td><td rowspan="7">3</td></tr>
<tr><td>M35×1.5*</td></tr>
<tr><td>M36×1.5</td><td>55</td><td>46</td></tr>
<tr><td>M39×1.5</td><td rowspan="2">58</td><td rowspan="2">49</td><td rowspan="22">1.5</td></tr>
<tr><td>M40×1.5*</td></tr>
<tr><td>M42×1.5</td><td>62</td><td>53</td></tr>
<tr><td>M45×1.5</td><td>68</td><td>59</td></tr>
<tr><td>M48×1.5</td><td rowspan="2">72</td><td rowspan="2">61</td><td rowspan="9">12</td><td rowspan="9">8.36</td><td rowspan="9">8</td><td rowspan="9">4.25</td><td rowspan="9">3.5</td></tr>
<tr><td>M50×1.5*</td></tr>
<tr><td>M52×1.5</td><td rowspan="2">78</td><td rowspan="2">67</td></tr>
<tr><td>M55×2*</td></tr>
<tr><td>M56×2</td><td>85</td><td>74</td><td rowspan="14">1</td></tr>
<tr><td>M60×2</td><td>90</td><td>79</td></tr>
<tr><td>M64×2</td><td rowspan="2">95</td><td rowspan="2">84</td></tr>
<tr><td>M65×2*</td></tr>
<tr><td>M68×2</td><td>100</td><td>88</td></tr>
<tr><td>M72×2</td><td rowspan="2">105</td><td rowspan="2">93</td><td rowspan="5">15</td><td rowspan="5">10.36</td><td rowspan="5">10</td><td rowspan="5">4.75</td><td rowspan="5">4</td></tr>
<tr><td>M75×2*</td></tr>
<tr><td>M76×2</td><td>110</td><td>98</td></tr>
<tr><td>M80×2</td><td>115</td><td>103</td></tr>
<tr><td>M85×2</td><td>120</td><td>108</td></tr>
<tr><td>M90×2</td><td>125</td><td>112</td><td rowspan="4">18</td><td rowspan="4">12.43</td><td rowspan="4">12</td><td rowspan="4">5.75</td><td rowspan="4">5</td></tr>
<tr><td>M95×2</td><td>130</td><td>117</td></tr>
<tr><td>M100×2</td><td>135</td><td>122</td></tr>
<tr><td>M105×2</td><td>140</td><td>127</td></tr>
</table>

<table>
<tr><th colspan="9">小圆螺母（GB/T 810—1988）</th></tr>
<tr><th rowspan="2">螺纹规格 $D\times P$</th><th rowspan="2">d_k</th><th rowspan="2">m</th><th colspan="2">h</th><th colspan="2">t</th><th rowspan="2">C</th><th rowspan="2">C_1</th></tr>
<tr><th>max</th><th>min</th><th>max</th><th>min</th></tr>
<tr><td>M10×1</td><td>20</td><td rowspan="6">6</td><td rowspan="4">4.3</td><td rowspan="4">4</td><td rowspan="4">2.6</td><td rowspan="4">2</td><td rowspan="8">0.5</td><td rowspan="17">0.5</td></tr>
<tr><td>M12×1.25</td><td>22</td></tr>
<tr><td>M14×1.5</td><td>25</td></tr>
<tr><td>M16×1.5</td><td>28</td></tr>
<tr><td>M18×1.5</td><td>30</td><td rowspan="7">5.3</td><td rowspan="7">5</td><td rowspan="7">3.1</td><td rowspan="7">2.5</td></tr>
<tr><td>M20×1.5</td><td>32</td></tr>
<tr><td>M22×1.5</td><td>35</td><td rowspan="9">8</td></tr>
<tr><td>M24×1.5</td><td>38</td></tr>
<tr><td>M27×1.5</td><td>42</td><td rowspan="15">1</td></tr>
<tr><td>M30×1.5</td><td>45</td></tr>
<tr><td>M33×1.5</td><td>48</td></tr>
<tr><td>M36×1.5</td><td>52</td><td rowspan="5">6.3</td><td rowspan="5">6</td><td rowspan="5">3.6</td><td rowspan="5">3</td></tr>
<tr><td>M39×1.5</td><td>55</td></tr>
<tr><td>M42×1.5</td><td>58</td></tr>
<tr><td>M45×1.5</td><td>62</td></tr>
<tr><td>M48×1.5</td><td>68</td><td rowspan="6">10</td></tr>
<tr><td>M52×1.5</td><td>72</td><td rowspan="6">8.36</td><td rowspan="6">8</td><td rowspan="6">4.25</td><td rowspan="6">3.5</td></tr>
<tr><td>M56×2</td><td>78</td><td rowspan="12">1</td></tr>
<tr><td>M60×2</td><td>80</td></tr>
<tr><td>M64×2</td><td>85</td></tr>
<tr><td>M68×2</td><td>90</td></tr>
<tr><td>M72×2</td><td>95</td><td rowspan="7">12</td></tr>
<tr><td>M76×2</td><td>100</td><td rowspan="5">10.36</td><td rowspan="5">10</td><td rowspan="5">4.75</td><td rowspan="5">4</td></tr>
<tr><td>M80×2</td><td>105</td><td rowspan="6">1.5</td></tr>
<tr><td>M85×2</td><td>110</td></tr>
<tr><td>M90×2</td><td>115</td></tr>
<tr><td>M95×2</td><td>120</td></tr>
<tr><td>M100×2</td><td>125</td><td rowspan="2">12.43</td><td rowspan="2">12</td><td rowspan="2">5.75</td><td rowspan="2">5</td></tr>
<tr><td>M105×2</td><td>130</td><td>15</td></tr>
</table>

注：1. 槽数 n：当 $D\leqslant$M100×2 时，$n=4$；当 $D\geqslant$M105×2 时，$n=6$。
2. *仅用于滚动轴承锁紧装置。

附表 D-11 小垫圈、平垫圈 （单位：mm）

小垫圈 A 级（GB/T 848—2002）
平垫圈 A 级（GB/T 97.1—2002）

平垫圈 倒角型 A 级（GB/T 97.2—2002）

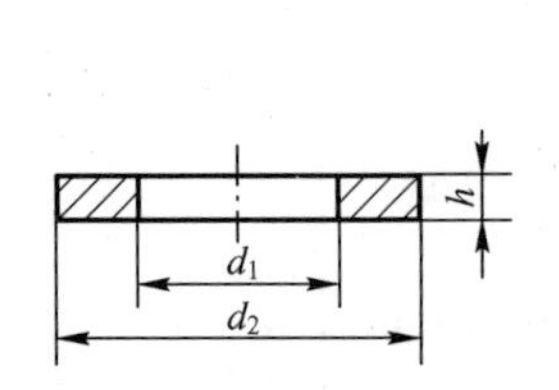

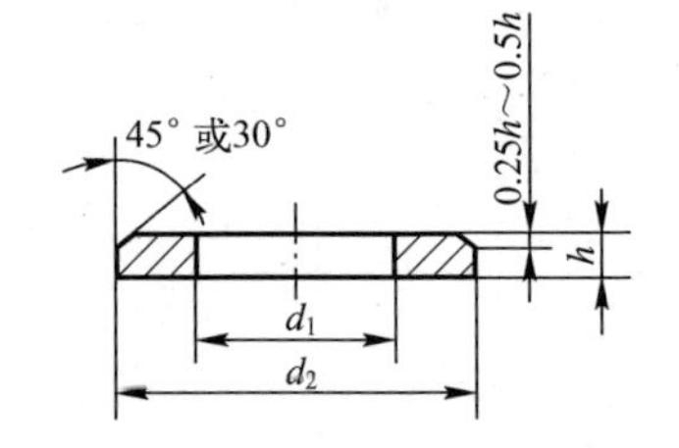

标记示例：

标准系列、公称规格 8mm、由钢制造的硬度等级为 200HV 级、不经表面处理、产品等级为 A 级的平垫圈为

垫圈 GB/T 97.1 8

公称规格（螺纹尺寸 d）		1.6	2	2.5	3	4	5	6	8	10	12	14	16	20	24	30	36
d_1	GB/T 848—2002	1.7	2.2	2.7	3.2	4.3	5.3	6.4	8.4	10.5	13	15	17	21	25	31	37
	GB/T 97.1—2002																
	GB/T 97.2—2002	—	—	—	—	—											
d_2	GB/T 848—2002	3.5	4.5	5	6	8	9	11	15	18	20	24	28	34	39	50	60
	GB/T 97.1—2002	4	5	6	7	9	10	12	16	20	24	28	30	37	44	56	66
	GB/T 97.2—2002	—	—	—	—	—											
h	GB/T 848—2002	0.3	0.3	0.5	0.5	0.5	1	1.6	1.6	1.6	2	2.5	2.5	3	4	4	5
	GB/T 97.1—2002					0.8				2	2.5		3				
	GB/T 97.2—2002	—	—	—	—	—											

附表 D-12 标准弹簧垫圈、轻型弹簧垫圈（GB/T 93—1987、GB/T 859—1987 摘录） （单位：mm）

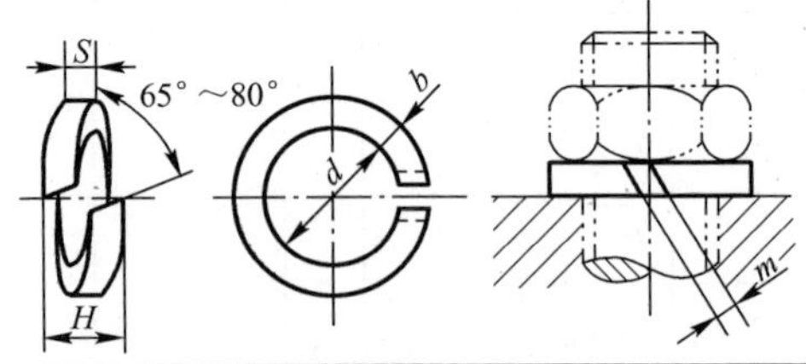

标记示例：

公称直径 = 16mm、材料为 65Mn、表面氧化的标准型（或轻型）弹簧垫圈的标记为

垫圈 GB/T 93 16

（或 GB/T 859 16）

公称直径（螺纹规格）			6	8	10	12	16	20	24	30	36
GB/T 93—1987	d(min)		6.1	8.1	10.2	12.2	16.2	20.2	24.5	30.5	36.5
	$S(b)$		1.6	2.1	2.6	3.1	4.1	5	6	7.5	9
	H	min	3.2	4.2	5.2	6.2	8.2	10	12	5	18
		max	4	5.25	6.5	7.75	10.25	12.5	15	18.75	22.5
	$m \leqslant$		0.8	1.05	1.3	1.55	2.05	2.5	3	3.75	4.5
GB/T 859—1987	d (min)		6.1	8.1	10.2	12.2	16.2	20.2	24.5	30.5	
	S		1.3	1.6	2	2.5	3.2	4	5	6	
	b		2	2.5	3	3.5	4.5	5.5	7	9	
	H	min	2.6	3.2	4	5	6.4	8	10	12	
		max	3.25	4	5	6.25	8	10	12.5	15	
	$m \leqslant$		0.65	0.8	1.0	1.25	1.6	2	2.5	3	

注：材料为 65Mn。

附表 D-13　圆螺母用止动垫圈（GB/T 858—1988 摘录）　（单位：mm）

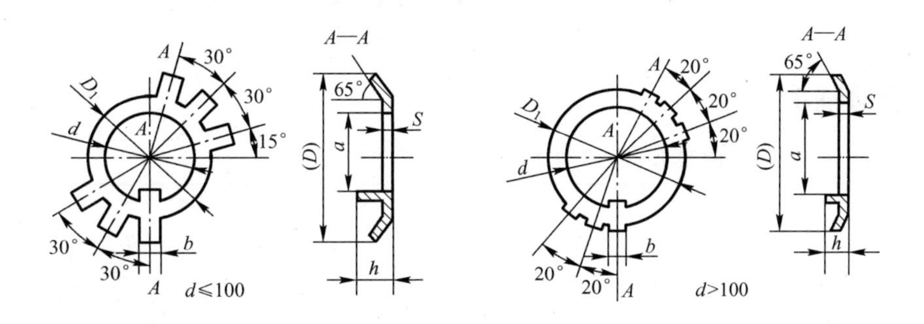

标记示例：

规格为 18mm，材料 Q235A，经退火、表面氧化的圆螺母用止动垫圈的标记为

垫圈　GB/T 858　18

规格（螺纹大径）	d	D（参考）	D_1	S	b	a	h	规格（螺纹大径）	d	D（参考）	D_1	S	b	a	h
10	10.5	25	16	1	3.8	8	3	48	48.5	76	61	1.5	7.7	45	5
12	12.5	28	19			9		50 *	50.5					47	
14	14.5	32	20			11		52	52.5	82	67			49	6
16	16.5	34	22		4.8	13		55 *	56					52	
18	18.5	35	24			15	4	56	57	90	74			53	
20	20.5	38	27			17		60	61	94	79			57	
22	22.5	42	30			19		64	65	100	84			61	
24	24.5	45	34			21		65 *	66					62	
25	25.5					22		68	69	105	88		9.6	65	
27	27.5	48	37			24	5	72	73	110	93			69	7
30	30.5	52	40			27		75 *	76					71	
33	33.5	56	43	1.5	5.7	30		76	77	115	98			72	
35 *	35.5					32		80	81	120	103			76	
36	36.5	60	46			33		85	86	125	108			81	
39	39.5	62	49			36		90	91	130	112	2	11.6	86	
40 *	40.5					37		95	96	135	117			91	
42	42.5	66	53			39		100	101	140	122			96	
45	45.5	72	59			42		105	106	145	127			101	

注：* 仅用于滚动轴承锁紧装置。

附录 E 滚动轴承

一、常用滚动轴承

附表 E-1 深沟球轴承（GB/T 276—2013 摘录）

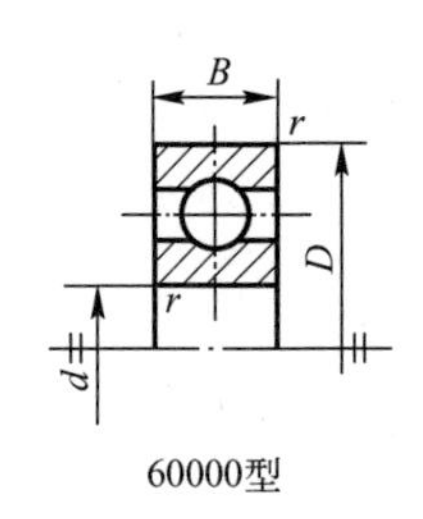

60000型

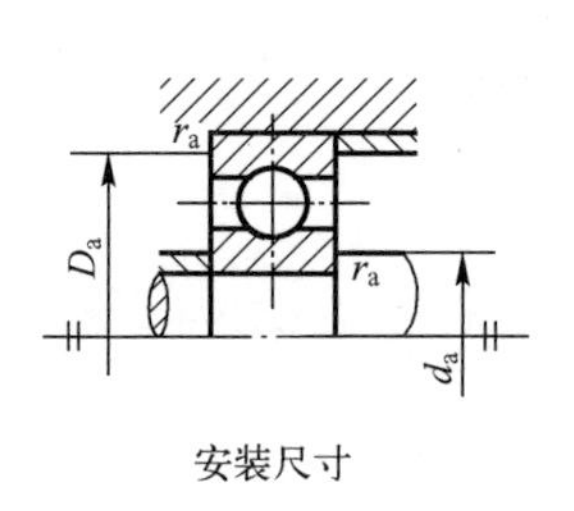

安装尺寸

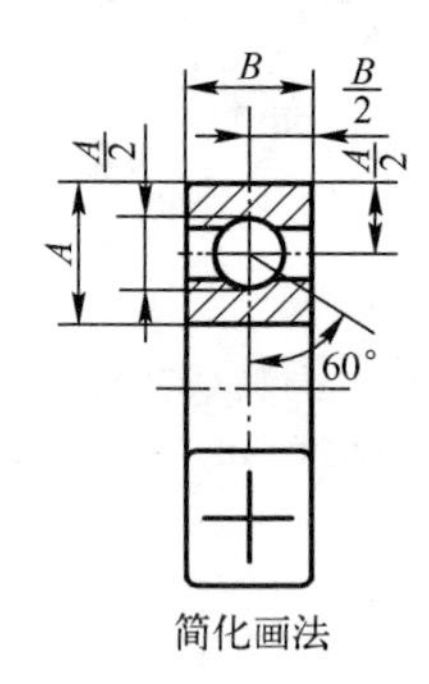

简化画法

标记示例：滚动轴承 6210 GB/T 276—2013

F_a/C_{0r}	e	Y	径向当量动载荷	径向当量静载荷
0.014	0.19	2.30	当$\frac{F_a}{F_r}\leqslant e$时，$P_r=F_r$ 当$\frac{F_a}{F_r}>e$时，$P_r=0.56F_r+YF_a$	$P_{0r}=F_r$ $P_{0r}=0.6F_r+0.5F_a$ 取上列两式计算结果的较大值
0.028	0.22	1.99		
0.056	0.26	1.71		
0.084	0.28	1.55		
0.11	0.30	1.45		
0.17	0.34	1.31		
0.28	0.38	1.15		
0.42	0.42	1.04		
0.56	0.44	1.00		

轴承代号	外形尺寸/mm				安装尺寸/mm			基本额定动载荷 C_r	基本额定静载荷 C_{0r}	极限转速/(r/min)		原轴承代号
	d	D	B	r_{min}	d_{amin}	D_{amax}	r_{asmax}	kN		脂润滑	油润滑	
(1) 0 尺寸系列												
6000	10	26	8	0.3	12.4	23.6	0.3	4.58	1.98	20000	28000	100
6001	12	28	8	0.3	14.4	25.6	0.3	5.10	2.38	19000	26000	101
6002	15	32	9	0.3	17.4	29.6	0.3	5.58	2.85	18000	24000	102
6003	17	35	10	0.3	19.4	32.6	0.3	6.00	3.25	17000	22000	103
6004	20	42	12	0.6	25	37	0.6	9.38	5.02	15000	19000	104
6005	25	47	12	0.6	30	42	0.6	10.0	5.85	13000	17000	105
6006	30	55	13	1	36	49	1	13.2	8.30	10000	14000	106
6007	35	62	14	1	41	56	1	16.2	10.5	9000	12000	107
6008	40	68	15	1	46	62	1	17.0	11.8	8500	11000	108

（续）

轴承代号	外形尺寸/mm				安装尺寸/mm			基本额定动载荷 C_r	基本额定静载荷 C_{0r}	极限转速/(r/min)		原轴承代号
	d	D	B	r_{min}	d_{amin}	D_{amax}	r_{asmax}	kN		脂润滑	油润滑	
（1）0 尺寸系列												
6009	45	75	16	1	51	69	1	21. 0	14. 8	8000	10000	109
6010	50	80	16	1	56	74	1	22. 0	16. 2	7000	9000	110
6011	55	90	18	1. 1	62	83	1	30. 2	21. 8	6300	8000	111
6012	60	95	18	1. 1	67	88	1	31. 5	24. 2	6000	7500	112
6013	65	100	18	1. 1	72	93	1	32. 0	24. 8	5600	7000	113
6014	70	110	20	1. 1	77	103	1	38. 5	30. 5	5300	6700	114
6015	75	115	20	1. 1	82	108	1	40. 2	33. 2	5000	6300	115
6016	80	125	22	1. 1	87	118	1	47. 5	39. 8	4800	6000	116
6017	85	130	22	1. 1	92	123	1	50. 8	42. 8	4500	5600	117
6018	90	140	24	1. 5	99	131	1. 5	58. 0	49. 8	4300	5300	118
6019	95	145	24	1. 5	104	136	1. 5	57. 8	50. 0	4000	5000	119
6020	100	150	24	1. 5	109	141	1. 5	64. 5	56. 2	3800	4800	120
（0）2 尺寸系列												
6200	10	30	9	0. 6	15	25	0. 6	5. 10	2. 38	19000	26000	200
6201	12	32	10	0. 6	17	27	0. 6	6. 82	3. 05	18000	24000	201
6202	15	35	11	0. 6	20	30	0. 6	7. 65	3. 72	17000	22000	202
6203	17	40	12	0. 6	22	35	0. 6	9. 58	4. 78	16000	20000	203
6204	20	47	14	1	26	41	1	12. 8	6. 65	14000	18000	204
6205	25	52	15	1	31	46	1	14. 0	7. 88	12000	16000	205
6206	30	62	16	1	36	56	1	19. 5	11. 5	9500	13000	206
6207	35	72	17	1. 1	42	65	1	25. 5	15. 2	8500	11000	207
6208	40	80	18	1. 1	47	73	1	29. 5	18. 0	8000	10000	208
6209	45	85	19	1. 1	52	78	1	31. 5	20. 5	7000	9000	209
6210	50	90	20	1. 1	57	83	1	35. 0	23. 2	6700	8500	210
6211	55	100	21	1. 5	64	91	1. 5	43. 2	29. 2	6000	7500	211
6212	60	110	22	1. 5	69	101	1. 5	47. 8	32. 8	5600	7000	212
6213	65	120	23	1. 5	74	111	1. 5	57. 2	40. 0	5000	6300	213
6214	70	125	24	1. 5	79	116	1. 5	60. 8	45. 0	4800	6000	214
6215	75	130	25	1. 5	84	121	1. 5	66. 0	49. 5	4500	5600	215
6216	80	140	26	2	90	130	2	71. 5	54. 2	4300	5300	216
6217	85	150	28	2	95	140	2	83. 2	63. 8	4000	5000	217
6218	90	160	30	2	100	150	2	95. 8	71. 5	3800	4800	218
6219	95	170	32	2. 1	107	158	2. 1	110	82. 8	3600	4500	219
6220	100	180	34	2. 1	112	168	2. 1	122	92. 8	3400	4300	220
（0）3 尺寸系列												
6300	10	35	11	0. 6	15	30	0. 6	7. 65	3. 48	18000	24000	300
6301	12	37	12	1	18	31	1	9. 72	5. 08	17000	22000	301
6302	15	42	13	1	21	36	1	11. 5	5. 42	16000	20000	302
6303	17	47	14	1	23	41	1	13. 5	6. 58	15000	19000	303
6304	20	52	15	1. 1	27	45	1	15. 8	7. 88	13000	17000	304
6305	25	62	17	1. 1	32	55	1	22. 2	11. 5	10000	14000	305
6306	30	72	19	1. 1	37	65	1	27. 0	15. 2	9000	12000	306

（续）

轴承代号	外形尺寸/mm				安装尺寸/mm			基本额定动载荷 C_r	基本额定静载荷 C_{0r}	极限转速/(r/min)		原轴承代号
	d	D	B	r_{smin}	d_{amin}	D_{amax}	r_{asmax}	kN		脂润滑	油润滑	
(0) 3 尺寸系列												
6307	35	80	21	1.5	44	71	1.5	33.2	19.2	8000	10000	307
6308	40	90	23	1.5	49	81	1.5	40.8	24.0	7000	9000	308
6309	45	100	25	1.5	54	91	1.5	52.8	31.8	6300	8000	309
6310	50	110	27	2	60	100	2	61.8	38.0	6000	7500	310
6311	55	120	29	2	65	110	2	71.5	44.8	5300	6700	311
6312	60	130	31	2.1	72	118	2.1	81.8	51.8	5000	6300	312
6313	65	140	33	2.1	77	128	2.1	93.8	60.5	4500	5600	313
6314	70	150	35	2.1	82	138	2.1	105	68.0	4300	5300	314
6315	75	160	37	2.1	87	148	2.1	112	76.8	4000	5000	315
6316	80	170	39	2.1	92	158	2.1	122	86.5	3800	4800	316
6317	85	180	41	3	99	166	2.5	132	96.5	3600	4500	317
6318	90	190	43	3	104	176	2.5	145	108	3400	4300	318
6319	95	200	45	3	109	186	2.5	155	122	3200	4000	319
6320	100	215	47	3	114	201	2.5	172	140	2800	3600	320
(0) 4 尺寸系列												
6403	17	62	17	1.1	24	55	1	22.5	10.8	11000	15000	403
6404	20	72	19	1.1	27	65	1	31.0	15.2	9500	13000	404
6405	25	80	21	1.5	34	71	1.5	38.2	19.2	8500	11000	405
6406	30	90	23	1.5	39	81	1.5	47.5	24.5	8000	10000	406
6407	35	100	25	1.5	44	91	1.5	56.8	29.5	6700	8500	407
6408	40	110	27	2	50	100	2	65.5	37.5	6300	8000	408
6409	45	120	29	2	55	110	2	77.5	45.5	5600	7000	409
6410	50	130	31	2.1	62	118	2.1	92.2	55.2	5300	6700	410
6411	55	140	33	2.1	67	128	2.1	100	62.5	4800	6000	411
6412	60	150	35	2.1	72	138	2.1	108	70.0	4500	5600	412
6413	65	160	37	2.1	77	148	2.1	118	78.5	4300	5300	413
6414	70	180	42	3	84	166	2.5	140	99.5	3800	4800	414
6415	75	190	45	3	89	176	2.5	155	115	3600	4500	415
6416	80	200	48	3	94	186	2.5	162	125	3400	4300	416
6417	85	210	52	4	103	192	3	175	138	3200	4000	417
6418	90	225	54	4	108	207	3	192	158	2800	3600	418
6420	100	250	58	4	118	232	3	222	195	2400	3200	420

注：1. 表中 C_r 值适用于轴承为真空脱气轴承钢材料。如为普通电炉钢，C_r 值降低；如为真空重熔或电渣重熔轴承钢，C_r 值提高。

2. r_{smin} 为 r 的单向最小倒角尺寸；r_{asmax} 为 r_a 的单向最大倒角尺寸。

3. 原轴承标准为 GB/T 277—1989、GB/T 278—1989、GB/T 279—1988、GB/T 4221—1984 和 GB/T 276—1994。

附表 E-2　角接触球轴承（GB/T 292—2007 摘录）

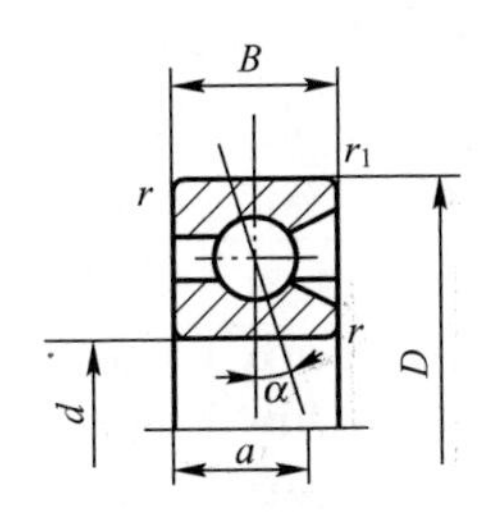

外形尺寸

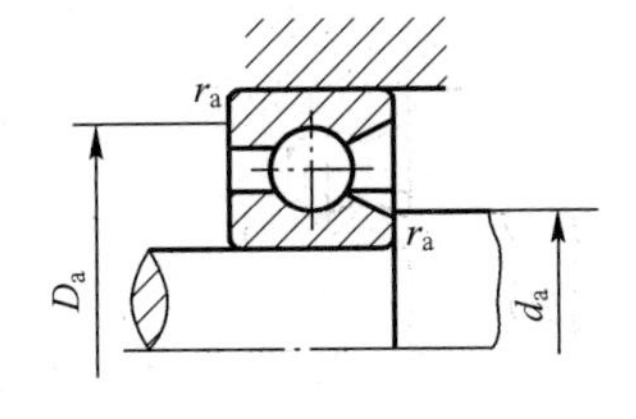

安装尺寸

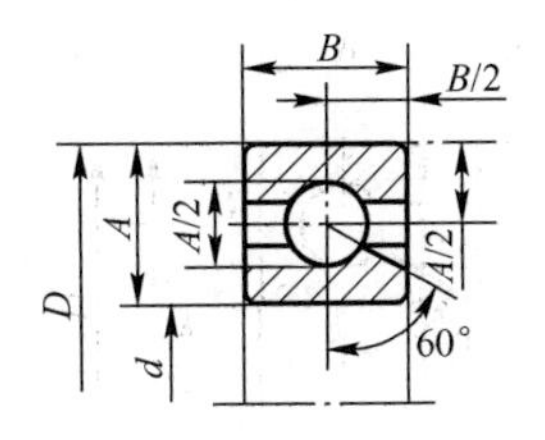

简化画法

标记示例：滚动轴承　7316AC　GB/T 292—2007

接触角	计算项目	单个轴承或串联配置
C 型（$\alpha=15°$）	当量动载荷	当 $A/R\leqslant e$ 时，$P=R$ 当 $A/R>e$ 时，$P=0.44R+YA$
	当量静载荷	$P_0=0.5R+0.46A$ 当 $P_0>R$ 时，取 $P_0=R$
AC 型（$\alpha=25°$）	当量动载荷	当 $A/R\leqslant 0.68$ 时，$P=R$ 当 $A/R>0.68$ 时，$P=0.44R+0.87A$
	当量静载荷	$P_0=0.5R+0.38A$ 当 $P_0<R$ 时，取 $P_0=R$

R——径向载荷
A——轴向载荷

A/C_{0r}	e	Y
0.015	0.38	1.47
0.029	0.40	1.40
0.058	0.43	1.30
0.087	0.46	1.23
0.12	0.47	1.19
0.17	0.50	1.12
0.29	0.55	1.02
0.44	0.56	1.00
0.58	0.56	1.00

轴承代号		外形尺寸/mm							安装尺寸/mm			基本额定载荷/kN				极限转速/（r/min）		重量≈/kN	
		d	D	B	r_{smin}	r_{1smin}	α		d_{amin}	D_{amax}	r_{asmax}	C_r（动）		C_{0r}（静）					
							C 型	AC 型				C 型	AC 型	C 型	AC 型	脂润滑	油润滑	C 型	AC 型
02 系列																			
7204C	7204AC	20	47	14	1.0	0.3	11.5	14.9	26	41	1	11.2	10.8	7.46	7.00	13000	18000	0.10	
7205C	7205AC	25	52	15	1.0	0.3	12.7	16.4	31	46	1	12.8	12.2	8.95	7.88	11000	16000	0.12	
7206C	7206AC	30	62	16	1.0	0.3	14.2	18.7	36	56	1	17.8	16.8	12.8	12.2	9000	13000	0.19	
7207C	7207AC	35	72	17	1.1	0.3	15.7	21.0	42	65	1	23.5	22.5	17.5	16.5	8000	11000	0.28	
7208C	7208AC	40	80	18	1.1	0.6	17.0	23.0	47	73	1	26.8	25.8	20.5	19.2	7500	10000	0.37	
7209C	7209AC	45	85	19	1.1	0.6	18.2	24.7	52	78	1	29.8	28.2	23.8	22.5	6700	9000	0.41	
7210C	7210AC	50	90	20	1.1	0.6	19.4	26.3	57	83	1	32.8	31.5	26.8	25.2	6300	8500	0.46	
7211C	7211AC	55	100	21	1.5	0.6	20.9	28.6	64	91	1.5	40.8	38.8	33.8	31.8	5600	7500	0.61	
7212C	7212AC	60	110	22	1.5	0.6	22.4	30.8	69	101	1.5	44.8	42.8	37.8	35.5	5300	7000	0.80	
7213C	7213AC	65	120	23	1.5	0.6	24.2	33.5	74	111	1.5	53.8	51.2	46.0	43.2	4800	6300	1.00	
7214C	7214AC	70	125	24	1.5	0.6	25.3	35.1	79	116	1.5	56.0	53.2	49.2	46.2	4500	6000	1.10	
7215C	7215AC	75	130	25	1.5	0.6	26.4	36.4	84	121	1.5	54.2	50.8	60.8	57.8	4300	5600	1.20	
7216C	7216AC	80	140	26	2	1	27.7	38.9	90	131	2	63.2	59.2	68.8	65.5	4000	5300	1.45	
7217C	7217AC	85	150	28	2	1	29.9	41.6	95	140	2	69.8	65.5	76.8	72.8	3800	5000	1.80	
7218C	7218AC	90	160	30	2	1	31.7	44.4	100	150	2	87.8	82.2	94.2	89.8	3600	4800	2.25	
7219C	7219AC	95	170	32	2.1	1.1	33.8	46.9	107	158	2.1	95.5	89.9	102	98.8	3400	4500	2.70	
7220C	7220AC	100	180	34	2.1	1.1	35.8	49.7	112	168	2.1	140	108	115	100	3200	4300	3.25	
03 系列																			
7304C	7304AC	20	52	15	1.1	0.6	11.3	16.3	27	45	1	14.2	13.8	9.68	9.0	12000	17000	0.15	
7305C	7305AC	25	62	17	1.1	0.6	13.1	19.1	32	55	1	21.5	20.8	15.8	14.8	9500	14000	0.23	
7306C	7306AC	30	72	19	1.1	0.6	15.0	22.2	37	65	1	26.2	25.2	19.8	18.5	8500	12000	0.35	
7307C	7307AC	35	80	21	1.5	0.6	16.6	24.5	44	71	1.5	34.2	32.8	26.8	24.8	7500	10000	0.47	
7308C	7308AC	40	90	23	1.5	0.6	18.5	27.5	49	81	1.5	40.2	38.5	32.8	30.5	6700	9000	0.66	

（续）

轴承代号		外形尺寸/mm							安装尺寸/mm			基本额定载荷/kN				极限转速/（r/min）		重量≈/kN	
		d	D	B	r_{smin}	r_{1smin}	α		d_{amin}	D_{amax}	r_{asmax}	C_r（动）		C_{0r}（静）					
							C型	AC型				C型	AC型	C型	AC型	脂润滑	油润滑	C型	AC型
03系列																			
7309C	7309AC	45	100	25	1.5	0.6	20.2	30.2	54	91	1.5	49.2	47.5	39.8	37.2	6000	8000	0.86	
7310C	7310AC	50	110	27	2	1.0	22.0	33.0	60	99	2	55.5	53.5	47.2	44.5	5600	7500	1.08	1.32
7311C	7311AC	55	120	29	2	1.0	23.8	35.8	65	110	2	70.5	67.2	60.5	56.8	5000	6700	1.42	1.71
7312C	7312AC	60	130	31	2.1	1.1	25.6	38.7	72	118	2.1	80.5	77.8	70.2	65.8	4800	6300	1.70	2.06
7313C	7313AC	65	140	33	2.1	1.1	27.4	41.5	77	128	2.1	91.5	89.8	80.5	70.5	4300	5600	2.23	2.57
7314C	7314AC	70	150	35	2.1	1.1	29.2	44.3	82	138	2.1	102	98.5	91.5	86.0	4000	5300	2.67	3.06
7315C	7315AC	75	160	37	2.1	1.1	31	47.2	87	148	2.1	112	108	105	97	3800	5000	3.56	
7316C	7316AC	80	170	39	2.1	1.1	32.8	50	92	158	2.1	118	115	118	108	3600	4800	3.59	
7317C	7317AC	85	180	41	3	1.1	34.6	52.8	99	166	2.5	132	122	128	122	3400	4500	4.38	
7318C	7318AC	90	190	43	3	1.1	36.4	55.6	104	176	2.5	142	135	142	135	3200	4300	5.02	5.17
7319C	7319AC	95	200	45	3	1.1	38.2	58.5	109	186	2.5	152	158	158	148	3000	4000	5.98	6.69
7320C	7320AC	100	215	47	3	1.1	40.2	61.9	114	201	2.5	162	165	175	178	2600	3600	7.20	

二、滚动轴承的配合和游隙

附表 E-3 向心轴承的载荷状态（GB/T 275—2015 摘录）

载荷的状态	轻 载 荷	正常载荷	重 载 荷
$\dfrac{P_r（径向当量动载荷）}{C_r（径向额定动载荷）}$	≤0.07	>0.07~0.15	>0.15

附表 E-4 安装向心轴承的轴公差带代号（GB/T 275—2015 摘录）

<table>
<tr><th colspan="2">运转状态</th><th rowspan="2">载荷状态</th><th>深沟球轴承
角接触球轴承</th><th>圆柱滚子轴承
圆锥滚子轴承</th><th>调心滚子轴承</th><th>公差带</th></tr>
<tr><th>说明</th><th>举 例</th><th colspan="4">轴承公称内径 d/mm</th></tr>
<tr><td rowspan="3">内圈相对于载荷方向旋转或摆动</td><td>传送带、机床（主轴）、泵、通风机</td><td>轻</td><td>≤18
>18~100
>100~200</td><td>—
≤40
>40~140</td><td>—
≤40
>40~100</td><td>h5
j6
k6</td></tr>
<tr><td>变速箱、一般通用机械、内燃机、木工机械</td><td>正常</td><td>≤18
>18~100
>100~140
>140~200</td><td>—
≤40
>40~100
>100~140</td><td>—
≤40
>40~65
>65~100</td><td>j5js5
k5
m5
m6</td></tr>
<tr><td>破碎机、铁路车辆、轧机</td><td>重</td><td>—
—</td><td>>50~140
>140~200</td><td>>50~100
>100~140</td><td>n6
p6</td></tr>
<tr><td rowspan="2">内圈相对于载荷方向静止</td><td>静止轴上的各种轮子</td><td rowspan="3">所有载荷</td><td colspan="3" rowspan="2">所有尺寸</td><td>f6 g6</td></tr>
<tr><td>张紧滑轮、绳索轮</td><td>h6 j6</td></tr>
<tr><td colspan="2">仅受轴向载荷</td><td colspan="3">所有尺寸</td><td>j6 js6</td></tr>
</table>

注：1. 凡对精度有较高要求的场合，应用j5、k5…代替j6、k6…。
2. 圆锥滚子轴承、角接触球轴承配合对游隙影响不大，可用k6、m6代替k5、m5。
3. 重载荷下轴承游隙应选大于0组。

附表 E-5　安装向心轴承的孔公差带代号（GB/T 275—2015 摘录）

运转状态		载荷状态	其他状况	公差带①	
说明	举例			球轴承	滚子轴承
外圈相对于载荷方向静止	一般机械、电动机、铁路机车车辆轴箱	轻、正常、重	轴向易移动，可采用剖分式外壳	H7、G7②	
		冲击	轴向能移动，可采用整体或剖分式外壳	J7、JS7	
外圈相对于载荷方向摆动	曲轴主轴承、泵、电动机	轻、正常			
		正常、重	轴向不移动，采用整体式外壳	K7	
		冲击		M7	
外圈相对于载荷方向旋转	张紧滑轮、轴毂轴承	轻		J7	K7
		正常		K7、M7	M7、N7
		重		—	N7、P7

① 并列公差带随尺寸的增大从左至右选择，对旋转精度有较高要求时，可相应提高一个公差等级。

② 不适用于剖分式外壳。

附表 E-6　安装推力轴承的轴和孔公差带代号（GB/T 275—2015 摘录）

运转状态	载荷状态	安装推力轴承的轴公差带		安装推力轴承的外壳孔公差带	
		轴承类型	公差带	轴承类型	公差带
仅有轴向载荷		推力球和推力滚子轴承	j6、js6	推力球轴承	H8
				推力圆柱、圆锥滚子轴承	H7

附表 E-7　轴和外壳的几何公差（GB/T 275—2015 摘录）

公称尺寸/mm		圆柱度 t				端面圆跳动 t_1			
		轴颈		外壳孔		轴肩		外壳孔肩	
		轴承公差等级							
		G	E（Ex）	G	E（Ex）	G	E（Ex）	G	E（Ex）
大于	至	公差值/μm							
	6	2.5	1.5	4	2.5	5	3	8	5
6	10	2.5	1.5	4	2.5	6	4	10	6
10	18	3.0	2.0	5	3.0	8	5	12	8
18	30	4.0	2.5	6	4.0	10	6	15	10
30	50	4.0	2.5	7	4.0	12	8	20	12
50	80	5.0	3.0	8	5.0	15	10	25	15
80	120	6.0	4.0	10	6.0	15	10	25	15
120	180	8.0	5.0	12	8.0	20	12	30	20
180	250	10.0	7.0	14	10.0	20	12	30	20
250	315	12.0	8.0	16	12.0	25	15	40	25

附表 E-8 配合面的表面粗糙度（GB/T 275—2015 摘录）

轴或轴承座直径/mm		轴或外壳配合表面直径公差等级								
		IT7			IT6			IT5		
		表面粗糙度/μm								
超过	到	*Rz*	*Ra*		*Rz*	*Ra*		*Rz*	*Ra*	
			磨	车		磨	车		磨	车
	80	10	1.6	3.2	6.3	0.8	1.6	4	0.4	0.8
80	500	16	1.6	3.2	10	1.6	3.2	6.3	0.8	1.6
端面		25	3.2	6.3	25	3.2	6.3	10	1.6	3.2

注：与 G、E 级公差轴承配合的轴，其公差等级一般为 IT6、外壳孔一般为 IT7。

附表 E-9 向心轴承和推力轴承的轴向游隙

轴承内径 *d*/mm		角接触球轴承允许轴向游隙的范围/μm						Ⅱ型轴承间允许的距离（大概值）
		接触角 $\alpha=12°$				$\alpha=26°$ 及 $36°$		
		Ⅰ 型		Ⅱ 型		Ⅰ 型		
超过	到	min	max	min	max	min	max	
—	30	20	40	30	50	10	20	8*d*
30	50	30	50	40	70	15	30	7*d*
50	80	40	70	50	100	20	40	6*d*

轴承内径 *d*/mm		圆锥滚子轴承允许轴向游隙的范围/μm						Ⅱ型轴承间允许的距离（大概值）
		接触角 $\alpha=10°\sim16°$				$\alpha=25°\sim29°$		
		Ⅰ 型		Ⅱ 型		Ⅰ 型		
超过	到	min	max	min	max	min	max	
—	30	20	40	40	70	—	—	14*d*
30	50	40	70	50	100	20	40	12*d*
50	80	50	100	80	150	30	50	11*d*

轴承内径 *d*/mm		推力球轴承允许轴向游隙的范围/μm					
		轴承系列					
		8100		8200 及 8300		8400	
超过	到	min	max	min	max	min	max
—	50	10	20	20	40	—	—
50	120	20	40	40	60	60	80

注：Ⅰ型为固定-游动支承结构，Ⅱ型为两端固定支承结构。

附录 F　润滑与密封

一、润滑剂

附表 F-1　工业常用润滑油的性能及用途

类　别	名　　称	牌　号	运动黏度①/(mm²/s)	黏度指数不小于	闪点/℃不低于	倾点/℃不高于	主要性能和用途	说　明
工业闭式齿轮油（GB 5903—2011）	L-CKB 抗氧化防锈工业齿轮油	100 150 220 320	90～110 135～165 198～242 288～352	90	180 200	-8	具有良好的抗氧化、抗腐蚀性、抗浮化性等性能，适用于齿面应力在 500MPa 以下的一般工业闭式齿轮传动的润滑	L-润滑剂类
	L-CKC 中载荷工业齿轮油	68 100 150 220 320 460 680	61.2～74.8 90～110 135～165 198～242 288～352 414～506 612～748	90 85	180 200	-12 -9 -5	具有良好的极压抗磨和热氧化安定性，适用冶金、矿山、机械、水泥等工业中载荷为 500～1 100MPa 的闭式齿轮的润滑	
	L-CKD 重载荷工业齿轮油	100 150 220 320 460 680	90～110 135～165 198～242 288～352 414～506 612～748	90	200	-12 -9 -5	具有更好的极压抗磨性、抗氧化性，适用于矿山、冶金、机械、化工等行业重载荷齿轮传动装置	
	L-CKE 轻载荷蜗轮蜗杆油（SH/T 0094—1991）	220 320 460 680 1 000	198～242 288～352 414～506 612～748 900～1 100	90	200 200 220 220 220	-6	用于铜-钢配对的受轻载的圆柱蜗杆传动	L-CKE/P 为极压型蜗轮蜗杆油
主轴油	L-FD 主轴油（SH/T 0017—1990）	2 3 5 7 10 15 22	1.98～2.42 2.88～3.52 4.14～5.06 6.12～7.48 9.0～11.0 13.5～16.5 19.8～24.2	— 90	60 70 80 90 100 110 120	凝点不高于-15	主要适用于精密机床主轴轴承的润滑及其他以油浴、压力、油雾润滑的滑动轴承和滚动轴承的润滑。N10 可作为普通轴承用油和缝纫机用油	SH 为石化部标准代号

（续）

类别	名称	牌号	运动黏度[①]/(mm^2/s)	黏度指数不小于	闪点/℃不低于	倾点/℃不高于	主要性能和用途	说明
全损耗系统用油	L－AN全损耗系统用油（GB/T 443—1989）	5 7 10 15 22 32 46 68 100 150	4.14～5.06 6.12～7.48 9.00～11.00 13.5～16.5 19.8～24.2 28.8～35.2 41.4～50.6 61.2～74.8 90.0～110 135～165	—	80 110 130 150 150 150 160 160 180 180	－5	不加或加少量添加剂，质量不高，适用于一次性润滑和某种要求较低、换油周期较短的油浴式润滑	全损耗系统用油包括L－AN全损耗系统油和车轴油

① 在40℃条件下。

附表 F-2　常用润滑脂的性能及用途

类别	名称	牌号	锥入度/10^{-1}mm	滴点/℃ ≥	性能	主要用途
钙基	钙基润滑脂（GB/T 491—2008）	1 2 3 4	310～340 265～295 220～250 175～205	80 85 90 95	抗水性好，适用于潮湿环境，但耐热性差	目前尚广泛用于工农业、交通运输等机械设备的中速、中低载荷轴承的润滑，逐渐被锂基润滑脂所取代
钠基	钠基润滑脂（G/TB 492—1989）	2 3	265～295 220～250	160 160	耐热性很好，黏附性强，但不耐水	适用于不与水接触的工农业机械的轴承润滑，使用温度不超过110℃
锂基	通用锂基润滑脂（GB/T 7324—2010）	1 2 3	310～340 265～295 220～250	170 175 180	具有良好的润滑性能、机械安定性、耐热性和缓蚀性，抗水性好	为多用途、长寿命通用脂，适用于－20～120 ℃各种机械的轴承及其他摩擦部位的润滑
锂基	极压锂基润滑脂（GB/T 7323—2008）	00 0 1 2	400～430 355～385 310～340 265～295	165 170 175 175	具有良好的机械安定性、抗水性、极压抗磨性、缓蚀性和泵送性	为多效、长寿命通用脂，适用于温度范围为－20～120 ℃的重载机械设备齿轮轴承等的润滑
滚珠轴承润滑脂（SH/T 0386—1992）		2	250～290	120	具有良好的润滑性能、化学安定性、机械安定性	用于汽车、电动机、机车及其他机械滚动轴承的润滑
铝基	复合铝基润滑脂（SH/T 0378—1992）	0 1 2	355～385 310～340 265～295	235	耐热性、抗水性、流动性、泵送性、机械安定性等均好	称为万能润滑脂，适用于高温设备的润滑，0、1号脂泵送性好，适用于集中润滑；2号脂适用于轻中载荷设备轴承
合成润滑脂	7412号齿轮润滑脂	00 00	400～430 445～475	200 200	具有良好的涂覆性、黏附性和极压润滑性，使用温度为－40～150 ℃	为半流体脂，适用于各种减速箱齿轮的润滑，解决了齿轮箱漏油问题

二、密封装置

附表 F-3　毡圈油封及槽（参考）（单位：mm）

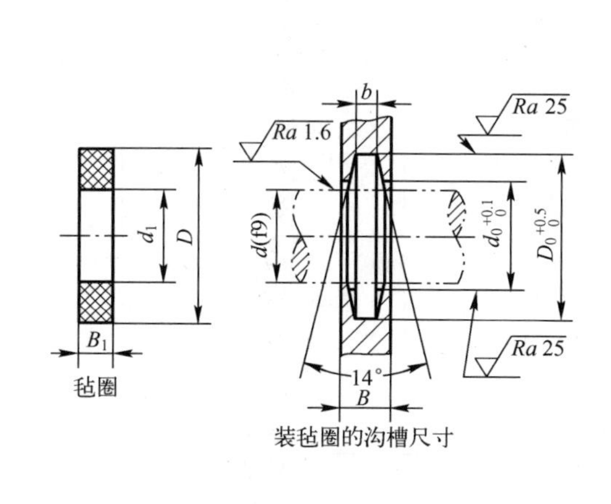

轴径 d	毡圈			槽				
	D	d_1	B_1	D_0	d_0	b	B_{min}	
							钢	铸铁
15	29	14	6	28	16	5	10	12
20	33	19		32	21			
25	39	24	7	38	26	6	12	15
30	45	29		44	31			
35	49	34		48	36			
40	53	39		52	41			
45	61	44	8	60	46	7		
50	69	49		68	51			
55	74	53		72	56			
60	80	58		78	61			
65	84	63		82	66			
70	90	68		88	71			
75	94	73		92	77			
80	102	78	9	100	82	8	15	18
85	107	83		105	87			
90	112	88		110	92			
95	117	93	10	115	97			
100	122	98		120	102			

注：本标准适用于线速度 $v<5$ m/s 的情况。

附表 F-4　液压气动用 O 形橡胶密封圈（GB/T 3452.1—2005 摘录）（单位：mm）

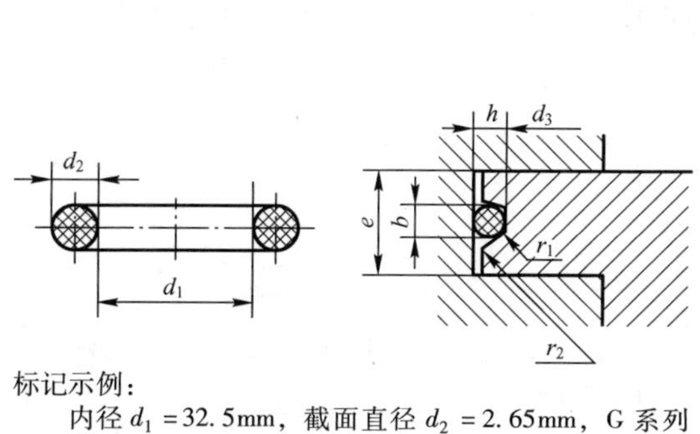

标记示例：

内径 $d_1=32.5$mm，截面直径 $d_2=2.65$mm，G 系列 N 级 O 形密封圈标记为

O 形圈　32.5×2.65－A－N－GB/T 3452.1

沟槽尺寸（GB/T 3452.3—2005）					
d_2	$b{}^{+0.25}_{0}$	$h{}^{+0.10}_{0}$	d_3 偏差值	r_1	r_2
1.8	2.4	1.38	0 −0.04	0.2～0.4	0.1～0.3
2.65	3.6	2.07	0 −0.05	0.2～0.4	0.1～0.3
3.55	4.8	2.74	0 −0.06	0.4～0.8	0.1～0.3
5.3	7.1	4.19	0 −0.07	0.4～0.8	0.1～0.3
7.0	9.5	5.67	0 −0.09	0.8～1.2	0.1～0.3

（续）

d_1 尺寸	d_1 公差 ±	d_2 1.8 ± 0.08	d_2 2.65 ± 0.09	d_2 3.55 ± 0.10
13.2	0.21	*	*	
14	0.22	*	*	
15	0.22	*	*	
16	0.23	*	*	
17	0.24	*	*	
18	0.25	*	*	*
19	0.25	*	*	*
20	0.26	*	*	*
21.2	0.27	*	*	*
22.4	0.28	*	*	*
23.6	0.29	*	*	*
25	0.30	*	*	*
25.8	0.31	*	*	*
26.5	0.31	*	*	*
28.0	0.32	*	*	*
30.0	0.34	*	*	*
31.5	0.35	*	*	*
32.5	0.36	*	*	*

d_1 尺寸	d_1 公差 ±	d_2 1.8 ± 0.08	d_2 2.65 ± 0.09	d_2 3.55 ± 0.10	d_2 5.3 ± 0.13
33.5	0.36	*	*	*	
34.5	0.37	*	*	*	
35.5	0.38	*	*	*	
36.5	0.38	*	*	*	
37.5	0.39	*	*	*	
38.7	0.40	*	*	*	
40	0.41	*	*	*	*
41.2	0.42	*	*	*	*
42.5	0.43	*	*	*	*
43.7	0.44	*	*	*	*
45	0.44	*	*	*	*
46.2	0.45	*	*	*	*
47.5	0.46	*	*	*	*
48.7	0.47	*	*	*	*
50	0.48	*	*	*	*
51.5	0.49		*	*	*
53	0.50		*	*	*
54.5	0.51		*	*	*

d_1 尺寸	d_1 公差 ±	d_2 2.65 ± 0.09	d_2 3.55 ± 0.10	d_2 5.3 ± 0.13
56	0.52	*	*	*
58	0.54	*	*	*
60	0.55	*	*	*
61.5	0.56	*	*	*
63	0.57	*	*	*
65	0.58	*	*	*
67	0.60	*	*	*
69	0.61	*	*	*
71	0.63	*	*	*
73	0.64	*	*	*
75	0.65	*	*	*
77.5	0.67	*	*	*
80	0.69	*	*	*
82.5	0.71	*	*	*
85	0.72	*	*	*
87.5	0.74	*	*	*
90	0.76	*	*	*
92.5	0.77	*	*	*

d_1 尺寸	d_1 公差 ±	d_2 2.65 ± 0.09	d_2 3.55 ± 0.10	d_2 5.3 ± 0.13	d_2 7 ± 0.15
95	0.79	*	*	*	
97.5	0.81	*	*	*	
100	0.82	*	*	*	
103	0.85	*	*	*	
106	0.87	*	*	*	
109	0.89	*	*	*	*
112	0.91	*	*	*	*
115	0.93	*	*	*	*
118	0.95	*	*	*	*
122	0.97	*	*	*	*
125	0.99	*	*	*	*
128	1.01	*	*	*	*
132	1.04	*	*	*	*
136	1.07	*	*	*	*
140	1.09	*	*	*	*
145	1.13	*	*	*	*
150	1.16	*	*	*	*
155	1.19		*	*	*

注：*为可选规格。

附录 G　联轴器

附表 G-1　轴孔和键槽的形式、代号及系列尺寸（GB/T 3852—2017 摘录）

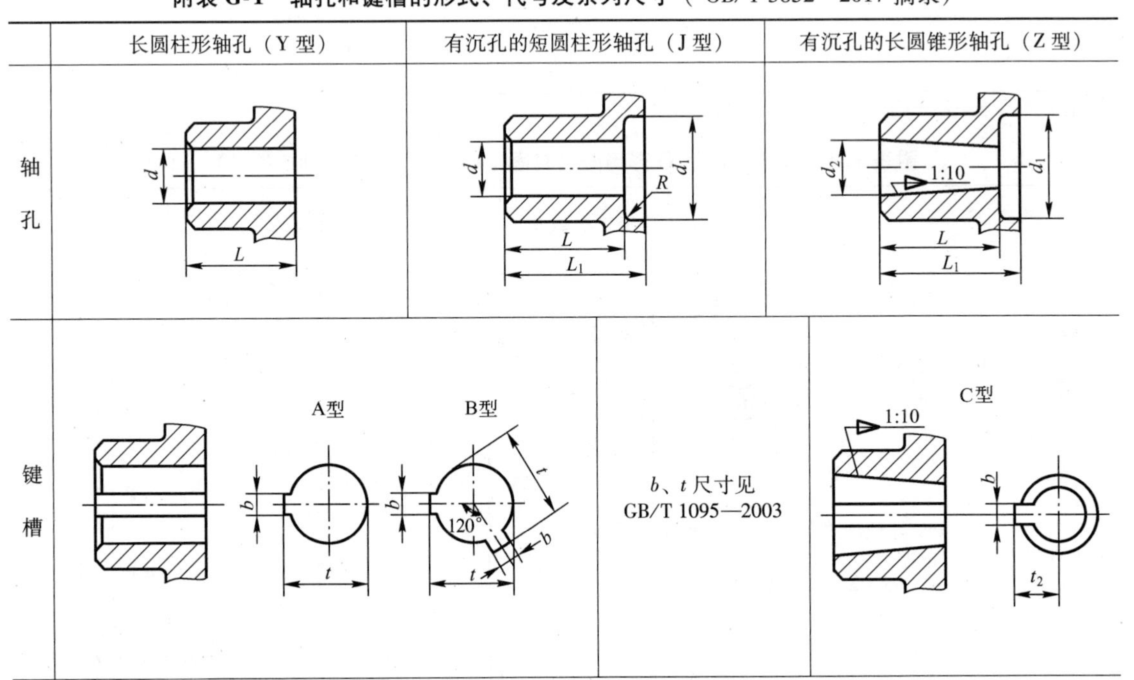

（续）

轴孔和 C 型键槽尺寸/mm

直径	轴孔长度			沉孔		C 型键槽		
d、d_2	L		L_1	d_1	R	b	t_2	
	Y 型	J、J_1、Z 型					公称尺寸	极限偏差
16	42	30	42	38	1.5	3	8.7	+0.1 0
18						4	10.1	
19							10.6	
20	52	38	52				10.9	
22							11.9	
24						5	13.4	
25	62	44	62	48			13.7	
28							15.2	
30	82	60	82	55			15.8	
32					2	6	17.3	
35							18.8	
38				65			20.3	
40	112	84	112			10	21.2	+0.2 0
42							22.2	
45				80		12	23.7	
48							25.2	
50				95			26.2	

直径	轴孔长度			沉孔		C 型键槽		
d、d_2	L		L_1	d_1	R	b	t_2	
	Y 型	J、J_1、Z 型					公称尺寸	极限偏差
55	112	84	112	95	2.5	14	29.2	+0.2 0
56							29.7	
60	142	107	142	105		16	31.7	
63							32.2	
65							34.2	
70				120		18	36.8	
71							37.3	
75							39.3	
80	172	132	172	140		20	41.6	
85					3		44.1	
90				160		22	47.1	
95							49.6	
100	212	167	212	180		25	51.3	
110							56.3	
120				210		28	62.3	
125					4		64.8	
130	252	202	252	235			66.4	

圆柱形轴孔与轴伸的配合

d/mm	圆柱形轴孔与轴伸的配合	
>6～30	H7/j6	根据使用要求也可选用 H7/p6 和 H7/r6
>30～50	H7/j6	
>50	H7/m6	

圆锥形轴孔与轴伸配合时，轴孔直径与轴孔长度的极限偏差/mm

圆锥孔直径 d_2	孔 d_2 极限偏差	长度 L 极限偏差
>6～10	+0.058 0	0 −0.220
>10～18	+0.070 0	0 −0.270
>18～30	+0.084 0	0 −0.330
>30～50	+0.100 0	0 −0.390
>50～80	+0.120 0	0 −0.460
>80～120	+0.140 0	0 −0.540
>120～180	+0.160 0	0 −0.630
>180～250	+0.185 0	0 −0.720

注：无沉孔的圆锥形轴孔（Z_1 型）和 B_1 型、D 型键槽尺寸，详见 GB/T 3852—2008。

附表 G-2 凸缘联轴器（GB/T 5843—2003 摘录）

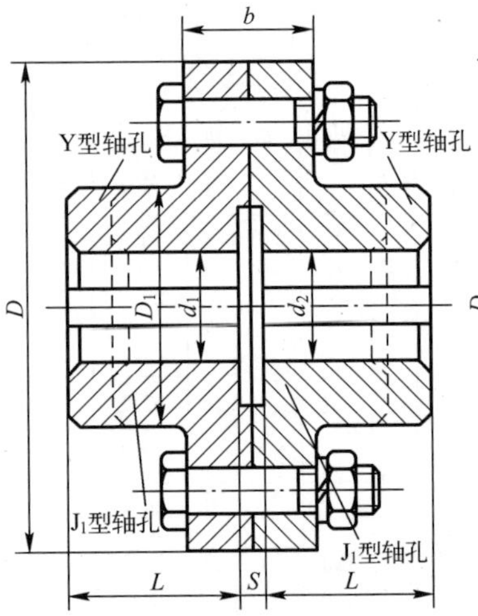

GY型凸缘联轴器 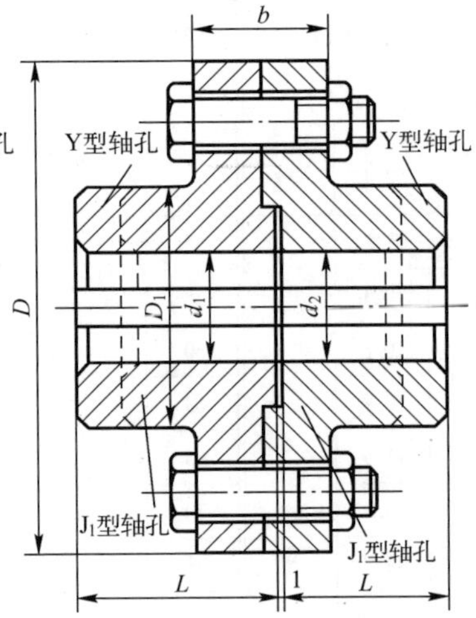　　GYS型有对中榫凸缘联轴器 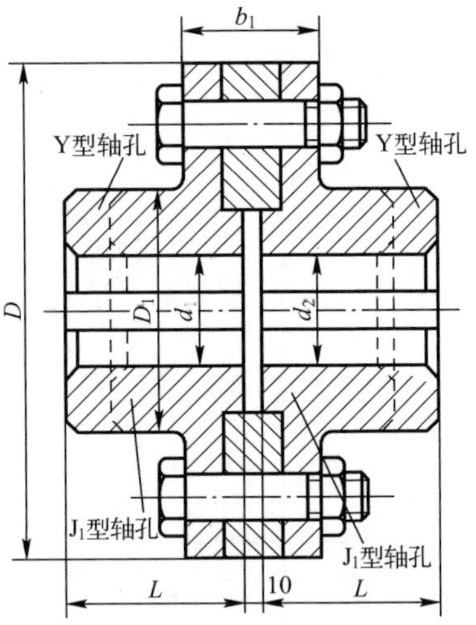　　GYH型有对中环凸缘联轴器

标记示例：GY5 凸缘联轴器$\frac{Y30\times82}{J_1 30\times60}$ GB/T 5843—2003

主动端：Y 型轴孔、A 型键槽、$d_1=30\text{mm}$、$L=82\text{mm}$

从动端：J_1 型轴孔、A 型键槽、$d_1=30\text{mm}$、$L=60\text{mm}$

型号	公称转矩/(N·m)	许用转速/(r/min)	轴孔直径 d_1、d_2/mm	轴孔长度		D/mm	D_1/mm	b/mm	b_1/mm	S/mm	转动惯量/(kg·m²)	质量/kg
				Y 型	J_1 型							
GY1 GYS1 GYH1	25	12 000	12, 14	32	27	80	30	26	42	6	0.000 8	1.16
			16, 18, 19	42	30							
GY2 GYS2 GYH2	63	10 000	16, 18, 19	42	30	90	40	28	44	6	0.001 5	1.72
			20, 22, 24	52	38							
			25	62	44							
GY3 GYS3 GYH3	112	9 500	20, 22, 24	52	38	100	45	30	46	6	0.002 5	2.38
			25, 28	62	44							
GY4 GYS4 GYH4	224	9 000	25, 28	62	44	105	55	32	48	6	0.003	3.15
			30, 32, 35	82	60							
GY5 GYS5 GYH5	400	8 000	30, 32, 35, 38	82	60	120	68	36	52	8	0.007	5.43
			40, 42	112	84							
GY6 GYS6 GYH6	900	6 800	38	82	60	140	80	40	56	8	0.015	7.59
			40, 42, 45, 48, 50	112	84							
GY7 GYS7 GYH7	1 600	6 000	48, 50, 55, 56	112	84	160	100	40	56	8	0.031	13.1
			60, 63	142	107							
GY8 GYS8 GYH8	3 150	4 800	60,63,65,70,71,75	142	107	200	130	50	68	10	0.103	27.5
			80	172	132							
GY9 GYS9 GYH9	6 300	3 600	75	142	107	260	160	66	84	10	0.319	47.8
			80, 85, 90, 95	172	132							
			100	212	167							

注：本联轴器不具备径向、轴向和角向的补偿性能，刚性好，传递转矩大，结构简单，工作可靠，维护简便，适用于两轴对中精度良好的一般轴系传动。

附表 G-3　LT 型弹性套柱销联轴器（GB/T 4323—2017 摘录）

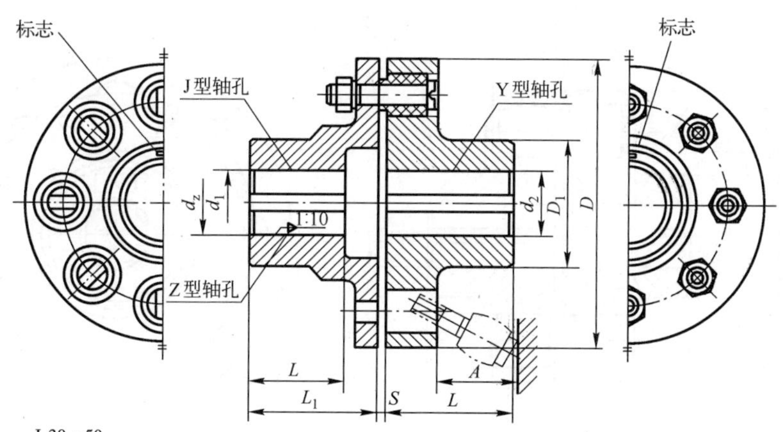

标记示例：LT5 联轴器 $\frac{J_1 30\times 50}{J_1 35\times 50}$　GB/T 4323—2017

主动端：J_1 型轴孔、A 型键槽、$d=30$mm、$L=50$mm

从动端：J_1 型轴孔、A 型键槽、$d=35$mm、$L=50$mm

型号	公称转矩/(N·m)	许用转速/(r/min)	轴孔直径 d_1、d_2、d_z/mm	轴孔长度 Y型 L	轴孔长度 J、Z型 L_1	轴孔长度 J、Z型 L	D/mm	D_1/mm	S/mm	A/mm	转动惯量/(kg·m²)	质量/kg
				mm								
LT1	16	8 800	10，11	22	25	22	71	22	3	18	0.000 4	0.7
			12，14	27	32	27						
LT2	25	7 600	12，14	27	32	27	80	30	3	18	0.001	1.0
			16，18，19	30	42	30						
LT3	63	6 300	16，18，19	30	42	30	95	35	4	35	0.002	2.2
			20，22	38	52	38						
LT4	100	5 700	20，22，24	38	52	38	106	42	4	35	0.004	3.2
			25，28	44	62	44						
LT5	224	4 600	25，28	44	62	44	130	56	5	45	0.011	5.5
			30，32，35	60	82	60						
LT6	355	3 800	32，35，38	60	82	60	160	71	5	45	0.026	9.6
			40，42	84	112	84						
LT7	560	3 600	40，42，45，48	84	112	84	190	80	5	45	0.06	15.7
LT8	1 120	3 000	40，42，45，48，50，55	84	112	84	224	95	6	65	0.13	24.0
			60，63，65	107	142	107						
LT9	1 600	2 850	50，55	84	112	84	250	110	6	65	0.20	31.0
			60，63，65，70	107	142	107						
LT10	3 150	2 300	63，65，70，75	107	142	107	315	150	8	80	0.64	60.2
			80，85，90，95	132	172	132						
LT11	6 300	1 800	80，85，90，95	132	172	132	400	190	10	100	2.06	114
			100，110	167	212	167						
LT12	12 500	1 450	100，110，120，125	167	212	167	475	220	12	130	5.00	212
			130	202	252	202						
LT13	22 400	1 150	120，125	167	212	167	600	280	14	180	16.0	416
			130，140，150	202	252	202						
			160，170	242	302	242						

注：1. 转动惯量和质量是按 Y 型最大轴孔长度、最小轴孔直径计算的数值。

2. 轴孔型式组合为：Y/Y、J/Y、Z/Y。

附表 G-4 LX 型弹性柱销联轴器（GB/T 5014—2017 摘录）

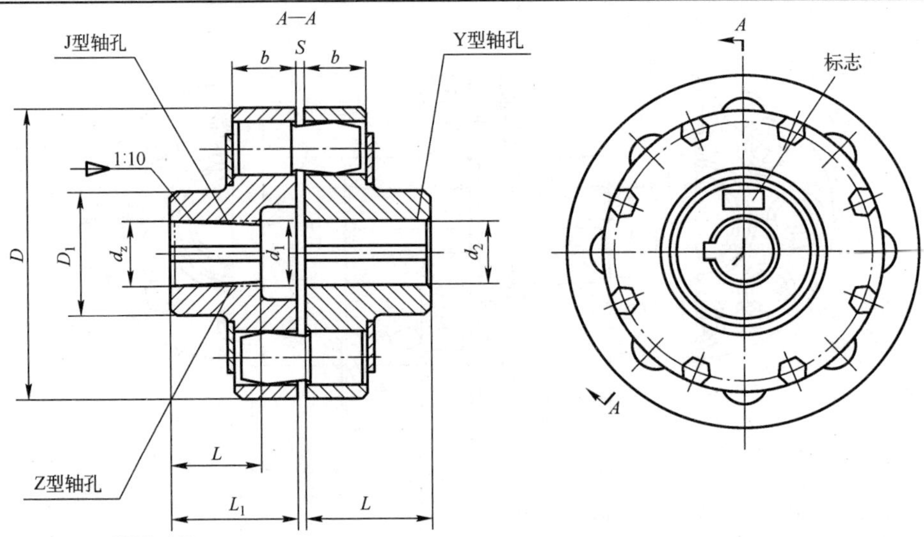

标记示例：LX7 联轴器$\frac{ZC75\times107}{JB70\times107}$ GB/T 5014—2003

主动端：Z 型轴孔、C 型键槽、$d_z=75$mm、$L_1=107$mm

从动端：J 型轴孔、B 型键槽、$d_z=70$mm、$L_1=107$mm

型号	公称转矩/（N·m）	许用转速/（r/min）	轴孔直径 d_1、d_2、d_z /mm	轴孔长度/mm			D/mm	D_1/mm	b/mm	S/mm	转动惯量/（kg·m²）	质量/kg
				Y 型	J、J_1、Z 型							
				L	L	L_1						
LX1	250	8500	12，14	32	27	—	90	40	20	2.5	0.002	2
			16，18，19	42	30	42						
			20，22，24	52	38	52						
LX2	560	6300	20，22，24	52	38	52	120	55	28	2.5	0.009	5
			25，28	62	44	62						
			30，32，35	82	60	82						
LX3	1250	4750	30，32，35，38	82	60	82	160	75	36	2.5	0.026	8
			40，42，45，48	112	84	112						
LX4	2500	3850	40，42，45，48，50，55，56	112	84	112	195	100	45	3	0.109	22
			60，63	142	107	142						
LX5	3150	3450	50，55，56	112	84	112	220	120	45	3	0.191	30
			60，63，65，70，71，75	142	107	142						
LX6	6300	2720	60，63，65，70，71，75	142	107	142	280	140	56	4	0.543	53
			80，85	172	132	172						
LX7	11200	2360	70，71，75	142	107	142	320	170	56	4	1.314	98
			80，85，90，95	172	132	172						
			100，110	212	167	212						
LX8	16000	2120	80，85，90，95	172	132	172	360	200	56	5	2.023	119
			100，110，120，125	212	167	212						
LX9	22400	1850	100，110，120，125	212	167	212	410	230	63	5	4.386	197
			130，140	252	202	252						
LX10	35500	1600	110，120，125	212	167	212	480	280	75	6	9.760	322
			130，140，150	252	202	252						
			160，170，180	302	242	302						

注：本联轴器适用于联接两同轴线的传动轴系，并具有补偿两轴相对位移和一般减振性能，工作温度为 −20～70℃。

附录H 极限与配合、几何公差和表面粗糙度

一、极限与配合

附表 H-1 公称尺寸至500mm的标准公差值（GB/T 1800.1—2020 摘录）

公称尺寸/mm		标准公差等级																	
		IT1	IT2	IT3	IT4	IT5	IT6	IT7	IT8	IT9	IT10	IT11	IT12	IT13	IT14	IT15	IT16	IT17	IT18
大于	至	μm											mm						
—	3	0.8	1.2	2	3	4	6	10	14	25	40	60	0.1	0.14	0.25	0.4	0.6	1	1.4
3	6	1	1.5	2.5	4	5	8	12	18	30	48	75	0.12	0.18	0.3	0.48	0.75	1.2	1.8
6	10	1	1.5	2.5	4	6	9	15	22	36	58	90	0.15	0.22	0.36	0.58	0.9	1.5	2.2
10	18	1.2	2	3	5	8	11	18	27	43	70	110	0.18	0.27	0.43	0.7	1.1	1.8	2.7
18	30	1.5	2.5	4	6	9	13	21	33	52	84	130	0.21	0.33	0.52	0.84	1.3	2.1	3.3
30	50	1.5	2.5	4	7	11	16	25	39	62	100	160	0.25	0.39	0.62	1	1.6	2.5	3.9
50	80	2	3	5	8	13	19	30	46	74	120	190	0.3	0.46	0.74	1.2	1.9	3	4.6
80	120	2.5	4	6	10	15	22	35	54	87	140	220	0.35	0.54	0.87	1.4	2.2	3.5	5.4
120	180	3.5	5	8	12	18	25	40	63	100	160	250	0.4	0.63	1	1.6	2.5	4	6.3
180	250	4.5	7	10	14	20	29	46	72	115	185	290	0.46	0.72	1.15	1.85	2.9	4.6	7.2
250	315	6	8	12	16	23	32	52	81	130	210	320	0.52	0.81	1.3	2.1	3.2	5.2	8.1
315	400	7	9	13	18	25	36	57	89	140	230	360	0.57	0.89	1.4	2.3	3.6	5.7	8.9
400	500	8	10	15	20	27	40	63	97	155	250	400	0.63	0.97	1.55	2.5	4	6.3	9.7

附表 H-2 各标准公差等级应用范围

标准公差等级	适用范围	应用举例
IT5	用于仪表、发动机和机床中特别重要的场合，加工要求较高，一般机械制造中较少应用，其特点是能保证配合性质的稳定性	航空及航海仪器中特别精密的零件，与特别精密的滚动轴承配合的机床主轴和外壳孔，高精度齿轮的基准孔和基准轴
IT6	应用于机械制造中精度要求很高的重要配合，其特点是能得到均匀的配合性质，使用可靠	与P6级滚动轴承相配合的孔、轴径，机床丝杠轴径，矩形花键的定心直径，摇臂钻床的立柱等
IT7	广泛用于机械制造中精度要求较高、较重要的配合	联轴器、带轮、凸轮等孔径，机床卡盘座孔，发动机中的连杆孔、活塞孔等
IT8	机械制造中属于中等精度，用于对配合性质要求不太高的次要配合	轴承座衬套沿宽度方向尺寸，IT9～IT12级齿轮基准孔，IT11～IT12级齿轮基准轴
IT9～IT10	属于较低精度，用于配合性质要求不太高的次要配合	机械制造中轴套外径与孔、带轮与轴等
IT11～IT13	属于低精度，只用于基本没有配合要求的场合	非配合尺寸及工序间尺寸，滑块与滑移齿轮，冲压加工的配合件

附表 H-3　标准公差等级与加工方法的关系

加工方法	标准公差等级（IT）																	
	01	0	1	2	3	4	5	6	7	8	9	10	11	12	13	14	15	16
研磨	—	—	—	—	—	—	—											
珩磨						—	—	—	—									
圆磨、平磨							—	—	—	—								
金刚石车							—	—	—									
金刚石镗							—	—	—	—								
拉削							—	—	—	—								
铰孔								—	—	—	—	—						
车、镗									—	—	—	—	—					
铣										—	—	—	—					
刨、插												—	—					
钻孔												—	—	—	—			
滚压、挤压												—	—					
冲压												—	—	—	—	—		
压铸													—	—	—	—		
粉末冶金成形								—	—	—								
粉末冶金烧结									—	—	—	—						
砂型铸造、气割																		—
锻造																	—	

附表 H-4　优先配合特性及应用举例

基孔制	基轴制	优先配合特性及应用举例
H11/c11	C11/h11	间隙很大。用于很松的、转动很慢的动配合，要求大公差与大间隙的外露组件，要求装配方便的很松的配合
H9/d9	D9/h9	间隙很大的自由转动配合。用于精度非主要要求，或有大的温度变动、高转速或大的轴颈压力时
H8/f7	F8/h7	间隙不大的转动配合。用于中等转速与中等轴颈压力的精确转动，也用于装配较容易的中等定位配合
H7/g6	G7/h6	间隙很小的滑动配合。用于不希望自由转动，但可自由移动和滑动，并要求精密定位时；也可用于要求明确的定位配合
H7/h6，H8/h7 H9/h9，H11/h11		均为间隙定位配合，零件可自由装拆，工作时一般相对静止不动。在最大实体条件下的间隙为零，在最小实体条件下的间隙由标准公差等级决定
H7/k6	K7/h6	过渡配合，用于精密定位
H7/n6	N7/h6	过渡配合，允许有较大过盈的更精密定位
H7/p6	P7/h6	过盈定位配合，即小过盈配合。用于定位精度特别重要时，能以最好的定位精度达到部件的刚性及对中性要求，而对内孔承受压力无特殊要求，不依靠配合的紧固性传递摩擦负荷
H7/s6	S7/h7	中等压入配合。适用于一般钢件，或用于薄壁件的冷缩配合，用于铸铁件可得到最紧的配合
H7/u6	U7/h6	压入配合。适用于可以承受高压入力的零件，或不宜承受大压入力的冷缩配合

附表 H-5　轴的极限偏差值（GB/T 1800.2—2020 摘录）　　（单位：μm）

公差带	等级	公称尺寸/mm						
		18 ~ 30	30 ~ 50	50 ~ 80	80 ~ 120	120 ~ 180	180 ~ 250	250 ~ 315
d	8	-65 -98	-80 -119	-100 -146	-120 -174	-145 -208	-170 -242	-190 -271
	▼9	-65 -117	-80 -142	-100 -174	-120 -207	-145 -245	-170 -285	-190 -320
	10	-65 -149	-80 -180	-100 -220	-120 -260	-145 -305	-170 -355	-190 -400
	11	-65 -195	-80 -240	-100 -290	-120 -340	-145 -395	-170 -460	-190 -510
f	5	-20 -29	-25 -36	-30 -43	-36 -51	-43 -61	-50 -70	-56 -79
	6	-20 -33	-25 -41	-30 -49	-36 -58	-43 -68	-50 -79	-56 -88
	▼7	-20 -41	-25 -50	-30 -60	-36 -71	-43 -83	-50 -96	-56 -108
	8	-20 -53	-25 -64	-30 -76	-36 -90	-43 -106	-50 -122	-56 -137
	9	-20 -72	-25 -87	-30 -104	-36 -123	-43 -143	-50 -165	-56 -185
g	5	-7 -16	-9 -20	-10 -23	-12 -27	-14 -32	-15 -35	-17 -40
	▼6	-7 -20	-9 -25	-10 -29	-12 -34	-14 -39	-15 -44	-17 -49
	7	-7 -28	-9 -34	-10 -40	-12 -47	-14 -54	-15 -61	-17 -69
h	5	0 -9	0 -11	0 -13	0 -15	0 -18	0 -20	0 -23
	▼6	0 -13	0 -16	0 -19	0 -22	0 -25	0 -29	0 -32
	▼7	0 -21	0 -25	0 -30	0 -35	0 -40	0 -46	0 -52
	8	0 -33	0 -39	0 -46	0 -54	0 -63	0 -72	0 -81
	▼9	0 -52	0 -62	0 -74	0 -87	0 -100	0 -115	0 -130
	10	0 -84	0 -100	0 -120	0 -140	0 -160	0 -185	0 -210
	▼11	0 -130	0 -160	0 -190	0 -220	0 -250	0 -290	0 -320
	12	0 -0.21	0 -0.25	0 -0.8	0 -0.35	0 -0.1	0 0.46	0 -0.52

（续）

公差带	等级	公称尺寸/mm						
		18～30	30～50	50～80	80～120	120～180	180～250	250～315
k	5	+11 +2	+13 +2	+15 +2	+18 +3	+21 +3	+24 +4	+27 +4
	▼6	+15 +2	+18 +2	+21 +2	+25 +3	+28 +3	+33 +4	+36 +4
	7	+23 +2	+27 +2	+32 +2	+38 +3	+43 +3	+50 +4	+56 +4
m	5	+17 +8	+20 +9	+24 +11	+28 +13	+33 +15	+37 +17	+43 +20
	6	+21 +8	+25 +9	+30 +11	+35 +13	+40 +15	+46 +17	+52 +20
	7	+29 +8	+34 +9	+41 +11	+48 +13	+55 +15	+63 +17	+72 +20
n	5	+24 +15	+28 +17	+33 +20	+38 +23	+45 +27	+51 +31	+57 +34
	▼6	+28 +15	+33 +17	+39 +20	+45 +23	+52 +27	+60 +31	+66 +34
	7	+36 +15	+42 +17	+50 +20	+58 +23	+67 +27	+77 +31	+86 +34
p	5	+31 +22	+37 +26	+45 +32	+52 +37	+61 +43	+70 +50	+79 +56
	▼6	+35 +22	+42 +26	+51 +32	+59 +37	+68 +43	+79 +50	+88 +56
	7	+43 +22	+51 +26	+62 +32	+72 +37	+83 +43	+96 +50	+108 +56

注：标注▼者为优先公差等级，应优先选用。

附表 H-6　孔的极限偏差值（GB/T 1800.2—2020 摘录）　　（单位：μm）

公差带	等　级	公称尺寸/mm						
		18～30	30～50	50～80	80～120	120～180	180～250	250～315
D	8	+98 +65	+119 +80	+146 +100	+174 +120	+208 +145	+242 +170	+271 +190
	▼9	+117 +65	+142 +80	+174 +100	+207 +120	+245 +145	+285 +170	+320 +190
	10	+149 +65	+180 +80	+220 +100	+260 +120	+305 +145	+355 +170	+400 +190
	11	+195 +65	+240 +80	+290 +100	+340 +120	+395 +145	+460 +170	+510 +190

（续）

公差带	等　级	公称尺寸/mm						
		18～30	30～50	50～80	80～120	120～180	180～250	250～315
E	5	+49 +40	+61 +50	+73 +60	+87 +72	+103 +85	+120 +100	+133 +110
	6	+53 +40	+66 +50	+79 +60	+94 +72	+110 +85	+129 +100	+142 +110
	7	+61 +40	+75 +50	+90 +60	+107 +72	+125 +85	+146 +100	+162 +110
	8	+73 +40	+89 +50	+106 +60	+125 +72	+148 +85	+172 +100	+191 +110
	9	+92 +40	+112 +50	+134 +60	+159 +72	+185 +85	+215 +100	+240 +110
	10	+124 +40	+150 +50	+180 +60	+212 +72	+245 +85	+285 +100	+320 +110
F	6	+33 +20	+41 +25	+49 +30	+58 +36	+68 +43	+79 +50	+88 +56
	7	+41 +20	+50 +25	+60 +30	+71 +36	+83 +43	+96 +50	+108 +56
	▼8	+53 +20	+64 +25	+76 +30	+90 +36	+106 +43	+122 +50	+137 +56
	9	+72 +20	+87 +25	+104 +30	+123 +36	+143 +43	+165 +50	+186 +56
G	6	+20 +7	+25 +9	+29 +10	+34 +12	+39 +14	+44 +15	+49 +17
	▼7	+28 +7	+34 +9	+40 +10	+47 +12	+54 +14	+61 +15	+69 +17
H	6	+13 0	+16 0	+19 0	+22 0	+25 0	+29 0	+32 0
	▼7	+21 0	+25 0	+30 0	+35 0	+40 0	+46 0	+52 0
	▼8	+33 0	+39 0	+46 0	+54 0	+63 0	+72 0	+81 0
	▼9	+52 0	+62 0	+74 0	+87 0	+100 0	+115 0	+130 0
	10	+84 0	+100 0	+120 0	+140 0	+160 0	+185 0	+210 0
	▼11	+130 0	+160 0	+190 0	+220 0	+250 0	+290 0	+320 0
JS	6	±6.5	±8	±9.5	±11	±12.5	±14.5	±16
	7	±10	±12	±15	±17	±20	±23	26
	8	±16	±19	±23	±27	±31	±36	±40

（续）

公差带	等级	公称尺寸/mm						
		18～30	30～50	50～80	80～120	120～180	180～250	250～315
K	6	+2 -11	+3 -13	+4 -15	+4 -18	+4 -21	+5 -24	+5 -27
	▼7	+6 -15	+7 -18	+9 -21	+10 -25	+12 -28	+13 -33	+16 -36
	8	+10 -23	+12 -27	+14 -32	+16 -38	+20 -43	+22 -50	+25 -56
M	6	-4 -17	-4 -20	-5 -24	-6 -28	-8 -33	-8 -37	-9 -41
	7	0 -21	0 -25	0 -30	0 -35	0 -40	0 -46	0 -52
	8	+4 -29	+5 -34	+5 -41	+6 -48	+8 -55	+9 -63	+9 -72
N	6	-11 -24	-12 -28	-14 -33	-16 -38	-20 -45	-22 -51	-25 -57
	▼7	-7 -28	-8 -33	-9 -39	-10 -45	-12 -52	-14 -60	-14 -66
	8	-3 -36	-3 -42	-4 -50	-4 -58	-4 -67	-5 -77	-5 -86
P	6	-18 -31	-21 -37	-26 -45	-30 -52	-36 -61	-41 -70	-47 -79
	▼7	-14 -35	-17 -42	-21 -51	-24 -59	-28 -68	-33 -79	-36 -88
R	6	-24 -37	-29 -45	-35 -54	-37 -56	-44 -66	-47 -69	-56 -81
	7	-20 -41	-25 -50	-30 -60	-32 -62	-38 -73	-41 -76	-48 -88
S	6	-31 -44	-38 -54	-47 -66	-53 -72	-64 -86	-72 -94	-85 -110
	▼7	-27 -48	-34 -59	-42 -72	-48 -78	-58 -93	-66 -101	-77 -117

注：标注▼者为优先标准公差等级，应优先选用。

二、几何公差

附表 H-7　直线度和平面度公差（GB/T 1184—1996 摘录）　　（单位：μm）

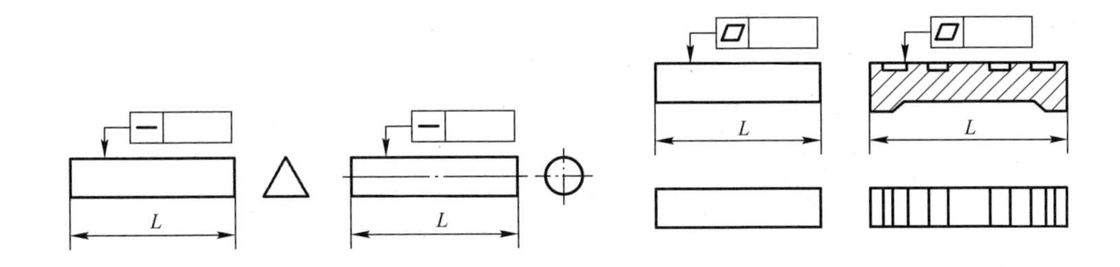

标准公差等级	主参数 L/mm													应用举例
	≤10	>10~16	>16~25	>25~40	>40~63	>63~100	>100~160	>160~250	>250~400	>400~630	>630~1000	>1000~1600	>1600~2500	
5 6	2 3	2.5 4	3 5	4 6	5 8	6 10	8 12	10 15	12 20	15 25	20 30	25 40	30 50	普通精度机床导轨，柴油机进、排气门导杆
7 8	5 8	6 10	8 12	10 15	12 20	15 25	20 30	25 40	30 50	40 60	50 80	60 100	80 120	轴承体的支承面、压力机导轨及滑块、减速器箱体、液压泵、轴系支承轴承的接合面
9 10	12 20	15 25	20 30	25 40	30 50	40 60	50 80	60 100	80 120	100 150	120 200	150 250	200 300	辅助机构及手动机械的支承面、液压管件和法兰的连接面
11 12	30 60	40 80	50 100	60 120	80 150	100 200	120 250	150 300	200 400	250 500	300 600	400 800	500 1000	离合器的摩擦片、汽车发动机缸盖接合面

标注示例	说　明	标注示例	说　明
— 0.02	圆柱表面上任一素线必须位于轴向平面内，距离为公差值 0.02mm 的两平行平面之间	— φ0.04	φ 圆柱体的轴线必须位于直径为公差值 0.04mm 的圆柱面内
— 0.02	棱线必须位于箭头所示方向，距离为公差值 0.02mm 的两平行平面内	▱ 0.02	上表面必须位于距离为公差值 0.02mm 的两平行平面内

注：表中“应用举例”非 GB/T 1184—1996 内容，仅供参考。

附表 H-8　圆度和圆柱度公差（GB/T 1184—1996 摘录）

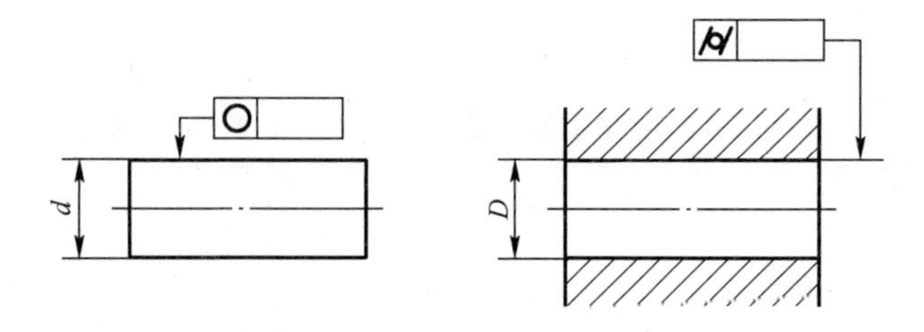

标准公差等级	主参数 $d(D)$/mm										应用举例
	>10~18	>18~30	>30~50	>50~80	>80~120	>120~180	>180~250	>250~315	>315~400	>400~500	
7 8	5 8	6 9	7 11	8 13	10 15	12 18	14 20	16 23	18 25	20 27	发动机的胀圈、活塞销及连杆中装衬套的孔等，千斤顶或液压缸活塞，水泵及减速器轴颈，液压传动系统的分配机构，拖拉机气缸体与气缸套配合面，炼胶机冷铸轧辊
9 10	11 18	13 21	16 25	19 30	22 35	25 40	29 46	32 52	36 57	40 63	起重机、卷扬机用的滑动轴承，带软密封的低压泵的活塞和气缸，通用机械杠杆与拉杆，拖拉机的活塞环与套筒孔

标注示例	说　明
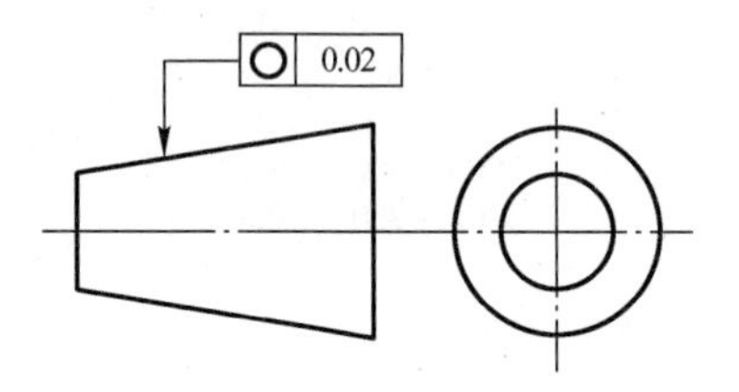	被测圆柱（或圆锥）面任一正截面的圆周必须位于半径差为公差值 0.02mm 的两同心圆之间
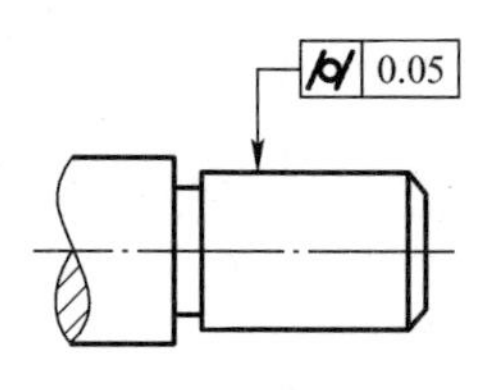	被测圆柱面必须位于半径差为公差值 0.05mm 的两同轴圆柱面之间

注：同附表 H-7。

附表 H-9　平行度、垂直度和倾斜度公差（GB/T 1184—1996 摘录）（单位：μm）

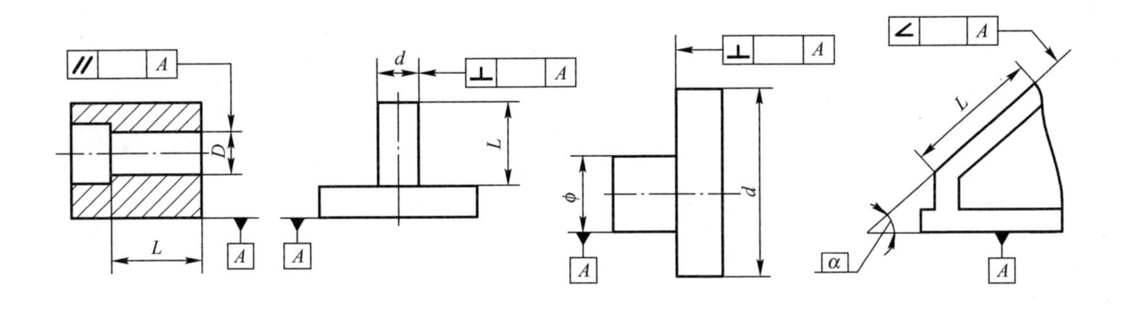

标准公差等级	主参数 L、$d(D)$/mm													应用举例	
	≤10	>10~16	>16~25	>25~40	>40~63	>63~100	>100~160	>160~250	>250~400	>400~630	>630~1 000	>1 000~1 600	>1 600~2 500	平行度	垂直度
7	12	15	20	25	30	40	50	60	80	100	120	150	200	一般机床零件的工作面或基准面，压力机和锻锤的工作面，中等精度钻磨的工作面，一般刀具、量具、模具 机床一般轴承孔对基准面的要求，主轴箱一般孔间要求，气缸轴线、变速器箱孔、主轴花键对定心直径的要求，重型机械轴承盖的端面，卷扬机、手动传动装置中的传动轴	低精度机床主要基准面和工作面、回转工作台端面跳动，一般导轨，主轴箱体孔，刀架、砂轮架及工作台回转中心，机床轴肩、气缸配合面对基轴线，活塞销孔对活塞中心线以及安装 P6、P0 级轴承壳体孔的轴线等
8	20	25	30	40	50	60	80	100	120	150	200	250	300		
9	30	40	50	60	80	100	120	150	200	250	300	400	500	低精度零件，重型机械滚动轴承端盖，柴油机和煤气发动机的曲轴孔、轴颈等	花键轴轴肩端面、带式输送机法兰盘等端面对轴线，手动卷扬机及传动装置中轴承端面，减速器箱体平面等
10	50	60	80	100	120	150	200	250	300	400	500	600	800		

（续）

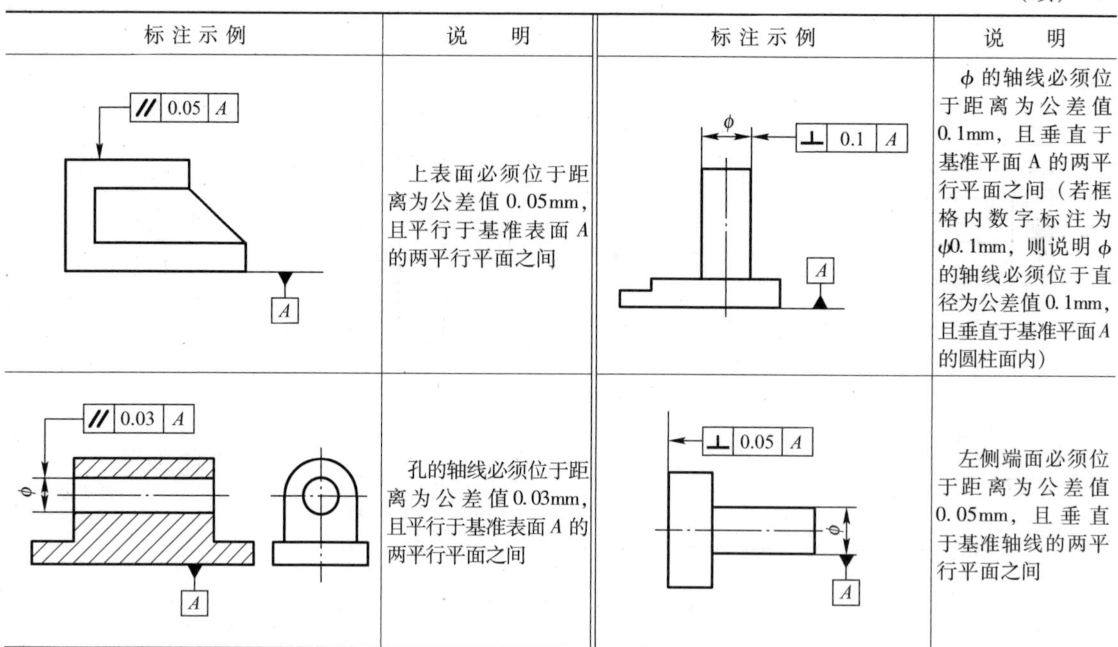

标注示例	说　　明	标注示例	说　　明
	上表面必须位于距离为公差值 0.05mm，且平行于基准表面 *A* 的两平行平面之间		ϕ 的轴线必须位于距离为公差值 0.1mm，且垂直于基准平面 A 的两平行平面之间（若框格内数字标注为 ϕ0.1mm，则说明 ϕ 的轴线必须位于直径为公差值 0.1mm，且垂直于基准平面 *A* 的圆柱面内）
	孔的轴线必须位于距离为公差值 0.03mm，且平行于基准表面 *A* 的两平行平面之间		左侧端面必须位于距离为公差值 0.05mm，且垂直于基准轴线的两平行平面之间

附表 H-10　同轴度、对称度、圆跳动和全跳动公差（GB/T 1184—1996 摘录）

（单位：μm）

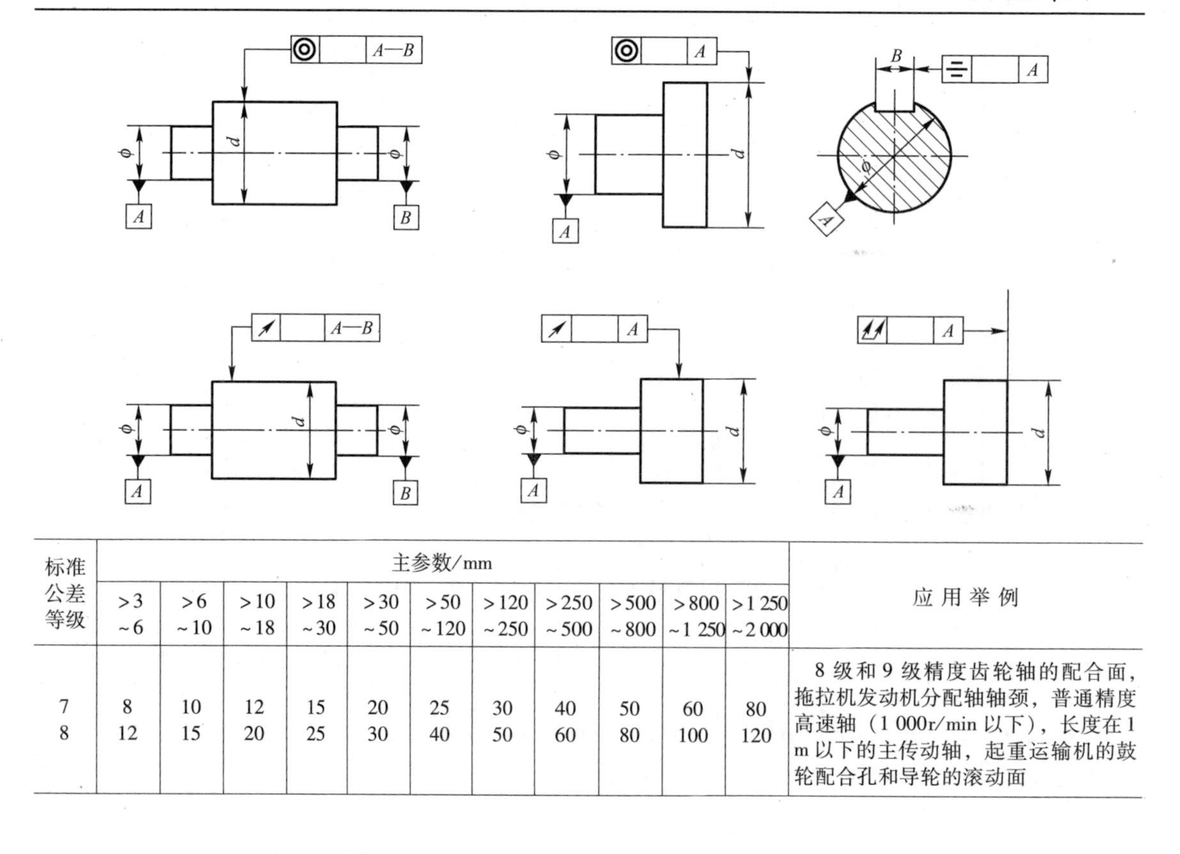

标准公差等级	主参数/mm											应用举例
	>3 ~6	>6 ~10	>10 ~18	>18 ~30	>30 ~50	>50 ~120	>120 ~250	>250 ~500	>500 ~800	>800 ~1 250	>1 250 ~2 000	
7 8	8 12	10 15	12 20	15 25	20 30	25 40	30 50	40 60	50 80	60 100	80 120	8 级和 9 级精度齿轮轴的配合面，拖拉机发动机分配轴轴颈，普通精度高速轴（1 000r/min 以下），长度在 1 m 以下的主传动轴，起重运输机的鼓轮配合孔和导轮的滚动面

（续）

标准公差等级	主参数/mm											应用举例
	>3 ~6	>6 ~10	>10 ~18	>18 ~30	>30 ~50	>50 ~120	>120 ~250	>250 ~500	>500 ~800	>800 ~1 250	>1 250 ~2 000	
9 10	25 50	30 60	40 80	50 100	60 120	80 150	100 200	120 250	150 300	200 400	250 500	10 级和 11 级精度齿轮轴的配合面，发动机气缸套配合面，水泵叶轮，离心泵部件，摩托车活塞，自行车中轴

标注示例	说　明	标注示例	说　明
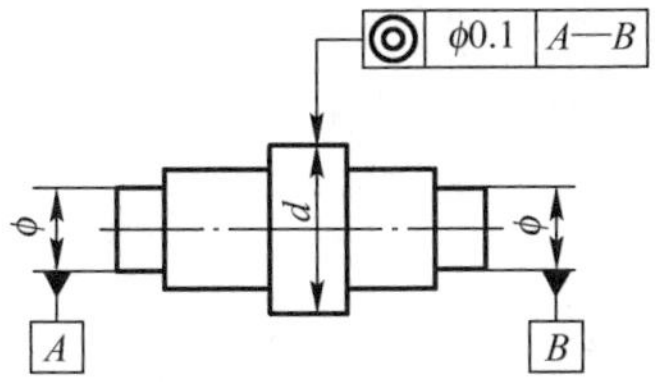	*d* 的轴线必须位于直径为公差值 0.1mm，且与公共基准轴线 *A*－*B* 同轴的圆柱面内	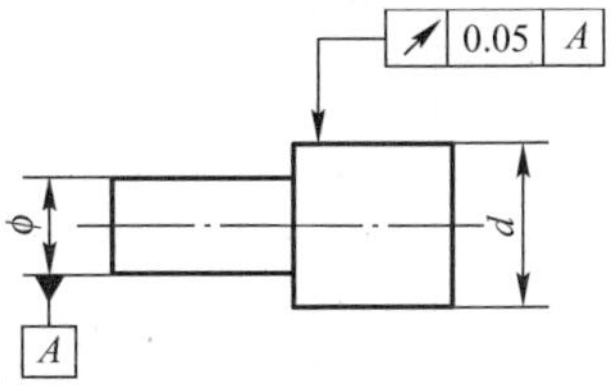	*d* 圆柱面绕公共基准轴线进行无轴向移动旋转一周时，在任一测量平面内的径向跳动量均不得大于公差值 0.05mm
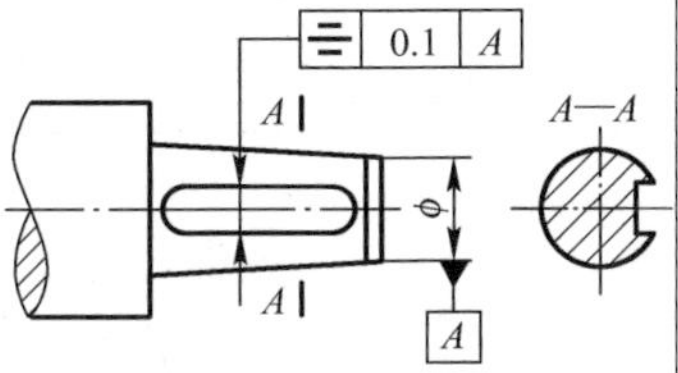	键槽的中心面必须位于距离为公差值 0.1mm 且相对于基准中心平面 *A* 对称配置的两平行平面之间	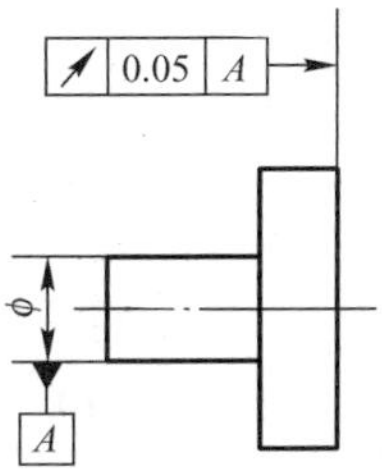	当零件绕基准轴线进行无轴向移动旋转一周时，在右端面上任一测量圆柱面内，轴向跳动量均不得大于公差值 0.05mm

三、表面粗糙度

附表 H-11　表面粗糙度主要评定参数 *Ra* 的数值系列（GB/T 1031—2009 摘录）

（单位：μm）

基本系列	补充系列	基本系列	补充系列	基本系列	补充系列	基本系列	补充系列	基本系列	补充系列
	0.008		0.063		0.50		4.0		32
	0.010		0.080		0.63		5.0		40
0.012		0.1		0.8		6.3		50	
	0.016		0.125		1.00		8.0		63
	0.020		0.160		1.25		10.0		80
0.025		0.2		1.6		12.5		100	
	0.032		0.25		2.0		16.0		
	0.040		0.32		2.5		20		
0.05		0.4		3.2		25			

注：1. 根据表面功能和生产的经济合理性，优先选用基本系列值。当基本系列值不能满足要求时，可选取补充系列值。

2. 在表面粗糙度参数常用的范围内（*Ra* 为 0.025～6.3 μm），推荐优先选用 *Ra*。

附表 H-12　轮廓最大高度 *Rz* 的数值系列（GB/T 1031—2009 摘录）（单位：μm）

基本系列	补充系列	基本系列	补充系列	基本系列	补充系列	基本系列	补充系列	基本系列	补充系列
0.025			0.25		2.5	25			250
	0.032		0.32	3.2			32		320
	0.040	0.4			4.0		40	400	
0.05			0.50		5.0	50			500
	0.063		0.63	6.3			63		630
	0.080	0.8			8.0		80	800	
0.1			1.00		10.0	100			1 000
	0.125		1.25	12.5			125		1 250
	0.160	1.6			16.0		160	1 600	
0.2			2.0		20	200			

注：优先选用基本系列值，当基本系列值不能满足要求时，可选取补充系列值。

附表 H-13　与公差代号相适应的 *Ra* 值　（单位：μm）

<table>
<tr><th rowspan="2">公差带代号</th><th colspan="10">公称尺寸/mm</th></tr>
<tr><th>>6 ~10</th><th>>10 ~18</th><th>>18 ~30</th><th>>30 ~50</th><th>>50 ~80</th><th>>80 ~120</th><th>>120 ~180</th><th>>180 ~250</th><th>>260 ~360</th><th>>360 ~500</th></tr>
<tr><td>H7</td><td colspan="3">0.8 ~1.6</td><td colspan="5">1.6 ~3.2</td><td colspan="2" rowspan="2">3.2 ~6.3</td></tr>
<tr><td>S7,u5,u6,r6,s6,</td><td colspan="4">0.8 ~1.6</td><td colspan="4">1.6 ~3.2</td></tr>
<tr><td>n6,m6,k6,js6,h6,g6</td><td colspan="2">0.4 ~0.8</td><td colspan="4">0.8 ~1.6</td><td colspan="4">1.6 ~3.2</td></tr>
<tr><td>f7</td><td>0.4 ~0.8</td><td colspan="4">0.8 ~1.6</td><td colspan="3">1.6 ~3.2</td><td colspan="2" rowspan="2">3.2 ~6.3</td></tr>
<tr><td>e8</td><td colspan="3">0.8 ~1.6</td><td colspan="5">1.6 ~3.2</td></tr>
<tr><td rowspan="2">H8,d8,n7,j7,js7,h7,m7,k7</td><td colspan="2" rowspan="2">0.8 ~1.6</td><td colspan="5">1.6 ~3.2</td><td colspan="3">3.2 ~6.3</td></tr>
<tr><td colspan="6">1.6 ~3.2</td><td colspan="2">3.2 ~6.3</td></tr>
<tr><td rowspan="2">H8,H9,h8,h9,f9</td><td colspan="6" rowspan="2">1.6 ~3.2</td><td colspan="3">3.2 ~6.3</td><td>6.3 ~12.5</td></tr>
<tr><td colspan="2"></td><td colspan="2">6.3 ~12.5</td></tr>
<tr><td>H10,h10</td><td colspan="3">1.6 ~3.2</td><td colspan="4">3.2 ~6.3</td><td colspan="3">6.3 ~12.5</td></tr>
<tr><td>H11,h11,d11,a11,
b11,c10,c11</td><td colspan="2">1.6 ~3.2</td><td colspan="4">3.2 ~6.3</td><td colspan="4">6.3 ~12.5</td></tr>
<tr><td>H12,H13,h12,h13,
h12,c12,c13</td><td colspan="5">3.2 ~6.3</td><td colspan="3">6.3 ~12.5</td><td colspan="2">12.5 ~50</td></tr>
</table>

注：本表供一般机械单件生产的产品设计时参考。

附表 H-14　表面粗糙度的参数值、对应的加工方法及适用范围（参考）

$Ra/\mu m$	表面状况	加工方法	适用范围
100	除净毛刺	铸造、锻、热轧、冲切	不加工的平滑表面，如砂型铸造、冷铸、压力铸造、轧材、锻压、热压及各种型锻的表面
50，25	可用手触及刀痕	粗车、镗、刨、钻	工序间加工时所得到的粗糙表面，即预先经过机械加工，如粗车、粗铣等的零件表面
12.5	可见刀痕	粗车、刨、铣、钻	
6.3	微见加工刀痕	车、镗、刨、钻、铣、锉、磨、粗铰、铣齿	不重要零件的非配合表面，如支柱、轴、外壳、衬套、盖等的表面；紧固零件的自由表面，不要求定心及配合特性的表面，如用钻头钻的螺栓孔等的表面；固定支承表面，如与螺栓头相接触的表面、键的非结合表面
3.2	看不清加工刀痕	车、镗、刨、铣、刮 1～2 点/cm^2、拉磨、锉、滚压、铣齿	和其他零件连接而又不是配合表面，如外壳凸耳、扳手等的支承表面，要求有定心及配合特性的固定支承表面，如定心的轴肩、槽等的表面；不重要的紧固螺纹表面
1.6	可见加工痕迹方向	车、镗、刨、铣、铰、拉、磨、滚压、刮 1～2 点/cm^2	要求不精确定心及配合特性的固定支承表面，如衬套、轴承和定位销的压入孔；不要求定心及配合特性的活动支承面，如活动关节、花键、传动螺纹工作面等；重要零件的配合表面，如导向件等
0.8	微见加工痕迹的方向	车、镗、拉、磨、立铣、刮3～10 点/cm^2、滚压	要求保证定心及配合特性的表面，如圆锥销和圆柱销表面、安装滚动轴承的孔，滚动轴承的轴颈等；不要求保证定心及配合特性的活动支承表面，如高精度活动球接头表面、支承垫圈、磨削的轮齿
0.4	微辨加工痕迹的方向	铰、磨、镗、拉、刮 3～10 点/cm^2、滚压	要求能长期保持所规定配合特性的轴和孔的配合表面，如导柱、导套的工作表面；要求保证定心及配合特性的表面，如精密球轴承的压入座、轴瓦的工作表面、机床顶尖表面等；工作时承受反复应力的重要零件表面；在不破坏配合特性下工作，要保证其耐久性和疲劳强度所要求的表面、圆锥定心表面，如曲轴和凸轮轴的工作表面
0.2	不可辨加工痕迹的方向	布轮磨、研磨、超级加工	工作时承受反复应力的重要零件表面；保证零件的疲劳强度、防腐性和耐久性，并在工作时不破坏配合特性的表面，如轴颈表面、活塞和柱塞表面；IT5、IT6 标准公差等级配合的表面；圆锥定心表面；摩擦表面
0.1	暗光泽面	超级加工	工作时承受较大反复应力的重要零件表面；保证零件的疲劳强度、防腐性及在活动接头工作中的耐久性的表面，如活塞销表面、液压传动机用的孔的表面；保证精确定心的圆锥表面
0.05	亮光泽面	超级加工	精密仪器及附件的摩擦面，量具工作面
0.025	镜状光泽面		
0.012	雾状镜面		

附表 H-15　表面粗糙度符号及其注法

表面粗糙度符号及其意义		表面粗糙度数值及其有关的规定在符号中注写的位置
符　号	意义及说明	
	基本符号，表示表面可用任何方法获得，当不加注表面粗糙度参数值或有关说明（如表面处理、局部热处理状况等）时，仅适用于简化代号标注	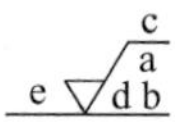 c a e　d b a——注写表面结构的单一要求 a 和 b——注写两个或多个表面结构要求 c——注写加工方法 d——注写表面纹理和方向 e——注写加工余量
	基本符号上加一短画，表示表面用去除材料的方法获得，如车、铣、钻、磨、剪切、抛光、腐蚀、电火花加工、气割等	
	基本符号上加一小圆，表示表面是用不去除材料的方法获得，如铸、锻、冲压变形、热轧、冷轧、粉末冶金等；或者用于保持原供应状况的表面（包括保持上道工序的状况）	
	在上述三个符号的长边上均可加一横线，用于标注有关参数和说明	
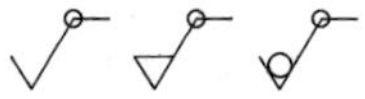	在上述三个符号上均可加一小圆，表示所有表面具有相同的表面粗糙度要求	

附表 H-16　表面粗糙度符号示例

代　号	意　义	代　号	意　义
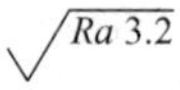 *Ra* 3.2	用任何方法获得的表面粗糙度，*Ra* 的上限值为 3.2 μm	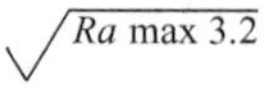 *Ra* max 3.2	用任何方法获得的表面粗糙度，*Ra* 的最大值为 3.2 μm
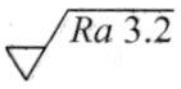 *Ra* 3.2	用去除材料的方法获得的表面粗糙度，*Ra* 的上限值为 3.2 μm	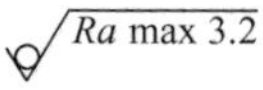 *Ra* max 3.2	用去除材料的方法获得的表面粗糙度，*Ra* 的最大值为 3.2 μm
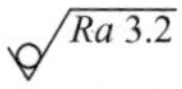 *Ra* 3.2	用不去除材料的方法获得的表面粗糙度，*Ra* 的上限值为 3.2 μm	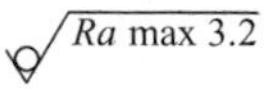 *Ra* max 3.2	用不去除材料的方法获得的表面粗糙度，*Ra* 的最大值为 3.2 μm
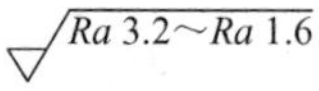 *Ra* 3.2～*Ra* 1.6	用去除材料的方法获得的表面粗糙度，*Ra* 的上限值为 3.2 μm，下限值为 1.6 μm	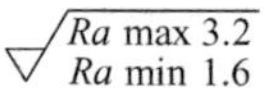 *Ra* max 3.2 *Ra* min 1.6	用去除材料的方法获得的表面粗糙度，*Ra* 的最大值为 3.2 μm，最小值为 1.6 μm

附表 H-17 表面粗糙度标注方法示例

表面粗糙度符号，代号一般注在可见轮廓线、尺寸界线、引出线或它们的延长线上

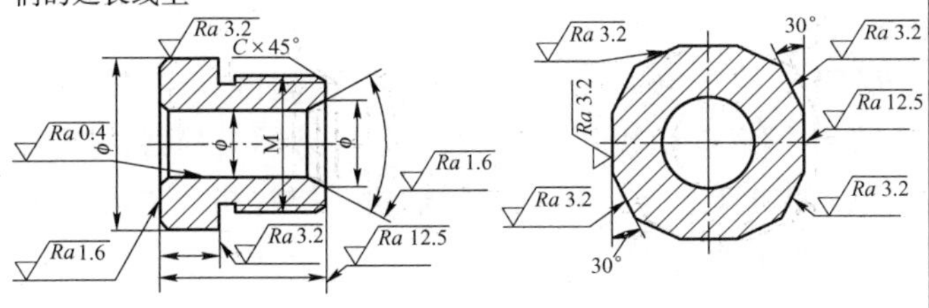

当同一表面有不同的表面粗糙度要求时，须用细实线画出其分界线，并注出相应表面粗糙度的代号和尺寸

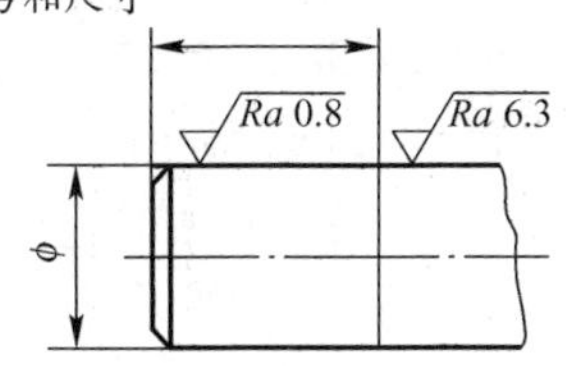

中心孔的工作表面、键槽工作面、倒角、圆角的表面，可以简化标注

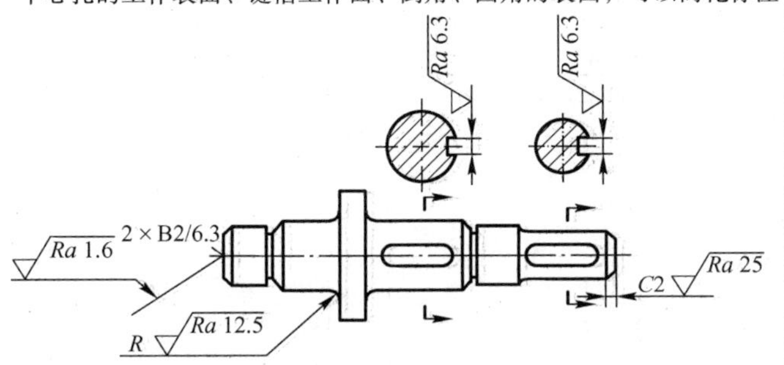

需要对零件进行局部热处理或局部镀涂时，应用粗点画线画出其范围并标注相应的尺寸，也可将其要求注写在表面粗糙度符号长边的横线上

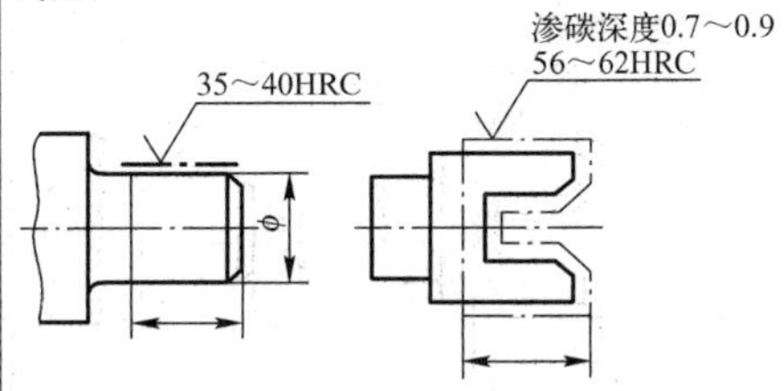

齿轮、渐开线花键、螺纹等工作表面没有画出齿（牙）形时的标注方法

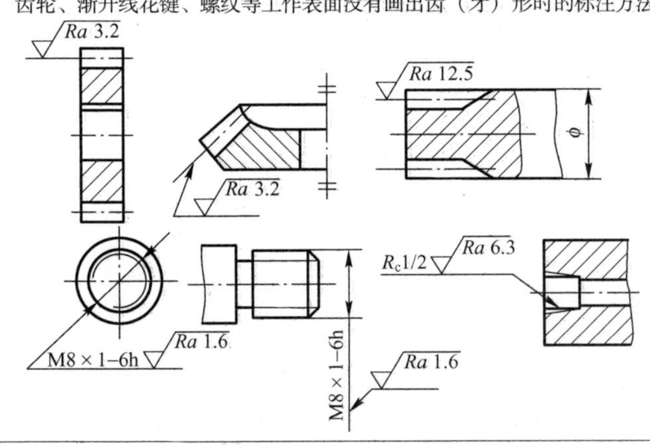

零件上连续表面及重复要素（孔、槽、齿等）的表面和用细实线连接的不连续的同一表面，其表面粗糙度符号只标注一次

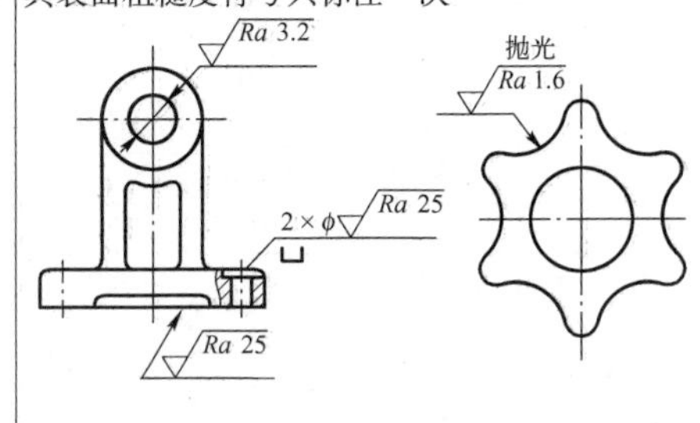

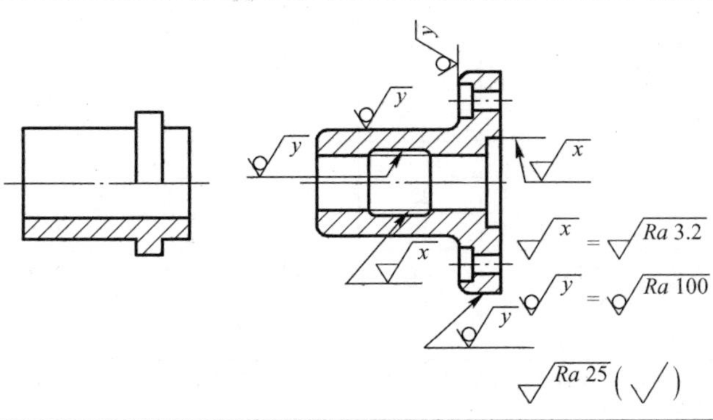

当零件所有表面具有相同的表面粗糙度要求时，其符号、代号可在图样的右上角统一标注

当零件的大部分表面具有相同的表面粗糙度要求时，对其中使用最多的一种符号、代号可以注在图样的右下角，并加注“√”

为了简化标注方法，或在位置受到限制时，可以标注简化代号，也可采用省略注法，但必须在标题栏附近说明这些简化代号的意义

当用统一标注和简化标注方法时，其符号、代号和文字说明的高度均应是图样上其他表面所注代号和文字的1.4倍

附录 I　电动机

Y 系列三相异步电动机

Y 系列电动机为全封闭自扇冷式笼型三相异步电动机，它是按照国际电工委员会（IEC）标准设计的，具有国际互换性的特点。该电动机用于空气中不含易燃、易爆或腐蚀性气体的场所，适用于无特殊要求的机械，如机床、泵、风机、运输机、搅拌机、农业机械等；也可用于某些需要高起动转矩的机器，如压缩机等。

附表 I-1　Y 系列（IP44）三相异步电动机的技术数据

电动机型号	额定功率/kW	满载转速/(r/min)	堵转转矩/额定转矩	最大转矩/额定转矩	电动机型号	额定功率/kW	满载转速/(r/min)	堵转转矩/额定转矩	最大转矩/额定转矩
同步转速 3000r/min，2 极					同步转速 1500r/min，4 极				
Y80M1 - 2	0.75	2 825	2.2	2.3	Y80M1 - 4	0.55	1 390	2.4	2.3
Y80M2 - 2	1.1	2 825	2.2	2.3	Y80M2 - 4	0.75	1 390	2.3	2.3
Y90S - 2	1.5	2 840	2.2	2.3	Y90S - 4	1.1	1 400	2.3	2.3
Y90L - 2	2.2	2 840	2.2	2.3	Y90L - 4	1.5	1 400	2.3	2.3
Y100L - 2	3	2 880	2.2	2.3	Y100L1 - 4	2.2	1 420	2.2	2.3
Y112M - 2	4	2 890	2.2	2.3	Y100L2 - 4	3	1 420	2.2	2.3
Y132S1 - 2	5.5	2 900	2.0	2.3	Y112M - 4	4	1 440	2.2	2.3
Y132S2 - 2	7.5	2 900	2.0	2.3	Y132S - 4	5.5	1 440	2.2	2.3
Y160M1 - 2	11	2 930	2.0	2.3	Y132M - 4	7.5	1 440	2.2	2.3
Y160M2 - 2	15	2 930	2.0	2.3	Y160M - 4	11	1 460	2.2	2.3
Y160L - 2	18.5	2 930	2.0	2.2	Y160L - 4	15	1 460	2.2	2.3
Y180M - 2	22	2 940	2.0	2.2	Y180M - 4	18.5	1 470	2.0	2.2
Y200L1 - 2	30	2 950	2.0	2.2	Y180L - 4	22	1 470	2.0	2.2
Y200L2 - 2	37	2 950	2.0	2.2	Y200L - 4	30	1 470	2.0	2.2
Y225M - 2	45	2 970	2.0	2.2	Y225S - 4	37	1 480	1.9	2.2
Y250M - 2	55	2 970	2.0	2.2	Y225M - 4	45	1 480	1.9	2.2
同步转速 1 000r/min，6 极					Y250M - 4	55	1 480	2.0	2.2
Y90S - 6	0.75	910	2.0	2.2	Y280S - 4	75	1 480	1.9	2.2
Y90L - 6	1.1	910	2.0	2.2	Y280M - 4	90	1 480	1.9	2.2
Y100L - 6	1.5	940	2.0	2.2	同步转速 750r/min，8 极				
Y112M - 6	2.2	940	2.0	2.2	Y132S - 8	2.2	710	2.0	2.0
Y132S - 6	3	960	2.0	2.2	Y132M - 8	3	710	2.0	2.0
Y132M1 - 6	4	960	2.0	2.2	Y160M1 - 8	4	720	2.0	2.0
Y132M2 - 6	5.5	960	2.0	2.2	Y160M2 - 8	5.5	720	2.0	2.0
Y160M - 6	7.5	970	2.0	2.0	Y160L - 8	7.5	720	2.0	2.0
Y160L - 6	11	970	2.0	2.0	Y180L - 8	11	730	1.7	2.0
Y180L - 6	15	970	2.0	2.0	Y200L - 8	15	730	1.8	2.0
Y200L1 - 6	18.5	970	2.0	2.0	Y225S - 8	18.5	730	1.7	2.0
Y200L2 - 6	22	970	2.0	2.0	Y225M - 8	22	730	1.8	2.0
Y225M - 6	30	980	1.7	2.0	Y250M - 8	30	730	1.8	2.0
Y250M - 6	37	980	1.7	2.0	Y280S - 8	37	740	1.8	2.0
Y280S - 6	45	980	1.8	2.0	Y280M - 8	45	740	1.8	2.0
Y280M - 6	53	980	1.8	2.0					

注：电动机型号意义：以 Y132S2 - 2 - B3 为例，Y 表示系列代号，132 表示机座中心高，S2 表示短机座第二种铁芯长度（M 表示中机座，L 表示长机座），2 为电动机极数，B3 表示安装形式。

附表 I-2　Y 系列三相异步电动机的安装形式

安装形式	基本安装型	由 B3 派生安装型				
	B3	V5	V6	B6	B7	B8
示意图						
中心高/mm	80 ~ 280	80 ~ 160				
安装形式	基本安装型	由 B5 派生安装型		基本安装型	由 B35 派生安装型	
	B5	V1	V3	B35	V15	V36
示意图						
中心高/mm	80 ~ 225	80 ~ 280	80 ~ 160	80 ~ 280	80 ~ 160	

附表 I-3　机座带底脚、端盖无凸缘 Y 系列三相异步电动机的外形和安装尺寸　（单位：mm）

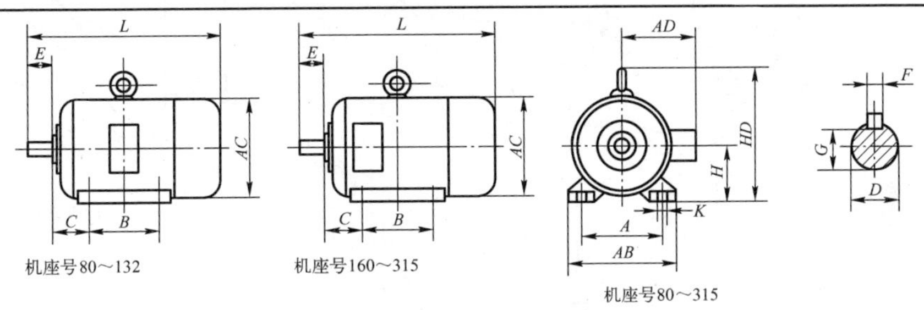

机座带底脚，端盖无凸缘

机座号	尺寸 H	A	B	C	D 2极	D 4、6、8、10极	E 2极	E 4、6、8、10极	F 2极	F 4、6、8、10极	G 2极	G 4、6、8、10极	K	AB	AD	AC	HD	L 2极	L 4、6、8、10极
80M	80	125	100	50	19		40		6		15.5		10	165	150	175	175	290	
90S	90	140	100	56	24		50		8		20		10	180	160	195	195	315	
90L	90	140	125	56	24		50		8		20		10	180	160	195	195	340	
100L	100	160	140	63	28		60		8		24		12	205	180	215	245	380	
112M	112	190	140	70	28		60		8		24		12	245	190	240	265	400	
132S	132	216	140	89	38		80		10		33		12	280	210	275	315	475	
132M	132	216	178	89	38		80		10		33		12	280	210	275	315	515	
160M	160	254	210	108	42		110		12		37		14.5	330	265	335	385	605	
160L	160	254	254	108	42		110		12		37		14.5	330	265	335	385	650	
180M	180	279	241	121	48		110		14		42.5		14.5	355	285	380	430	670	
180L	180	279	279	121	48		110		14		42.5		14.5	355	285	380	430	710	
200L	200	318	305	133	55		110		16		49		18.5	395	315	420	475	775	
225S	225	356	286	149		60		140		18		53	18.5	435	345	475	480	820	
225M	225	356	311	149	55	60	110	110	16	18	49	53	18.5	435	345	470	480	815	845
250M	250	406	349	168	60	65	140		18 × 11		53	58	24	490	385	515	575	930	

附录 J　减速器结构尺寸

附图 J-1 和附图 J-2 所示分别为二级和一级圆柱齿轮减速器的结构图，它主要由轴系部件（齿轮、轴、轴承等）、箱体及其附件组成。减速器箱体一般用灰铸铁制造，设计结构时可参考附图 J-1 ~ 附图 J-3 以及附表 J-1 ~ 附表 J-12 确定箱体各部分的尺寸。

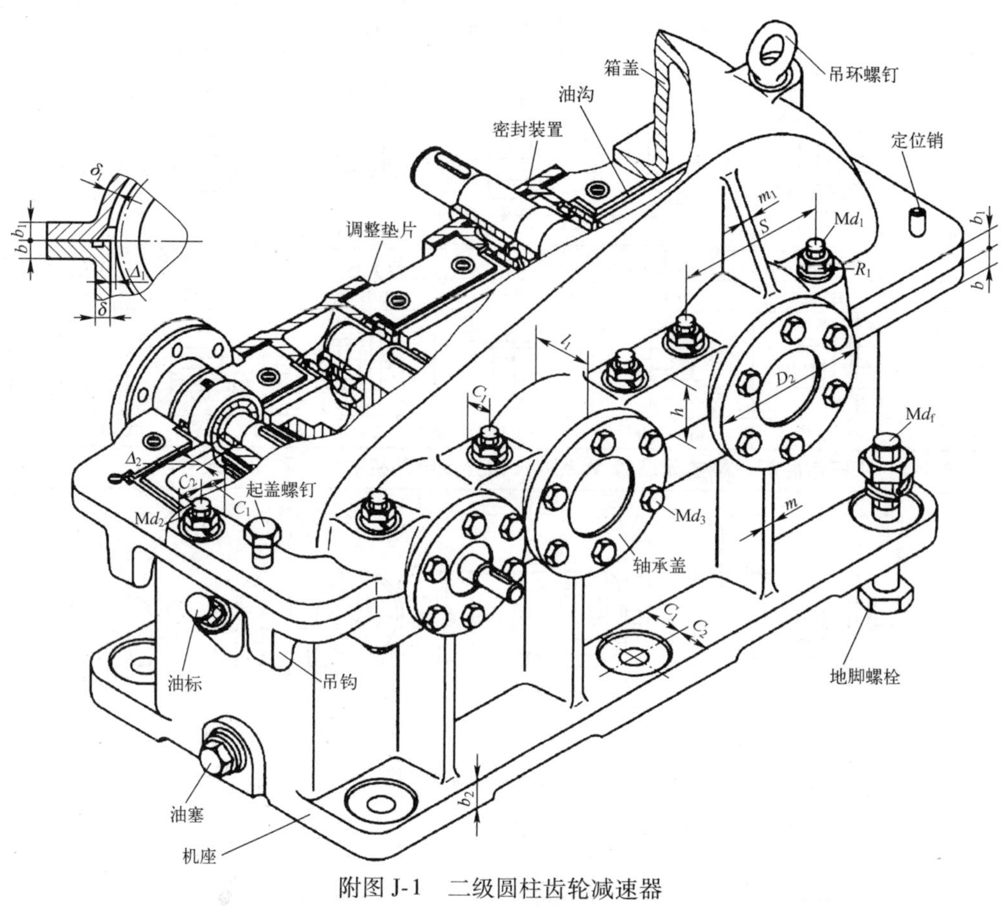

附图 J-1 二级圆柱齿轮减速器

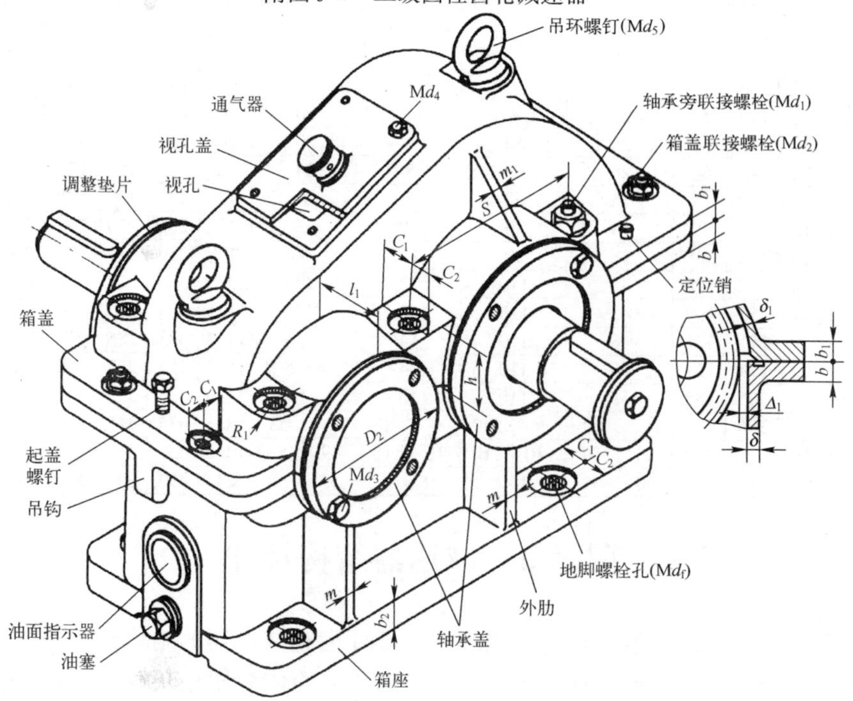

附图 J-2 一级圆柱齿轮减速器

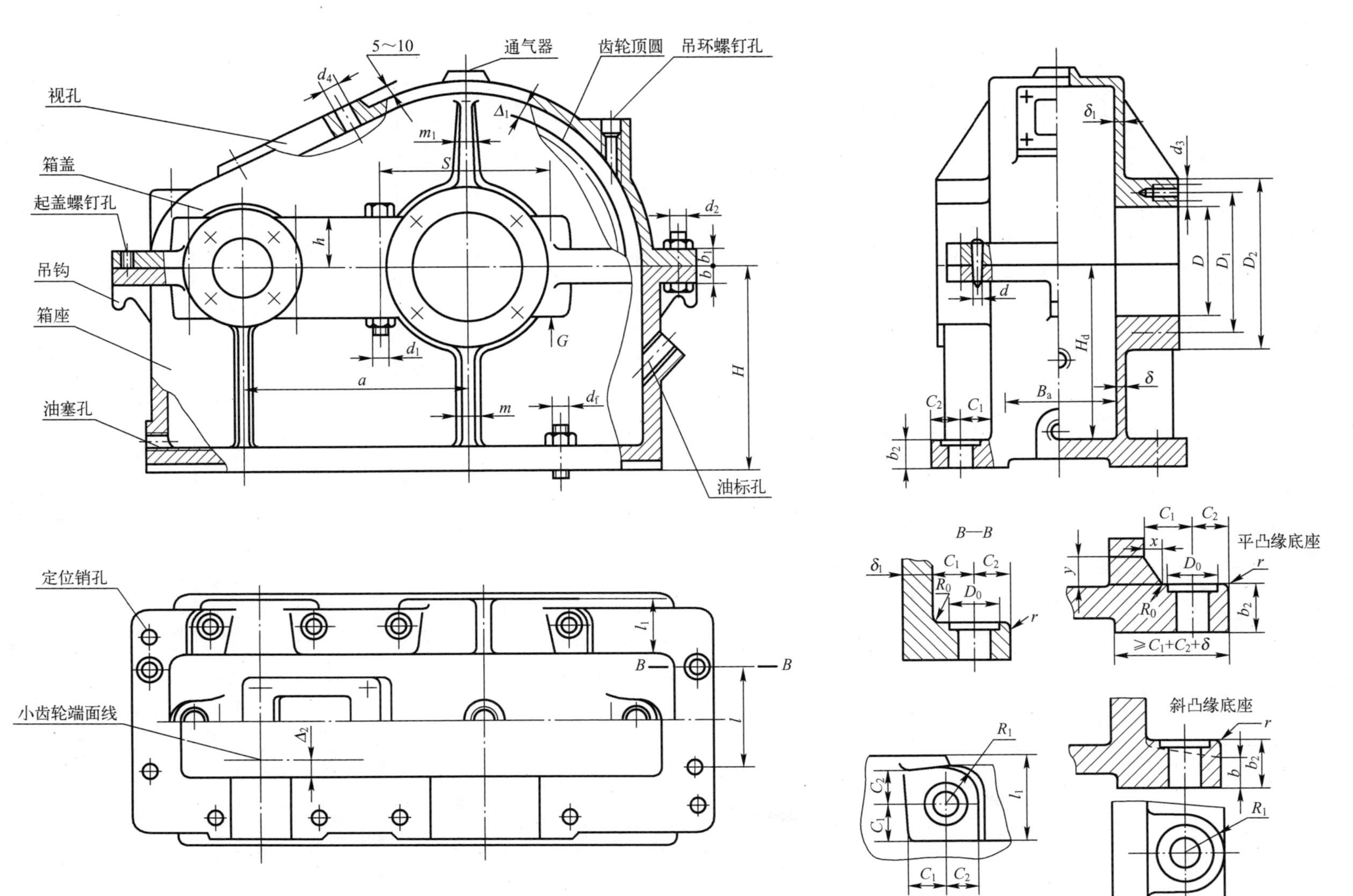

附图 J-3　齿轮减速器箱体结构尺寸

附表 J-1 铸铁减速器箱体的主要结构尺寸

名称	符号	减速器形式及尺寸关系/mm			
		直齿齿轮减速器		锥齿轮减速器	蜗杆减速器
箱座壁厚	δ	一级	$0.025a+1\geqslant 8$	$0.025(d_1+d_2)+\Delta\geqslant 8$ d_1、d_2 为小、大锥齿轮的大端直径 单级：$\Delta=1$； 两级：$\Delta=3$	$0.04a+3\geqslant 8$
		二级	$0.025a+3\geqslant 8$		
箱盖壁厚	δ_1	一级	$0.02a+1\geqslant 8$		蜗杆在上：$\approx\delta$ 蜗杆在下：$=0.85\delta\geqslant 8$
		二级	$0.02a+3\geqslant 8$		
箱盖凸缘厚度	b_1	$1.5\delta_1$			
箱座凸缘厚度	b	1.5δ			
箱座底凸缘厚度	b_2	2.5δ			
地脚螺钉直径	d_f	$0.036a+12$ 多级传动中 a 为低速级中心距		$0.036(d_1+d_2)+12$	$0.036a+12$
地脚螺钉数目	n	$a\leqslant 250$ 时，$n=4$ $a>250\sim500$ 时，$n=6$ $a>500$ 时，$n=8$		$n=\dfrac{底凸缘周长之半}{200\sim300}\geqslant 4$	4
轴承旁联接螺栓直径	d_1	$0.75d_f$			
盖与座联接螺栓直径	d_2	$(0.5\sim0.6)d_f$			
联接螺栓 d_2 的距离	l	$150\sim200$			
轴承端盖螺钉直径	d_3	按选用的轴承端盖确定或$(0.4\sim0.5)d_f$			
检查孔盖螺钉直径	d_4	$(0.3\sim0.4)d_f$			
定位销直径	d	$(0.7\sim0.8)d_2$			
d_f、d_1、d_2 至外箱壁距离	C_1	见附表 J-2			
d_f、d_2 至凸缘边距离	C_2	见附表 J-2			
轴承旁凸台半径	R_1	C_2			
凸台高度	h	根据低速级轴承座外径确定，以便于扳手操作为准			
外箱壁至轴承座端面距离	l_1	$C_1+C_2+(5\sim10)$			
齿轮顶圆（蜗轮圆）与内箱壁距离	Δ_1	$>1.2\delta$			
齿轮（锥齿轮或蜗轮轮毂）端面与箱体内壁距离	Δ_2	$>\delta$			
箱盖、箱座肋厚	m_1、m	$m_1\approx0.85\delta_1$；$m=0.85\delta$			
轴承端盖外径	D_2	见附表 J-3			
轴承旁联接螺栓距离	S	尽量靠近，以与端盖螺栓互不干涉为准，一般取 $S=D_2$			
箱座深度	H_d	$H_d=d_s/2+(30\sim50)$　d_s 为大齿轮齿顶圆直径			
箱座高度	H	$H=H_d+\delta+(5\sim10)$			
箱座宽度	B_a	由内部传动件位置结构及壁厚确定；蜗杆传动箱体内腔宽度≥蜗杆轴承端盖直径			

注：多级传动时，a 取低速级中心距。

附表 J-2　凸台及凸缘的结构尺寸

（单位：mm）

螺栓直径	M6	M8	M10	M12	M14	M16	M18	M20	M22
C_{1min}	12	14	16	18	20	22	24	26	30
C_{2min}	10	12	14	16	18	20	22	24	26
螺栓锪平孔直径 D_0	15	20	24	28	32	34	38	42	44
螺栓托面与箱体立面处圆角半径 R_{0max}	5					8			
凸缘边处的圆角 r_{max}	3						5		

附表 J-3　凸缘式轴承盖

（单位：mm）

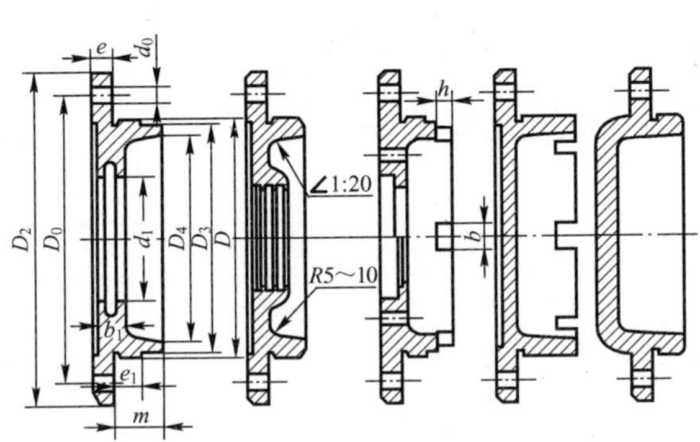

$d_0 = d_3 + 1$

$D_0 = D + 2.5d_3$

$D_2 = D_0 + 2.5d_3$

$e = 1.2d_3$

$e_1 \geqslant e$

m 由结构确定

$D_4 = D - (10 \sim 15)$ mm

d_1、b_1 由密封尺寸确定

$b = 5 \sim 10$mm

$h = (0.8 \sim 1)b$

材料：HT150

d_3 为端盖联接螺栓直径，其尺寸见下表

轴承外径 D	螺钉直径 d_3	端盖上螺钉数目
45 ~ 65	6	4
78 ~ 100	8	4
110 ~ 140	10	6
150 ~ 230	12 ~ 16	6

附表 J-4　嵌入式轴承盖

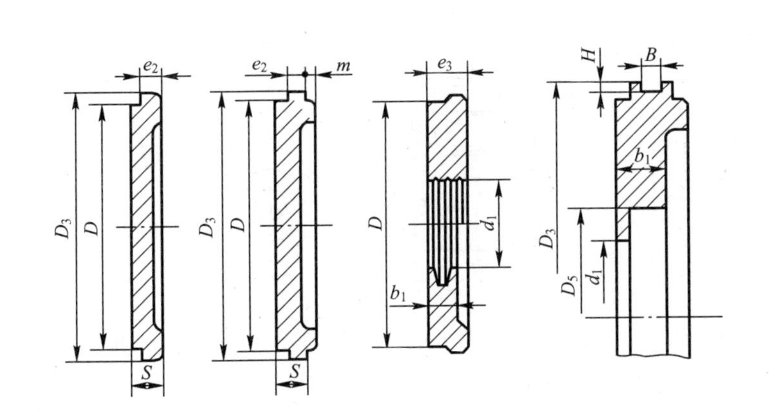

$S = 10 \sim 15$mm

$e_2 = 5 \sim 8$mm，$e_3 = 7 \sim 12$mm

m 由结构确定

$D_3 = D + e_2$（装有 O 形圈的按 O 形圈外径取整）

D_5、d_1、b_1 等由密封尺寸确定

H、B 按 O 形圈沟槽尺寸确定

材料：HT150

附表 J-5　轴承套杯结构

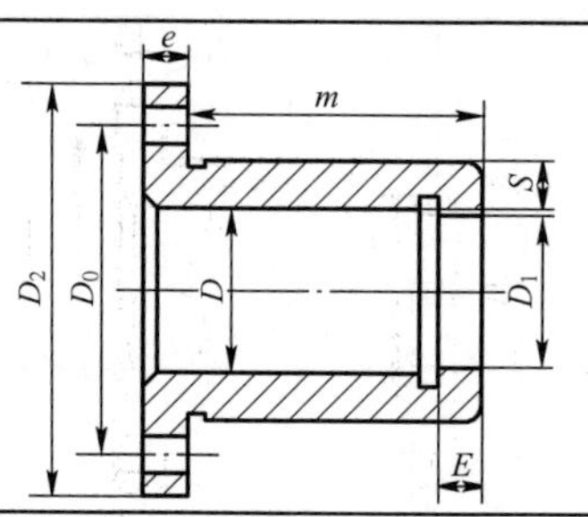

$S=7\sim12\text{mm}$

$E=e=S$

$D_0=D+2S+2.5d_3$（d_3 见附表 J-1）

$D_2=D_0+2.5d_3$

m 由结构确定

D_1 根据轴承安装尺寸确定

D 为轴承外径

附表 J-6　简单式通气器

（单位：mm）

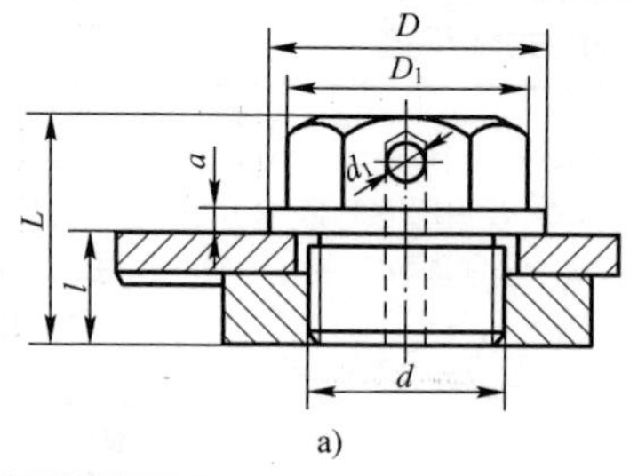

a)

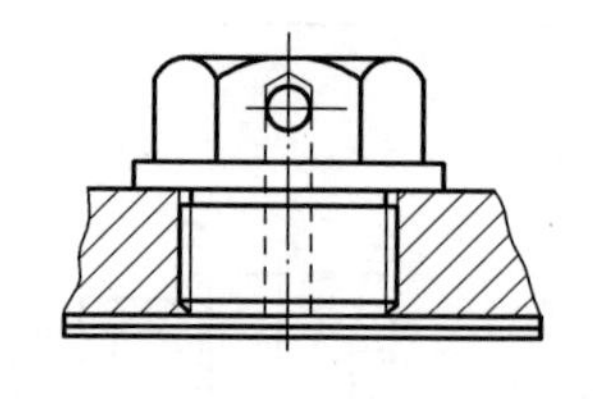

b)

d	D	D_1	L	l	a	d_1
M10×1	13	11.5	16	8	2	3
M12×1.25	18	16.5	19	10		4
M16×1.5	22	19.6	23	12		5
M20×1.5	30	25.4	28	15	4	6
M22×1.5	32	25.4	29			7
M27×1.5	38	31.2	34	18		8
M30×2	42	36.9	36	18		
M33×2	45		38	20		

附表 J-7　通气帽

（单位：mm）

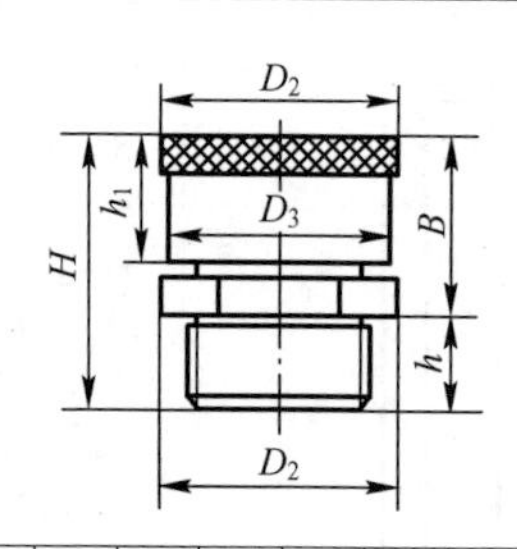

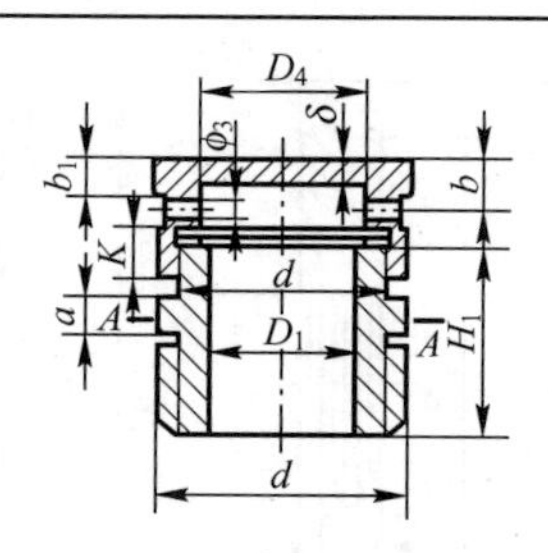

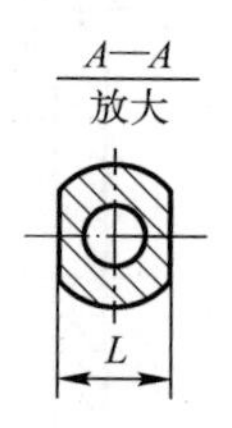

d	D_1	B	h	D_2	H_1	a	δ	K	b	h_1	b_1	D_3	D_4	L	H	孔数
M27×1.5	15	30	15	36	32	6	4	10	8	22	6	32	18	32	45	6
M36×2	20	40	20	48	42	8	4	12	11	29	8	42	24	41	60	
M48×3	30	45	25	62	52	10	5	15	13	32	10	56	36	55	70	8

附表 J-8　视孔盖的结构尺寸　（单位：mm）

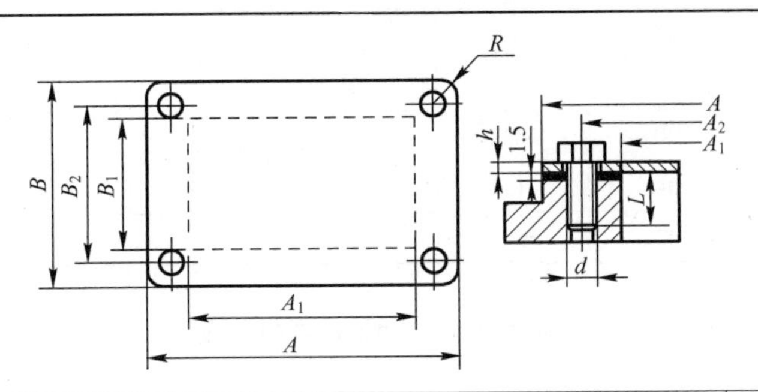

A	B	A_1	B_1	A_2	B_2	h	R	螺钉		
								d	L	个数
115	90	75	50	95	70	3	10	M8	15	4
160	135	100	75	130	105	3	15	M10	20	4
210	160	150	100	180	130	3	15	M10	20	6
260	210	200	150	230	180	4	20	M12	25	8
360	260	300	200	330	230	4	25	M12	25	8

附表 J-9　油标尺的结构尺寸　（单位：mm）

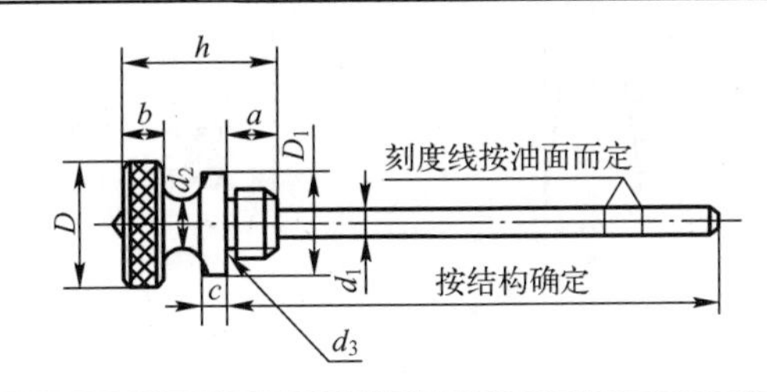

d	d_1	d_2	d_3	h	a	b	c	D	D_1
M12	4	12	6	28	10	6	4	20	16
M16	4	16	6	35	12	8	5	26	22
M20	6	20	8	42	15	10	6	32	26

附表 J-10　外六角螺塞　（单位：mm）

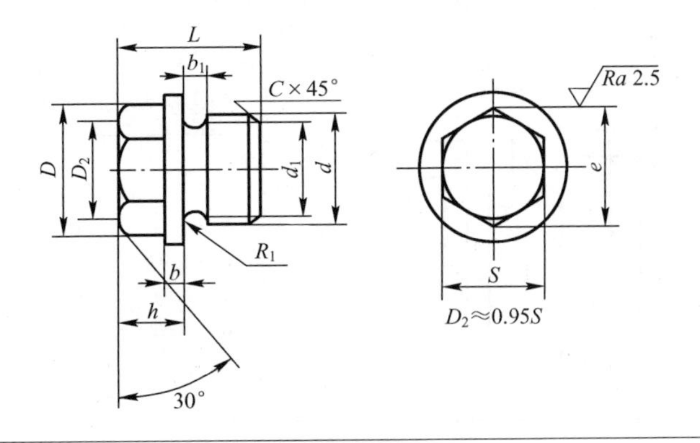

（续）

d	d_1	D	e	S	L	h	b	b_1	C
M12×1.25	10.2	22	15	13	24	12	3	3	1.0
M20×1.5	17.8	30	24.2	21	30	15	4	3	
M24×2	21	34	31.2	27	32	16		4	1.5
M30×2	27	42	39.3	34	38	18			

附表 J-11　起重吊耳和吊钩

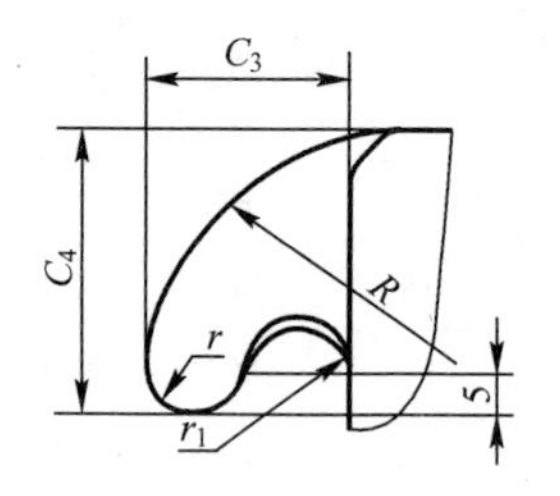

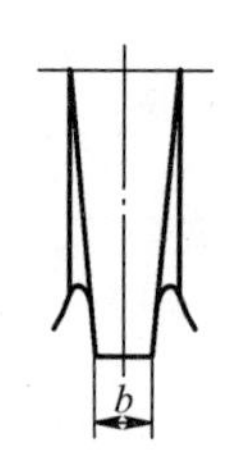

吊耳在箱盖上铸出

$C_3=(4\sim5)\delta_1$　（δ_1 为箱盖壁厚，见附表 J-1）
$C_4=(1.3\sim1.5)C_3$
$b=(1.8\sim2.5)\delta_1$
$R=C_4$，$r_1\approx0.2C_3$，$r\approx0.25C_3$

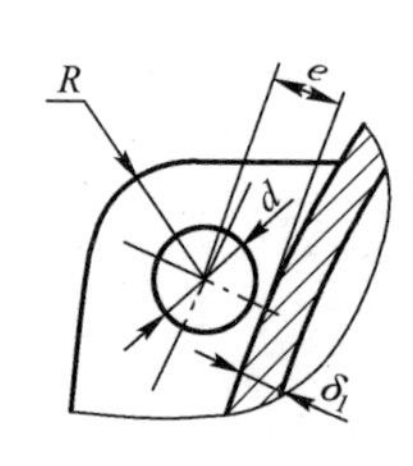

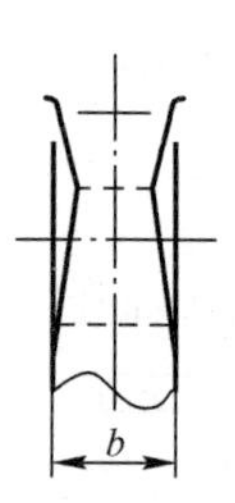

吊耳环在箱盖上铸出

$d=b\approx(1.8\sim2.5)\delta_1$
$R\approx(1\sim1.2)d$
$e\approx(0.8\sim1)d$

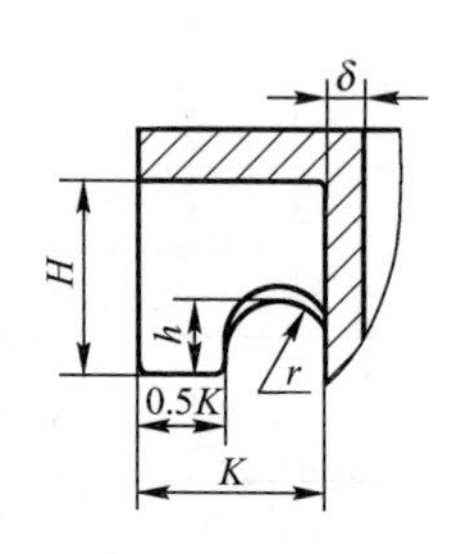

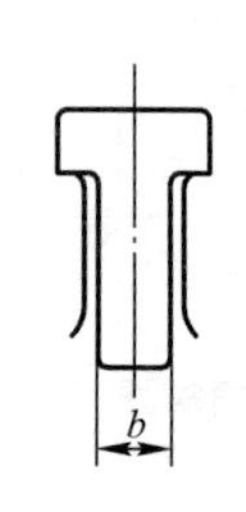

吊钩在箱座上铸出

$K=C_1+C_2$　（C_1、C_2 见附表 J-2）
$H\approx0.8K$
$h\approx0.5H$，$r\approx0.25K$，$b\approx(1.8\sim2.5)\delta$

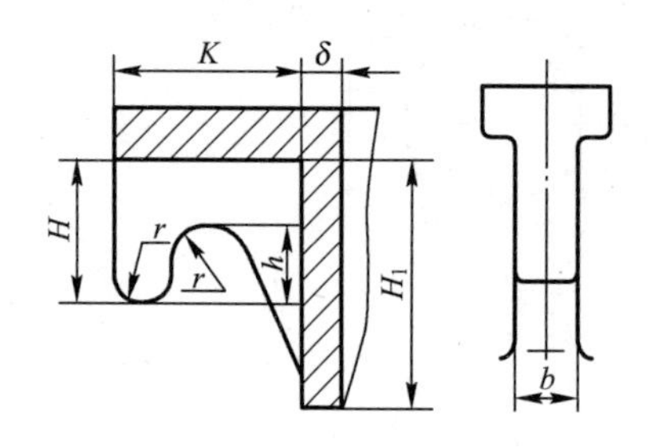

吊钩在箱座上铸出

$K=C_1+C_2$　（C_1、C_2 见附表 J-2）
$H\approx0.8K$
$h\approx0.5H$，$r\approx K/6$，$b\approx(1.8\sim2.5)\delta$
H_1 由结构决定

附表 J-12　吊环螺钉（GB/T 825—1988）　（单位：mm）

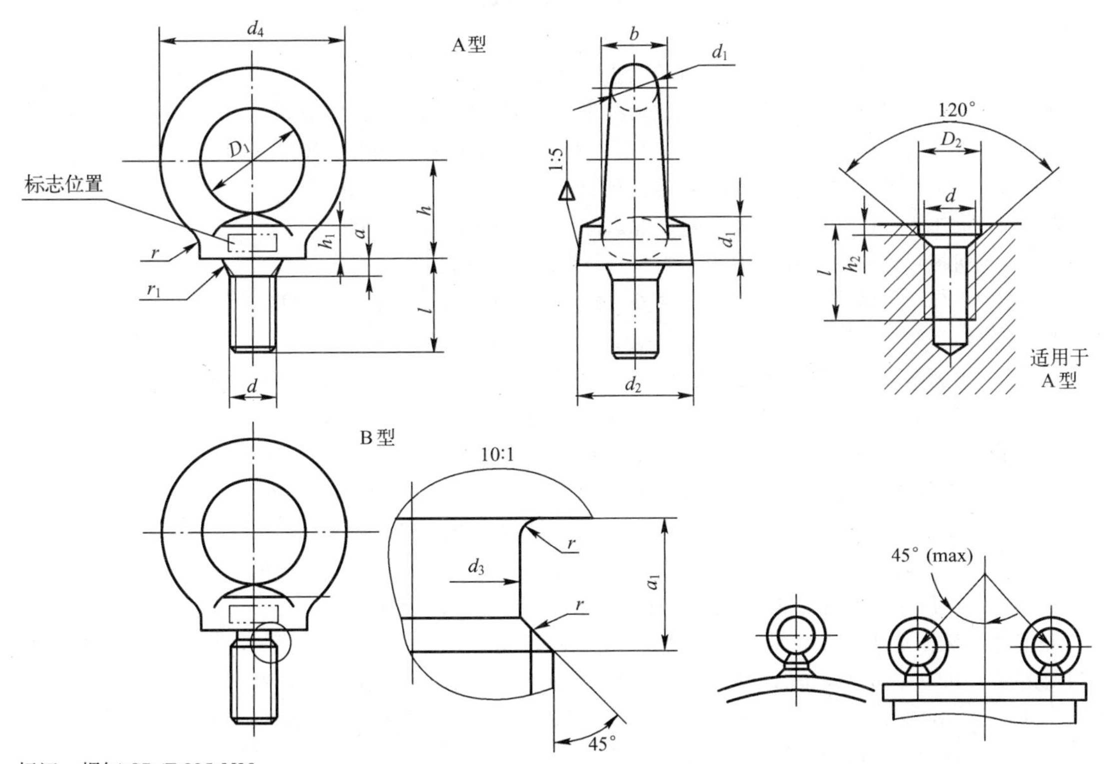

标记：螺钉 GB/T 825 M20

螺纹规格（d）		M10	M12	M16	M20	M24	M30
d_1	max	11.1	13.1	15.2	17.4	21.4	25.7
D_1	公称	24	28	34	40	48	56
d_2	min	23.6	27.6	33.6	39.6	47.6	55.5
h_1	min	7.6	9.6	11.6	13.5	17.5	21.4
l	公称	20	22	28	35	40	45
d_4	参考	44	52	62	72	88	104
h		22	26	31	36	44	53
r_1		4	6	6	8	12	15
a_1	max	4.5	5.25	6	7.5	9	10.5
d_3	公称（max）	7.7	9.4	13	16.4	19.6	25
a	max	3	3.5	4	5	6	7
b		12	14	16	19	24	28
D_2	公称（min）	15	17	22	28	32	38

参考文献

［1］丁一. 机械认识实践［M］. 北京：机械工业出版社，2002.
［2］郝婧，张金美. 机械设计基础［M］. 北京：北京航空航天大学出版社，2007.
［3］陈立德，姜小菁. 机械设计基础［M］. 2 版. 北京：高等教育出版社，2017.
［4］张京辉. 机械设计基础［M］. 西安：西安电子科技大学出版社，2005.
［5］朱凤芹，周志平. 机械设计基础［M］. 北京：北京大学出版社，2008.
［6］吕伟文. 机械设计基础［M］. 成都：电子科技大学出版社，2012.
［7］岳大鑫，王忠. 机械设计基础［M］. 西安：西安电子科技大学出版社，2008.
［8］孙华宪. 汽车结构与性能［M］. 北京：电子工业出版社，2011.
［9］于惠力，冯新敏，李广慧. 连接零部件设计实例精解［M］. 北京：机械工业出版社，2009.
［10］王少岩，罗玉福. 机械设计基础［M］. 大连：大连理工大学出版社，2014.
［11］王宏臣，刘永利. 机构设计与零部件应用［M］. 天津：天津大学出版社，2010.
［12］孔凌嘉，王晓力，王文中. 机械设计［M］. 北京：北京理工大学出版社，2018.
［13］张庆玲，王敬艳. 机械设计技术［M］. 北京：清华大学出版社，2009.
［14］张利平. 液压元件选型与系统成套技术［M］. 北京：化学工业出版社，2018.
［15］范存德. 液压技术手册［M］. 沈阳：辽宁科学技术出版社，2004.
［16］陈长生. 机械基础［M］. 北京：机械工业出版社，2021.
［17］杨少光. 机电一体化设备的组装与调试［M］. 南宁：广西教育出版社，2012.
［18］张春宜，郝广平，刘敏. 减速器设计实例精解［M］. 北京：机械工业出版社，2020.
［19］王少岩，郭玲. 机械设计基础实训指导［M］. 3 版. 大连：大连理工大学出版社，2009.
［20］刘莹. 机械设计课程设计［M］. 大连：大连理工大学出版社，2016.
［21］孟玲琴，王志伟. 机械设计基础课程设计［M］. 北京：北京理工大学出版社，2017.
［22］陈立德. 机械设计基础课程设计指导书［M］. 5 版. 北京：高等教育出版社，2019.
［23］吴宗泽，罗圣国. 机械设计课程设计手册［M］. 5 版. 北京：高等教育出版社，2018.
［24］周家泽. 机械基础［M］. 3 版. 西安：西安电子科技大学出版社，2015.
［25］郁志纯. 机械基础［M］. 2 版. 北京：高等教育出版社，2019.